21世纪高等院校信息与通信工程规划教材
21st Century University Planned Textbooks of Information and Communication Engineering

信息与通信工程精品课程配套教材

啜钢 李卫东 编著

移动通信原理与应用技术

Principles and Technical
Applications of Mobile Communications

人民邮电出版社

北 京

名师名校

图书在版编目（CIP）数据

移动通信原理与应用技术 / 啜钢，李卫东编著. --
北京 ： 人民邮电出版社，2010.11（2022.1 重印）
21世纪高等院校信息与通信工程规划教材
ISBN 978-7-115-22665-5

Ⅰ．①移… Ⅱ．①啜… ②李… Ⅲ．①移动通信－高
等学校－教材 Ⅳ．①TN929.5

中国版本图书馆CIP数据核字（2010）第076773号

内 容 简 介

本书较详细地介绍了移动通信原理和应用技术。首先介绍了无线通信的传播环境和传播预测
模型、移动通信中调制解调技术以及抗衰落技术；其次介绍了蜂窝网组网的基本概念和理论，在
此基础上重点介绍了 GSM、CDMA IS-95、第三代移动通信系统以及移动通信无线网络规划和优
化基础；最后对当前移动通信的发展和一些研究热点进行了介绍。

本书力求兼顾移动通信的基础理论和应用系统，内容由浅入深，可供不同层次的人员学习。
每章开头有学习指导，结尾处有习题和思考题。

本书可以作为信息与通信相关专业本科生教材，并可作为成人教育的教材，另外，也可供从
事移动通信研究和工程技术人员学习参考。

21 世纪高等院校信息与通信工程规划教材

移动通信原理与应用技术

◆ 编　著　啜　钢　李卫东
　　责任编辑　贾　楠

◆ 人民邮电出版社出版发行　　北京市丰台区成寿寺路 11 号
　　邮编　100164　　电子邮件　315@ptpress.com.cn
　　网址　http://www.ptpress.com.cn
　　大厂回族自治县聚鑫印刷有限责任公司印刷

◆ 开本：787×1092　1/16
　　印张：21　　　　　　　　　　2010 年 11 月第 1 版
　　字数：513 千字　　　　　　　2022 年 1 月河北第 9 次印刷

ISBN 978-7-115-22665-5

定价：38.00 元

读者服务热线：**(010)81055256**　印装质量热线：**(010)81055316**
反盗版热线：**(010)81055315**

移动通信是当今通信领域中发展最快、应用最广和最为前沿的通信技术。移动通信系统的发展经历了从模拟网到数字网，从频分多址（FDMA）到时分多址（TDMA）和码分多址（CDMA）的过程。移动通信网络已从仅提供语音、低速数据业务的窄带网络发展到了可以支撑语音、高速分组以及多媒体业务的宽带网络。进入 21 世纪以来，人们在继续关注第二代蜂窝移动通信系统发展的同时，第三代蜂窝移动通信系统也已投入商用，人们正在从 3G 商用网络的应用中得到无线宽带业务带来的高速、高质量的享受；与此同时 3GPP LTE 的标准化已经取得巨大发展，相信在不久的未来就会出现商用的产品；另外，基于 IEEE 802.16 协议簇的下一代无线接入互联网络也在蓬勃发展；4G（或称IMT-Advanced）正在从理论探讨和系统仿真评估阶段逐步走向制定标准的阶段。

伴随着移动通信技术的发展，为了满足通信以及电子类专业本科高年级学生和广大工程专业人员的需要，我们编写了本书。我们的宗旨是：全面介绍移动通信的基本原理和应用技术，即在介绍移动通信的基本原理的基础上，用较大的篇幅介绍移动通信网络技术，包括 2G 和 3G 网络以及网络规划和优化。另外，在对移动通信原理和应用技术进行介绍时，避免过多的数学分析，而尽量用文字和图表进行论述。

本书主要内容包括移动通信的发展和移动通信系统的基本概念、移动通信的无线传播环境、移动通信系统中的调制技术、抗衰落技术、蜂窝组网技术、GSM 和 CDMA IS-95 移动通信系统、第三代移动通信系统、无线网络规划与优化基础、移动通信未来发展等。

本书的第 1 章、第 5 章、第 6 章、第 8 章和第 9 章由啜钢编写；第 2 章、第 3 章、第 4 章和第 7章由李卫东编写。

本书可供信息与通信相关专业本科生使用，同时兼顾了成人教育和广大工程技术人员的需求。

由于作者水平有限，书中难免会出现不妥之处，敬请广大读者批评指正。

编　者
2010 年 4 月

目 录

第 1 章　概述

学习重点和要求

本章主要介绍了移动通信原理及其应用方面的基本概念，主要包括移动通信的发展过程、特点、工作方式及其应用系统。

要求

- 重点掌握移动通信的概念、特点。
- 了解移动通信的发展历程及发展趋势。
- 掌握移动通信的 3 种工作方式。
- 了解移动通信的应用系统。

1.1　移动通信发展简述

众所周知，个人通信（personal communications）是人类通信的最高目标，它是用各种可能的网络技术实现任何人（whoever）在任何时间（whenever）、任何地点（wherever）与任何人（whoever）进行任何种类（whatever）的信息交换。个人通信的主要特点，是每一个用户有一个属于个人的唯一通信号码，取代了以设备为基础的传统通信的号码（现在的电话号码、传真号码等，是某一台电话机、传真机等的号码）。电信网随时跟踪用户并为他服务。不论被呼叫的用户是在车上、船上、飞机上，还是在办公室里、家里、公园里，电信网都能根据呼叫人所拨的个人号码找到他，接通电路提供通信，用户通信完全不受地理位置的限制。实现个人通信，必须把各种技术的通信网组合到一起，把移动通信网和固定的通信网结合在一起，把有线接入和无线接入结合到一起，才能综合成一个容量极大、无处不通的个人通信网，称之为"无缝网"，形成所谓的万能个人通信网（Universal Personal Telecommunications，UPT）。这是 21 世纪电信技术发展的重要目标之一。

移动通信是实现个人通信的必由之路，没有移动通信，个人通信的愿望无法实现。移动通信是指通信双方或至少有一方处于运动中进行信息交换的通信方式。移动通信的主要应用有无绳电话、无线寻呼、陆地蜂窝移动通信、卫星移动通信、海事卫星移动通信等，而陆地蜂窝移动通信是当今移动通信发展的主流和热点。

蜂窝移动通信的飞速发展是超乎寻常的，它是 20 世纪人类最伟大的科技成果之一。在回顾移动通信的发展进程时不得不提起 1946 年第一个推出移动电话的 AT&T 的先驱者，正是他们为通信领域开辟了一个崭新的发展空间。然而移动通信真正走向广泛的商用，为普通大众所使用，还应该从 20 世纪 70 年代末蜂窝移动通信的推出算起。蜂窝移动通信系统从技术上解决了频率资源有限、用户容量受限、无线电波传输时的干扰等问题。20 世纪 70 年代末的蜂窝移动通信采用的空中接入方式为频分多址接入方式，即所谓的 FDMA 方式。其传输的无线信号为模拟量，因此人们称此时的移动通信系统为模拟通信系统，也称为第一代移动通信系统（1G）。这种系统的典型代表有美国的 AMPS（Advanced Mobile Phone System）、欧洲的 TACS（Total Access Communication System）等。我国建设移动通信系统的初期主要就是引入了这两类系统。

然而，移动通信市场的飞速发展，对移动通信技术提出了更高的要求。模拟系统本身的缺陷，如频谱效率低、网络容量有限、保密性差等，使得模拟系统无法满足人们的需求。为此，移动通信领域里的有识之士在 20 世纪 90 年代初期开发出了基于数字通信的移动通信系统，即所谓的数字蜂窝移动通信系统，称为第二代移动通信系统（2G）。

第二代数字蜂窝移动通信系统克服了模拟系统存在的许多缺陷，因此 2G 系统一经推出就备受注目，发展迅猛。我国的 2G 移动通信网在短短十几年内就发展成为世界范围最大的移动通信网，完全取代了模拟移动通信系统。在当今的数字蜂窝移动通信系统中，最有代表性的是 GSM 系统和 CDMA 系统。目前，这两大系统在世界数字移动通信市场占据了主要份额。

GSM 系统的空中接口采用的是时分多址（TDMA）的接入方式，到目前为止 GSM 是全世界最大的移动网，占移动通信市场的大部分份额。GSM 是为了解决欧洲第一代蜂窝系统四分五裂的状态而发展起来的。在 GSM 之前，欧洲各国在整个欧洲大陆采用了不同的蜂窝标准，对用户来讲，不能用一种制式的移动台在整个欧洲进行通信。为此欧洲电信联盟在 20 世纪 80 年代初期就开始研制一种覆盖全欧洲的移动通信系统，即现在的 GSM 系统。如今 GSM 移动通信系统已经遍及全世界，即所谓的"全球通"。

CDMA 采用的是码分多址接入方式。从当前人们对无线接入方式的认识角度来讲，码分多址技术有其独特的优越性。CDMA 技术最先是由美国的高通（Qualcomm）公司提出的，并于 1980 年 11 月在美国的圣地亚哥利用两个小区基站和一个移动台对窄带 CDMA 进行了首次现场实验。1990 年 9 月高通发布了 CDMA "公共空中接口"规范的第一个版本。1992 年 1 月 6 日，美国电信工业协会（TIA）开始准备 CDMA 的标准化。1995 年正式的 CDMA 标准出台了，即 CDMA IS-95A。CDMA 技术向人们展示的是它独特的无线接入技术：系统区分地址时在频率、时间和空间上是重叠的，使用相互准正交的地址码来完成对用户的识别。这种技术带来的好处有：（1）多种形式的分集（时间分集、空间分集和频率分集）；（2）低的发射功率；（3）保密性；（4）软切换；（5）大容量；（6）语音激活技术；（7）频率再用及扇区化；（8）低的信噪比或载干比需求；（9）软容量。这些特性在满足用户需求方面具有独特的优势。当今的 3G 技术大多采用了 CDMA 无线接入方式。

尽管基于语音业务的移动通信网已经足以满足人们对语音移动通信的需求，但是随着人们对数据通信业务的需求日益增高，特别是 Internet 的发展大大推动了对数据业务的需求，人们已不再满足以语音业务为主的移动通信网所提供的服务了。统计表明，目前固定数据通信网的用户需求和业务使用量已接近语音业务。在这种情况下，移动通信网所提供的以语音为主的业务已不能满足人们的需要了。为此，移动通信业内的领军者们努力开发研究了适用于数据通信的移动系统。首先着手开发的是基于 2G 系统的数据系统。在不大量改变 2G 系统的条件下，适当增加一些网络和适合数据业务的协议，使系统可以较高效率地传送数据业务，如目前的 GPRS 就是这样的系统，现在已在我国组网并投入商用。另外，cdma2000 1x 也属于这一范畴。

尽管 2.5G 系统可以方便地传输数据业务，然而由于它没有从根本上解决无线信道传输速率低的问题，因此应该说 2.5G 还是个过渡产品。当今人们定义的第三代移动通信系统才能基本满足人们对快速传输数据业务的需求。

3G 的目标主要有以下几个方面。

（1）全球漫游，以低成本的多模手机来实现。全球具有公用频段，用户不再限制于一个地区和一个网络，而能在整个系统和全球漫游。在设计上具有高度的通用性，拥有足够的系统容量和强大的多种用户管理能力，能提供全球漫游，是一个覆盖全球的、具有高度智能和个人服务特色的移动通信系统。

（2）适应多种环境，采用多层小区结构，即微微蜂窝、微蜂窝、宏蜂窝，将地面移动通信系统和卫星移动通信系统结合在一起，与不同网络互通，提供无缝漫游和业务一致性，网络终端具有多样性，并能与第二代系统共存和互通，结构开放，易于引入新技术。

（3）能提供高质量的多媒体业务，包括高质量的语音、可变速率的数据、高分辨率的图像等多种业务，实现多种信息一体化。

（4）足够的系统容量、强大的多种用户管理能力、高保密性能和服务质量。用户可用唯一个人电信号码（PTN）在任何终端上获取所需要的电信业务，这就超越了传统的终端移动性，真正实现个人移动性。

为实现上述目标，对无线传输技术提出了以下几个方面要求。

（1）高速传输以支持多媒体业务。

- 室内环境至少 2Mbit/s。
- 室外步行环境至少 384kbit/s。
- 室外车辆环境至少 144kbit/s。

（2）传输速率按需分配。

（3）上下行链路能适应不对称业务的需求。

（4）简单的小区结构和易于管理的信道结构。

（5）灵活的频率和无线资源的管理、系统配置和服务设施。

当前 3G 技术标准主要有 3 个：欧洲的 WCDMA、北美的 cdma2000 和中国的 TD-SCDMA。

随着 3G 逐渐走向商用，3G 演进技术也在世界范围内受到重视。根据两大标准化组织 3GPP（3G Partnership Project，第三代合作伙伴计划）和 3GPP2（3G Partnership Project 2，第三代合作伙伴计划 2）的标准发展历程可以清晰地看出 3G 演进路线。

3GPP 标准的演进如图 1.1 所示。

3GPP 的网络演进是分阶段地平滑演进。R99 系统考虑到了对 GSM 的兼容，现有的 2G 用户和 3G R99 用户会继续把他们的业务通过电路交换域（CS 域）和分组交换域（PS 域）功能的结合来传输；R4 系统对 CS 域进行了大的改动，引入了软交换，并在基站子系统模块（Base Station Subsystem，BSS）引入 Iu 接口，以适应未来发展的需要；R5 系统则在 PS 域引入 IP 多媒体子系统（IP Multimedia Subsystem，IMS），提供基于 IP 的实时多媒体业务，并支持未来新业务的开发；同时在 R5 系统引入了下行链路增强技术，即 HSDPA 技术，可在 5MHz 的信道带宽内提供最高 14.4M 的下行数据传输速率。随后，又在 R6 中引入了上行链路增强技术，即 HSUPA 技术，

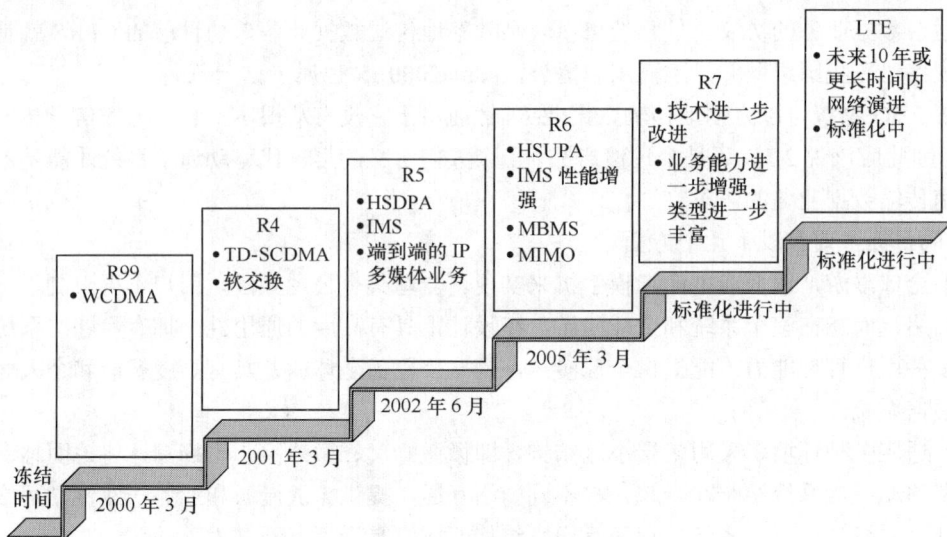

图 1.1　3GPP 标准演进历程

可在 5MHz 信道带宽内提供最高 5.8Mbit/s 的上行数据传输速率。

　　为应对 WiMAX 等新兴无线宽带技术的竞争，进一步改进和增强现有 3G 技术以提高其在宽带无线接入市场的竞争力，2004 年年底，3GPP 提出了 3G 长期演进——3G LTE（Long Term Evolution）计划。为了实现向 LTE 演进的系统目标，3GPP 提出了一系列新技术和实现方案，而且不考虑与现有 WCDMA 系统的后向兼容。LTE 重新定义了空中接口和核心网络，摒弃 CDMA 技术而采用 OFDM 技术，只支持分组域，这导致 LTE 与已有 3GPP 各版本标准不兼容，现有 3G 网络很难平滑演进到 LTE。3GPP 于 2008 年 1 月通过 FDD LTE 地面无线接入网络技术规范的审批，目前 LTE 正处于修订阶段，此后将被纳入即将推出的 3GPP R8 之中。

　　需要说明的是，这里所介绍的 3GPP 的标准演进同时包括 WCDMA 以及 TD-SCDMA 的演进方案。

3GPP2 标准的演进如图 1.2 所示。

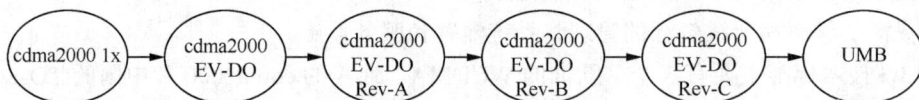

图 1.2　3GPP2 的演进路线

　　3GPP2 中核心网和无线接入网的演进是相互独立的，核心网将向全 IP 网过渡。为了满足下一代移动通信中高速率的数据业务并保持前后向兼容性，3GPP2 中无线接入技术的演进即空中接口演进（Air Interface Evolution，AIE）将分阶段 1 和阶段 2 两个阶段进行演进。其中阶段 1 完成多载波高速分组数据（High Rate Packet Data，HRPD）即 Rev.B Nx EV-DO，主要目标是提高峰值数据速率并保持后向兼容，同时尽可能减小对基础硬件的影响，通过对多个 HRPD 载波的捆绑，既保持良好的后向兼容，又能够推进标准化和市场化进程。阶段 2 实现增强数据分组空中接口（E-PDAI），其峰值数据速率目标是前向链路依据不同的移动性，可以支持 100～500Mbit/s；反向链路支持 50～150Mbit/s，同时降低系统时延。2007 年最新推出的 cdma2000 演进升级版本 UMB（超移动宽带）空中接口规范将采用 OFDMA（正交频分多址）、MIMO（多输入多输出）、LDPC

（低密度奇偶校验码）等先进技术，并支持全 IP 业务。

另外，移动 WiMAX 技术的崛起打破了 WCDMA、cdma2000 和 TD-SCDMA 三足鼎立的格局，使竞争进一步升级，并加快了技术演进的步伐。随着移动通信技术和宽带无线接入技术的不断发展和融合，能够在移动状态下为用户提供宽带接入的宽带无线移动技术逐渐成为未来无线通信技术的重点。以 3GPP、3GPP2、WiMAX 三大阵营为代表的 4 种技术——WCDMA、cdma2000、TD-SCDMA（以下简称 TD）和 WiMAX，成为目前最具发展潜力的宽带无线移动技术。

WiMAX 的演进如图 1.3 所示。

图 1.3 WiMAX 的演进

在 WiMAX 系列标准中，IEEE 802.16d 和 IEEE 802.16e 是核心标准，但随着技术的演进和标准的不断完善，这两大标准已经发展成为不兼容的两种技术。IEEE 802.16e 采用了很多先进技术来获得高数据速率，包括 OFDMA、先进编码技术（CTC）、自适应编码和调制（AMC）、混合自动重传请求（HARQ）、自适应波束成型、时空码（STC）以及 MIMO 等技术。IEEE 802.16e 可以使用不同的载波带宽，从 1.75～20MHz 不等，例如载波带宽为 10MHz 时，单用户速率可以达到 30 Mbit/s，可以支持 120km/h 的移动速度。

IEEE 802.16e 不仅具备 IEEE 802.16d 的性能，而且具备移动、切换等功能，支持多种业务和应用。从应用场景和范围来看，IEEE 802.16e 更为广泛。因此，IEEE 802.16e 将成为 WiMAX 标准的主流，甚至会用于固定接入。

随着 IEEE 802.16d 和 IEEE 802.16e 技术逐渐走向商用，IEEE 802.16 工作组开始研究 WiMAX 下一步的演进路线，为此成立了 IEEE 802.16m 工作组，并于 2006 年底获得 IEEE 的正式批准。IEEE 802.16m 的目标是成为下一代移动通信技术，以及 ITU 即将讨论的 IMT-Advanced 标准之一，传输目标是在固定状态下传输速率达到 1Gbit/s，移动状态下达到 100Mbit/s。

移动通信的进一步演进方向是 IMT-Advanced 或称 4G，无论是 LTE 还是 UMB 以及 IEEE 802.16m，向后再演进都是向 IMT-Advanced 演进。对于 IEEE 802.16m 来说，由于它的方案与 4G 的演进方案的本质区别较小，两者可以适当地融合，所以 IEEE 802.16m 的进一步完善可以成为一种新的 IMT-Advanced 技术方案。严格地说，目前对 4G 还没有一个权威的定义，它还处于研发阶段。然而近些年来人们的不断研究，已对 4G 的基本需求、技术支撑、网络体系等有了一些明确的概念。

归纳起来 4G 是一个可称为宽带接入和分布式的网络，4G 的网络结构将是一个采用全 IP 的网络结构。也就是说，它不仅核心网采用 IP 网结构，整个无线接口也采用 IP 技术。4G 网络要采用许多新的技术和新的方法来支撑，包括自适应调制和编码技术（Adaptive Modulation and Coding，AMC）、自适应混合（ARQ）技术、MIMO 和 OFDM（正交频分复用）技术、智能天线技术、软件无线电技术以及网络优化和安全等。另外，为了使 4G 与各种通信网融合，必须使 4G 网络支持多协议。

目前还没有一个 4G 网络的标准结构，不过通过人们的不懈研究，已经对 4G 网络有了一个初步的勾画。图 1.4 所示为 4G 网络结构。

IP 核心网，通常称为 CN（Core Network）：它不是专门用于移动通信，而是作为一种统一的网络，支持有线和无线接入。主要功能：完成位置管理和控制、呼叫控制和业务控制。

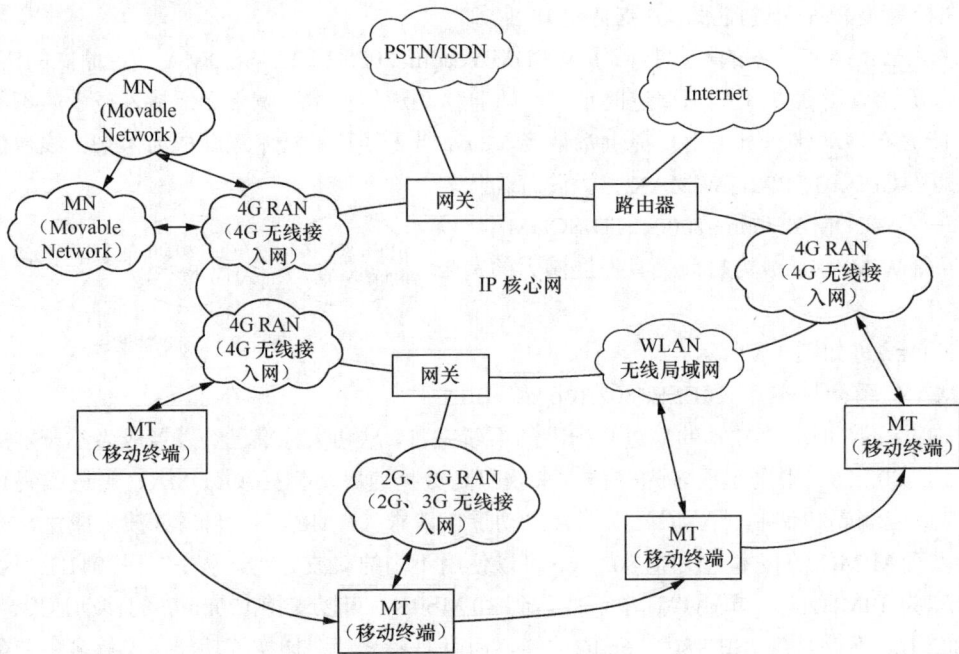

图 1.4　4G 网络结构

4G RAN（4G 无线接入网）：主要完成无线传输和无线资源控制移动性管理，是通过 CN 和 RAN 共同完成的。

移动的网络（Movable Network，MN）：当一个处于移动的 LAN 需要接入 4G 网络时，就需要通过 MN 进行接入。因此 MN 就像一个网关为小型的网络提供接入。

在 4G 系统中，网元间的协议是基于 IP 的，每一个 MT（移动终端）都有各自的 IP 地址。当 4G 网络与其他网络连接时，如 PSTN/ISDN，则需要网关进行连接。另外，与传统的 2G、3G 接入网连接时也需要相应的网关。

由上述结构可以看出，4G 网络应该是一个无缝连接（Seamless Connection）的网络，也就是说各种无线和有线网都能以 IP 为基础连接到 IP 核心网。当然，为了与传统的网络互联则需要用网关建立网络的互联，所以将来的 4G 网络将是一个复杂的多协议网络。

1.2　移动通信的特点和应用系统

1.2.1　移动通信的特点

移动通信是指通信双方或至少有一方处于运动中进行信息交换的通信方式。显然，这是一种在人们生活和工作中非常实用的通信方式。例如，固定点与移动体（汽车、轮船、飞机）之间、移动体与移动体之间、人与活动中的人或人与移动体之间的信息传递，都属于移动通信。

移动通信系统包括无绳电话、无线寻呼、陆地蜂窝移动通信、卫星移动通信系统等。移动体之间通信联系的传输手段只能依靠无线电。因此，无线通信是移动通信的基础，而无线通信技术的发展将推动移动通信的发展。当移动体与固定体之间通信联系时，除依靠无线通信技术外，还依赖于有线通信网络技术，例如公众电话网（PSTN）、公众数据网（PDN）、综合业务数字网（ISDN）。

移动通信的主要特点有如下几个方面。

1．移动通信利用无线电波进行信息传输

移动通信中基站至用户间必须靠无线电波来传送信息。然而无线传播环境十分复杂，导致无线电波传播特性一般很差。传播的电波一般是直射波和随时间变化的绕射波、反射波、散射波的叠加，这就造成所接收信号的电场强度起伏不定，最大可相差 $20\sim30$dB，这种现象称为衰落。另外，移动台不断运动，当达到一定速度时，固定点接收到的载波频率将随运动速度 v 的不同产生不同的频移，即产生多普勒效应，使接收点的信号场强振幅、相位随时间、地点而不断地变化，严重影响通信的质量。这就要求在设计移动通信系统时，必须采取抗衰落措施，保证通信质量。

2．移动通信在强干扰环境下工作

在移动通信系统中，除了一些外部干扰（如城市噪声、各种车辆发动机点火噪声、微波炉干扰噪声等）外，自身还会产生各种干扰。主要的干扰有互调干扰、邻道干扰及同频干扰等。因此，无论是在系统设计中还是在组网时，都必须对各种干扰问题予以充分的考虑。

（1）互调干扰

互调干扰是指两个或多个信号作用在通信设备的非线性器件上，产生同有用信号频率相近的组合频率，从而对通信系统构成干扰的现象。产生互调干扰的原因是由于在接收机中使用了"非线性器件"，如接收机的混频，当输入回路的选择性不好时，就会使不少干扰信号随有用信号一起进入混频级，最终形成对有用信号的干扰。

（2）邻道干扰

邻道干扰是指相邻或邻近的信道（或频道）之间的干扰，是一个强信号串扰弱信号而造成的干扰。如当两个用户距离基站位置差异较大，且这两个用户所占用的信道为相邻或邻近信道时，距离基站近的用户信号较强，而远的用户信号较弱，那么，距离基站近的用户有可能对距离远的用户造成干扰。为解决这个问题，在移动通信设备中使用了自动功率控制电路，以调节发射功率。

（3）同频干扰

同频干扰是指相同载频电台之间的干扰。蜂窝式移动通信采用同频复用来规划小区，这就使系统中相同频率的电台之间的同频干扰成为其特有的干扰。这种干扰主要与组网方式有关，在设计和规划移动通信网时必须予以充分的重视。

3．通信容量有限

频率作为一种资源，必须合理安排和分配。由于适于移动通信的频段仅限于 UHF（超高频）和 VHF（甚高频），所以可用的通道容量是极其有限的。为满足用户需求量的增加，只能在有限的已有频段中采取有效利用频率的措施，如窄带化、缩小频带间隔、频道重复利用等方法。目前常使用频道重复利用的方法来扩容，增加用户容量。每个城市要做出长期增容的规划，以利于今后发展的需要。

4．通信系统复杂

由于移动台在通信区域内随时运动，需要随机选用无线信道进行频率和功率控制、地址登记、越区切换及漫游存取等，这就使其信令种类比固定网要复杂得多，在入网和计费方式上也有特殊

的要求，所以移动通信系统是比较复杂的。

5．对移动台的要求高

移动台长期处于不固定位置状态，外界的影响很难预料，如尘土、振动、碰撞、日晒雨淋，这就要求移动台具有很强的适应能力。此外，还要求性能稳定可靠、携带方便、小型、低功耗以及能耐高、低温等。同时，要尽量使用户操作方便，适应新业务、新技术的发展，以满足不同人群的使用。这给移动台的设计和制造带来很大困难。

1.2.2　移动通信的应用系统

移动通信的应用系统大致包括以下几种。

1．蜂窝式公用陆地移动通信系统

蜂窝式公用陆地移动通信系统适用于全自动拨号、全双工工作、大容量公用移动陆地网组网，可与公用电话网中任何一级交换中心相连接，实现移动用户与本地电话网用户、长途电话网用户及国际电话网用户的通话接续；与公用数据网相连接，实现数据业务的接续。这种系统具有越区切换、自动或人工漫游、计费及业务量统计等功能。

2．集群调度移动通信系统

集群调度移动通信系统属于调度系统的专用通信网。这种系统一般由控制中心、总调度台、分调度台、基地台及移动台组成。

3．无绳电话系统

无绳电话最初是为满足有线电话用户的需求而诞生的，初期主要应用于家庭。这种无绳电话系统十分简单，只有一个与有线电话用户线相连接的基站和随身携带的手机，基站与手机之间利用无线电沟通。

但是，无绳电话很快得到商业应用，并由室内走向室外。这种公用系统由移动终端（公用无绳电话用户）和基站组成。基站通过用户线与公用电话网的交换机相连接而进入本地电话交换系统。通常在办公楼、居民楼群之间、火车站、机场、繁华街道、商业中心及交通要道设立基站，形成一种微蜂窝或微微蜂窝网，无绳电话用户只要看到这种基站的标志，就可使用手机呼叫。这就是所谓的"Telepoint"（公用无绳电话）。

4．无线电寻呼系统

无线电寻呼系统是一种单向通信系统，既可作公用也可作专用，仅规模大小有差异而已。专用寻呼系统由用户交换机、寻呼控制中心、发射台及寻呼接收机组成；公用寻呼系统由与公用电话网相连接的无线寻呼控制中心、寻呼发射台及寻呼接收机组成。

5．卫星移动通信系统

卫星移动通信系统是利用卫星中继，在海上、空中和地形复杂而人口稀疏的地区实现移动通信，具有独特的优越性，很早就引起人们的注意。最近 10 年来，以手持机为移动终端的非同步卫星移动通信系统已涌现出多种设计及实施方案。其中，呼声最高的要算铱（Iridium）系统，它采用 8 轨道 66 颗星的星状星座，卫星高度为 765km。另外还有全球星（Global star）系统，它采用 8 轨道 48 颗星的莱克尔星座，卫星高度约 1 400km；奥德赛（Odessey）系统，采用 3 轨道 12 颗星的莱克尔星座，中轨，高度为 10 000km；白羊（Aries）系统，采用 4 轨道 48 颗星的星状星座，高度约 1 000km；俄罗斯的 4 轨道 32 颗星的 COSCON 系统。除上述系统外，海事卫星组织推出了 Inmarsat-P，实施全球卫星移动电话网计划，采用 12 颗星的中轨星座组成全球网，提供声像、传真、数据及寻呼业务。该系统设计可与现行地面移动电话系统联网，用户只需携带便携式双模式话机，在地面移动电话系统覆盖范围内使用地面蜂窝移动电话网，而在地面移动电话系统不能覆盖的海洋、空中及人烟稀少的边远山区、沙漠地带，则通过转换开关使用卫星网通信。

6. 无线 LAN/WAN

无线 LAN/WAN 是无线通信的一个重要领域。IEEE 802.11、IEEE 802.11a/IEEE 802.11b 以及 IEEE 802.11g 等标准已相继出台，为无线局域网提供了完整的解决方案和标准。随着需求的增长和技术的发展，无线局域网的应用越来越广，它的作用不再局限于有线网络的补充和扩展，已经成为计算机网络的一个重要组成部分。WLAN 技术是目前国内外无线通信和计算机网络领域的一大热点，并且正在成为一个新的经济增长点，对 WLAN 技术的研究、开发和应用也正在国内兴起。

本书主要讨论蜂窝式公用移动通信系统，对于其他系统的相关内容读者可参考有关文献资料。

1.3　本书的内容安排

移动通信的迅猛发展，给我们在内容选取和结构安排上提出了挑战。本书的宗旨是，以基础理论、基本技术作为基础，以实际移动应用系统作为重点，力图全面准确地介绍蜂窝移动通信的基础理论和系统。另外，尽量选取较新的资料和我们的一些研究成果为读者了解移动通信的发展以及新技术和方法提供帮助。具体安排如下。

第 2 章，将较全面地介绍移动通信的无线传播环境和传播预测模型。这部分内容是移动通信的基础，也是移动通信系统设计的关键因素。

第 3 章，介绍移动通信中的信源编码和调制解调技术。尽管这些技术在通信专业的先期课程有所介绍，不过这里将依据移动通信的特点和要求，重点介绍在移动通信系统中所采用的调制解调技术。

第 4 章，论述了在移动通信系统中的各种抗衰落和抗干扰技术以及链路自适应技术，为本书讲述移动应用系统提供必要的理论基础。

第 5 章，从移动通信网的角度，介绍了网络的组成基础和结构。

第 6 章，系统介绍了 GSM 系统的业务、网络组成、信道结构以及呼叫处理和移动性管理等技术。力求以此系统为例，使读者较全面地了解一个实际系统的运作过程。另外，还简单介绍了 GSM 的增强技术即 GPRS 系统的概念。同时，本章还系统介绍了 CDMA IS-95 系统。

第 7 章，对 3G 技术基础进行介绍，包括 3G 技术的三大标准的基本概念，即 cdma2000（主要是 cdma2000 1x）、WCDMA 和 TD-SCDMA。

第 8 章，介绍了无线网络规划和优化的基本概念。

第 9 章，对未来的一些新技术进行介绍。

习题与思考题

1.1 简述移动通信的特点。

1.2 移动台主要受哪些干扰影响？哪种干扰是蜂窝系统所特有的？

1.3 简述蜂窝式移动通信的发展历程，说明各代移动通信系统的特点。

1.4 移动通信的工作方式主要有几种？蜂窝式移动通信系统采用哪种方式？

参 考 文 献

［1］Willie W.Lu. 4G Mobile Reserch In Asia.IEEE Communication magazine，March 2003.

［2］Toru Otsu, ichiro okajima. Network Architecture for Mobile Communications Systems Beyond IMT-2000. IEEE Personal Communications, October 2001.

［3］Aurelian Bria, Fredrik Gessler. 4th-Generation Wireless Infrastructures Scenarios and Research Challenges. IEEE Personal Communications, December 2001.

［4］啜钢，王文博，常永宇等.移动通信原理与应用[M].北京：北京邮电大学出版社，2002.

［5］啜钢等．CDMA 无线网络规划与优化[M].北京：机械工业出版社，2004.

［6］杨大成等．cdma2000 1x 移动通信系统[M]. 机械工业出版社，2003.1.

第 2 章　移动通信电波传播与传播预测模型

学习重点和要求

本章主要介绍了移动通信电波传播的基本概念和原理，并介绍了常用的几种传播预测模型。首先介绍了电波传播的基本特性，在此基础上讲解了影响电波传播的 3 种基本的机制：反射、绕射和散射。然后较详细地论述了移动无线信道及其特性参数。

要求

- 理解电波传播的基本特性。
- 了解 3 种电波传播的机制。
- 掌握自由空间和阴影衰落的概念。
- 掌握多径衰落的特性和多普勒频移。
- 掌握多径信道模型的原理和多径信道的主要参数。
- 掌握多径信道的统计分析及多径信道的分类。
- 掌握多径衰落信道的特征量的概念和计算。
- 了解衰落信道的建模和仿真。
- 理解传播损耗和传播预测模型的基本概念，理解几种典型模型。

2.1　概述

2.1.1　电波传播的基本特性

移动通信的首要问题就是研究电波的传播特性，掌握移动通信的电波传播特性对移动通信无线传输技术的研究、开发和移动通信的系统设计具有十分重要的意义。移动通信的信道是指基站天线和移动台天线之间的传播路径，也就是移动通信系统面对的传播环境。总体来说，移动通信的传播环境包括地貌、人工建筑、气候特征、电磁干扰情况、通信体移动速度情况和使用的频段等。无线电波在此环境下传播表现出几种主要的传播方式：直射、反射、绕射和散射以及它们的合成。图 2.1 所示为一种典型的信号传播环境。

移动通信系统的传播环境的各种复杂因素本身可能与时间有关，收发两端的位置也是随机和时变的，因而移动信道是时变的随机参数信道。信道参数的随机变化导致接收信号的幅度、相位的随机变化，这种现象称为衰落。

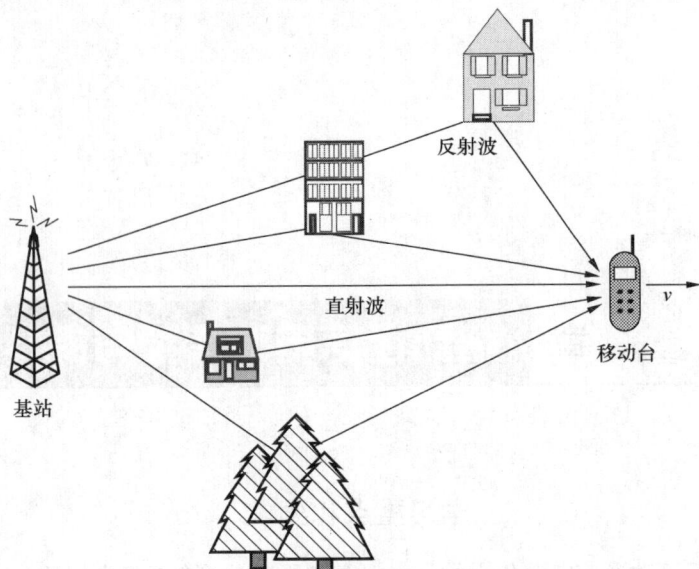

图 2.1　一种典型的信号传播环境

　　无线电波在这种传播环境下受到的影响主要表现在如下几个方面：随信号传播距离变化而导致的传播损耗，即自由空间传输损耗；由于传播环境中的地形起伏、建筑物及其他障碍物对电磁波的遮蔽所引起的损耗，一般称为阴影衰落；无线电波在传播路径上受到周围环境中地形地物的作用而产生的反射、绕射和散射，使其到达接收机时是从多条路径传来的多个信号的叠加，这种多径传播所引起的信号在接收端幅度、相位和到达时间的随机变化将导致严重的衰落，即所谓的多径衰落。

　　另外，移动台在传播径向方向的运动将使接收信号产生多普勒（Doppler）效应，其结果会导致接收信号在频域的扩展，同时改变信号电平的变化率。这就是多普勒频移，它的影响会产生附加的调频噪声，出现接收信号的失真。

　　通常在分析研究无线信道时，将无线信道分为大尺度（Large-Scale）传播模型和小尺度传播模型两种。大尺度模型主要是用于描述发射机与接收机（T-R）之间的长距离（几百或几千米）上信号强度的变化。小尺度模型用于描述短距离（几个波长）或短时间（秒级）内信号强度的快速变化。通常在同一个无线信道中大尺度衰落和小尺度衰落是同时存在的，如图 2.2 所示。

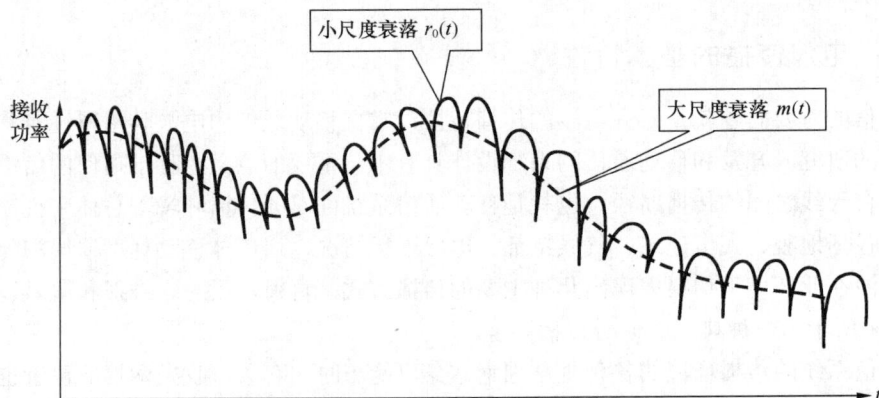

图 2.2　无线信道中的大尺度衰落和小尺度衰落

根据发送信号与信道变化快慢程度的比较，无线信道的衰落又可分为长期慢衰落和短期快衰落。一般而言，大尺度表征了接收信号在一定时间内的均值随传播距离和环境的变化而呈现的缓慢变化，小尺度表征了接收信号短时间内的快速波动。

因此无线信道的衰落特性可用式（2.1）描述

$$r(t)=m(t) \times r_0(t) \tag{2.1}$$

式中，$r(t)$ 表示信道的衰落因子；$m(t)$ 表示大尺度衰落；$r_0(t)$ 表示小尺度衰落。

大尺度衰落是由移动通信信道路径上的固定障碍物（建筑物、山丘、树林等）的阴影引起的，衰减特性一般服从 d^{-n} 律，平均信号衰落和关于平均衰落的变化具有对数正态分布的特征。利用不同测试环境下的移动通信信道的衰落中值计算公式，可以计算移动通信系统的业务覆盖区域。从无线系统工程的角度看，传播的衰落主要影响无线区的覆盖。

小尺度衰落是由移动台运动和地点的变化而产生的，主要特征是多径。多径产生时间扩散，引起信号符号间干扰；运动产生多普勒效应，引起信号随机调频。不同的测试环境有不同的衰落特性。而多径衰落严重影响信号传输质量，并且是不可避免的，只能采用抗衰落技术来减少其影响。

2.1.2　电波传播特性的研究方法

理论上来说，电波传播的基本细节可以通过求解带边界条件的麦克斯韦方程得到。边界条件反映了传播环境中各种因素的影响。然而表征传播环境的各种复杂因素就是一个复杂的问题，甚至无法得到必要的参数；求解带有复杂边界条件的麦克斯韦方程涉及非常复杂的运算，因而通常采用一次近似的方法分析电波的传播特性，以避免上述问题。

常用的近似方法是射线跟踪。根据电波在各种障碍物表面上的反射、折射等特性，计算出到达接收端的电波受到的影响。最简单的射线跟踪模型是两径模型，通常是一个直射路径和一个地面反射路径，接收信号是这两个路径信号的叠加。

很多复杂的传播环境部能用射线跟踪模型描述。此时，往往采取对传播环境做实际测量的方法，根据实际测量数据，建立经验模型，比如奥村模型、哈塔模型等。

本章将分析无线移动通信信道中信号的场强，概率分布及功率谱密度，多径传播与快衰落，阴影衰落，时延扩展与相关带宽，以及信道的衰落特性：平坦衰落和频率选择性衰落，衰落率与电平通过率，电平交叉率，平均衰落周期与长期衰落，衰落持续时间以及衰落信道的数学模型。本章还将介绍主要的用于无线网络工程设计的无线传播损耗预测模型。

2.2　自由空间的电波传播

自由空间传播是指在理想的、均匀的、各向同性的介质中传播，电波传播不发生发射、折射、绕射、散射和吸收现象，只存在电磁波能量扩散而引起的传播损耗。在自由空间中，设发射点处的发射功率为 P_t，以球面波辐射；设接收的功率为 P_r，则有

$$P_r=\frac{A_r}{4\pi d^2} P_t G_t \tag{2.2}$$

式（2.2）中，$A_r=\frac{\lambda^2 G_r}{4\pi}$，$\lambda$ 为工作波长；G_t、G_r 分别表示发射天线和接收天线增益；d 为发射天

线和接收天线间的距离。

自由空间的传播损耗 L 定义为

$$L=\frac{P_t}{P_r} \quad (2.3)$$

当 $G_t=G_r=1$ 时，自由空间的传播损耗可写作

$$L=\left(\frac{4\pi d}{\lambda}\right)^2 \quad (2.4)$$

若以分贝表示，则有

$$L(\text{dB})=32.45+20\log f+20\log d \quad (2.5)$$

式中，f 为工作频率，单位符号为 MHz；d 为收发天线间距离，单位符号为 km。

需要指出的是，自由空间是不吸收电磁能量的介质。实质上自由空间的传播损耗是说，球面波在传播过程中，随着传播距离的增大，电磁能量在扩散过程中引起的球面波扩散损耗。电波的自由空间传播损耗是与距离的平方成正比的。实际上，接收机天线所捕获的信号能量只是发射机天线发射的一小部分，大部分能量都散失掉了。

另外要说明一点，在移动无线系统中通常接收电平的动态范围很大，因此常用 dBm 或 dBW 为单位来表示接收电平，即

$$P_r(\text{dBm})=10\log P_r(\text{mW})$$

$$P_r(\text{dBW})=10\log P_r(\text{W})$$

2.3　三种基本电波传播机制

一般认为，在移动通信系统中影响传播的 3 种最基本的机制为反射、绕射和散射。

1. 反射

反射发生于地球表面、建筑物和墙壁表面，当电磁波遇到比其波长大得多的物体时就会发生反射。反射是产生多径衰落的主要因素。

2. 绕射

当接收机和发射机之间的无线路径被尖利的边缘阻挡时会发生绕射。由阻挡表面产生的二次波分布于整个空间，甚至绕射于阻挡体的背面。当发射机和接收机之间不存在视距路径（Line Of Sight，LOS）（视距路径是指移动台可以看见基站天线；非视距（NLOS）是指移动台看不见基站天线）时，围绕阻挡体也产生波的弯曲。

3. 散射

散射波产生于粗糙表面、小物体或其他不规则物体。在实际的移动通信系统中，树叶、街道标志和灯柱等都会引发散射。

2.3.1 反射与多径信号

1. 反射

电磁波的反射发生在不同物体界面上，这些反射界面可能是规则的，也可能是不规则的；可能是平滑的，也可能是粗糙的。为了简化问题，假设反射表面是平滑的，即所谓的理想介质表面。如果电磁波传输到理想介质表面，则能量都将反射回来。图 2.3 所示为平滑表面的反射。

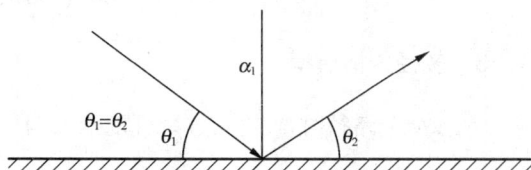

图 2.3　平滑表面的反射

入射波与反射波的比值称为反射系数（R）。反射系数与入射角 θ、电磁波的极化方式和反射介质的特性有关。反射系数可表示为

$$R=\frac{\sin\theta-z}{\sin\theta+z} \tag{2.6}$$

式中

$$z=\frac{\sqrt{\varepsilon_0-\cos^2\theta}}{\varepsilon_0} \qquad （垂直极化）$$

$$z=\sqrt{\varepsilon_0-\cos^2\theta} \qquad （水平极化）$$

而

$$\varepsilon_0=\varepsilon-\mathrm{j}60\sigma\lambda$$

其中，ε 为介电常数，σ 为电导率，λ 为波长。

2. 两径传播模型

移动传播环境是复杂的，实际上由于众多反射波的存在，在接收机端是大量多径信号的叠加。为了使问题简化，首先考虑简单的两径传播情况，然后再研究多径的问题。

图 2.4 所示为有一条直射波和一条反射波路径的两径传播模型。

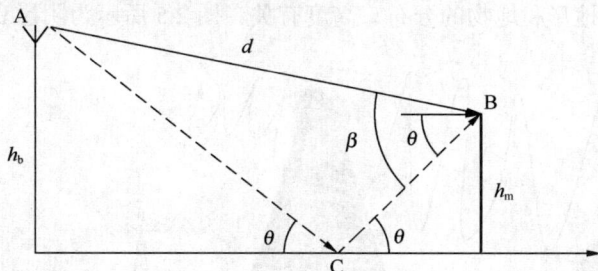

图 2.4　两径传播模型

图 2.4 中，A 表示发射天线，B 表示接收天线，AB 表示直射波路径，ACB 表示反射波路径。在接收天线 B 处的接收信号功率表示为

$$P_r=P_t\left[\frac{\lambda}{4\pi d}\right]^2 G_r G_t \left|1+R\mathrm{e}^{\Delta\Phi}\right|^2 \tag{2.7}$$

式中，P_r 和 P_t 分别为接收功率和发射功率；G_t 和 G_r 分别为基站和移动台的天线增益；R 为地面反射系数，可由式（2.6）求出；d 为收发天线距离；λ 为波长；$\Delta \Phi$ 为两条路径的相位差。

$$\Delta \Phi = \frac{2\pi \Delta l}{\lambda} \tag{2.8}$$

$$\Delta l = (AC + CB) - AB \tag{2.9}$$

3. 多径传播模型

考虑 N 个路径时，式（2.7）可以推广为

$$P_r = P_t \left[\frac{\lambda}{4\pi d}\right]^2 G_r G_t \left|1 + \sum_{i=1}^{N-1} R_i \exp(j\Delta \Phi_i)\right|^2 \tag{2.10}$$

当多径数目很大时，已无法用式（2.10）准确计算出接收信号的功率，必须用统计的方法计算接收信号的功率。

2.3.2　绕射

在发送端和接收端之间有障碍物遮挡的情况下，电波绕过遮挡物传播的现象称为绕射。绕射通常情况下会引起电波的损耗，损耗的大小与遮挡物的性质以及传播路径的相对位置有关。

在实际计算绕射损耗时，很难给出精确的结果。为了估算方便，人们常常利用一些典型的绕射模型。典型的绕射模型有刃形绕射模型和多重刃形绕射模型等。

2.3.3　散射

当无线电波遇到粗糙表面时，反射能量由于散射而散布于所有方向，这种现象称为散射。散射给接收机提供了额外的能量，散射发生的表面常常是粗糙不平的。

2.4　阴影衰落的基本特性

阴影衰落是移动无线通信信道传播环境中的地形起伏、建筑物及其他障碍物对电波传播路径的阻挡而形成的电磁场阴影效应。阴影衰落的信号电平起伏是相对缓慢的，又称为慢衰落，其特点是衰落与无线电传播地形和地物的分布、高度有关。图 2.5 所示为阴影衰落。

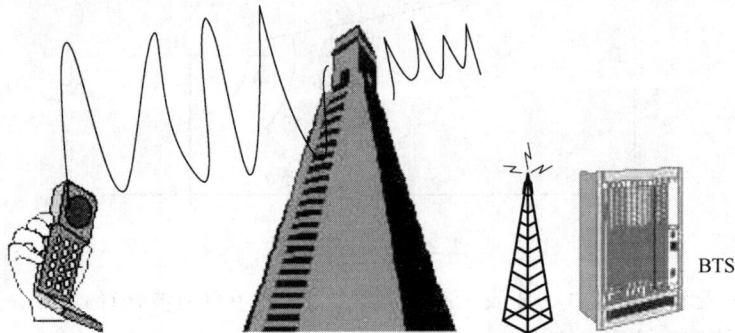

图 2.5　阴影衰落

阴影衰落一般表示为电波传播距离 r 的 m 次幂与表示阴影损耗的正态对数分量的乘积。移动

用户和基站之间的距离为 r 时，传播路径损耗和阴影衰落可以表示为

$$l(r,\zeta)=r^m \times 10^{\frac{\zeta}{10}} \qquad (2.11)$$

式中，ζ 是由于阴影产生的对数损耗（单位为 dB），服从零平均和标准偏差 σ（dB）的对数正态分布。当用 dB 表示时，式（2.11）变为

$$10\log l(r,\zeta)=10m\log r+\zeta \qquad (2.12)$$

有时人们将 m 称为路径损耗指数，实验数据表明 $m=4$，标准差 $\sigma=8\text{dB}$ 时是合理的。

2.5　多径传播模型

2.5.1　多径衰落的基本特性

移动无线信道的主要特征是多径传播。多径传播是由于无线传播环境的影响，在电波的传播路径上电波产生了反射、绕射和散射，这样当电波传到到移动台的天线时，信号不是从单一路径来的，而是从许多路径来的多个信号的叠加。因为电波通过各个路径的距离不同，所以各个路径的电波到达接收机的时间不同，相位也就不同。不同相位的多个信号在接收端叠加，有时是同相叠加而加强，有时是反相叠加而减弱。这样接收信号的幅度将急剧变化，即产生了所谓的多径衰落。多径衰落将严重影响信号的传输质量，所以研究多径衰落对移动通信传输技术的选择和数字接收机的设计尤为重要。

按照大尺度衰落和小尺度衰落分类，这里所讨论的属于小尺度衰落。

多径衰落的基本特性表现为信号幅度的衰落和时延扩展。具体地说，从空间角度考虑多径衰落时，接收信号的幅度将随着移动台移动距离的变动而衰落，其中本地反射物所引起的多径效应表现为较快的幅度变化，而其局部均值是随距离增加而起伏的，反映了地形变化所引起的衰落以及空间扩散损耗；从时间角度考虑，由于信号的传播路径不同，所以到达接收端的时间也就不同，当基站发出一个脉冲信号时，接收信号不仅包含该脉冲，还将包括此脉冲的各个时延信号，这种由于多径效应引起的接收信号中脉冲的宽度扩展现象称为时延扩展。一般来说，模拟移动通信系统主要考虑多径效应引起的接收信号的幅度变化；数字移动通信系统主要考虑多径效应引起的脉冲信号的时延扩展。

基于上述多径衰落特性，在研究多径衰落时从这样几个方面研究：研究无线信道的数学描述方法；考虑无线信道的特性参数；根据测试和统计分析的结果，建立移动无线信道的统计模型；考察多径衰落的衰落特性参数。

2.5.2　多普勒频移

当移动体在 x 轴上以速度 v 移动时会引起多普勒（Doppler）频率漂移，如图 2.6 所示。

此时，多普勒效应引起的多普勒频移可表示为

$$f_\text{d}=\frac{v}{\lambda}\cos\alpha \qquad (2.13)$$

式中，v 为移动速度；λ 为波长；α 为入射波与移动台移动方向之间的夹角；$\dfrac{v}{\lambda}=f_m$ 为最大多普勒频移。

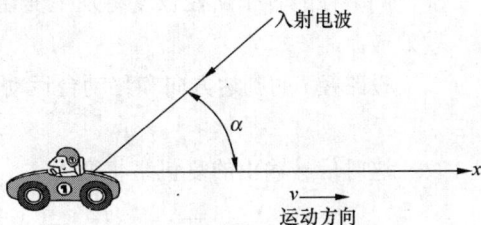

图 2.6　多普勒频移示意图

由式（2.13）可以看出，多普勒频移与移动台运动的方向、速度以及无线电波入射方向之间的夹角有关。若移动台朝向入射波方向运动，则多普勒频移为正（接收信号频率上升）；反之，若移动台背向入射波方向运动，则多普勒频移为负（接收信号频率下降）。信号经过不同方向传播，其多径分量造成接收机信号的多普勒扩散，因而增大了信号带宽。

2.5.3　多径信道的信道模型

多径信道对无线信号的影响表现为多径衰落特性。通常信道可以看成作用于信号上的一个滤波器，因此可通过分析滤波器的冲击响应和传递函数得到多径信道的特性。

设传输信号为

$$x(t) = \text{Re}\{s(t)\exp(\text{j}2\pi f_c t)\} \tag{2.14}$$

其中，f_c 为载频。

当此信号通过无线信道时，会受到多径信道的影响而产生多径效应。这样假设第 i 径的路径长度为 x_i、衰落系数（或反射系数）为 a_i，则接收到的信号可表示为

$$
\begin{aligned}
y(t) &= \sum_i a_i x\left(t - \frac{x_i}{c}\right) = \sum_i a_i \text{Re}\left\{s\left(t - \frac{x_i}{c}\right)\exp\left[\text{j}2\pi f_c\left(t - \frac{x_i}{c}\right)\right]\right\} \\
&= \text{Re}\left\{\sum_i a_i s\left(t - \frac{x_i}{c}\right)\exp\left[\text{j}2\pi\left(f_c t - \frac{x_i}{\lambda}\right)\right]\right\}
\end{aligned} \tag{2.15}
$$

式中，c 为光速；$\lambda = \dfrac{c}{f_c}$ 为波长。

经简单推导可以得出接收信号的包络为

$$y(t) = \text{Re}\{r(t)\exp(\text{j}2\pi f_c t)\} \tag{2.16}$$

其中，$r(t)$ 是接收信号的复数形式，即

$$r(t) = \sum_i a_i \exp\left(-\text{j}2\pi\frac{x_i}{\lambda}\right)s\left(t - \frac{x_i}{c}\right) = \sum_i a_i \exp(-\text{j}2\pi f_c\tau_i)s(t - \tau_i) \tag{2.17}$$

式中，$\tau_i = \dfrac{x_i}{c}$ 为时延。

$r(t)$ 实质上是接收信号的复包络模型，是衰落、相移和时延都不同的各个路径的总和。

上面的讨论忽略了移动台的移动情况。考虑移动台移动时，由于移动台周围的散射体较为杂乱，则多径的各个路径长度将发生变化。这种变化就会导致每条路径的频率发生变化，产生多普勒效应。

设路径 i 的到达方向和移动台运动方向之间的夹角为 θ_i，则路径的变化量为

$$\Delta x_i = -vt\cos\theta_i \tag{2.18}$$

这时信号输出的复包络将变为

$$
\begin{aligned}
r(t) &= \sum_i a_i \exp\left(-\text{j}2\pi\frac{x_i + \Delta x_i}{\lambda}\right)s\left(t - \frac{x_i + \Delta x_i}{c}\right) \\
&= \sum_i a_i \exp\left(-\text{j}2\pi\frac{x_i}{\lambda}\right)\exp\left(\text{j}2\pi\frac{v}{\lambda}t\cos\theta_i\right)s\left(t - \frac{x_i}{c} + \frac{vt\cos\theta_i}{c}\right)
\end{aligned} \tag{2.19}
$$

简化式（2.19），忽略信号的时延变化量 $\dfrac{vt\cos\theta_i}{c}$ 在 $s\left(t-\dfrac{x_i}{c}+\dfrac{vt\cos\theta_i}{c}\right)$ 中的影响，因为 $\dfrac{vt\cos\theta_i}{c}$

的数量级比 $\dfrac{x_i}{c}$ 小得多；但 $\dfrac{vt\cos\theta_i}{c}$ 在相位中不能忽略，则

$$
\begin{aligned}
r(t) &= \sum_i a_i \exp\left(j2\pi\left[\frac{v}{\lambda}t\cos\theta_i - \frac{x_i}{\lambda}\right]\right)s\left(t-\frac{x_i}{c}\right) \\
&= \sum_i a_i \exp\left(j2\pi\left[f_{\mathrm{m}}t\cos\theta_i - \frac{x_i}{\lambda}\right]\right)s\left(t-\tau_i\right) \\
&= \sum_i a_i \exp\left(j\left[2\pi f_{\mathrm{m}}t\cos\theta_i - 2\pi f_{\mathrm{c}}\tau_i\right]\right)s\left(t-\tau_i\right) \\
&= \sum_i a_i s\left(t-\tau_i\right)\exp\left(-j\left[2\pi f_{\mathrm{c}}\tau_i - 2\pi f_{\mathrm{m}}t\cos\theta_i\right]\right)
\end{aligned}
\tag{2.20}
$$

其中，f_{m} 为最大多普勒频移。

式（2.20）表明了多径和多普勒效应对传输信号 $s(t)$（$s(t)$ 为复基带传输信号）施加的影响。

令

$$
\psi_i(t) = 2\pi f_{\mathrm{c}}\tau_i - 2\pi f_{\mathrm{m}}t\cos\theta_i = \omega_{\mathrm{c}}\tau_i - \omega_{\mathrm{D},i}t
\tag{2.21}
$$

其中 τ_i 代表第 i 条路径到达接收机的信号分量的增量延迟，τ_i 随时间变化，增量延迟是指实际迟延减去所有分量取平均的迟延。因此 $\omega_{\mathrm{c}}\tau_i$ 表示多径延迟对随机相位 $\psi_i(t)$ 的影响，$\omega_{\mathrm{D},i}t$ 表示多普勒效应对 $\psi_i(t)$ 的影响。在任何时刻 t，随机相位 $\psi_i(t)$ 都可产生对 $r(t)$ 的影响，从而引起多径衰落。

将式（2.21）进一步分析可得

$$
r(t) = \sum_i a_i s\left(t-\tau_i\right)\mathrm{e}^{-j\psi_i(t)} = s(t) * h(t,\tau)
\tag{2.22}
$$

式中，$s(t)$ 为复基带传输信号；$h(t,\tau)$ 为信道的冲激响应；符号 * 表示卷积。图 2.7 所示为这种等效的冲激响应的信道模型。

其中冲激响应可表示为

$$
h(t,\tau) = \sum_i a_i \mathrm{e}^{-j\psi_i(t)}\delta\left(\tau-\tau_i\right)
\tag{2.23}
$$

$$s(t) \longrightarrow \boxed{h(t,\tau)} \longrightarrow r(t)$$

图 2.7 等效的冲激响应模型

式中，a_i、τ_i 表示了第 i 个分量的实际幅度和增量延迟；相位 $\psi_i(t)$ 包含了在第 i 个增量延迟内一个多径分量所有的相移；$\delta(\bullet)$ 为单位冲击函数。

如果假设信道冲激响应具有时不变性，或者至少在一小段时间间隔或距离内具有不变性，则信道冲激响应可以简化为

$$
h(\tau) = \sum_i a_i \mathrm{e}^{-j\psi_i(t)}\delta\left(\tau-\tau_i\right)
\tag{2.24}
$$

此冲激响应完全描述了信道特性，研究表明相位 ψ_i 服从 $[0,2\pi]$ 的均匀分布，多径信号的个数、每个多径信号的幅度（或功率）以及时延需要进行测试，找出其统计规律。此冲激响应模型在工程上可用抽头延迟线实现。

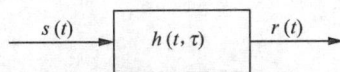

2.5.4 描述多径信道的主要参数

由于多径环境和移动台运动等因素的影响，使得移动信道对传输信号在时间、频率和角度上造成了色散。通常用功率在时间、频率以及角度上的分布来描述这种色散，即用功率延迟分布（Power Delay Profile，PDP）描述信道在时间上的色散；用多普勒功率谱密度（Doppler Power Spectral Density，DPSD）描述信道在频率上的色散；用角度谱（Power Azimuth Spectrum，PAS）描述信道在角度上的色散。定量描述这些色散时，常用一些特定参数来描述，即所谓多径信道的主要参数。

1. 时间色散参数和相关带宽

（1）时间色散参数

这里讨论的多径信道时间色散特性参数，是用平均附加时延 $\bar{\tau}$ 和 rms（均方根）时延扩展 σ_τ 以及最大附加时延扩展（XdB）描述的。这些参数是由功率延迟分布（PDP）$P(\tau)$ 来定义的。功率延迟分布是一基于固定时延参考 τ_0 的附加时延 τ 的函数，通过对本地瞬时功率延迟分布取平均得到。

平均附加时延 $\bar{\tau}$ 定义为

$$\bar{\tau}=\frac{\sum_k a_k^2 \tau_k}{\sum_k a_k^2}=\frac{\sum_k P(\tau_k)\tau_k}{\sum_k P(\tau_k)} \tag{2.25}$$

rms 时延扩展 σ_τ 定义为

$$\sigma_\tau=\sqrt{E(\tau^2)-\left(\bar{\tau}\right)^2} \tag{2.26}$$

其中

$$E(\tau^2)=\frac{\sum_k a_k^2 \tau_k^2}{\sum_k a_k^2}=\frac{\sum_k P(\tau_k)\tau_k^2}{\sum_k P(\tau_k)} \tag{2.27}$$

最大附加时延扩展（XdB）定义为，多径能量从初值衰落到比最大能量低 XdB 处的时延。也就是说最大附加时延扩展定义为 $\tau_x-\tau_0$，其中 τ_0 是第一个到达信号的时刻，τ_x 是最大时延值，期间到达的多径分量不低于最大分量减去 XdB（最强多径信号不一定在 τ_0 处到达）。实际上最大附加时延扩展（XdB 处）定义了高于某特定门限的多径分量的时间范围。

在市区环境中常将功率时延分布近似为指数分布，如图 2.8 所示。其指数分布为

$$P(\tau)=\frac{1}{T}\mathrm{e}^{-\frac{\tau}{T}} \tag{2.28}$$

式中，T 是常数，为多径时延的平均值。

为了更直观地说明平均附加时延 $\bar{\tau}$ 和 rms 时延扩展 σ_τ 以及最大附加时延扩展（XdB）的概念，

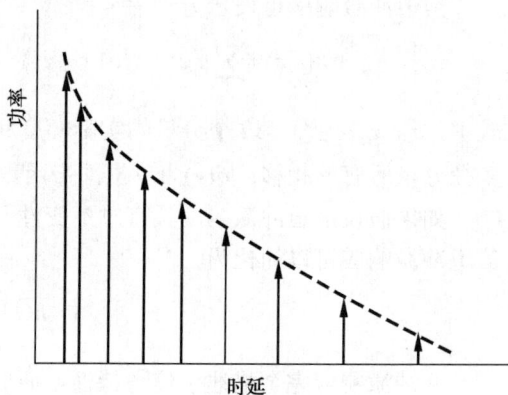

图 2.8 功率延迟分布示意图

图 2.9 所示为典型的最强路径信号功率的归一化时延扩展谱。

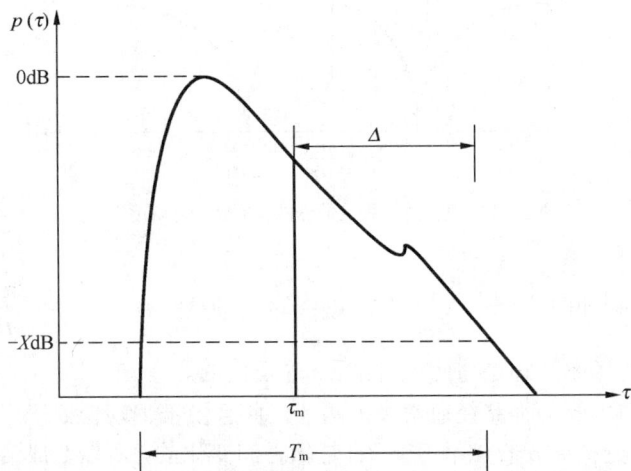

图 2.9　典型的归一化时延扩展谱

图 2.9 中，T_m 为归一化的最大附加时延扩展（XdB）；τ_m 为归一化平均附加时延 $\overline{\tau}$；Δ 为归一化 rms 时延扩展 σ_τ。

（2）相关带宽

与时延扩展有关的另一个重要概念是相关带宽。当信号通过移动信道时，会引起多径衰落。我们自然会考虑，信号中不同频率分量通过多径衰落信道后所受到的衰落是否相同。若存在某个带宽值 B_c，在频率间隔 $\Delta f > B_c$ 的位置，信道响应近似独立，B_c 就称为"相干"（coherence）或"相关"（correlation）带宽（B_c）。

为了说明问题简单，先考虑两径的情况。图 2.10 所示为两条路径的模型情况。

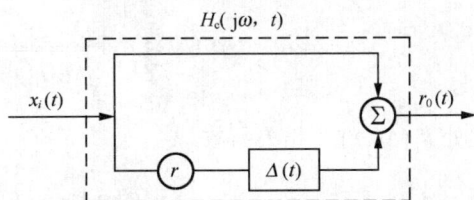

图 2.10　两条路径信道模型

第一条路径信号为 $x_i(t)$，第二条路径信号为 $rx_i(t)e^{j\omega\Delta(t)}$，其中 r 为比例常数，$\Delta(t)$ 为两径时延差。

接收信号

$$r_0(t) = x_i(t)(1 + re^{j\omega\Delta(t)}) \tag{2.29}$$

两路径信道的等效网络传递函数

$$H_c(j\omega, t) = \frac{r_0(t)}{x_i(t)} = 1 + re^{j\omega\Delta(t)} \tag{2.30}$$

信道的幅频特性

$$A(\omega, t) = \left|1 + r\cos\omega\Delta(t) + jr\sin\omega\Delta(t)\right| \tag{2.31}$$

所以，当 $\omega\Delta(t) = 2n\pi$ 时（n 为整数），两径信号同相叠加，信号出现峰点；而当 $\omega\Delta(t) = (2n+1)\pi$ 时，双径信号反相相减，信号出现谷点。幅频特性如图 2.11 所示。

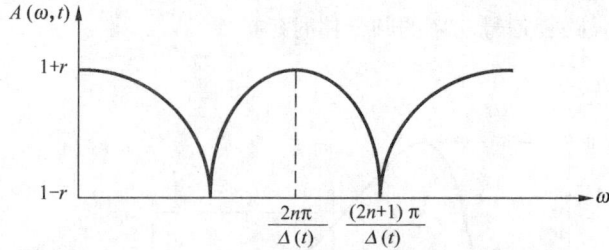

图 2.11 通过两条路径信道的接收信号的幅频特性

由图 2.11 可见，相邻两个谷点的相位差 $\Delta\varphi=\Delta\omega\times\Delta(t)=2\pi$，$\Delta\omega=\dfrac{2\pi}{\Delta(t)}$ 或 $B_c=\dfrac{\Delta\omega}{2\pi}=\dfrac{1}{\Delta(t)}$，两相邻场强为最小值的频率间隔是与两径时延 $\Delta(t)$ 成反比的。

实际上，移动信道中的传播路径通常多于两条，并且由于移动台处于运动状态，因此当考虑多径时 $\Delta(t)$ 应为 rms 时延扩展 $\sigma_\tau(t)$。由于 $\sigma_\tau(t)$ 是随时间变化的，所以合成信号的振幅的谷点和峰点在频率轴上的位置也随时间变化，使得信道的传递函数变得复杂，很难准确地分析相关带宽的大小。通常的做法是先考虑两个信号包络的相关性，当多径时其 rms 时延扩展 $\sigma_\tau(t)$ 可以由大量实测数据经过统计处理计算出来，这样再确定相关带宽，这也说明相关带宽是信道本身的特性参数，与信号无关。

下面来说明考虑两个信号包络的相关性时，推导出的相关带宽。

设两个信号的包络为 $r_1(t)$ 和 $r_2(t)$，频率差为 $\Delta f=|f_1-f_2|$，则包络相关系数为

$$\rho_r(\Delta f,\tau)=\frac{R_r(\Delta f,\tau)-E(r_1)E(r_2)}{\sqrt{\left\{E(r_1^2)-[E(r_1)]^2\right\}\left\{E(r_2^2)-[E(r_2)]^2\right\}}} \tag{2.32}$$

此处 $R_r(\Delta f,\tau)$ 为相关函数。

$$R_r(\Delta f,\tau)=E(r_1 r_2)=\int_0^\infty r_1 r_2\, p(r_1,r_2)\mathrm{d}r_1\mathrm{d}r_2 \tag{2.33}$$

若信号衰落符合瑞利分布，则可以计算出 $\rho_r(\Delta f,\tau)$ 的近似表达式为

$$\rho_r(\Delta f,\tau)\approx\frac{J_0^2(2\pi f_m\tau)}{1+(2\pi\Delta f)^2\sigma_\tau^2} \tag{2.34}$$

式中 $J_0(\cdot)$ 为零阶 Bessel 函数，f_m 为最大多普勒频移。不失一般性，可令 $\tau=0$，于是上式简化为

$$\rho_r(\Delta f)\approx\frac{1}{1+(2\pi\Delta f)^2\sigma_\tau^2} \tag{2.35}$$

从式（2.35）可见，当频率间隔增加时，包络的相关性降低。通常，根据包络的相关系数 $\rho_r(\Delta f)=0.5$ 来测度相关带宽。例如 $2\pi f\times\sigma_\tau=1$，得到 $\rho_r(\Delta f)=0.5$，相关带宽为

$$\Delta f=\frac{1}{2\pi\sigma_\tau} \tag{2.36}$$

即相关带宽为

$$B_c=\frac{1}{2\pi\sigma_\tau} \tag{2.37}$$

根据衰落与频率的关系，将衰落分为两种：频率选择性衰落和非频率选择性衰落，后者又称

为平坦衰落。

频率选择性衰落是指传输信道对信号不同的频率成分有不同的随机响应，信号中不同频率分量衰落不一致，引起信号波形失真。

非频率选择性衰落是指信号经过传输信道后，各频率分量的衰落是相关的，具有一致性，衰落波形不失真。

是否发生频率选择性衰落或非频率选择性衰落要由信道和信号两方面来决定。对于移动信道来说，存在一个固有的相关带宽。当信号的带宽小于相关带宽时，发生非频率选择性衰落；当信号的带宽大于相关带宽时，发生频率选择性衰落。

对于数字移动通信来说，当码元速率较低的信号带宽小于信道相关带宽时，信号通过信道传输后各频率分量的变化具有一致性，衰落为平坦衰落，信号的波形不失真；反之，当码元速率较高的信号带宽大于信道相关带宽时，信号通过信道传输后各频率分量的变化是不一致的，衰落为频率选择性衰落，引起波形失真，造成码间干扰。

2．频率色散参数和相关时间

频率色散参数是用多普勒扩展来描述的，而相关时间是与多普勒扩展相对应的参数。与时延扩展和相关带宽不同的是多普勒扩展和相关时间描述的是信道的时变特性。这种时变特性或是由移动台与基站间的相对运动引起的，或是由信道路径中的物体运动引起的。

当信道时变时，信道具有时间选择性衰落，这种衰落会造成信号的失真。这是因为发送信号在传输过程中，信道特性发生了变化。信号尾端的信道特性与信号前端的信道特性发生了变化，就会产生时间选择性衰落。

（1）多普勒扩展

假设发射载频为 f_c，接收信号是许多经过多普勒频移的平面波的合成，即是由 N 个平面波合成的，当 $N \to \infty$ 时，接收天线在 $\alpha \sim \mathrm{d}\alpha$ 角度内的入射功率趋于连续。

再假设 $p(\alpha)\mathrm{d}\alpha$ 表示在角度 $\alpha \sim \mathrm{d}\alpha$ 内的入射功率，$G(\alpha)$ 表示接收天线增益，则入射波在为 $\alpha \sim \mathrm{d}\alpha$ 内的功率为

$$b \cdot G(\alpha) \cdot p(\alpha) \cdot \mathrm{d}\alpha \tag{2.38}$$

式中 b 为平均功率。

考虑多普勒频移时，则接收的频率为

$$f(\alpha) = f = f_c + f_m \cos\alpha = f(-\alpha) \tag{2.39}$$

式中 f_c 为载波频率。

用 $s(f)$ 表示功率谱，则

$$S(f)|\mathrm{d}f| = b|p(\alpha)G(\alpha) + p(-\alpha)G(-\alpha)| \cdot |\mathrm{d}\alpha| \tag{2.40}$$

式中 $\mathrm{d}|f(\alpha)| = f_m|-\sin\alpha||\mathrm{d}\alpha|$，又由式（2.39）知，$\alpha = \cos^{-1}\left[\dfrac{f-f_c}{f_m}\right]$，则可推导得出

$$\sin\alpha = \sqrt{1 - \left(\frac{f-f_c}{f_m}\right)^2} \tag{2.41}$$

$$S(f) = \frac{b}{|\mathrm{d}f(\alpha)|} \cdot [p(\alpha)G(\alpha) + p(-\alpha)G(-\alpha)] \cdot |\mathrm{d}\alpha|$$

$$= \frac{b[p(\alpha)G(\alpha) + p(-\alpha)G(-\alpha)]}{f_\mathrm{m}\sqrt{1-\left(\dfrac{f-f_\mathrm{c}}{f_\mathrm{m}}\right)^2}} \qquad |f-f_\mathrm{c}| < f_\mathrm{m} \qquad (2.42)$$

对 b 归一化，并设 $G(\alpha)=1$，$p(\alpha)=1/2\pi$，$-\pi \leqslant \alpha \leqslant \pi$，得到典型的多普勒功率谱为

$$S(f) = \frac{1}{\pi\sqrt{f_\mathrm{m}^2 - (f-f_\mathrm{c})^2}} \qquad |f-f_\mathrm{c}| < f_\mathrm{m} \qquad (2.43)$$

由于多普勒效应，接收信号的功率谱展宽到 $f_\mathrm{c}-f_\mathrm{m}$ 和 $f_\mathrm{c}+f_\mathrm{m}$ 范围了。图 2.12 所示为多普勒扩展功率谱，即多普勒扩展。

在应用多普勒频谱时，通常假设以下条件成立。

① 对于室外传播信道，大量接收信号波到达后均匀地分布在移动台的水平方位上，每个时延间隔的仰角为 0°。假设天线方向图在水平方位上是均匀的。在基站一方，一般来说，到达的接收波在水平方位上处于一个有限的范围内。这种情况的多普勒扩展由式（2.43）表示，称为典型（class）多普勒扩展。

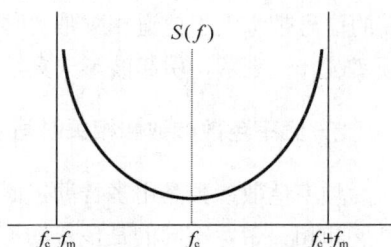

图 2.12　多普勒扩展功率谱

② 对于室内传播信道，在基站一方，对于每个时延间隔，大量到达的接收波均匀地分布在仰角方位和水平方位上。假设天线是短波或半波垂直极化天线，此时天线增益 $G(\alpha)=1.64$。这种情况的多普勒扩展由式（2.44）表示，称为平坦（flat）多普勒扩展。

$$S(f) = \frac{1}{2f_\mathrm{m}} \qquad |f-f_\mathrm{c}| \ll f_\mathrm{m} \qquad (2.44)$$

（2）相关时间

相关时间是信道冲激响应维持不变的时间间隔的统计平均值。也就是说相关时间是指一段时间间隔，在此间隔内，两个到达信号具有很强的相关性，换句话说在相关时间内信道特性没有明显的变化。因此相干时间表征了时变信道对信号的衰落节拍，这种衰落是由多普勒效应引起的，并且发生在传输波形的特定时间段上，即信道在时域具有选择性。一般称这种由于多普勒效应引起的在时域产生的选择性衰落为时间选择性衰落。时间选择性衰落对数字信号误码有明显的影响，为了减少这种影响，要求基带信号的码元速率远大于信道的相关时间。

定义信道相关时间为

$$T_\mathrm{c} \approx \frac{1}{f_\mathrm{D}} \approx \frac{1}{f_\mathrm{m}} \qquad (2.45)$$

式中 f_D 为多普勒扩展（有时也用 B_D 表示），即多普勒频移。入射波与移动台移动方向之间的夹角 $\alpha=0$ 时，上式成立。

与讨论相关带宽的方法类似，如果将相关时间定义为信号包络相关度为 0.5 时，则由以下公式求出相关时间。

令（2.34）式中 $\Delta f=0$，则

$$\rho_r(0,\tau) \approx J_0^2(2\pi f_m \tau) \tag{2.46}$$

因此

$$\rho_r(0,T_c) \approx J_0^2(2\pi f_m T_c)=0.5 \tag{2.47}$$

可推出

$$T_c \approx \frac{9}{16\pi f_m} \tag{2.48}$$

式中 f_m 为最大多普勒频移。

由相关时间的定义可知，时间间隔大于 T_c 的两个到达信号受到信道的影响各不相同。例如，移动台的移动速度为 30m/s，信道的载频为 2GHz，则相关时间为 1ms。所以要保证信号经过信道不会在时间轴上产生失真，就必须保证传输的符号速率大于 1kbit/s。

另外，在测量小尺度电波传播时，要考虑选取适当的空间取样间隔，以避免连续取样值有很强的时间相关性。一般认为，式（2.48）给出的 T_c 是一个保守值，所以可以选取 $T_c/2$ 作为取样值的时间间隔，以此求出空间取样间隔。

3．角度色散参数和相关距离

由于无线通信中移动台和基站周围的散射环境不同，使得多天线系统中不同位置的天线经历的衰落不同，从而产生了角度色散，即空间选择性衰落。与单天线的研究不同，在对多天线研究过程中，不仅要了解无线信道的衰落、时延等变量的统计特性，还需了解有关角度的统计特性，如到达角度和离开角度等，正是这些角度的原因引发了空间选择性衰落。角度扩展和相关距离是描述空间选择性衰落的两个主要参数。

（1）角度扩展

角度扩展（Azimuth Spread，AS）Δ 是用来描述空间选择性衰落的重要参数，它与角度功率谱（PAS）$p(\theta)$ 有关。

角度功率谱是信号功率谱密度在角度上的分布。研究表明，角度功率谱一般为均匀分布、截短高斯分布和截短拉普拉斯分布。

角度扩展 Δ 等于功率角度谱 $p(\theta)$ 的二阶中心矩的平方根，即

$$\Delta = \sqrt{\frac{\displaystyle\int_0^\infty (\theta-\bar{\theta})^2 p(\theta)\mathrm{d}\theta}{\displaystyle\int_0^\infty p(\theta)\mathrm{d}\theta}} \tag{2.49}$$

式中

$$\bar{\theta} = \frac{\displaystyle\int_0^\infty \theta p(\theta)\mathrm{d}\theta}{\displaystyle\int_0^\infty p(\theta)\mathrm{d}\theta} \tag{2.50}$$

角度扩展 Δ 描述了功率谱在空间上的色散程度，角度扩展在 $[0,360°]$ 之间分布。角度扩展越大，表明散射环境越强，信号在空间的色散度越高；相反，角度扩展越小，表明散射环境越弱，信号在空间的色散度越低。

（2）相关距离

相关距离 D_c 指的是信道冲激响应保证一定相关度的空间距离。在相关距离内，信号经历的衰落具有很大的相关性。在相关距离内，可以认为空间传输函数是平坦的，即如果天线元素放置的空间距离比相关距离小得多，即

$$\Delta x \ll D_c \tag{2.51}$$

信道就是非空间选择性信道。

2.5.5 多径信道的统计分析

这里所述的多径信道的统计分析，主要是讨论多径信道的包络统计特性。一般而言，接收信号的包络根据不同的无线环境服从瑞利分布和莱斯分布。另外，还有一种具有参数 m 的 Nakagami-m 分布，参数 m 取不同的值时对应的分布也不相同，因此更具有广泛性。

1．瑞利分布

设发射信号是垂直极化，并且只考虑垂直波时，场强为

$$E_z = E_0 \sum_{n=1}^{N} C_n \cos(\omega_c t + \theta_n) \quad （实部） \tag{2.52}$$

式中，ω_c 为载波频率；$E_0 \cdot C_n$ 为第 n 个入射波（实部）幅度；$\theta_n = \omega_n t + \phi_n$，$\omega_n$ 为多普勒频率漂移，ϕ_n 为随机相位（在 $0 \sim 2\pi$ 上均匀分布）。

假设：

➢ 发射机和接收机之间没有直射波路径；

➢ 有大量的反射波存在，且到达接收机天线的方向角是随机的（在 $0 \sim 2\pi$ 上均匀分布）；

➢ 各个反射波的幅度和相位都是统计独立的。

通常在离基站较远、反射物较多的地区是符合上述假设的。

E_z 可以表示为

$$E_z = T_c(t) \cos \omega_c t - T_s(t) \sin \omega_c t \tag{2.53}$$

式中

$$T_c(t) = E_0 \sum_{n=1}^{N} C_n \cos(\omega_n t + \phi_n)$$

$$T_s(t) = E_0 \sum_{n=1}^{N} C_n \sin(\omega_n t + \phi_n)$$

$T_c(t)$ 和 $T_s(t)$ 分别为 E_z 的两个角频率相同的相互正交的分量。当 N 很大时，$T_c(t)$ 和 $T_s(t)$ 是大量独立随机变量之和。根据中心极限理论，大量独立随机变量之和接近于正态分布，因而 $T_c(t)$ 和 $T_s(t)$ 是高斯随机过程，对应固定时间 t，T_c 和 T_s 为随机变量。T_c、T_s 具有 0 均值和等方差，即

$$\langle T_c^2 \rangle = \langle T_s^2 \rangle = \frac{E_s^2}{2} = \langle |E_z|^2 \rangle \tag{2.54}$$

$\langle |E_z|^2 \rangle$ 是关于 α_n、ϕ_n 的总体平均，C_n，T_s，T_c 是不相关的，$\langle T_s \cdot T_c \rangle = 0$。

由于 T_c 和 T_s 是高斯过程，因此，其概率密度公式为

$$p(x) = \frac{1}{\sqrt{2\pi \cdot b}} e^{-\frac{x^2}{2b}} \tag{2.55}$$

式中，$b=\dfrac{E_0^2}{2}$ 为信号的平均功率；$x=T_c$ 或 T_s。

由于 T_s 和 T_c 是统计独立的，则 T_s 和 T_c 的联合概率密度为

$$p(T_s,T_c)=p(T_s)p(T_c)=\frac{1}{2\pi\sigma^2}\mathrm{e}^{\frac{T_s^2+T_c^2}{2\sigma^2}} \tag{2.56}$$

其中，$\sigma^2=b=\dfrac{1}{2}E_0^2$。

为了求出接收信号的幅度和相位分布，将 $p(T_s,T_c)$ 变为 $p(r,\theta)$，即将上式的直角坐标变换为极坐标的形式。

令

$$r=\sqrt{(T_s^2+T_c^2)}\ ,\qquad \theta=\arctan\frac{T_s}{T_c} \tag{2.57}$$

则

$$T_c=r\cos\theta\ ,\quad T_s=r\sin\theta \tag{2.58}$$

由雅各比行列式

$$J=\frac{\partial(T_c,T_s)}{\partial(r,\theta)}=\begin{vmatrix}\cos\theta & -r\sin\theta\\ \sin\theta & r\cos\theta\end{vmatrix}=r \tag{2.59}$$

所以

$$p(r,\theta)=p(T_c,T_s)\cdot|J|=\frac{r}{2\pi\sigma^2}\mathrm{e}^{-\frac{r^2}{2\sigma^2}} \tag{2.60}$$

对 θ 积分

$$p(r)=\frac{1}{2\pi\sigma^2}\int_0^{2\pi}r\mathrm{e}^{-\frac{r^2}{2\sigma^2}}\mathrm{d}\theta=\frac{r}{\sigma^2}\mathrm{e}^{-\frac{r^2}{2\sigma^2}}\qquad r\geqslant 0 \tag{2.61}$$

对 r 积分

$$p(\theta)=\frac{1}{2\pi\sigma^2}\int_0^{\infty}r\mathrm{e}^{-\frac{r^2}{2\sigma^2}}\mathrm{d}r=\frac{1}{2\pi} \tag{2.62}$$

所以信号包络 r 服从瑞利分布，见式（2.61），θ 在 $0\sim 2\pi$ 上均匀分布。其中，σ 是包络检波之前所接收的电压信号的均方根值（rms），$\sigma^2=\dfrac{1}{2}E_0^2$ 为接收信号包络的时间平均功率，r 是幅度。

不超过某一特定值 R 的接收信号的包络的概率分布（PDF）由下式给出

$$P(R)=p_r(r\leqslant R)=\int_0^R p(r)\mathrm{d}r=1-\exp(-\frac{R^2}{2\sigma^2}) \tag{2.63}$$

瑞利分布的均值 r_{mean} 及方差 σ_r^2

$$r_{\mathrm{mean}}=E[r]=\int_0^R rp(r)\mathrm{d}r=\sigma\sqrt{\frac{\pi}{2}}=1.253\,3\sigma \tag{2.64}$$

$$\sigma_r^2=E[r^2]-E^2[r]=\int_0^R r^2\mathrm{d}r-\frac{\sigma^2}{2}$$

$$=\sigma^2\left(2-\frac{\pi}{2}\right)=0.429\,2\sigma^2 \tag{2.65}$$

满足 $P(r\leqslant r_m)=0.5$ 的 r_m 值称为信号包络样本区间的中值，由式（2.63）可以求出 $r_m=1.777\sigma$。

瑞利分布的概率密度函数如图 2.13 所示。

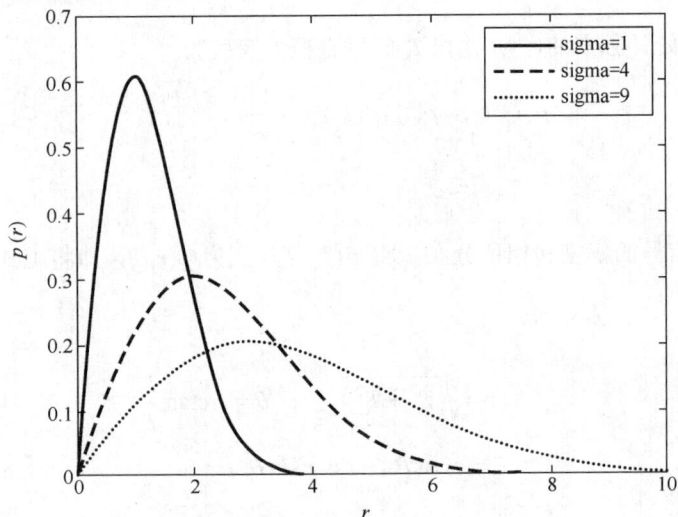

图 2.13 瑞利分布的概率分布密度

2. 莱斯分布

当接收信号中有视距传播的直达波信号时，视距信号成为主接收信号分量，同时还有不同角度随机到达的多径分量叠加在这个主信号分量上，这时的接收信号就呈现为莱斯分布，甚至高斯分布。但当主信号减弱达到与其他多径信号分量的功率一样，即没有视距信号时，混合信号的包络又服从瑞利分布。所以，在接收信号中没有主导分量时，莱斯分布就转变为瑞利分布。

莱斯分布的概率密度表示为

$$p(r) = \frac{r}{\sigma^2} e^{-\frac{(r^2+A^2)}{2\sigma}} I_0\left(\frac{A^2}{\sigma^2}\right) \quad (A \geqslant 0, r \geqslant 0) \tag{2.66}$$

$$p(r) = 0 \qquad r < 0 \tag{2.67}$$

式中，A 是主信号的峰值，r 是衰落信号的包络，σ 为 r 的方差 $I_0(\cdot)$ 是 0 阶第一类修正贝塞尔函数。贝塞尔分布常用参数 K 来描述，$K = \frac{A^2}{2\sigma^2}$，定义为主信号的功率与多径分量方差之比，用 dB 表示，即

$$K(\mathrm{dB}) = 10\log\frac{A^2}{2\sigma^2} \tag{2.68}$$

K 值是莱斯因子，完全决定了莱斯的分布。当 $A \to 0$，$K \to -\infty \mathrm{dB}$ 时，莱斯分布变为瑞利分布。很显然，强直射波的存在使得接收信号包络从瑞利变为莱斯分布，当直射波进一步增强（$\frac{A}{2\sigma^2} \gg 1$），莱斯分布将向高斯分布趋进。图 2.14 所示为莱斯分布的概率密度函数。

注意：莱斯分布适用于一条路径明显强于其他多径的情况，但并不意味着这条路径就是直射径。在非直射系统中，如果源自某一个散射体路径的信号功率特别强，信号的衰落也会服从莱斯分布。

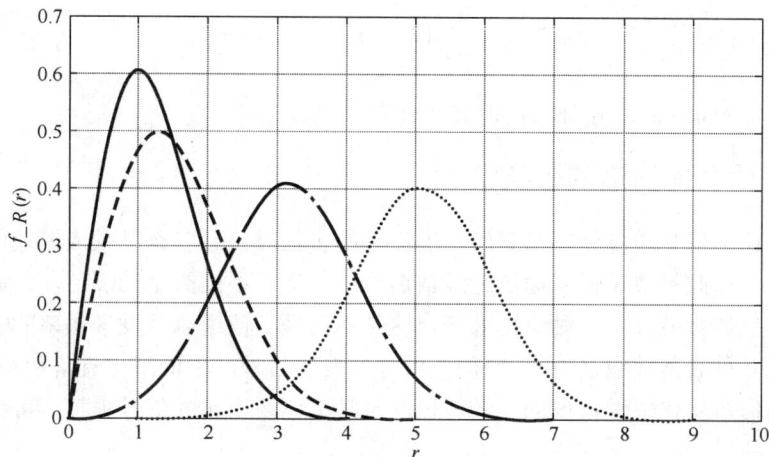

图 2.14 莱斯分布的概率密度函数

3. Nakagami-m 分布

Nakagami-m 分布由 Nakagami 在 20 世纪 40 年代提出，通过基于场测试的实验方法，用曲线拟合，达到近似分布。研究表明，Nakagami-m 分布对于无线信道的描述具有很好的适应性。

若信号的包络 r 服从 Nakagami-m 分布，则其概率密度函数为

$$p(r)=\frac{2m^m r^{2m-1}}{\Gamma(m)\Omega^m}\exp\left(-\frac{mr^2}{\Omega}\right) \tag{2.69}$$

式中：

$m=\dfrac{E^2(r^2)}{\mathrm{var}(r^2)}$，为大于等于 $\dfrac{1}{2}$ 的实数；

$\Omega=E(r^2)$；

$\Gamma(m)=\displaystyle\int_0^{+\infty} x^{m-1}\mathrm{e}^{-x}\mathrm{d}x$，为伽马函数；

对于功率 $s=\dfrac{r^2}{2}$ 的概率密度函数，则有

$$p(s)=\left(\frac{m}{\bar{s}}\right)^m \frac{s^{m-1}}{\Gamma(m)}\exp\left(-\frac{ms}{\bar{s}}\right) \tag{2.70}$$

式中，$\bar{s}=E(s)=\dfrac{\Omega}{2}$ 为信号的平均功率。

$m=1$ 时，有

$$p(r)=\frac{2r}{\Omega}\exp\left(-\frac{r^2}{\Omega}\right)=\frac{r}{\bar{s}}\exp\left(\frac{2r^2}{\bar{s}}\right) \tag{2.71}$$

此时 Nakagami-m 分布成为瑞利分布。

另外，Nakagami-m 分布可以用 m（一般称为形状因子）和莱斯因子 K 之间的关系来确定近似，即

$$m=\frac{(K+1)^2}{2K+1} \qquad (2.72)$$

当 m 较大时，Nakagami-m 分布接近高斯分布。

2.5.6　多径衰落信道的分类

前面详细讨论了信号通过无线信道时，所产生的多径时延、多普勒效应以及信号的包络所服从的各种分布等。由此导致了信号通过无线信道时，经历了不同类型的衰落。移动无线信道中的时间色散和频率色散可能产生 4 种衰落效应，这是由信号、信道以及发送频率的特性引起的。

概括起来这 4 种衰落效应是：由于时间色散导致发送信号产生的平坦衰落和频率选择性衰落；根据发送信号与信道变化快慢程度的比较，也就是频率色散引起的信号失真，可将信道分为快衰落信道和慢衰落信道。

1．平坦衰落和频率选择性衰落

如果信道带宽大于发送信号的带宽，且在带宽范围内有恒定增益和线性相位，则接收信号就会经历平坦衰落过程。在平坦衰落情况下，信道的多径结构使发送信号的频谱特性在接收机内仍能保持不变。平坦衰落也称为频率非选择性衰落。平坦衰落信道的条件可概括为

$$B_s < B_c \qquad (2.73)$$
$$T_s > \sigma_\tau \qquad (2.74)$$

其中，T_s 为信号周期（信号带宽 B_s 的倒数）；σ_τ 是信道的时延扩展；B_c 为相关带宽。

如果信道具有恒定增益和相位，并且带宽范围小于发送信号带宽，则此信道特性会导致接收信号产生选择性衰落。此时，信道冲激响应具有多径时延扩展，其值大于发送信号波形带宽的倒数。在这种情况下，接收信号中包含经历了衰减和时延的发送信号波形的多径波，因而产生接收信号失真。频率选择性衰落是由信道中发送信号的时间色散引起的，这种色散会引起符号间干扰。

对于频率选择性衰落而言，发送信号的带宽大于信道的相关带宽，由频域可以看出，不同频率获得不同增益时，信道就会产生频率选择。产生频率选择性衰落的条件是

$$B_s > B_c \qquad (2.75)$$
$$T_s < \sigma_\tau \qquad (2.76)$$

通常若 $T_s \leqslant 10\sigma_\tau$，该信道可认为是频率选择性的，但这一范围依赖于所用的调制类型。

2．快衰落信道和慢衰落信道

当信道的相关时间比发送信号的周期短，且基带信号的带宽 B_s 小于多普勒扩展 B_D 时，信道冲激响应在符号周期内变化很快，从而导致信号失真，产生衰落，此衰落为快衰落。信号经历快衰落的条件是

$$T_s > T_c \qquad (2.77)$$
$$B_s < B_D \qquad (2.78)$$

当信道的相关时间远远大于发送信号的周期，且基带信号的带宽 B_s 远远大于多普勒扩展 B_D 时，信道冲激响应的变化比要传送的信号码元的周期低很多，可以认为该信道是慢衰落信道，即信号经历慢衰落的条件是

$$T_s \ll T_c \qquad (2.79)$$

$$B_s \gg B_c \tag{2.80}$$

显然，移动台的移动速度（或信道路径中物体的移动速度）及基带信号发送速率，决定了信号是经历快衰落还是慢衰落。

另外，当考虑角度扩展时，会有角度色散，即空间选择衰落。这样可以根据信道是否考虑了空间选择性，把信道分为标量信道和矢量信道。标量信道是指，只考虑时间和频率的二维信息信道；而矢量信道指的是，考虑了时间、频率和空间的三维信息信道。

2.5.7　衰落特性的特征量

通常用衰落率、电平交叉率、平均衰落周期及衰落持续时间等特征量表示信道的衰落特性。

1. 衰落速率和衰落深度

衰落率是指信号包络在单位时间内以正斜率通过中值电平的次数，简单地说，衰落率就是信号包络衰落的速率。衰落率与发射频率，移动台行进速度和方向以及多径传播的路径数有关。测试结果表明，当移动台行进方向朝着或背着电波传播方向时，衰落最快。频率越高，速度越快，则平均衰落率的值越大。

（1）平均衰落率

$$A = \frac{\nu}{\lambda/2} = 1.85 \times 10^{-3} \times \nu \times f \tag{2.81}$$

式中，ν 为运动速度，单位为 km/h；f 为频率，单位为 MHz；A 为平均衰落，单位为 Hz。

（2）衰落深度

衰落深度即信号的有效值与该次衰落的信号最小值的差值。

2. 电平通过率和衰落持续时间

（1）电平通过率

电平通过率定义为信号包络单位时间内以正斜率通过某一规定电平值 R 的平均次数，描述衰落次数的统计规律。衰落信道的实测结果发现，衰落率是与衰落深度有关的。深度衰落发生的次数较少，而浅度衰落发生得相当频繁。电平通过率定量描述这一特征。

电平通过率为

$$N(R) = \int_0^\infty \dot{r} p(R, \dot{r}) \mathrm{d}\dot{r} \tag{2.82}$$

式中，$\dot{r}$ 为信号包络 r 对时间的导函数；$p(R, \dot{r})$ 为 R 和 $\dot{r}$ 的联合概率密度函数。

图 2.15 所示解释了电平通过率的概念。

图 2.15 中 R 为规定电平，在时间 T 内以正斜率通过 R 电平的次数为 4，所以电平通过率为 $4/T$。

由于电平通过率是随机变量，通常用平均电平通过率来描述。对于瑞利分布可以得到

$$N(R) = \sqrt{2\pi} f_m \cdot \rho \mathrm{e}^{-\rho^2} \tag{2.83}$$

式中，f_m 为最大多谱勒频率。

$\rho = \dfrac{R}{\sqrt{2}\sigma} = \dfrac{R}{R_{rms}}$（信号的平均功率 $E(r^2) = \displaystyle\int_0^\infty r^2 p(r) \mathrm{d}r = 2\sigma^2$，$R_{rms} = \sqrt{2}\sigma$ 为信号有效值）。

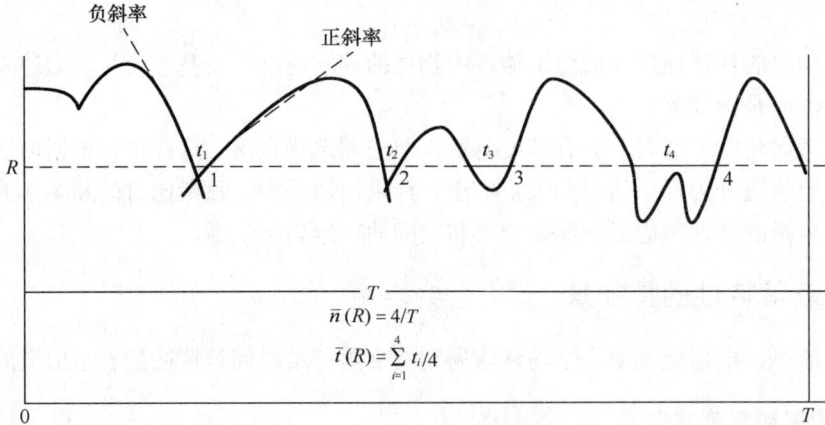

图 2.15　电平通过率和平均衰落持续时间

（2）衰落持续时间

平均衰落持续时间定义为信号包络低于某个给定电平值的概率与该电平所对应的电平通过率之比。由于衰落是随机发生的，所以只能给出平均衰落持续时间，为

$$\tau_R = \frac{P(r \leqslant R)}{N_R} \tag{2.84}$$

对于瑞利衰落，可以得出平均衰落持续时间为

$$\tau_R = \frac{1}{\sqrt{2\pi}f_m\rho}(e^{\rho^2}-1) \tag{2.85}$$

电平通过率描述了衰落次数的统计规律，那么，信号包络衰落到某一电平之下的持续时间是多少，也是一个很有意义的问题。当接收信号电平低于接收机门限电平时，就可能造成语音中断或误比特率突然增大。了解接收信号包络低于某个门限的持续时间的统计规律，就可以判定语音受影响的程度，以及在数字通信中是否会发生突发性错误和突发性错误的长度。

在图 2.15 中，时间 T 内的衰落持续时间为 $t_1+t_2+t_3+t_4$，则平均衰落持续时间为

$\tau_R = \sum \dfrac{t_i}{N} = (t_1+t_2+t_3+t_4)/4$。

2.6　电波传播损耗预测模型

研究建立电波传播损耗预测模型的目的就是在无线移动通信网络设计时，很好地掌握在基站周围所有地点处接收信号的平均强度及其变化特点，以便为网络覆盖的研究以及整个网络设计提供基础。

无线传播环境决定了电波传播的损耗，然而由于传播环境极为复杂，所以在研究建立电波传播预测模型时人们常常根据测试数据分析归纳出基于不同环境的经验模型。在此基础上对模型进行校正，以使其更加接近实际，更加准确。

确定某一特定地区的传播环境的主要因素有以下几个方面。

- 自然地形（高山、丘陵、平原、水域等）
- 人工建筑的数量、高度、分布和材料特性
- 该地区的植被特征

- 天气状况
- 自然和人为的电磁噪声状况

另外，还要考虑系统的工作频率和移动台运动等因素。

电波传播预测模型通常分为室外传播模型和室内传播模型。室外传播模型相对于室内传播模型来说比较成熟，所以这里重点介绍室外传播模型，对室内传播模型只做简单的介绍。

2.6.1 室外传播模型

常用的几种电波传播损耗预测模型有 Okumura-Hata 模型，COST-231 Hata 模型，CCIR 模型，LEE 模型以及 COST 231 Walfisch-Ikegami 模型。

Hata 模型是广泛使用的一种中值路径损耗预测的传播模型，适用于宏蜂窝（小区半径大于 1km）的路径损耗预测，根据应用频率的不同，Hata 模型又分为以下两种。

（1）Okumura-Hata 模型，适用的频率范围为 150～1 500MHz，主要用于 900MHz。

（2）COST-231 Hata 模型，是 COST-231 工作委员会提出的将频率扩展到 2GHz 的 Hata 模型扩展版本。

本小节选取两个常用的模型进行介绍。

1. Okumura-Hata 模型

Okumura-Hata 模型是根据测试数据统计分析得出的经验公式，应用频率在 150～1 500MHz 之间，适用于小区半径大于 1km 的宏蜂窝系统，基站有效天线高度为 30～200m，移动台有效天线高度为 1～10m。

Okumura-Hata 模型路径损耗计算的经验公式为

$$L_p(dB) = 69.55 + 26.16 \log f_c - 13.82 \log h_{te} - \alpha(h_{re}) + (44.9 - 6.55 \log h_{te}) \log d + C_{cell} + C_{terrain} \tag{2.86}$$

式中：

f_c 为工作频率，单位符号为 MHz；

h_{te} 为基站天线有效高度，单位符号为 m，定义为基站天线实际海拔高度与基站沿传播方向实际距离内的平均地面海拔高度之差，即 $h_{te} = h_{BS} - h_{ga}$；

h_{re} 为移动台有效天线高度，单位符号为 m，定义为移动台天线高出地表的高度；

d 为基站天线和移动台天线之间的水平距离，单位符号为 km；

$\alpha(h_{re})$ 为有效天线修正因子，是覆盖区大小的函数，有

$$\alpha(h_{re}) = \begin{cases} 中小城市 & (1.11 \log f_c - 0.7) h_{re} - (1.56 \log f_c - 0.8) \\ 大城市、郊区、乡村 & \begin{cases} 8.29(\log 1.54 h_{re})^2 - 1.1 & (f_c \leqslant 300MHz) \\ 3.2(\log 11.75 h_{re})^2 - 4.97 & (f_c \geqslant 300MHz) \end{cases} \end{cases} \tag{2.87}$$

C_{cell} 为小区类型校正因子，有

$$C_{cell} = \begin{cases} 0 & 城市 \\ -2\left[\log(f_c/28)\right]^2 - 5.4 & 郊区 \\ -4.78(\log f_c)^2 - 18.33 \log f_c - 40.98 & 乡村 \end{cases} \tag{2.88}$$

C_{terrain} 为地形校正因子。

地形分为：水域、海、湿地、郊区开阔地、城区开阔地、绿地、树林、40m 以上高层建筑群、20～40m 规则建筑群、20m 以下高密度建筑群、20m 以下中密度建筑群、20m 以下低密度建筑群、郊区乡镇以及城市公园。地形校正因子反映一些重要的地形环境因素对路径损耗的影响，如水域、树木、建筑等，合理的地形校正因子取值通过对传播模型的测试和校正得到，也可以人为设定。

2. COST-231 Hata 模型

COST-231 Hata 模型是由 EURO-COST 组成的 COST 工作委员会开发的 Hata 模型的扩展版本，应用频率为 1 500～2 000MHz，适用于小区半径大于 1km 的宏蜂窝系统，发射有效天线高度为 30～200m，接收有效天线高度为 1～10m。

COST-231Hata 模型路径损耗计算的经验公式为

$$L_{50}(\text{dB})=46.3+33.9\log f_{\text{c}}-13.82\log h_{\text{te}}-\alpha(h_{\text{re}})+(44.9-6.55\log h_{\text{te}})\log d+C_{\text{cell}}+C_{\text{terrain}}+C_M \quad (2.89)$$

式中，C_M 为大城市中心校正因子，有

$$C_{\text{M}}=\begin{cases} 0\text{dB} & \text{中等城市和郊区} \\ 3\text{dB} & \text{大城市中心} \end{cases} \quad (2.90)$$

COST-231 Hata 模型和 Okumura-Hata 模型主要的区别是频率衰减的系数不同，COST-231 Hata 模型的频率衰减因子为 33.9，Okumura-Hata 模型的频率衰减因子为 26.16。另外 COST-231 Hata 模型还增加了一个大城市中心衰减 C_M，大城市中心地区路径损耗增加了 3dB。

2.6.2 室内传播模型

室内无线信道与传统的无线信道相比，具有两个显著的特点：其一，室内覆盖面积小得多；其二，收发机间的传播环境变化更大。研究表明，影响室内传播的因素主要是建筑物的布局、建筑材料和建筑类型等。

室内的无线传播同样的受到反射、绕射、散射 3 种主要传播方式的影响，但是与室外传播环境相比，条件却大大不同。实验研究表明建筑物内部接收到的信号强度随楼层高度增加，在建筑物的较低层，由于都市群的原因有较大的衰减，使穿透进入建筑物的信号电平很小，在较高楼层，若存在 LOS 路径的话，会产生较强的直射到建筑物外墙处的信号。因而对室内传播特性的预测，需要使用针对性更强的模型。这里将简单介绍几种室内传播模型。

1. 对数距离路径损耗模型

很多研究表明，室内路径损耗遵从公式

$$PL(\text{dB})=PL(d_0)+10\gamma\log_{10}\left(\frac{d}{d_0}\right)+X_\sigma(\text{dB}) \quad (2.91)$$

式中，γ 依赖于周围环境和建筑物类型，X_σ 是标准偏差为 σ 的正态随机变量。

2. Ericsson 多重断点模型

Ericsson 多重断点模型有 4 个断点，并考虑了路径损耗的上下边界，模型假定在 $d_0=1\text{m}$ 处衰减为 30dB，这对于频率为 900MHz 的单位增益天线是准确的。Ericsson 多重断点模型没有考虑对数正态阴影部分，它提供特定地形路径损耗范围的确定限度。图 2.16 所示为基于 Ericsson 多重断

点模型的室内路径损耗图。

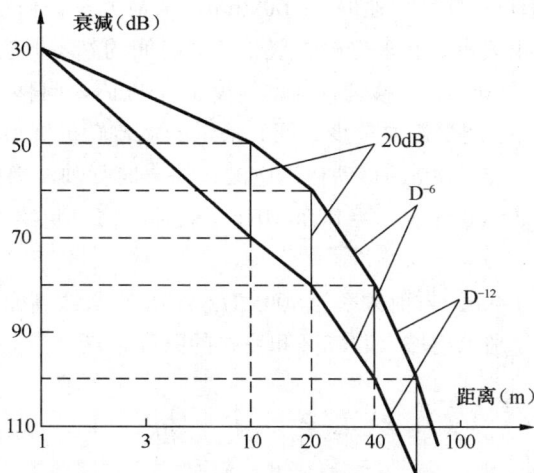

图 2.16　多重断点室内路径损耗模型

3. 衰减因子模型

适用于建筑物内传播预测的衰减因子模型包含了建筑物类型影响以及阻挡物引起的变化。这一模型灵活性很强，预测路径损耗与测量值的标准偏差约为 4dB，而对数距离模型的偏差可达 13dB。衰减因子模型为

$$\overline{PL}(d)=\overline{PL}(d_0)+10\gamma_{SF}\log_{10}\left(\frac{d}{d_0}\right)+FAF \tag{2.92}$$

其中，γ_{SF} 表示同层测试的指数值（同层指同一建筑楼层），$\overline{PL}(\cdot)$ 和 FAF 的单位为 dB。如果对同层很好估算 γ，则不同楼层路径损耗可通过附加楼层衰减因子（Floor attenuation factor，FAF）获得。或者在公式（2.5）中，FAF 由考虑多楼层影响的指数所代替，即

$$\overline{PL}(d)=\overline{PL}(d_0)+10\gamma_{MF}\log_{10}\left(\frac{d}{d_0}\right) \tag{2.93}$$

其中，γ_{MF} 表示基于测试的多楼层路径损耗指数，$\overline{PL}(\cdot)$ 的单位为 dB。

室内路径损耗等于自由空间损耗加上附加损耗因子，并且随着距离成指数增长。对于多层建筑物，修改（2.95）式得到

$$\overline{PL}(d)=\overline{PL}(d_0)+20\log_{10}\left(\frac{d}{d_0}\right)+\alpha d+FAF \tag{2.94}$$

其中，α 为信道衰减常数，单位为 dB/m；$\overline{PL}(\cdot)$ 和 FAF 的单位为 dB。

习题与思考题

2.1　说明多径衰落对数字移动通信系统的主要影响。

2.2　若某发射机发射功率为 100W（瓦），请将其换算成 dBm 和 dBW。如果发射机的天线

增益为单位增益，载波频率为 900MHz，求在自由空间中距离天线 100m 处的接收功率为多少 dBm？

2.3 若载波 f_0=800MHz，移动台速度 v=60km/h，求最大多普勒频移。

2.4 说明时延扩展、相关带宽和多普勒扩展、相关时间的基本概念。

2.5 设载波频率 f_c=1 900MHz，移动台运动速度 v=50m/s，问移动 10m 进行电波传播测量时需要多少个样值？进行这些测量需要多少时间？信道的多普勒扩展为多少？

2.6 若 f=800MHz，v=50km/h，移动台沿电波传播方向行驶，求接收信号的平均衰落率。

2.7 已知移动台速度 v=60km/h，f=1 000MHz，求对于信号包络均方值电平 R_{rms} 的电平通过率。

2.8 设基站天线高度为 40m，发射频率为 900MHz，移动台天线高度为 2m，通信距离为 15km，利用 **Okumura-Hata** 模型分别求出城市、郊区和乡村的路径损耗（忽略地形校正因子的影响）。

参 考 文 献

［1］［美］Theodore S.Rappaport. Wireless communications principles and practice（影印版）［M］.北京：电子工业出版社，1998.9.

［2］郭梯云等. 数字移动通信［M］.北京：人民邮电出版社，1995.3.

［3］啜钢，王文博，常永宇等. 移动通信原理与应用［M］.北京：北京邮电大学出版社，2002.

［4］吴志忠. 移动通信无线传播［M］.北京：人民邮电出版社，2002.

［5］杨大成等. 移动传播环境［M］.北京：机械工业出版社，2003.

［6］Jhong Sam Lee, Leonard E. Miller. CDMA 系统工程手册［M］. 许希斌等译.北京：人民邮电出版社，2001.2.

［7］张平，王卫东，陶小峰等. WCDMA 移动通信系统［M］.北京：人民邮电出版社，2001.3.

［8］啜钢等.CDMA 无线网络规划与优化［M］. 北京：机械工业出版社，2004.

［9］李建东，杨家玮. 个人通信［M］. 北京：人民邮电出版社，1998.

［10］William C. Y. Lee. 移动通信工程理论和应用［M］.宋维模，姜焕成等译. 北京：人民邮电出版社，2002.

第 3 章 **调制技术**

学习重点和要求

本章首先介绍在蜂窝移动通信系统中对调制解调技术的要求，然后介绍蜂窝移动通信系统中常见的两类调制方式，即频移键控和相移键控，其中主要介绍 GMSK 和各种 QPSK。介绍它们已调信号的特点和功率谱特性，以及它们在蜂窝移动电话系统中的应用。

要求

- 掌握在蜂窝移动通信中对调制解调技术的要求。
- 了解频移键控信号的相位连续性对信号功率谱的影响。
- 掌握 MSK 和 GMSK 信号特点和功率谱特性。
- 掌握 QPSK、OQPSK 和 π/4–QPSK 信号特点和功率谱特性。
- 了解传输系统的非线性对各种 QPSK 信号的影响。
- 掌握 OFDM 的原理。

3.1 概述

调制是把需要传输的符号映射成特定的信号形式的过程。其目的就是使携带信息的已调信号与信道特性相匹配，以便有效地利用信道。第一代的蜂窝移动电话系统如 AMPS、TACS 等是模拟系统，其语音采用模拟调频方式（信令用数字调制方式）；第二代系统是数字系统如 GSM、DAMPS 和 CDMA IS-95 等，其语音、信令均用数字调制方式。未来的移动通信系统都采用数字调制方式。

移动信道存在的多径衰落、多普勒频率扩展都会对信号传输的可靠性产生影响，另外，日益增加的用户数目，无线信道频谱的拥挤，要求系统有比较高的频谱效率，即在有限的频率资源情况下，应尽可能多容纳用户。所有这些因素对调制方式的选择都有重大的影响，这表现在以下几个方面。

1. 频带利用率

为了容纳更多的移动用户，要求移动通信网有比较高的频带效率。移动通信系统从第一代向第二代过渡，很重要的一个原因就是第二代的数字系统比第一代的模拟系统有更高的频带效率，其中调制方式起了重要的作用。在无线带宽相同的前提下进行比较，第二代系统可以提供更多的业务信道。例如 AMPS 系统，每信道占用带宽 30kHz，而在 DAMPS 中，30kHz 可以提供 3 个信道。在数字调制中，常用带宽效率 η_b 来表示调制制度的频带用效率，它定义为 $\eta_b = R_b/B$，其中 R_b 为比特速率，B 为无线信号的带宽。

提高调制制度的频带利用率的方法，通常有两种类型。一是采用多进制调制方式。由于每个调制符号携带的信息量大于二进制调制符号携带的信息量，因而可以在同样的信号带宽条件下，得到较高的频带效率。例如 DAMPS 所采用的 π/4-QPSK 调制方式，是一种属于线性调制的 MPSK 调制方式，有较高的带宽效率，$\eta_b = 1.6\text{bit/s} \cdot \text{Hz}^{-1}$。二是采用频谱旁瓣滚降迅速的调制信号。这样在传输信息速率不变的情况下，可以降低调制信号占用的频带宽度，因而提高频谱利用率。这种方法的例子是 GSM 系统中采用的 GMSK 调制方式，$\eta_b = 1.3\text{bit/s} \cdot \text{Hz}^{-1}$。

2．功率效率

这里功率效率是指保持一定传输性能的情况下所需的最小信号功率（或最小信噪比），这个功率越小，功率效率就越高。对于模拟信号，在满足一定的输出信噪比的条件下，所要求的输入信噪比越低，功率效率就越高。例如 FM 信号的功率效率就可以比 AM 高许多。对于数字信号，在噪声功率一定的情况下，为达到同样的误符号率 P_b，已调信号功率越低，功率效率就越高。

3．已调信号恒包络

具有恒包络特性的信号对放大器的非线性不敏感，功率放大器可以使用 C 类放大器而不会导致频谱的带外辐射明显增加。C 类放大器能量转换效率高，可以把电源提供的能量中更多的份额转换成信号。功放的能量转换效率对于能源供给不受限制的基站来说不是一个重要的问题，但对使用电池的移动设备（如一般用户的手机）来说有重要意义：它可以延长移动台（Mobile Station，MS）的工作时间，或者可以减小设备的体积（或重量）。非线性功率放大器成本也比较低，有利于移动设备的普及。恒包络信号所承载的信息与信号的幅度无关，可以使用限幅器来减小信道衰落的影响。

3.2 最小移频键控

3.2.1 相位连续的 2FSK

1．2FSK 信号

设要发送的数据为 $a_k = \pm 1$，码元长度为 T_b。在一个码元时间内，它们分别用两个不同频率 f_1, f_2 的正弦信号表示，例如

$$
\left.\begin{array}{ll}
a_k = +1: & s_{\text{FSK}}(t) = \cos(\omega_1 t + \times \varphi_1) \\
a_k = -1: & s_{\text{FSK}}(t) = \cos(\omega_2 t + \varphi_2)
\end{array}\right\} \quad (kT_b \leqslant t \leqslant (k+1)T_b)
$$

式中 $\omega_1 = 2\pi f_1$，$\omega_2 = 2\pi f_2$，定义载波角频率（虚载波）为

$$\omega_c = 2\pi f_c = (\omega_1 + \omega_2)/2 \tag{3.1}$$

ω_1, ω_2 对 ω_c 角频偏为

$$\omega_d = 2\pi f_d = |\omega_1 - \omega_2|/2 \tag{3.2}$$

其中 $f_d = |f_1 - f_2|/2$ 就是对载波频率 f_c 的频率偏移。

定义调制指数 h 为

$$h=|f_1-f_2|T_b=2f_d \cdot T_b=2f_d/R_b \tag{3.3}$$

它也等于以码元速率为参考的归一化频率差。根据 a_k，h，T_b 可以重写一个码元内 2FSK 的信号表达式，即

$$s_{FSK}(t)=\cos(\omega_c t+a_k \omega_d t+\varphi_k)=\cos\left(\omega_c t+a_k \cdot \frac{\pi h}{T_b} \cdot t+\varphi_k\right) \tag{3.4}$$

$$=\cos(\omega_c t+\theta_k(t))$$

式中

$$\theta_k(t)=a_k \frac{\pi h}{T_b}+\varphi_k \quad (kT_b \leqslant t \leqslant (k+1)T_b) \tag{3.5}$$

称为附加相位。它是 t 的线性函数，其中斜率为 $a_k \pi h/T_b$，截距为 φ_k，其特性如图 3.1 所示。

2. 相位连续的 2FSK

从原理上讲，2FSK 信号的产生可以用两种不同的方法：开关切换方法和调频方法，如图 3.2 所示。

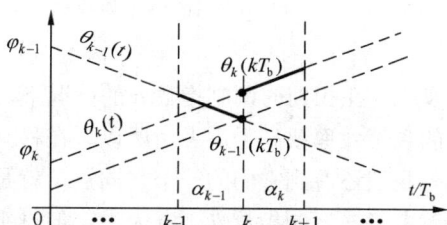

图 3.1 附加相位特性

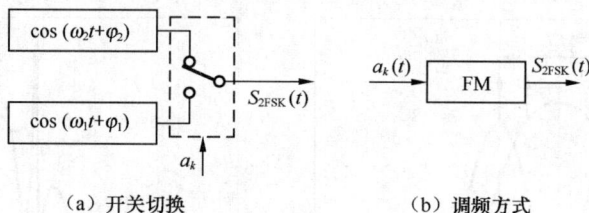

图 3.2 2FSK 信号的产生

（a）开关切换 （b）调频方式

开关切换的方法所得的 2FSK 信号一般情况下是一种相位不连续的 FSK 信号；调频的方法所产生的是相位连续的 2FSK 信号（Continuous Phase FSK，CPFSK）。所谓相位连续是指不仅在一个码元持续期间相位连续，而且在从码元 a_{k-1} 到 a_k 转换的时刻 kT_b，两个码元的相位也相等，即

$$\theta_k(T_b)=\theta_{k-1}(T_b)$$

由式（3.5）代入上式有

$$a_k \frac{\pi h}{T_b} \cdot kT_b+\varphi_k=a_{k-1}\frac{\pi h}{T_b} \cdot (k-1)T_b+\varphi_{k-1}$$

这样就要求满足关系式

$$\varphi_k=(a_{k-1}-a_k)\pi h \cdot k+\varphi_{k-1} \tag{3.6}$$

即要求当前码元的初相位 φ_k 由前一码元的初相位 φ_{k-1}、当前码元 a_k 和前一码元 a_{k-1} 来决定。这种关系就是相位约束条件。满足这种条件的 FSK 就是相位连续的 FSK。这两种相位特性不同的 FSK 信号波形如图 3.3 所示。

由图 3.3 可以看出，相位不连续的 2FSK 信号在码元交替时刻，波形是不连续的，而 CPFSK 信号是连续的，这使得它们的功率谱特性很不同。图 3.4 所示分别是它们的功率谱特性的例子。图中给出了调制指数 h 分别为 0.5、0.8 和 1.5 时的功率谱特性。比较图 3.4（a）、图 3.4（b）可

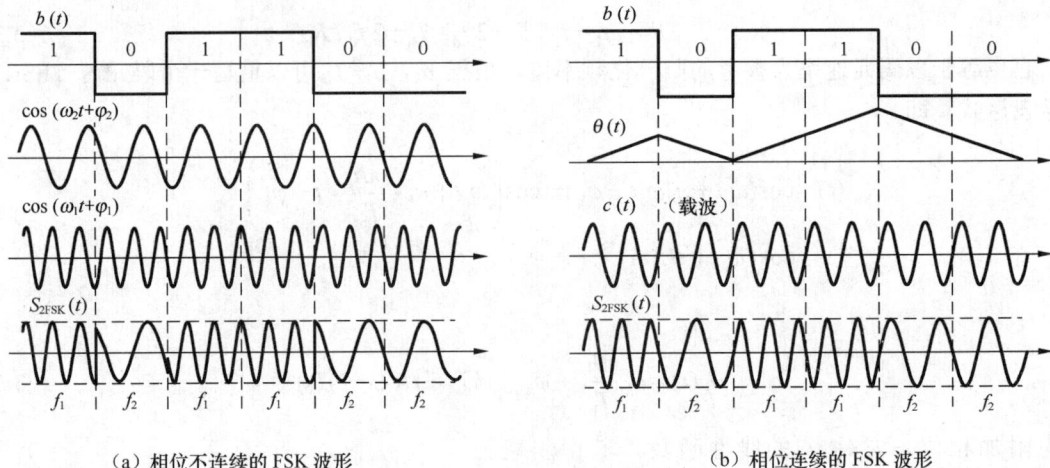

（a）相位不连续的 FSK 波形　　　　　　　（b）相位连续的 FSK 波形

图 3.3　2FSK 信号的波形

以发现，在相同的调制指数 h 的情况下，CPFSK 的带宽要比一般的 2FSK 带宽要窄。这意味着前者的频带效率要高于后者，所以，在移动通信系统中 2FSK 调制常常采用相位连续的调制方式。另外我们还看到它们的一个共同点，就是随着调制指数 h 的增加，信号的带宽也在增加。从频带效率考虑，调制指数 h 不宜太大，但过小又因两个信号频率过于接近而不利于信号的检测。所以应当从它们的相关系数以及信号的带宽综合考虑。

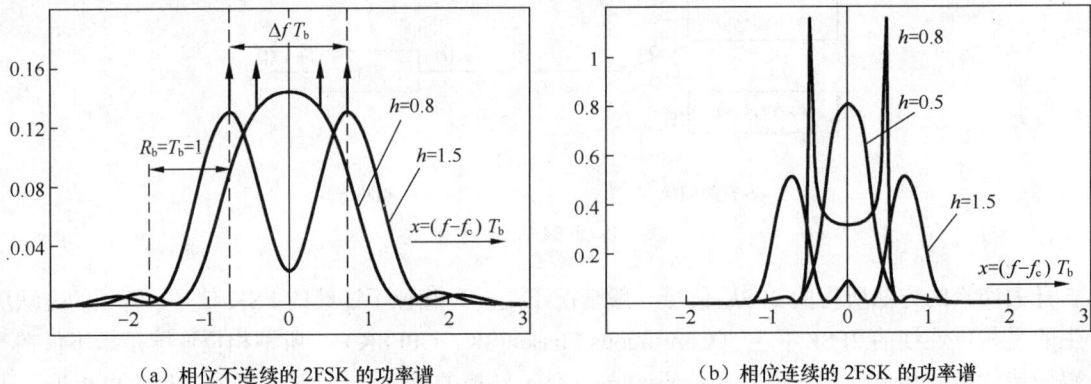

（a）相位不连续的 2FSK 的功率谱　　　　　　（b）相位连续的 2FSK 的功率谱

图 3.4　2FSK 信号的功率谱

3.2.2　最小移频键控信号的相位路径、频率及功率谱

1. 最小移频键控

2FSK 信号的归一化互相关系数 ρ 可以求得如下结果（为方便讨论，令它们的初相 $\varphi_k=0$）

$$\rho=\frac{2}{T_b}\int_0^{T_b}\cos\omega_1 t\cos\omega_2 t\mathrm{d}t=\frac{\sin(2\omega_c T_b)}{2\omega_c T_b}+\frac{\sin(2\omega_d T_b)}{2\omega_d T_b}\qquad(3.7)$$

通常总是 $\omega_c T_b=2\pi f_c/f_b\gg1$，或 $\omega_c T_b=n\pi$，因此略去第一项，得到

$$\rho=\frac{\sin(2\omega_d T_b)}{2\omega_d T_b}=\frac{\sin 2\pi(f_1-f_2)T_b}{2\pi(f_1-f_2)T_b}=\frac{\sin 2\pi h}{2\pi h}\qquad(3.8)$$

$\rho\sim h$ 关系曲线如图 3.5 所示。从图中可以看出，当调制指数 $h=0.5,1,1.5,\cdots$ 时，$\rho=0$，即两个信号是正交的。信号的正交有利于信号的检测。在这些使 $\rho=0$ 的参数 h 中，最小值为 $1/2$，此时，在 T_b 给定的情况下，对应的两个信号的频率差 $|f_1-f_2|$ 有最小值，从而使 FSK 信号有最小的带宽。

$h=0.5$ 的 CPFSK 就称作最小移频键控（Minimum Shift Keying，MSK）。它是在两个信号正交的条件下，对给定的 R_b 有最小的频差。

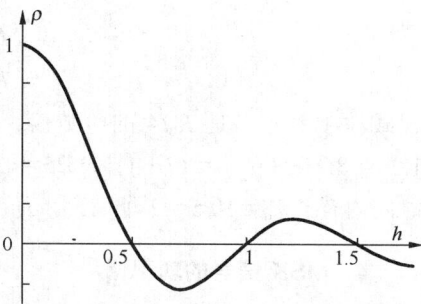

图 3.5 2FSK 信号的相关系数

2. MSK 信号的相位路径

由于 $h=0.5$，MSK 信号的表达式为

$$\left.\begin{array}{l} s_{\text{MSK}}(t)=\cos\left(\omega_c t+\theta_k\right) \\[2mm] \theta_k(t)=a_k\cdot\dfrac{\pi}{2T_b}\cdot t+\varphi_k \end{array}\right\} \qquad (kT_b\leqslant t\leqslant(k+1)T_b) \qquad (3.9)$$

由式（3.9）可知，一个码元从开始时刻到该码元结束的时刻，其相位变化量（增量）等于

$$\Delta\theta_k=\theta_k\left((k+1)T_b\right)-\theta_k\left(kT_b\right)=b_k\frac{\pi}{2} \qquad (3.10)$$

由于 $b_k=\pm1$，因此每经过 T_b 时间，相位增加或减小 $\pi/2$，视该码元 b_k 的取值而定。这样随着时间的推移，附加相位的函数曲线是一条折线。这一折线就是 MSK 信号的相位路径。由于 $h=1/2$，MSK 的相位约束条件（式（3.6））即

$$\varphi_k=(a_{k-1}-a_k)\frac{\pi}{2}\cdot k+\varphi_{k-1}$$

由于 $|a_k-a_{k-1}|$ 总为偶数，所以当 $\varphi_0=0$ 时，其后各码元的初相位 φ_k 为 π 的整数倍。相位路径的例子如图 3.6 所示，其中设 $\varphi_0=0$。图中可以看到 φ_k 的取值为 0、$-\pi$、$-\pi$、$-\pi$、3π、$\cdots\cdots$（$k=0,1,2,\cdots$）。

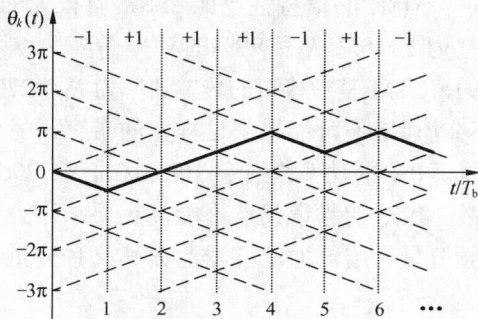

3. MSK 的频率关系

在 MSK 信号中，码元速率 $R_b=1/T_b$、峰值频偏 f_d 和两个频率 f_1、f_2 存在一定的关系。因为

$$\rho=\frac{\sin(2\omega_c T_b)}{2\omega_c T_b}+\frac{\sin(2\omega_d T_b)}{2\omega_d T_b}=0$$

图 3.6 附加相位的相位路径

则有

$$\left.\begin{array}{l} \omega_c T_b=2\pi f_c T_b=2\pi(f_2+f_1)T_b=m\pi \\[2mm] \omega_d T_b=2\pi f_d T_b=2\pi(f_2-f_1)T_b=n\pi \end{array}\right\} \qquad (3.11)$$

式中 m,n 均为整数。对 MSK 信号因 $h=(f_1-f_2)T_b=1/2$，因此，式（3.11）中 $n=1$。当给定码元速率 R_b 时可以确定各个频率如下。

$$\left.\begin{array}{l} f_c = m \cdot R_b / 4 \\ f_2 = (m+1)R_b / 4 \\ f_1 = (m-1)R_b / 4 \end{array}\right\} \qquad (3.12)$$

即载波频率应当是 $R_b/4$ 的整数倍。例如，$R_b=5$kbit/s，$R_b/4=1.25$kbit/s。设 $m=7$，则 $f_c=7\times 1.25=8.75$kHz；$f_1=(7+1)\times 1.25=10$kHz；$f_2=(7-1)\times 1.25=7.5$kHz。该信号的频率 f_1 在一个 T_b 时间内有 $f_1 T_b=10/5=2$ 个周期，而频率 f_2 有 $f_2 T_b=7.5/5=1.5$ 个周期。

4．MSK 信号的功率谱

MSK 的功率谱为

$$W_{MSK}(f) = \frac{16A^2 T_b}{\pi^2} \left(\frac{\cos\left[2\pi \left(f-f_c\right)T_b\right]}{1-\left[4\left(f-f_c\right)T_b\right]^2} \right)^2 \qquad (3.13)$$

式中 A 为信号的幅度。功率谱特性如图 3.7 所示。为便于比较，图中也给出一般 2FSK 信号的功率谱特性。

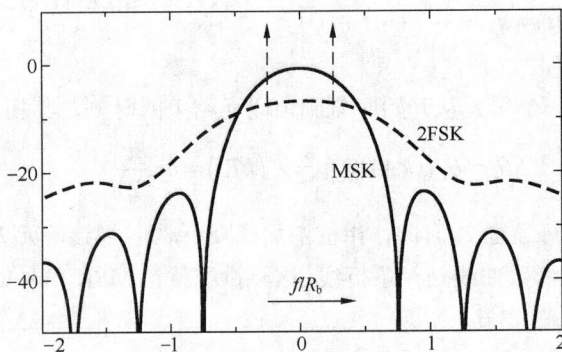

图 3.7　MSK 的功率谱

由图可见，MSK 信号比一般 2FSK 信号有更高的带宽效率。

MSK 的谱特性已比 2FSK 有很大的改进，但旁瓣的辐射功率仍然很大。90% 的功率带宽为 $2\times 0.75 R_b$；99% 的功率带宽为 $2\times 1.2 R_b$。在实际的应用中，这带宽仍然是比较宽的。例如，GSM 空中接口的传输速率为 $R_b=270$kbit/s，则 99% 的功率带宽为 $B_s=2.4\times 270=648$kHz。移动通信不可能提供这样宽的带宽。另外还有 1% 的边带功率辐射到邻近信道，造成邻道干扰。1% 的功率相当于 $10\lg(0.01)=-20$dB 的干扰，而移动通信的邻道干扰要求在 $60\sim 70$dB，故 MSK 的频谱仍然不能满足要求。旁瓣的功率之所以大是因为数字基带信号含有丰富的高频分量。用低通滤波器滤去其高频分量，便可以减少已调信号的带外辐射。

3.3　高斯最小移频键控

已调信号的相位路径影响其频谱特性。相位路径越平滑（即跳变的幅度小，或者保持连续的导数的阶数大），已调信号的频谱滚降越快，旁瓣越小。有人证明，连续相位调制的频谱旁瓣随频率的变化以 $|f|^{-2(c+2)}$ 的规律下降，其中 c 为相位函数的导数保持连续的阶数。

3.3.1 高斯滤波器的传输特性

高斯最小移频键控（Gaussian Minimum Shift Keying，GMSK）就是基带信号经过高斯低通滤波器的 MSK，如图 3.8 所示。MSK 的相位路径是不同斜率的直线组合成的折线。GMSK 在其基础上，通过高斯滤波器使得相位路径变成了更光滑的曲线，其保持连续的倒数的阶数为无穷大，因而其已调信号的频谱与 MSK 相比，滚降更快，占用的频谱更窄，具有更高的频谱效率。

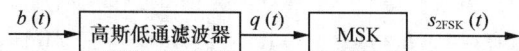

图 3.8 GMSK 信号的产生

1. 频率特性 $H(f)$ 和冲激响应 $h(t)$

高斯滤波器具有指数形式的响应特性，其中幅度特性为

$$H(f)=\mathrm{e}^{-(f^2/a^2)} \tag{3.14}$$

冲激响应为

$$h(t)=\sqrt{\pi}\ a\mathrm{e}^{-(\pi at)^2} \tag{3.15}$$

式中 a 为常数，取值不同将影响滤波器的特性。令 B_b 为 $H(f)$ 的 3dB 带宽，因为 $H(0)=1$，则有 $H(f)|_{f=B_b}=H(B_b)=0.707$，可以求得 a 为

$$a=\sqrt{2/\ln 2}\ \cdot B_b=1.6986\cdot B_b=1.7B_b$$

设要传输的码元长度为 T_b，速率为 $R_b=1/T_b$，以 R_b 为参考，对 f 归一化：$x=f/R_b=fT_b$，则归一化 3dB 带宽为

$$x_b=B_b/R_b=B_bT_b \tag{3.16}$$

这样，用归一化频率表示的频率特性 $H(x)$ 为

$$H(x)=\mathrm{e}^{-(f/1.7B_b)^2}=\mathrm{e}^{-(x/1.7x_b)^2} \tag{3.17}$$

令 $\tau=t/T_b$，并把 $a=1.7B_b$ 代入（3.15），并设 $T_b=1$，则有

$$h(\tau)=3.01x_b\mathrm{e}^{-(5.3x_b\tau)^2} \tag{3.18}$$

给定 x_b，就可以计算出 $H(x)$、$h(\tau)$ 并画出它们的特性曲线如图 3.9 所示。从上述讨论可知，滤波器的特性完全可以由 x_b 确定。

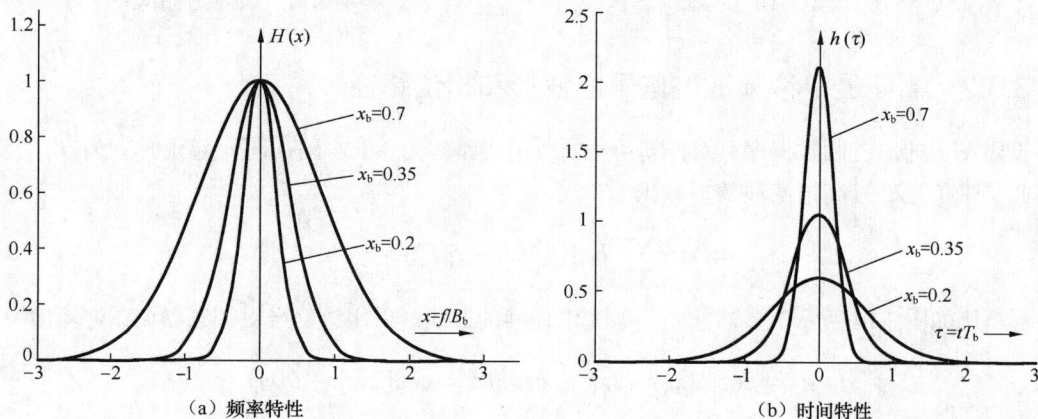

（a）频率特性　　　　　　　　　　　　（b）时间特性

图 3.9 高斯滤波器特性

2. 方波脉冲通过高斯滤波器

设有如图 3.10 所示的方波 $f(t)$

$$f(t)=\begin{cases} 1 & |t|\leqslant T_{\mathrm{b}}/2 \\ 0 & |t|>T_{\mathrm{b}}/2 \end{cases}$$

经过高斯滤波器后，输出为

$$g(t)=\int_{-\infty}^{t}h(\tau)f(t-\tau)\mathrm{d}\tau=\int_{-\infty}^{t}\sqrt{\pi}a\mathrm{e}^{-(\pi a\tau)^2}f(t-\tau)\mathrm{d}\tau$$

$$=Q\left\{\sqrt{2}a\pi(t-T_{\mathrm{b}}/2)\right\}-Q\left\{\sqrt{2}a\pi(t+T_{\mathrm{b}}/2)\right\}$$

式中

$$Q(z)=\frac{1}{\sqrt{2\pi}}\int_{z}^{\infty}\mathrm{e}^{-y^2/2}\mathrm{d}y$$

给定 x_{b}，便可以计算出 $g(t)$，例如 $x_{\mathrm{b}}=0.3$，$x_{\mathrm{b}}=1$ 时的 $g(t)$ 如图 3.11 所示。响应 $g(t)$ 在 $t=0$ 有最大值 $g(0)$，没有负值，时间是从 $t=-\infty$ 开始，延伸到 $+\infty$。显然这样的滤波器不符合因果关系，是物理不可实现的。但注意到 $g(t)$ 有意义的取值仅持续若干个码元时间，在此之外 $g(t)$ 的取值可以忽略。例如当 $x_{\mathrm{b}}=0.3$ 时，$g(\pm1.5\ T_{\mathrm{b}})=0.016\ g(0)$；$x_{\mathrm{b}}=1$ 时，$g(\pm T_{\mathrm{b}})=8\times10^{-5}g(0)$。所以，可以截取其中有意义的区间作为实际响应波形的长度，并在时间上作适当的延迟，就可以使它成为与 $g(t)$ 有足够的近似和可以实现的波形。通常截取的范围是以 $t=0$ 为中心的 $\pm(N+1/2)T_{\mathrm{b}}$，即长度为 $(2N+1)T_{\mathrm{b}}$，并延迟 $(N+1/2)T_{\mathrm{b}}$。例如，$x_{\mathrm{b}}=0.3$ 时，$N=1$，长度为 $3T_{\mathrm{b}}$。显然，N 越大，近似效果越好，但需要的时延就越大。

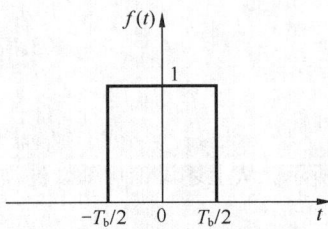

图 3.10 方波 $f(t)$ 波形图

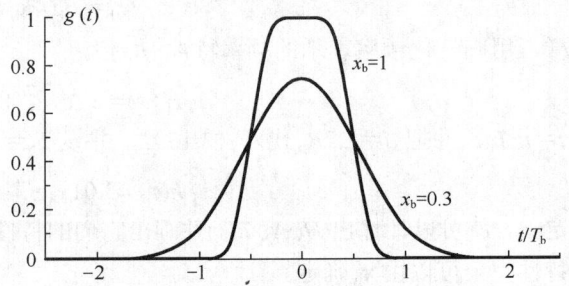

图 3.11 $g(t)$ 波形图

3.3.2 高斯最小移频键控信号的波形和相位路径

设要发送的二进制数据序列 $\{b_k\}(b_k=\pm1)$ 所用线路码为 NRZ 码，码元起止时刻为 T_{b} 的整数倍，此基带信号经过高斯滤波器后输出为

$$q(t)=\sum_{k=-\infty}^{\infty}b_kg(t-kT_{\mathrm{b}}-T_{\mathrm{b}}/2) \tag{3.19}$$

其波形举例如图 3.14 所示，显然它是一条光滑连续的曲线。采用该信号对调频器调频，输出为

$$s(t)=\cos\left(2\pi f_{\mathrm{c}}t+2\pi k\int_{-\infty}^{t}q(\tau)\mathrm{d}\tau\right)=\cos\left(2\pi f_{\mathrm{c}}t+\theta(t)\right) \tag{3.20}$$

式中

$$\theta(t)=2\pi k_{\mathrm{f}}\int_{-\infty}^{t}q(\tau)\mathrm{d}\tau \tag{3.21}$$

为附加相位；k_{f} 为由调频器灵敏度确定的常数。由于 $q(t)$ 为连续函数，$\theta(t)$ 也为连续函数，因此 $s(t)$ 是一个相位连续的 FSK 信号。式（3.21）也可以表示为

$$\theta(t)=2\pi k_{\mathrm{f}}\int_{-\infty}^{t}q(\tau)\,\mathrm{d}\tau=2\pi k_{\mathrm{f}}\int_{-\infty}^{kT_{\mathrm{b}}}q(\tau)\,\mathrm{d}\tau+2\pi k_{\mathrm{f}}\int_{kT_{\mathrm{b}}}^{t}q(\tau)\,\mathrm{d}\tau \tag{3.22}$$
$$=\theta(kT_{\mathrm{b}})+\Delta\theta(t)$$

式中

$$\theta_{k}(kT_{\mathrm{b}})=2\pi k_{\mathrm{f}}\int_{-\infty}^{kT_{\mathrm{b}}}q(\tau)\,\mathrm{d}\tau \tag{3.23}$$

$$\Delta\theta_{k}(t)=2\pi k_{\mathrm{f}}\int_{kT_{\mathrm{b}}}^{t}q(\tau)\,\mathrm{d}\tau \tag{3.24}$$

$\theta(kT_{\mathrm{b}})$ 为码元 b_{k} 开始时刻的相位，$\Delta\theta_{k}(t)$ 则是在 b_{k} 期间相位的变化量。在一个码元结束时，相位的增量取决于在该码元期间 $q(t)$ 曲线下的面积 A_{k}，即

$$\Delta\theta_{k}=2\pi k_{\mathrm{f}}\int_{kT_{\mathrm{b}}}^{(k+1)T_{\mathrm{b}}}q(t)\,\mathrm{d}t=2\pi k_{\mathrm{f}}\int_{kT_{\mathrm{b}}}^{(k+1)T_{\mathrm{b}}}\sum_{n=k-N}^{k+N}g(t-kT_{\mathrm{b}}-T_{\mathrm{b}/2})\,\mathrm{d}t=2\pi k_{\mathrm{f}}A_{k}$$

图 3.12 所示为 $x_{\mathrm{b}}=0.3$，截取 $g(t)$ 的长度为 $3T_{\mathrm{b}}(N=1)$ 的情况。在 b_{k} 期间内，$q(t)$ 曲线只由 b_{k} 及其前后一个码元 b_{k-1}、b_{k+1} 所确定，与其他码元无关。当这 3 个码元同符号时，A_{k} 有最大值 $A_{\max}$，是个常数。设计调频器的参数 k 使 $\Delta\theta_{\max}=k_{\mathrm{f}}A_{\max}=\pi/2$。这样，调频器输出就是一个 GMSK 信号。由于 3 个码元取值的组合有 8 种，因此一个码元内 $\Delta\theta_{k}(t)$ 的变化有 8 种，相位增量 $\Delta\theta_{k}$ 也只有 8 种，且 $|\Delta\theta_{k}(t)|\leqslant\pi/2$，如图 3.13 所示。可见，对 GMSK 信号而言，不是每经过一个码元相位都变化 $\pi/2$，它不仅和本码元有关，还和前后 N 个码元的取值有关。

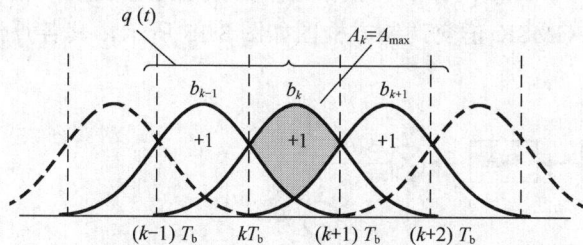

图 3.12 $q(t)$ 曲线下的面积最大

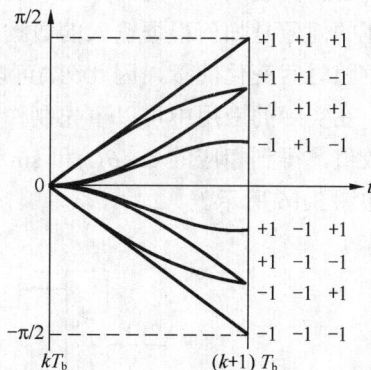

图 3.13 相位的 8 种状态

经过预滤波后的基带信号 $q(t)$,相位函数 $\theta(t)$ 和 GMSK 信号的例子如图 3.14 所示。由图可以看出，GMSK 信号的相位函数 $\theta(t)$ 是一条光滑连续的曲线。即使是在码元交替的时刻，其导数也是连续的，因此信号的频率在码元交替时刻也不会发生突变，这会使信号的副瓣有更快的衰减。

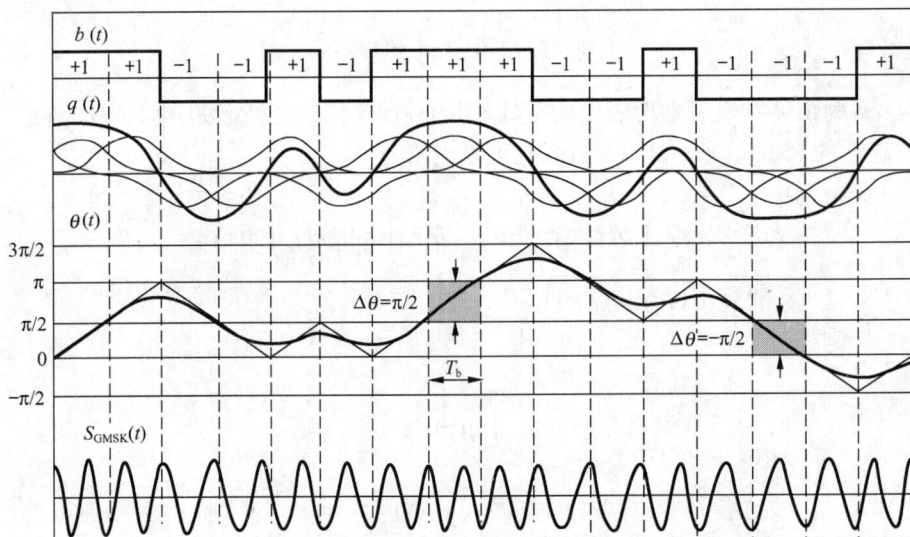

图 3.14　GMSK 信号波形

3.3.3　高斯最小移频键控信号的调制与解调

从原理上 GMSK 信号可用 FM 方法产生。所产生的 FSK 信号是相位连续的 FSK，只要控制调频指数 k_f 使 $h=1/2$，便可以获得 GMSK。但在实际的调制系统中，常常采用正交调制方法。因为

$$s_{GMSK}(t)=\cos\left(\omega_c t+k_f\int_{-\infty}^{t}q(\tau)\,\mathrm{d}\tau\right)=\cos(\omega_c t+\theta(t))$$
$$=\cos\theta(t)\cos\omega_c t-\sin\theta(t)\sin\omega_c t \qquad (3.25)$$

式中

$$\theta(t)=\theta(kT_b)+\Delta\theta(t) \qquad (3.26)$$

在正交调制中，把式中的 $\cos\theta(t)$、$\sin\theta(t)$ 看作是经过波形形成后的两个支路的基带信号。现在的问题是如何根据输入的数据 b_n 求得这两个基带信号。因为 $\Delta\theta(t)$ 是第 k 个码元期间信号相位随时间变化的量，因此 $\theta(t)$ 可以通过对 $\Delta\theta(t)$ 的累加得到。由于在一个码元内 $q(t)$ 波形为有限，在实际的应用中可以事先制作 $\cos\theta(t)$ 和 $\sin\theta(t)$ 两张表，根据输入数据通过查表读出相应的数值，得到相应的 $\cos\theta(t)$ 和 $\sin\theta(t)$ 波形。GMSK 正交调制方框图如图 3.15 所示，其各点波形如图 3.16 所示。

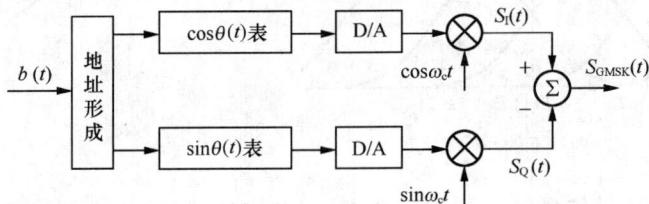

图 3.15　GMSK 正交调制

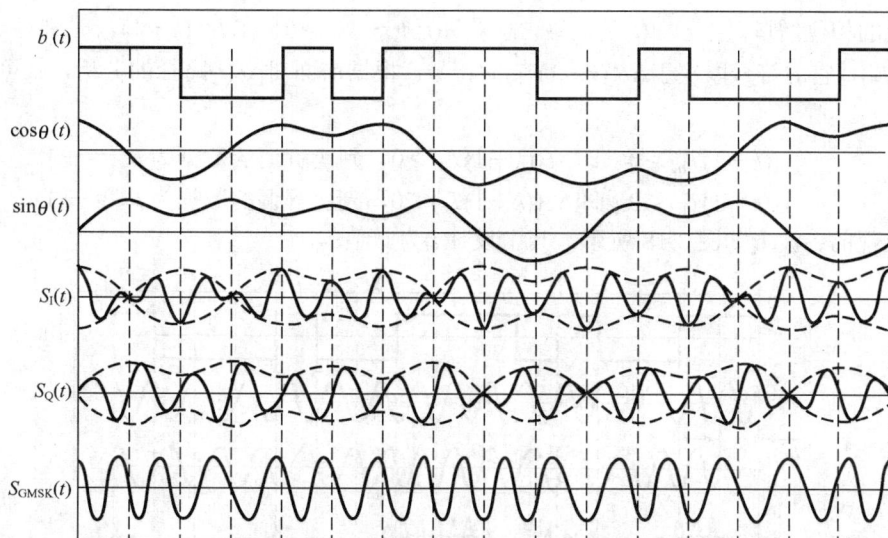

图 3.16　GMSK 正交调制的各点波形

GMSK 可以用相干方法解调，也可以用非相干方法解调，但在移动信道中，提取相干载波是比较困难的，通常采用非相干的差分解调方法。非相干解调方法有多种，这里介绍一种 1bit 延迟差分解调方法，其原理如图 3.17 所示。

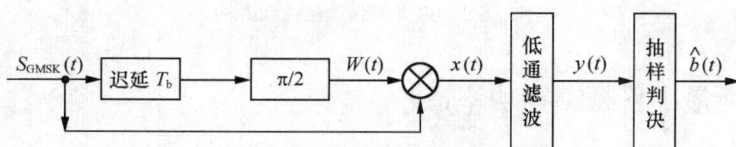

图 3.17　GMSK 1bit 延迟差分解调原理图

设接收到的信号为

$$s(t)=s_{\text{GMSK}}(t)=A(t)\cos(\omega_c t+\theta(t))$$

这里，$A(t)$ 是信道衰落引起的时变包络。接收机把 $s(t)$ 分成两路，一路经过 1bit 的迟延和 90° 的移相，得到 $W(t)$ 为

$$W(t)=A(t)\cos(\omega_c(t-T_b)+\theta(t-T_b)+\pi/2)$$

它与另一路的 $s(t)$ 相乘得 $x(t)$，即

$$x(t)=s(t)W(t)$$

$$=A(t)A(t-T_b)\frac{1}{2}\left\{\sin(\theta(t)-\theta(t-T_b)+\omega_c T_b)-\sin(2\omega_c t-\omega_c T_b+\theta(t)+\theta(t-T_b))\right\}$$

经过低通滤波，同时考虑到 $\omega_c T=2n\pi$，得到 $y(t)$，即

$$y(t)=\frac{1}{2}A(t)A(t-T_b)\sin(\theta(t)-\theta(t-T_b)+\omega_c T_b)$$

$$=\frac{1}{2}A(t)A(t-T_b)\sin(\Delta\theta(t))$$

式中

$$\Delta\theta(t)=\theta(t)-\theta(t-T_b)$$

是一个码元的相位增量。由于 $A(t)$ 是包络，总有 $A(t)A(t-T_b)>0$，在 $t=(k+1)T_b$ 时刻对 $y(t)$ 抽样得到 $y((k+1)T_b)$，它的符号取决于 $\Delta\theta((k+1)T_b)$ 的符号。根据前面对 $\Delta\theta(t)$ 路径的分析，就可以进行判决，即

$$y((k+1)T_b)>0 \quad 即 \Delta\theta((k+1)T_b)>0，判决解调的数据为 \hat{b}_k=+1$$

$$y((k+1)T_b)<0 \quad 即 \Delta\theta((k+1)T_b)<0，判决解调的数据为 \hat{b}_k=-1$$

解调过程的各波形如图 3.18 所示，其中设 $A(t)$ 为常数。

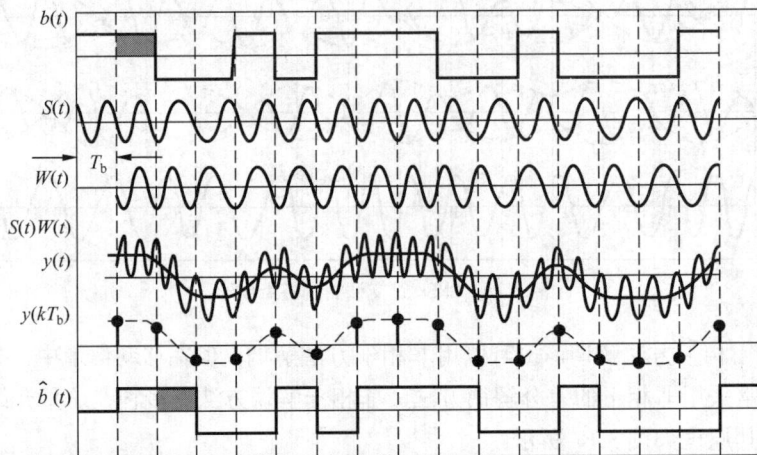

图 3.18　GMSK 解调过程各点波形

3.3.4　高斯最小移频键控功率谱

　　MSK 引入高斯滤波器后，平滑了相位路径，使得信号的频率变化平稳，大大地减少了发射信号频谱的边带辐射。事实上，低通滤波器减少了基带信号的高频分量，使已调信号的频谱变窄。高斯低通滤波器的通带越窄，即 x_b 越小，GMSK 信号的频谱就越窄，对相邻信道的干扰也会减小。对 GMSK 信号功率谱的分析是比较复杂的，图 3.19 所示为计算机仿真得到的 $x_b=0.5$、1 和 ∞ 时（MSK）的功率谱。

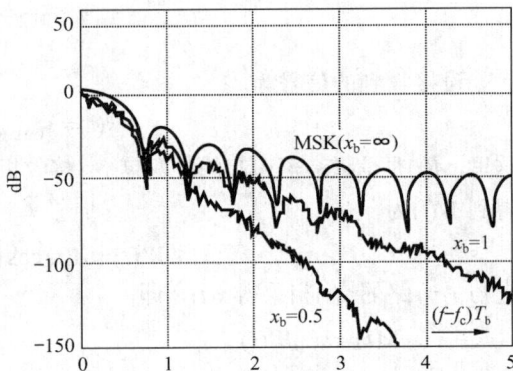

图 3.19　GMSK 功率谱

　　许多文献都给出了不同 x_b 的百分比功率带宽，如表 3.1 所示，其中带宽是以码元速率为参考的归一化带宽。例如，GSM 空中接口码元速率 $R_b=270$kbit/s，若取 $x_b=T_b B_b=0.25$，则 $B_b=x_b/T_b=x_b R_b=0.25\times270=65.567$kHz（低通滤波器 3dB 带宽）；99% 功率带宽为 $0.86R_b=0.86\times270=232.2$kHz；99.9% 功率带宽为 $1.09R_b=1.09\times270=294.3$kHz。

　　这些带宽都超出了 GSM 系统的频道间隔为 200kHz 的范围。虽然进一步减小 x_b 可以使带宽更窄，但 x_b 过小会使码间干扰（ISI）增加。事实上，当对基带信号进行高斯滤波后，使波形在时间上扩展，引入了 ISI，这从图 3.18 的波形和抽样值可以看出。x_b 越小 ISI 就越严重，x_b 应适当选

表 3.1		GMSK 百分比功率归一化带宽		
$x_b = B_b T_b$	90%	99%	99.9%	99.99%
0.2	0.52	0.79	0.99	1.22
0.25	0.57	0.86	1.09	1.37
0.5	0.69	1.04	1.33	2.08
MSK	0.76	1.20	2.76	6.00

择。GSM 系统选择 $x_b = 0.3$。$x_b = 0.3$、0.25 的眼图如图 3.20 所示，x_b 越小，眼图张开就越小。考虑到相邻信道之间的干扰，在实际的应用中，在同一蜂窝小区中，载波频率应当相隔若干个频道。

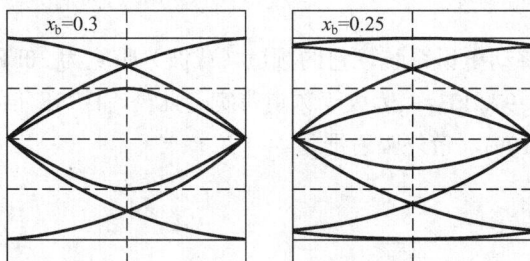

图 3.20　GMSK 信号的眼图

GMSK 具有恒包络特性，功率效率高，可用非线性功率放大器和非相干检测。然而，其频谱效率还不够高。例如，GMSK 270.833kbit/s 的信道带宽为 200kHz，频带效率＝270.833/200＝1.35bit/s · Hz^{-1}。

3.4　相位调制

3.4.1　二相调制

1．二相调制信号 $S_{\mathrm{BPSK}}(t)$

在二进制相位调制（Binary Phase Shift Keying，BPSK）中，二进制的数据 $b_k = \pm 1$ 可以用相位 φ_k 不同取值表示，例如

$$s_{\mathrm{BPSK}}(t) = \cos(\omega_c t + \varphi_k) \qquad kT_b \leqslant t \leqslant (k+1)T_b \tag{3.27}$$

其中

$$\varphi_k = \begin{cases} 0 & b_k = +1 \\ \pi & b_k = -1 \end{cases} \tag{3.28}$$

由于 $\cos(\omega_c t + \pi) = -\cos \omega_c t$，所以 BPSK 信号一般也可以表示为

$$s_{\mathrm{BPSK}}(t) = b(t)\cos \omega_c t \tag{3.29}$$

其中基带信号 $b(t)$ 的波形为双极性 NRZ 码，BPSK 信号的波形如图 3.21 所示。

2．BPSK 信号的功率谱

由式（3.29）可知，BPSK 信号是一种线性调制，当基带波形为 NRZ 码时，其功率谱如图 3.22 所示。90%功率带宽 $B = 2R_s = 2R_b$，频带效率只有 1/2。用在某些移动通信系统中，信号的频带就

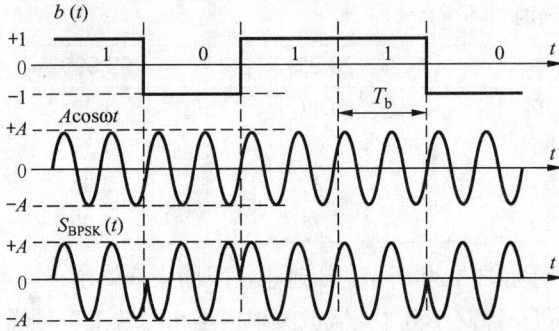

图 3.21　BPSK 波形

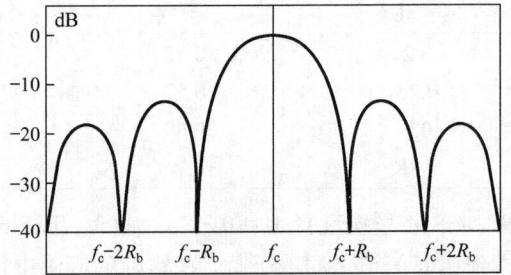

图 3.22　NRZ 基带信号的 BPSK 信号功率谱

显得过宽。例如 DAMPS 移动电话系统，它的频道（载波）带宽为 30kHz，而它的传输速率 R_b= 48.6kbit/s，则信号带宽 B=97.2kHz，远大于频道带宽。此外，BPSK 信号有较大的副瓣，副瓣的总功率约占信号总功率的 10%，带外辐射严重。

3.4.2　四相调制

1. 四相调制信号

在四相调制（QPSK）中，在要发送的比特序列中，每两个相连的比特分为一组构成一个四进制的码元，即双比特码元，如图 3.23 所示。双比特码元的 4 种状态用载波的 4 个不同相位 $\varphi_k(k$=1,2,3,4)表示。双比特码元和相位的对应关系可以有许多种，图 3.24 所示为其中一种。这种对应关系叫做相位逻辑。

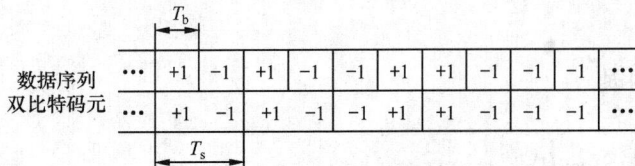

图 3.23　双比特码元

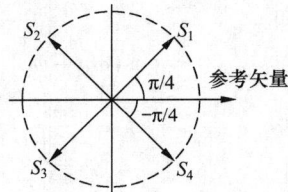

双极性表示		φ_k
a_k	b_k	
+1	+1	$\pi/4$
−1	+1	$3\pi/4$
−1	−1	$5\pi/4$
+1	−1	$7\pi/4$

图 3.24　QPSK 的一种相位逻辑

QPSK 信号可以表示为

$$s_{QPSK}(t)=A\cos(\omega_c t+\varphi_k) \qquad k=1,2,3,4 \qquad (kT_s \leqslant t \leqslant (k+1)T_s) \tag{3.30}$$

其中 A 为信号的幅度，ω_c 为载波频率。

2. QPSK 信号产生

QPSK 信号可以用正交调制方式产生。把式（3.30）展开得

$$s_{QPSK}(t) = A\cos(\omega_c t + \varphi_k)$$
$$= A\cos\varphi_k\cos\omega_c t - A\sin\varphi_k\sin\omega_c t \qquad (3.31)$$
$$= I_k\cos\omega_c t - Q_k\sin\omega_c t$$

式中

$$\left.\begin{array}{l} I_k = A\cos\varphi_k \\ Q_k = A\sin\varphi_k \end{array}\right\} \qquad (3.32)$$

和

$$\varphi_k = \arctan\frac{Q_k}{I_k} \qquad (3.33)$$

令双比特码元$(a_k, b_k) = (I_k, Q_k)$，则式（3.31）就是实现图 3.24 相位逻辑的 QPSK 信号。所以，把串行输入的(a_k, b_k)分开进入两个并联的支路——I 支路（同相支路）和 Q 支路（正交支路），分别对一对正交载波进行调制，然后相加便得到 QPSK 信号。调制器的原理图如图 3.25 所示。调制器的各点波形如图 3.26 所示。

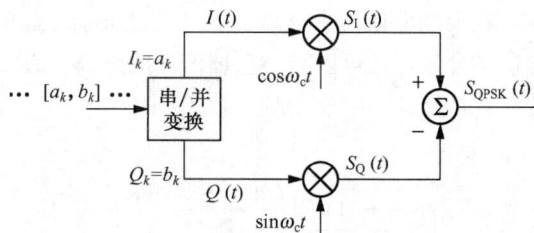

图 3.25 QPSK 正交调制原理图

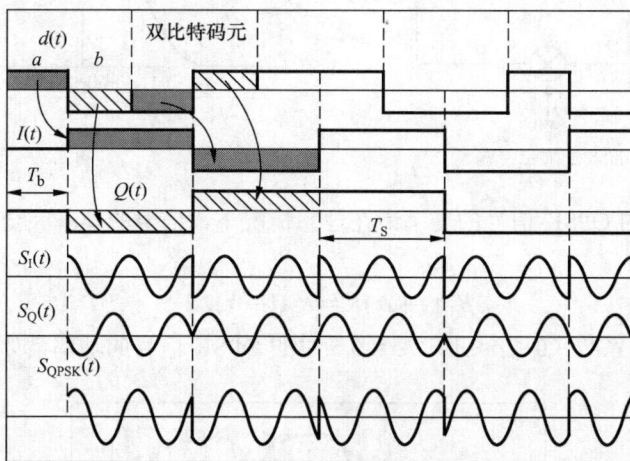

图 3.26 QPSK 调制器各点波形

由图 3.26 可以看出，当I_k，Q_k信号为方波时，QPSK 是一个恒包络信号。

QPSK 是一种相位不连续的信号，随着双码元的变化，在码元转换的时刻，信号的相位发生跳变。当两个支路的数据符号同时发生变化时，相位跳变±180°；当只有一个支路改变符号时，相位跳变±90°。信号相位的跳变情况可以用图 3.27 所示的信号星座图例子来说明。图中的虚线表示相位跳变的路径，并显示了I_k，Q_k状态从②→③相位－180°的变化和从④→⑤相位＋90°的变化。

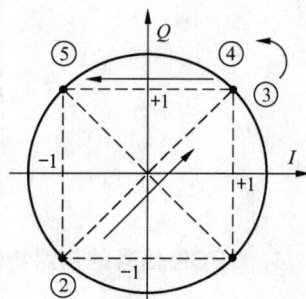

图 3.27 QPSK 信号相位跳变

3. QPSK 信号的功率谱和带宽

正交调制产生 QPSK 信号的方法实际上是把两个 BPSK 信号相加。由于每个 BPSK 信号的码元长度是原序列比特长度的 2 倍，即 $T_s = 2T_b$，或者说码元速率为原比特速率的一半，即 $R_s = R_b/2$；另外它们有相同的功率谱和相同的带宽，即 $B = 2R_s = R_b$。而两个支路信号的叠加得到的 QPSK 信号的带宽也为 R_b，频带效率（B/R_b）则提高为 1。

QPSK 信号比 BPSK 信号的频带效率高出一倍，但当基带信号的波形是方波序列时，它含有较丰富的高频分量，所以已调信号功率谱的副瓣仍然很大，计算机分析表明信号主瓣的功率占 90%，而 99% 的功率带宽约为 $10R_s$。

在调制器的两个支路加入低通滤波器（LPF）（见图 3.28），对基带信号实现限带，衰减其部分高频分量，就可以减小已调信号的副瓣。通常采用的低通滤波器是特性如图 3.29 所示的升余弦特性滤波器。

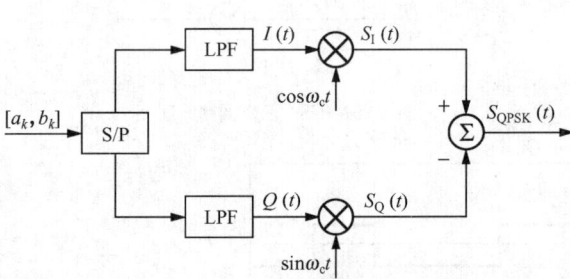

图 3.28　QPSK 的限带传输

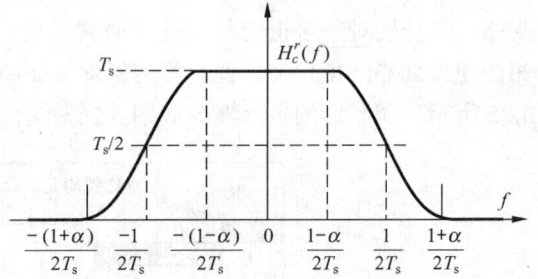

图 3.29　升余弦滤波特性

采用升余弦滤波的 QPSK 信号的功率谱在理想情况下，信号的功率完全被限制在升余弦滤波器的通带内，带宽为

$$B = (1+\alpha)R_s = R_b(1+\alpha)/2 \tag{3.34}$$

式中 α 为滤波器的滚降系数（$0 < \alpha \leqslant 1$）。$\alpha = 0.5$ 时的 QPSK 信号的功率谱如图 3.30 所示。

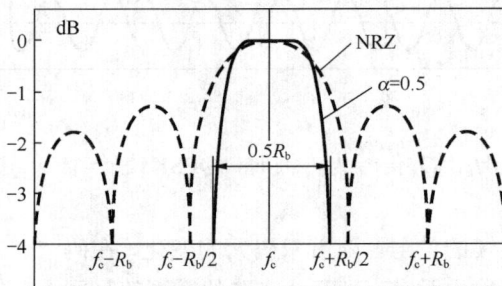

图 3.30　不同基带信号 QPSK 信号的功率谱

4. QPSK 信号的包络特性和相位跳变

由升余弦滤波器形成的基带信号是连续的波形，它以有限的斜率通过零点，因此各支路的 BPSK 信号的包络有起伏且最小值为零，QPSK 信号的包络也不再恒定，如图 3.31 所示。包络起

伏的幅度和 QPSK 信号的相位跳变幅度有关。

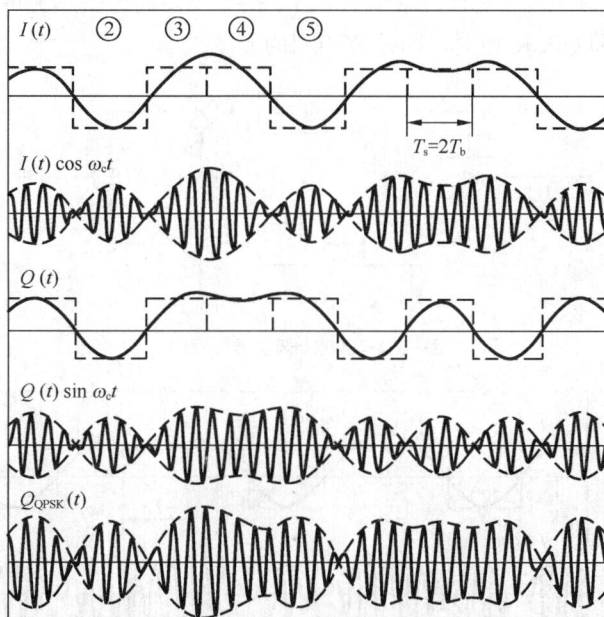

图 3.31 限带 QPSK 信号

3.4.3 偏移四相调制

采用升余弦滤波器进行波形成型的 QPSK 不再具有恒包络的性质。π 相的相移会导致信号包络产生过零点的现象。这样的信号进行非线性放大的时候，会再次产生频谱旁瓣和扩展。为避免这个问题，波形成型的 QPSK 只能使用效率较低的线性放大器。

偏移 QPSK（Offset QPSK，OQPSK）是对 QPSK 的一种改进。把 QPSK 两个正交支路的码元时间上错开 $T_s/2 = T_b$，这种调制方式称为 OQPSK。此时，两个支路的符号不会同时发生变化，每经过 T_b 时间，只有一个支路的符号发生变化，因此相位的跳变就被限制在 ±90°，与 QPSK 相比，相位路径的跳变幅度减小。

OQPSK 两支路符号错开和相位变化的例子如图 3.32 所示，图 3.33 所示为 OQPSK 相位跳变的路径。

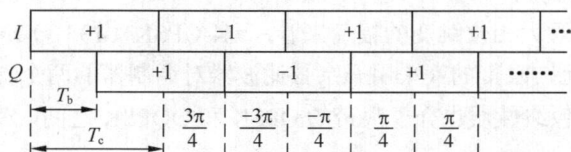

图 3.32 OQPSK 支路符号的偏移

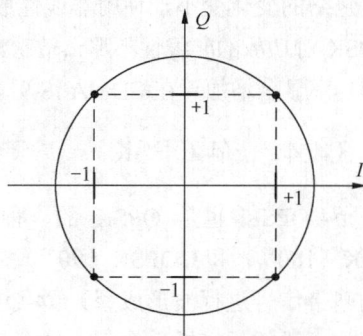

图 3.33 OQPSK 信号相位跳变路径

图 3.34 所示为 OQPSK 调制器的原理框图，各点波形如图 3.35 所示。可以看出它的包络变化的幅度要比 QPSK 的小许多，且没有包络零点。由于两个支路符号的错开并不影响它们的功率谱，OQPSK 信号的功率谱和 QPSK 相同，因此有相同的带宽效率。

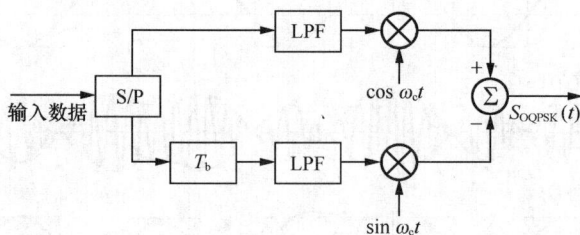

图 3.34　OQPSK 调制器原理图

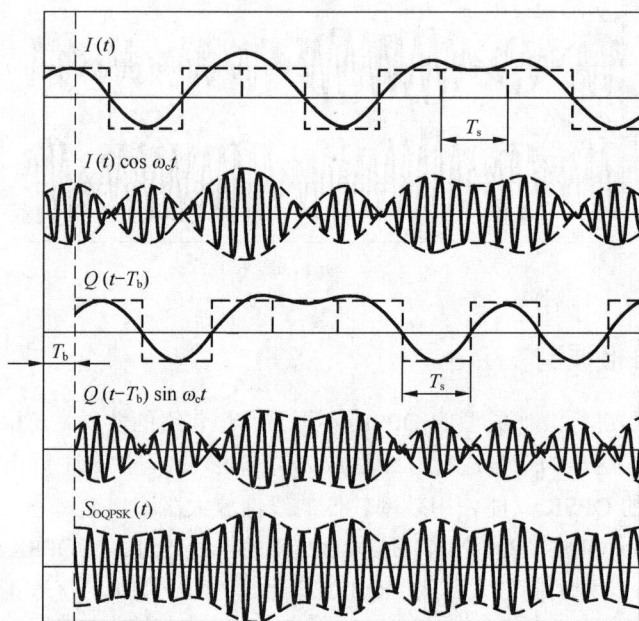

图 3.35　限带 OQPSK 信号各点波形

与 QPSK 信号比较，OQPSK 同样可以对调制器中两个支路的基带信号使用升余弦滤波器进行波形成型，由于 OQPSK 的相位跳变限制在 ±90°，没有了 180° 的跳变，其信号包络不产生过零点现象，包络的变化变小，使用非线性放大器所再生的频谱旁瓣不再像波形成型的 QPSK 那样多，即 OQPSK 对功放的非线性不那么敏感。因此可以使用非线性功放获得较高的功率效率，同时不会引起副瓣功率显著增加。在 CDMA IS-95 系统中，移动台就使用这种调制方式向基站发送信号。

3.4.4　π/4-QPSK

π/4-QPSK 也是 QPSK 的一种改进。从对大相位跳变的幅度来看，π/4-QPSK（135°）介于 QPSK（180°）和 OQPSK（90°）之间，因此，限带的（采用升余弦滤波器对调制器的两个支路上的基带信号进行波形成型）π/4-QPSK 的恒包络性质也介于限带的 QPSK 和 OQPSK 之间，对非线性放大器的适应性也介于二者之间。

π/4-QPSK 的优点是它能够非相干解调。另外，在多径衰落的情况下其性能好于 OQPSK。

π/4-QPSK 常常采用差分编码，以便在恢复的载波有相位模糊时采用差分译码或相干解调。采用差分编码的π/4-QPSK 就称为π/4-DQPSK。

1．信号产生

π/4-DQPSK 可采用正交调制方式产生。其原理图如图 3.36 所示

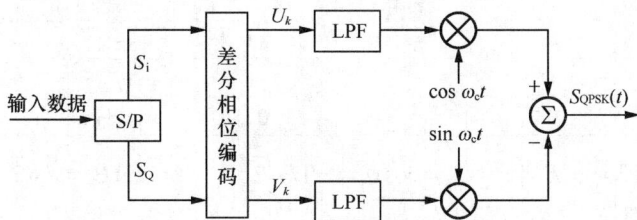

图 3.36　π/4-DQPSK 调制器原理图

输入的数据经过串并变换后分成两路数据 S_I 和 S_Q，它们的符号速率等于输入串行比特速率的一半。这两路数据经过一个变换电路（差分相位编码器）在 $kT_s \leq t \leq (k+1)T_s$ 期间内输出信号 U_k，V_k，为了抑制已调信号的副瓣，在与载波相乘之前，通常还经过具有升余弦特性的形成滤波器（LPF），然后分别和一对正交载波相乘后合并，即得到π/4-DQPSK 信号。由于这信号的相位跳变取决于相位差分编码，为了突出相位差分编码对信号相位跳变的影响，下面的讨论先不考虑滤波器的存在，即认为调制载波的基带信号是脉冲为方波（NRZ）的信号，于是，有

$$S_{\pi/4-DQPSK}(t) = U_k \cos \omega_c t - V_k \sin \omega_c t = \cos(\omega_c t - \theta_k) \qquad kT_s \leq t \leq (k+1)T_s \qquad (3.35)$$

式中 θ_k 为当前码元的相位，有

$$\theta_k = \theta_{k-1} + \Delta \theta_k = \arctan \frac{V_k}{U_k} \qquad (3.36)$$

$$\left. \begin{array}{l} U_k = \cos \theta_k \\ V_k = \sin \theta_k \end{array} \right\} \qquad (3.37)$$

其中 θ_{k-1} 为前一个码元结束时的相位，$\Delta \theta_k$ 是当前码元的相位增量。所谓相位差分编码就是输入的双比特 S_I 和 S_Q 的 4 个状态，用 4 个 $\Delta \theta_k$ 值来表示。其相位逻辑如表 3.2 所示。

式（3.36）表明，当前码元的相位 θ_k 可以通过累加的方法求得。当已知 S_I 和 S_Q，设初相位 $\theta_0 = 0$，根据这编码表可以计算得到信号每个码元相位的跳变 $\Delta \theta$，并通过累加的方法确定 θ_k，从而求得 U_k，V_k 值。相位差分编码的例子如表 3.3 所示。

表 3.2　　　　　　　　　　　　　　　　　相位逻辑表

S_I	S_Q	$\Delta \theta$
+1	+1	π/4
−1	+1	3π/4
−1	−1	−3π/4
+1	−1	−π/4

表 3.3 中，设 $k=0$ 时 $\theta_0 = 0$，于是有

$k=1$　$\theta_1 = \theta_0 + \Delta \theta_1 = \pi/4$；　$U_1 = \cos \theta_1 = 1/\sqrt{2}$；　$V_1 = \sin \theta_1 = 1/\sqrt{2}$

$k=2$　$\theta_2 = \theta_1 + \Delta \theta_2 = \pi$；　$U_2 = \cos \theta_2 = -1$；　$V_2 = \sin \theta_2 = 0$

表 3.3 相位差分编码例子

k	0	1	2	3	4	5
数据 S_I S_Q		$+1$ $+1$	-1 $+1$	$+1$ -1	-1 $+1$	-1 -1
S/P $\quad S_Q$		$+1$	$+1$	-1	$+1$	-1
$\quad\quad S_I$		$+1$	-1	$+1$	-1	-1
$\Delta\theta=\arctan(S_Q/S_I)$		$\pi/4$	$3\pi/4$	$-\pi/4$	$3\pi/4$	$-3\pi/4$
$\theta_k=\theta_{k-1}+\Delta\theta_k$	0	$\pi/4$	π	$3\pi/4$	$3\pi/2$	$3\pi/4$
$U_k=\cos\theta_k$	1	$1/\sqrt{2}$	-1	$-1/\sqrt{2}$	0	$-1/\sqrt{2}$
$V_k=\sin\theta_k$	0	$1/\sqrt{2}$	0	$1/\sqrt{2}$	-1	$1/\sqrt{2}$

$$k=3 \quad \theta_3=\theta_2+\Delta\theta_3=-\pi/4\,; \quad U_3=\cos\theta_3=-1/\sqrt{2}\,; \quad V_3=\sin\theta_3=1/\sqrt{2}$$
$$\dots \quad\quad \dots \quad\quad\quad\quad \dots \quad\quad\quad\quad\quad \dots$$

上述结果也可以从递推关系求得

$$U_k=\cos\theta_k=\cos(\theta_{k-1}+\Delta\theta_k)$$
$$=\cos\theta_{k-1}\cos\Delta\theta_k-\sin\theta_{k-1}\sin\Delta\theta_k$$
$$V_k=\sin\theta_k=\sin(\theta_{k-1}+\Delta\theta_k)$$
$$=\sin\theta_{k-1}\cos\Delta\theta_k-\cos\theta_{k-1}\sin\Delta\theta$$

即

$$\left.\begin{array}{l}U_k=U_{k-1}\cos\Delta\theta_k-V_{k-1}\sin\Delta\theta_k\\ V_k=V_{k-1}\cos\Delta\theta_k+U_{k-1}\sin\Delta\theta_k\end{array}\right\} \tag{3.38}$$

从上述例子可以看出，U_k，V_k 值有 5 种可能的取值 0，±1，$\pm1/\sqrt{2}$，并且总是

$$\sqrt{U_k^2+V_k^2}=\sqrt{\cos^2\theta_k+\sin^2\theta_k}=1 \qquad kT_s\leqslant t\leqslant(k+1)T_s \tag{3.39}$$

所以若不加低通滤波器，$\pi/4$-DQPSK 信号仍然是一个具有恒包络特性的等幅波。为了抑制副瓣的带外辐射，在进行载波调制之前，用升余弦特性低通滤波器进行限带。结果信号失去恒包络特性而呈现波动。$\pi/4$-DQPSK 信号的波形如图 3.37 所示。由于码元长度 $T_s=2T_b$，已调信号仍然是两个 2PSK 信号的叠加，它的功率谱和 QPSK 是一样的，因此有相同的带宽。

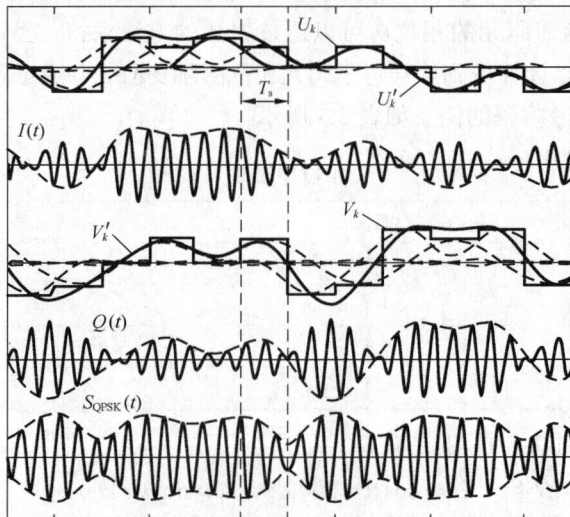

图 3.37 $\pi/4$-DQPSK 调制器各点波形

2. π/4-DQPSK 信号的相位跳变

由于 $\Delta\theta$ 可能的取值有 4 个：$\pm\pi/4$，$\pm 3\pi/4$，所以相位 θ 有 8 种可能的取值，其星座图的 8 个点实际是由两个彼此偏移 $\pi/4$ 的两个 QPSK 星座图构成的，相位的跳变总是在这两个星座图之间交替进行，跳变的路径如图 3.38 的虚线所示。图中还标出了表 3.3 中的各码元相位的跳变位置。注意，所有的相位路径都不经过原点（圆心）。这种特性使得信号的包络波动比 QPSK 要小，即降低了最大功率和平均功率的比值。

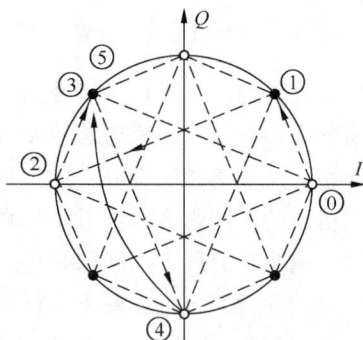

图 3.38　相位跳变图

3. π/4-DQPSK 的解调

从 π/4-DQPSK 的调制方法可以看出，所传输的信息包含在两个相邻的载波相位差之中。既然信息完全包含在相位差之中，就可以采用易于用硬件实现的非相干差分检波。图 3.39 所示为中频差分解调的原理图。设信号接收中频信号为

$$S(t)=\cos(\omega_0 t+\theta_k)\qquad kT_b\leqslant t\leqslant(k+1)T_b$$

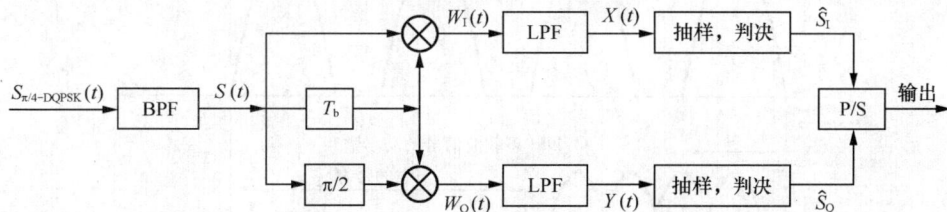

图 3.39　π/4-DQPSK 中频差分解调的原理图

解调器把输入中频（频率等于 f_0）π/4-DQPSK 信号 $S(t)$ 分成两路，一路是 $S(t)$ 和它的延迟一个码元的信号 $S(t-T_s)$ 相乘得 $W_I(t)$；另一路则是 $S(t-T_s)$ 和 $S(t)$ 移相 $\pi/2$ 后相乘得 $W_Q(t)$ 为

$$W_I(t)=\cos(\omega_0 t+\theta_k)\cos\big(\omega_0(t-T_s)+\theta_{k-1}\big)$$

$$W_Q(t)=\cos(\omega_0 t+\theta_k+\pi/2)\cos\big(\omega_0(t-T_s)+\theta_{k-1}\big)$$

设 $\omega_0 T_s=2n\pi$（n 为整数），经过低通滤波器后，得到低频分量 $X(t)$，$Y(t)$，抽样得到

$$X_k=\frac{1}{2}\cos(\theta_k-\theta_{k-1})=\frac{1}{2}\cos(\Delta\theta_k)$$

$$Y_k=\frac{1}{2}\sin(\theta_k-\theta_{k-1})=\frac{1}{2}\sin(\Delta\theta_k)$$

根据相位差分编码表，可作如下判决

当 $X_k>0$ 时，判 $\hat{S}_I=+1$

当 $X_k<0$ 时，判 $\hat{S}_I=-1$

当 $Y_k>0$ 时，判 $\hat{S}_I=+1$

当 $Y_k<0$ 时，判 $\hat{S}_I=-1$

3.5 正交频分复用

3.5.1 概述

多径传播环境下，当信号的带宽大于信道的相关带宽时，就会使所传输的信号产生频率选择性衰落，在时域上表现为脉冲波形的重叠即产生码间干扰。面对恶劣的移动环境和频谱的短缺，需要设计抗衰落性能良好、频带利用率高的信道。在一般的串行数据系统，每个数据符号都完全占用信道的可用带宽。由于瑞利衰落的突发性，一连几个比特往往在信号衰落期间被完全破坏而丢失，这是十分严重的问题。

采用并行系统可以减小串行传输所遇到的上述困难。这种系统把整个可用信道频带 B 划分为 N 个带宽为 Δf 的子信道。把 N 个串行码元变换为 N 个并行的码元，分别调制这 N 个子信道载波进行同步传输，这就是频分复用。通常 Δf 很窄，可以近似看做传输特性理想的信道。若子信道的码元速率 $1/T_s \leqslant \Delta f$，则各子信道可以看做平坦性衰落的信道，从而避免严重的码间干扰。另外，若频谱允许重叠，还可以节省带宽而获得更高的频带效率，如图 3.40 所示。

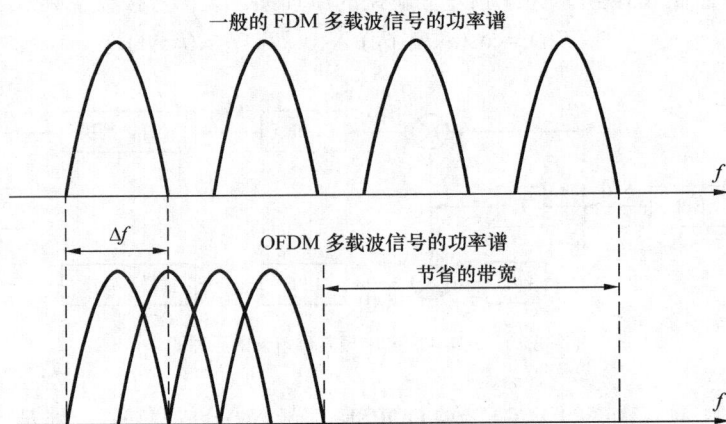

图 3.40 FDM 和 OFDM 带宽的比较

并行系统把衰落分散到多个符号上，使得每个符号只受到一点轻微损害，而不至于造成一连多个符号被完全破坏，这样就有可能精确地恢复符号中的大多数。另外并行系统扩展了码元的长度 T，T 远远大于信道的时延，这样可以减小时延扩展对信号传输的影响。

3.5.2 正交频分复用的原理

如果不考虑带宽的使用效率，并行传输系统就是采用一般的频分复用的方法。在这样的系统中，各个子信道的频谱不重叠，且相邻的子信道之间有足够的保护间隔，以便在接收机用滤波器把这些子信道分离出来。但是如果子载波的间隔等于并行码元长度的倒数（$1/T_s$），并且使用相干检测，采用子载波的频谱重叠可以使并行系统获得更高的带宽效率。这就是正交频分复用（Orthogonal Frequency Division Multiplexing，OFDM）。

OFDM 系统如图 3.41 所示。设串行的码元周期为 t_s，速率为 $r_s = 1/t_s$。经过串并变换后 N 个串行码元被转换为长度为 $t_s = Nt_s$、速率为 $R_s = 1/t_s = 1/Nt_s = r_s/N$ 的并行码。N 个码元分别调制 N 个

子载波 f_n，即

$$f_n = f_0 + n\Delta f \quad (n = 0, 1, 2, \cdots, N-1) \tag{3.40}$$

式中 Δf 为子载波的间隔，设计为

$$\Delta f = 1/T_s = 1/Nt_s \tag{3.41}$$

它是 OFDM 系统的重要设计参数之一。这样当 $f_0 \gg 1/T_s$ 时，各子载波是两两正交的，即

$$\frac{1}{T_s} \int_0^{T_s} \sin(2\pi f_k t + \varphi_k) \sin(2\pi f_j t + \varphi_j) \mathrm{d}t = 0 \tag{3.42}$$

其中 $f_k - f_j = m/T_s (m = 1, 2, \cdots)$。把 N 个并行支路的已调子载波信号相加，便得到 OFDM 实际发射的信号为

$$D(t) = \sum_{n=0}^{N-1} d(n) \cos(2\pi f_n t) \tag{3.43}$$

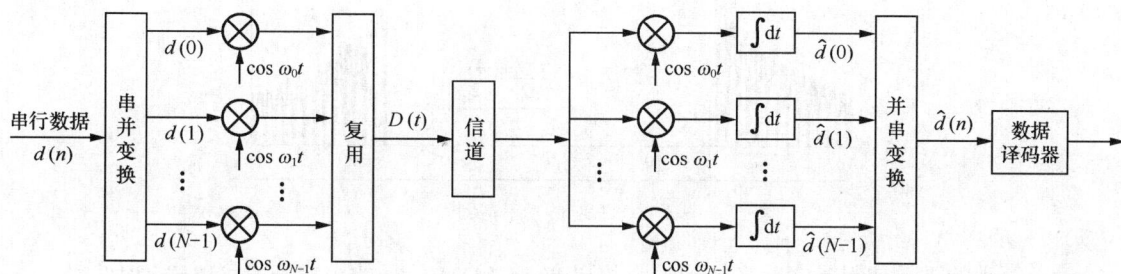

图 3.41　OFDM 系统

在接收端，接收的信号同时进入 N 个并联支路，分别与 N 个子载波相乘和积分（相干解调），便可以恢复各并行支路的数据，即

$$\hat{d}(k) = \int_0^{T_s} D(t) \cdot 2\cos\omega_k t \mathrm{d}t = \int_0^{T_s} \sum_{n=0}^{N-1} d(n) 2(\cos\omega_n t)^2 \mathrm{d}t = d(k)$$

各支路的调制可以采用 PSK、QAM 等数字调制方式。为了提高频谱的利用率，通常采用多进制的调制方式。一般并行支路输入的数据可以表示为 $d(n) = a(n) + \mathrm{j}b(n)$，其中 $a(n)$、$b(n)$ 表示输入的同相分量和正交分量的实序列（例如 QPSK 中 $a(n)$、$b(n)$ 的取值为 ± 1；16QAM 中 $a(n)$、$b(n)$ 的取值为 ± 1、± 3 等），它们在每个支路上调制一对正交载波，输出的 OFDM 信号便为

$$D(t) = \sum_{n=0}^{N-1} \left(a(n)\cos(2\pi f_n t) + b(n)\sin(2\pi f_n t) \right) = \mathrm{Re}\left\{ \sum_{n=0}^{N-1} A(t)\mathrm{e}^{\mathrm{j}2\pi f_0 t} \right\} \tag{3.44}$$

式中 $A(t)$ 为信号的复包络，即

$$A(t) = \sum_{n=0}^{N-1} d(n)\mathrm{e}^{\mathrm{j}n\Delta\omega t} \tag{3.45}$$

系统的发射频谱的形状是经过仔细设计的，使得每个子信道的频谱在其他子载波频率上为零，这样子信道之间就不会发生干扰。当子信道的脉冲为矩形脉冲时，具有 sinc 函数形式的频谱可以

精确满足这一要求，如 $N=4$、$N=32$ 的 OFDM 功率谱如图 3.42 所示。

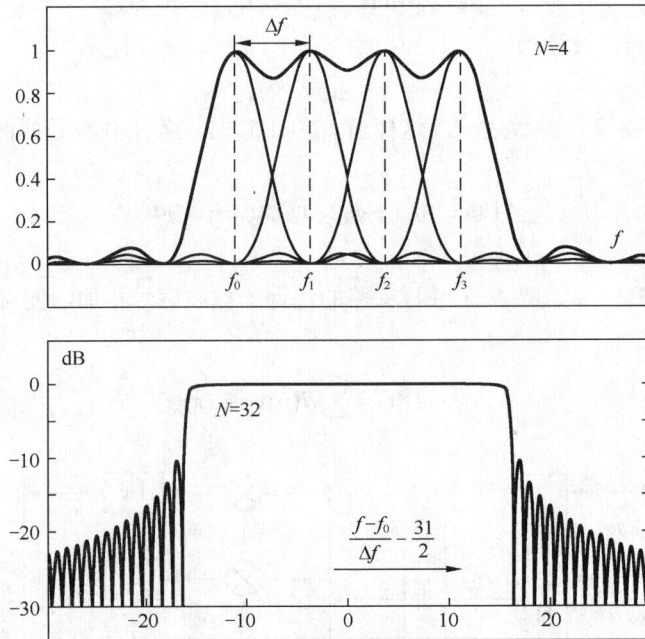

图 3.42　OFDM 的功率谱例子

由于频谱的重叠使得带宽效率得到很大的提高。**OFDM** 信号的带宽一般可以表示为

$$B=f_{N-1}-f_0+2\delta=(N-1)\Delta f+2\delta \tag{3.46}$$

式中 δ 为子载波信道带宽的一半。设每个支路采用 M 进制调制，N 个并行支路传输的比特速率便为 $R_b=NR_s\log_2 M$，因此带宽效率为

$$\eta=\frac{R_b}{B}=\frac{NR_s\log_2 M}{(N-1)\Delta f+2\delta} \tag{3.47}$$

若子载波信道严格限带且 $\delta=\Delta f/2=1/2T_s$，于是带宽效率为

$$\eta=\frac{R_b}{B}=\log_2 M \tag{3.48}$$

但在实际的应用中，子信道的带宽比这最小带宽稍大一些，即 $\delta=(1+\alpha)/2T_s$，这样

$$\eta=\frac{\log_2 M}{1+\alpha/N} \tag{3.49}$$

为了提高频带利用率可以增加子载波的数目 N 并且减小 α。

3.5.3　正交频分复用的 DFT 实现

OFDM 技术早在上世纪中期就出现，但信号的产生及解调需要许多的调制解调器，硬件结构的复杂性使得在当时的技术条件下难以在民用通信中普及。后来（20 世纪 70 年代）可以用离散傅氏变换（DFT）的方法来简化系统的结构，但也是在大规模集成电路和信号处理技术充分发展后才得到广泛的应用。使用 **DFT** 技术的 **OFDM** 系统如图 3.43 所示。

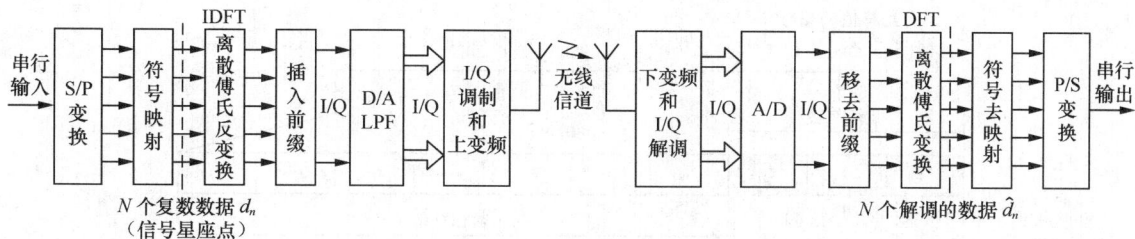

图 3.43 使用 DFT 的 OFDM 系统

输入的串行比特以 L 比特为一帧，每帧分为 N 组，每组比特数可以不同，第 i 组有 q_i 个比特，即

$$L=\sum_{i=1}^{N} q_i$$

第 i 组比特对应第 i 子信道的 $M_i=2^{q_i}$ 个信号点。这些复数信号点对应这些子信道的信息符号，用 $d_n(n=0,1,2,\cdots,N-1)$ 表示。利用离散傅氏反变换可以完成 $\{d_n\}$ 的 OFDM 基带调制，因为式（3.45）的复包络可以表为

$$A(t)=x(t)+\mathrm{j}y(t) \tag{3.50}$$

则 OFDM 信号为

$$
\begin{aligned}
D(t)&=\mathrm{Re}\left\{A(t)\mathrm{e}^{\mathrm{j}\omega_0 t}\right\}=\mathrm{Re}\left\{(x(t)+\mathrm{j}y(t))(\cos\omega_0 t+\mathrm{j}\sin\omega_0 t)\right\}\\
&=x(t)\cos\omega_0 t-y(t)\sin\omega_0 t
\end{aligned} \tag{3.51}
$$

若对 $A(t)$ 以 $1/t_s$ 速率抽样，由式（3.45）得到

$$A(m)=x(m)+\mathrm{j}y(m)=\sum_{n=0}^{N-1}d_n\mathrm{e}^{\mathrm{j}n\Delta\omega\cdot mt_s}=\sum_{n=0}^{N-1}d_n\mathrm{e}^{\mathrm{j}2\pi nm/N}=\mathrm{IDFT}\{d_n\} \tag{3.52}$$

可见所得到的 $A(m)$ 是 $\{d_n\}$ 的 IDFT，或者说直接对 $\{d_n\}$ 求离散傅氏反变换就得到 $A(t)$ 的抽样 $A(m)$。而使用 $A(m)$ 经过低通滤波（D/A 变换）后所得到的模拟信号对载波进行调制，便得到所需的 OFDM 信号。在接收端则进行相反的过程，把解调得到的基带信号经过 A/D 变换后得到 $\hat{d}_n$，再经过并串变换输出。当 N 比较大时，可以采用高效率的 IFFT（FFT）算法，现在已有专用的 IC 可用，利用它可以取代大量的调制解调器，使结构变得更加简单。

设信道的输入为一个符号信号 $p(t)$，信道的冲激响应为 $h(t)$，不考虑信道噪声的影响，信道的输出等于卷积，即 $r(t)=p(t)*h(t)$。$r(t)$ 的时间长度即 $T_r=T_s+\tau$（τ 为信道冲激响应的持续时间）。若发送的码元是一个接一个无缝的连续发射，接收的信号由于 $T_r>T_s$ 会产生码间干扰，应在数据块之间加入保护间隔 T_g，只要 $T_g\geqslant\tau$，就可以完全消除码间干扰。除了上述的载波间隔 Δf，T_g 是 OFDM 系统另一个重要的设计参数。

通常，T_g 是以一个循环前缀的形式存在，这些前缀由信号 $p(t)$ 的 g 个样值构成的，使得发送的符号样值序列的长度增加到 $N+g$，如图 3.44 所示。由于是连续传输，若信道的冲激响应样值序列长度 $j\leqslant g$，则信道的输出序列 $\{r_n\}$ 的前 g 个样值会受到前一分组拖尾的干扰，因此把它们舍去，然后根据 N 个接收到的信号样值 r_n（$0\leqslant n\leqslant N-1$）来解调。之所以用循环前缀填入保护间隔内，其中一个原因是为了保持接收载波的同步，在此段时间必须传输信号而不能让它空白。由于加入了循环前缀，为了保持原信息传输速率不变，信号的抽样速率应提高到原来的 $1+N/g$ 倍。

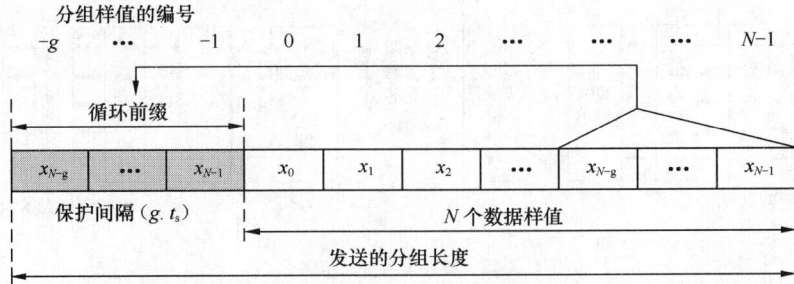

图 3.44　发送的符号样值序列

3.5.4　互交频分复用的应用

由上述的讨论可知，采用 OFDM 有很多优点，如以下几个方面。

① 由于采用正交载波和频带重叠的设计，OFDM 有比较高的带宽效率。如式（3.49）所示，随着 N 的增加，带宽效率接近 $\log_2 M$ Baud/Hz 的理想情况。

② 由于并行的码元长度 $T_s = N t_s$ 远大于信道的平均衰落时间 $\overline{T_f}$，瑞利衰落对码元的损伤是局部的，一般都可以正确恢复。而不像单载波传输时，由于 $\overline{T_f} > t_s$ 引起多个串行码元的丢失。

③ 当 $T_s \gg \tau$（多径信道的相对时延），系统因时延所产生的码间干扰就不那么严重，系统一般不需要均衡器。

④ 由于是多个窄带载波传输，当信道在某个频率出现较大幅度衰减或较强的窄带干扰时，也只是影响个别的子信道，而其他子信道的传输并未受影响。

⑤ 由于可以采用 DFT 实现 OFDM 信号，极大简化了系统的硬件结构。

此外，在实际的应用中，OFDM 系统可以自动测试子载波的传输质量，据此及时调整子信道的发射功率和发射比特数，使每个子信道的传输速率达到最佳的状态。

OFDM 的这些特点使得它在有线信道或无线信道的高速数据传输得到广泛的应用，例如在数字用户环路上的 ADSL、无线局域网的 IEEE 802.11a 和 HIPERLAN-2、数字广播、高清晰度电视等。研究表明，OFDM 技术和 CDMA 技术的结合比 DC-CDMA 具有更好的性能，很可能成为未来宽带大容量蜂窝移动通信系统的无线接入技术。

在应用 OFDM 时，也有一些问题需要认真考虑。例如，和所有频分复用系统一样，存在发射信号的峰值功率和平均功率比值（PAR）过大的问题。过大的 PAR 会使发射机的功率放大器饱和，造成发射信号的互调失真。降低发射功率使信号工作在线性放大范围，可以减小或避免这种失真，但这样又降低了功率效率。另一个问题是 OFDM 信号对频率的偏移十分敏感。OFDM 的优越性能是建立在子载波正交的基础上，移动台移动会产生多普勒频谱扩展，这种频率漂移会破坏这种正交性，造成子信道之间的干扰。实际上多普勒效应在时间上表现为信道的时变性质，当信号码元长度大于信道的相干时间时，就会产生失真，为此应控制码元的长度不应超出移动信道的相干时间。另外，在接收机确定 FFT 符号的开始时间也是比较困难的。

习题与思考题

3.1　移动通信中对调制有哪些考虑？

3.2　什么是相位不连续的 FSK？相位连续的 FSK（CPFSK）应当满足什么条件？为什么移动

通信中，在使用移频键控时一般总是考虑使用 CPFSK？

3.3　MSK 信号数据速率为 100kbit/s。若载波频率为 2MHz，求发送 1、0 时，信号的两个载波频率。

3.4　已知发送数据序列 $\{b_n\}=\{-1\ +1\ +1\ -1\ +1\ -1\ -1\ -1\}$。① 画出 MSK 信号的相位路径。② 设 $f_c=1.75R_b$，画出 MSK 信号的波形。③ 设附加相位初值 $\varphi_0=0$，计算各码元对应的 φ_k。

3.5　用数值方法计算 MSK 信号功率谱第二零点带宽的功率。

3.6　GMSK 系统空中接口传输速率为 270.833 33kbit/s，求发送信号的两个频率差。若载波频率是 900MHz，这两个频率又等于多少？

3.7　设升余弦滤波器的滚降系数为 $\alpha=0.35$，码元长度为 $T_s=1/24\,000$s。写出滤波器的频率响应表达式（频率单位：kHz）和它的冲激响应表达式（时间单位：ms）。

3.8　设高斯滤波器的归一化 3dB 带宽 $x_b=0.5$，符号速率为 $R_s=19.2$kbit/s。写出滤波器的频率响应表达式（频率单位：kHz）和它的冲激响应表达式（时间单位：ms）。

3.9　高斯滤波器的归一化参数 x_b 的大小是如何影响带宽效率和误码特性的？

3.10　QPSK 信号以 9 600bit/s 速率传送数据，若基带信号采用具有升余弦特性的脉冲响应，滚降系数为 0.5。问信道应有的带宽和传输系统的带宽效率。若改用 8PSK 信号，带宽效率又等于多少？

3.11　在移动通信系统中，采用 GMSK 和 $\pi/4$-QPSK 调制方式各有什么优点？

3.12　若二进制的数字基带信号为二电平的非归零码，在进行 FSK，MSK，GMSK，2PSK，QPSK，$\pi/4$-QPSK 和 OQPSK 调制后，这些已调信号是否具有恒包络性质？若基带信号经过低通滤波器后再进行调制，这些已调信号的包络会发生什么变化？包络的变化使功率放大器的非线性对它们有什么不同的影响？

3.13　QPSK、$\pi/4$-QPSK 和 OQPSK 信号相位跳变在信号星座图上的路径有什么不同？

3.14　什么是 OFDM 信号？为什么它可以有效地抵抗频率选择性衰落？

3.15　OFDM 系统是如何利用 IFFT 数字信号处理技术实现的？

3.16　OFDM 有什么优点和缺点？

参 考 文 献

［1］Theodore S.Rappapaort. Wireless communications principles and practice（影印版）［M］.北京：电子工业出版社，1998.

［2］John G.Proakis.Digital communications［M］.MicGraw-Hill,Inc 1995.北京：电子工业出版社，1998.

［3］西蒙·赫金.通信系统（第四版）［M］.宋铁成，徐平平等译.北京：电子工业出版社，2003.

［4］John G. Proakis, Masoud Salehi. 通信系统工程（第二版）［M］.叶芝慧，赵新胜译.北京：电子工业出版社，2002.

［5］Leon W.Couch Ⅱ Digital and analog communication system［M］.Prentice Hall, Inc, 1997。北京：清华大学出版社，1997.

［6］Rodger E.Ziemer，William H.Tranter. Principles of Communications: System, Modulation and Noise，5th ed［M］.北京：高等教育出版社，2003.

第 **4** 章 **抗衰落技术**

学习重点和要求

本章介绍移动通信中常用的抗衰落技术，它们是分集接收、信道编码、信道均衡和扩频技术。要求

● 掌握分集接收技术的指导思想；掌握获得多个衰落独立信号的常用方法：频率分集、时间分集和空间分集；掌握对衰落独立信号的处理方式：选择合并、最大比值合并和等增益合并以及它们的性能。

● 掌握信道编码在移动通信中的应用；掌握卷积码的维特比译码原理；了解最新的信道编码 Turbo 码的基本概念。

● 掌握信道时域均衡的基本原理；了解移动通信中所采用的自适应均衡技术的基本概念。

● 掌握直接序列扩频技术原理；掌握直接序列扩频技术抗多径衰落原理；掌握 RAKE 接收机原理。

4.1 序

移动信道的多径传播、时延扩展以及伴随接收机移动过程产生的多普勒频移使接收信号产生严重的衰落；阴影效应会使接收的信号过弱而造成通信中断；信道存在的噪声和干扰，也会使接收信号失真而造成误码。因此，在移动通信中需要采取一些信号处理技术来改善接收信号的质量。分集接收技术、均衡技术、信道编码技术和扩频技术是最常见的信号处理技术，根据信道的实际情况，它们可以独立使用或联合使用。

分集接收的基本思想就是把接收到的多个衰落独立的信号加以处理，合理地利用这些信号能量来改善接收信号的质量。分集通常用来减小在平坦性衰落信道上接收信号的衰落深度和衰落持续时间。分集接收充分利用接收信号的能量，因此无须增加发射信号的功率而可以使接收信号得到改善。

信道编码的目的是为了尽量减小信道噪声或干扰的影响，是用来改善通信链路性能的技术。其基本思想是通过引入可控制的冗余比特，使信息序列的各码元和添加的冗余码元之间存在相关性。在接收端，信道译码器根据这种相关性对接收到的序列进行检查，从中发现错误或进行纠错。

当传输的信号带宽大于无线信道的相关带宽时，信号产生频率选择性衰落，接收信号就会产生失真，在时域表现为接收信号的码间干扰。所谓信道均衡就是在接收端设计一个称之为均衡器

的网络，以补偿信道引起的失真。这种失真是不能通过增加发射信号功率来减小的。由于移动信道的时变特性，均衡器的参数必须能跟踪信道特性的变化自行调整，因此这种情况下均衡器应当是自适应的。

随着移动通信技术的发展，传输的数据速率越来越高，信号的带宽也远超出信道的相干带宽，采用传统的均衡技术难以保证信号的传输质量。多径衰落就成为妨碍高速数据传输的主要障碍。采用扩频技术极大地扩展了信息的传输带宽，可以把携带有同一信息的多径信号分离出来并加以利用，因此扩频技术具有频率分集和时间分集的特点。扩频技术是克服多径干扰的有效手段，是第三代移动通信无线传输的主流技术。

4.2　分集技术

在移动通信中为对抗衰落产生的影响，分集接收是常采用的有效措施之一。在移动环境中，通过不同途径所接收到的多个信号其衰落情况是不同的、衰落独立的。设其中某一信号分量的强度低于检测门限的概率为 p，则所有 M 个信号分量的强度都低于检测门限的概率 p^M 远低于 p。综合利用各信号分量，就有可能明显地改善接收信号的质量，这就是分集接收的基本思想。分集接收的代价是增加了接收机的复杂度，因为要对各径信号进行跟踪，及时对更多的信号分量进行处理。但它可以提高通信的可靠性，因此被广泛用于移动通信。

移动无线信号的衰落包括了两个方面，一个是来自地形地物造成的阴影衰落，它使接收信号的平均功率（或者信号的中值）在一个比较长的空间（或时间）区间内发生波动，这是一种宏观的信号衰落；而多径传播使得信号在一个短距离上（或一段时间内）信号强度发生急剧的变化（但信号的平均功率不变），这是一种微观衰落。针对这两种不同的衰落，常用的分集技术可以分为宏观分集和微观分集。这里主要介绍微观分集，也就是通常所说的分集。

分集技术对信号的处理包含两个过程，首先是要获得 M 个相互独立的多径信号分量，然后对它们进行处理以获得信噪比的改善，这就是合并技术。本小节将讨论与这两个过程有关的基本问题。

4.2.1　宏观分集

为了消除由于阴影区域造成的信号衰落，可以在两个不同的地点设置两个基站，情况如图 4.1 所示。这两个基站可以同时接收移动台的信号。由于这两个基站接收天线相距甚远，所接收到的信号衰落是相互独立、互不相关的。用这样的方法我们获得两个衰落独立、携带同一信息的信号。

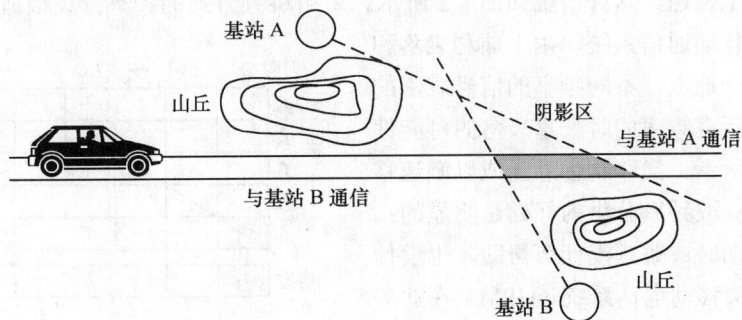

图 4.1　宏观分集

由于传播的路径不同，所得到的两个信号的信号强度（或平均功率）一般是不等的。设基站 A 接收到的信号中值为 m_A，基站 B 接收到的信号中值为 m_B，它们都服从对数正态分布。若 $m_A > m_B$，则确定用基站 A 与移动台通信；若 $m_A < m_B$，则确定用基站 B 与移动台通信。如图 4.1 中，移动台在 B 路段运动时，可以和基站 B 通信；而在 A 路段则和基站 A 通信。从所接收到的信号中选择最强信号，这是宏观分集中所采用的信号合并技术。

宏观分集所设置的基站数可以不止一个，视需要而定。宏观分集也称多基站分集。

4.2.2 微观分集的类型

若在一个局部地区（一个短距离上）接收移动无线信号，信号衰落所呈现的独立性是多方面的，如时间、频率、空间、角度以及携带信息的电磁波极化方向等。利用这些特点采用相应的方法可以得到来自同一发射机的衰落独立的多个信号，这就有多种分集技术。这里只讨论目前移动通信中常见的几种分集方式。

1. 时间分集

在移动环境中，信道的特性随时间变化。当移动的时间足够长（或移动的距离足够大），大于信道的相干时间，则这两个时刻（或地点）的无线信道衰落特性是不同的，可以认为是独立的。可以在不同的时间段发送同一信息，接收端则在不同的时间段接收这些衰落独立的信号。时间分集要求在收发信机都有存储器，这使得它更适合于移动数字传输。时间分集只需使用一部接收机和一副天线。若信号发送 M 次，则接收机重复使用以接收 M 个衰落独立的信号，此时称系统为 M 重时间分集系统。要注意的是，因为 $f_m = v/\lambda$，当移动速度 $v = 0$ 时，相干时间会变为无穷大，所以时间分集不起作用。

2. 频率分集

在无线信道中，若两个载波的间隔大于信道的相干带宽，则这两个载波信号的衰落是相互独立的。例如若信道的时延扩展 Δ 为 0.5μs，相干带宽 $B_c = 1/2\pi\Delta = 318$kHz，为了获得衰落独立的信号，两个载波的间隔应大于此带宽。实际上为了获得完全的不相关，信号的频率间隔还应当更大（比如 1MHz）。所以为了获得多个频率分集信号，直接在多个载波上传输同一信息，所需的带宽就很宽，这对频谱资源短缺的移动通信来说，代价是很大的。

在实际的应用中，一种实现频率分集的方法是采用跳频扩频技术。它把调制符号在频率快速改变的多个载波上发送，这种情况如图 4.2 所示。采用跳频方式的频率分集很适合于采用 TDMA 接入方式的数字移动通信系统。由于瑞利衰落和频率有关，在同一地点，不同频率的信号衰落的情况是不同的，所有频率同时严重衰落的可能性很小，如图 4.3 所示。当移动台静止或以慢速移动时，通过跳频获取频率分集的好处是明显的；当移动台高速移动时，跳频没什么帮助，也没什么危害。数字蜂窝移动电话系统（GSM）在业务密集的地区常常采用跳频技术，以改善接收信号的质量。

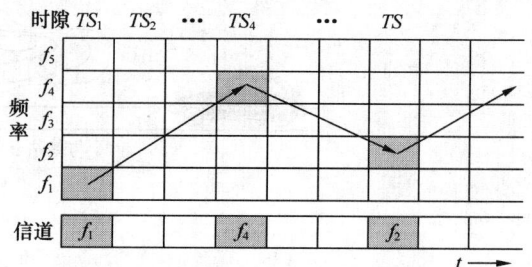

图 4.2 跳频图案

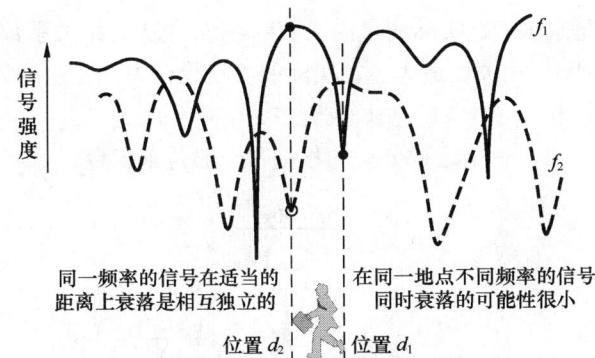

图 4.3　瑞利衰落引起信号强度随地点、频率变化

3．空间分集

由于多径传播的结果，在移动信道中不同的地点信号的衰落情况是不同的（见图 4.3）。在相隔足够大的距离上，信号的衰落是相互独立的，若在此距离上设置两副接收天线，它们所接收到的来自同一发射机发射的信号就可以认为是不相关的。这种分集方式也称作天线分集。使接收信号不相关的两副天线的距离，因移动台天线和基站天线所处的环境不同而有所区别。

一般移动台的附近反射体、散射体比较多，移动台天线和基站天线直线传播的可能性比较小，因此移动台接收的信号多是服从瑞利分布的。理论分析表明，移动台两副垂直极化天线的水平距离为 d 时，接收信号的相关系数与 d 的关系为

$$\rho(d) = J_0^2\left(\frac{2\pi}{\lambda}d\right)$$

式中，$J_0(x)$ 为第一类零阶贝塞尔函数。$\rho(d) \sim d$ 的特性如图 4.4 所示。

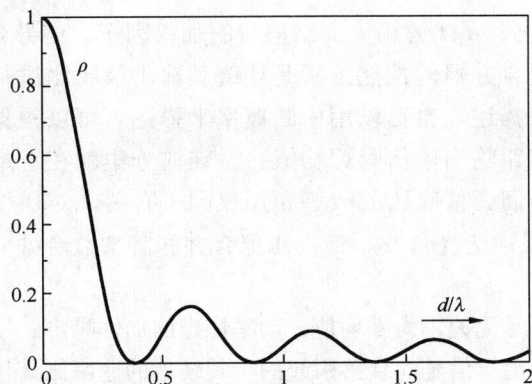

图 4.4　相关系数 ρ 与 d/λ 的关系

由图 4.4 可以看出，随着天线距离的增加，相关系数呈现波动衰减。在 $d=0.4\lambda$ 时，相关系数为 0。实际上只要相关系数小于 0.2，这两个信号就可以认为是互不相关的。实际测量表明，通常在市区，取 $d=0.5\lambda$，在郊区可以取 $d=0.8\lambda$。

对基站的天线来说，两个接收信号的相关系数 ρ 和天线高度 h、天线的距离 d 以及移动台相对于基站天线的方位角 θ（见图 4.5）有关，当然和工作波长 λ 也有关。对它的理论分析是比较复

杂的，可以通过实际测量来确定。实际测量结果表明，h/d 越大，相关系数 ρ 就越大；h/d 一定时，$\theta=0°$ 相关性最小，$\theta=90°$ 相关性最大。在实际的工程设计中，比值约为 10，天线一般高几十米，天线的距离约几米，相当于十多个波长或更多。

空间分集需要多副天线，使用这种分集的移动台一般是车载台。

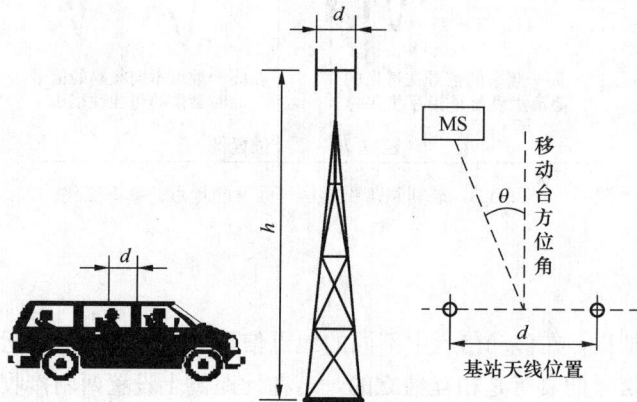

图 4.5 分集接收天线的距离

4.2.3 分集的合并方式及性能

分集在获得多个衰落独立的信号后，需要对它们进行合并处理。合并器的作用就是把经过相位调整和时延后的各分集支路信号相加。对大多数通信系统而言，M 重分集对这些信号的处理概括为 M 支路信号的线性叠加，即

$$f(t)=\alpha_1(t)f_1(t)+\alpha_2(t)f_2(t)+\cdots+\alpha_M(t)f_M(t)=\sum_{k=1}^{M}\alpha_k(t)f_k(t) \tag{4.1}$$

其中 $f_k(t)$ 为第 k 支路的信号；$\alpha_k(t)$ 为第 k 支路信号的加权因子。信号合并的目的就是要使它的信噪比有所改善，因此对合并器的性能分析是环绕其输出信噪比进行的。分集的效果常用分集改善因子或分集增益来描述，也可以用中断概率来描述。可以预见，分集合并器输出的信噪比均值将大于任何一支路输出的信噪比均值。最佳的分集就在于最有效地减小信噪比低于正常工作门限信噪比的时间。信噪比的改善和加权因子有关，对加权因子的选择方式不同，形成 3 种基本的合并方式：选择合并、最大比值合并和等增益合并。在下面的讨论中假设以下条件成立。

① 各支路的噪声与信号无关，为零均值、功率恒定的加性噪声。

② 信号幅度的变化是由于信号的衰落引起的，其衰落的速率比信号的最低调制频率低许多。

③ 各支路信号相互独立，服从瑞利分布，具有相同的平均功率。

1. 选择合并

这是所有合并方法中最简单的一种。在所接收的多路信号中，合并器选择信噪比最高的一路输出，这相当于在 M 个系数 $\alpha_k(t)$ 中，只有一个等于 1，其余的为 0。这种选择可以在解调（检测）前的 M 个射频信号中进行，也可以在解调后的 M 个基带信号中进行，这对选择合并来说都是一样的，因为最终只选择一个解调的数据流。$M=2$，即有两个分集支路的例子，如图 4.6 所示。合

并器实际就是一个开关，在各支路噪声功率相同的情况下，系统把开关置于最大信号功率的支路，输出的信号就有最大的信噪比。

设第 k 支路信号包络为 $r_k=r_k(t)$，其概率密度函数为

$$p(r_k)=\frac{r_k}{b^2}e^{-r_k^2/2b^2} \qquad (4.2)$$

则信号的瞬时功率为 $r_k^2/2$。设支路的噪声平均功率为 N_k，第 k 支路的信噪比 $\xi_k=\xi_k(t)$ 为

$$\xi_k=\frac{r_k^2}{2N_k}$$

选择合并器的输出信噪比 ξ_s 就为

$$\xi_s=\max\{\xi_k\} \quad k=1,2,\cdots,M \qquad (4.3)$$

$M=2$ 时，ξ_s 的选择情况如图 4.7 所示。

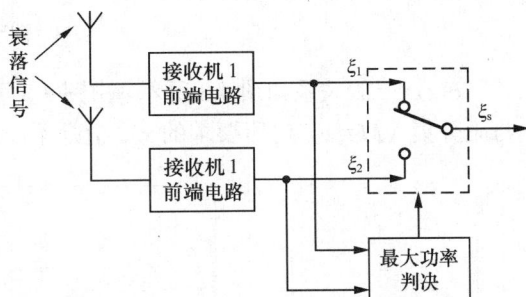

图 4.6 二重分集的选择合并

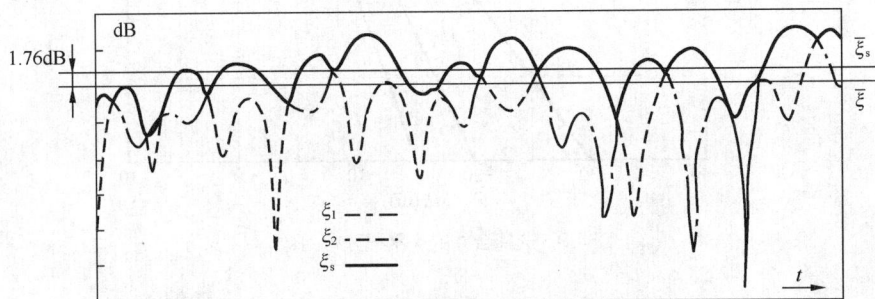

图 4.7 二重分集选择合并的信噪比

由于 r_k 是一个随机变量，正比于它的平方的信噪比 ξ_k 也是一个随机变量，可以求得其概率密度函数为

$$p(\xi_k)=\frac{1}{\overline{\xi_k}}e^{-\xi_k/\overline{\xi_k}} \qquad (4.4)$$

式中

$$\overline{\xi}_k=E[\xi_k]=\frac{b_k^2}{N_k} \qquad (4.5)$$

为 k 支路的平均信噪比。ξ_k 小于某一指定的信噪比 x 的概率为

$$P(\xi_k<x)=\int_0^x\frac{1}{\overline{\xi_k}}e^{-\xi_k/\overline{\xi_k}}d\xi_k=1-e^{-x/\overline{\xi_k}} \qquad (4.6)$$

设各支路都有相同的噪声功率，即 $N_1=N_2=\cdots=N$；信号平均功率相同，即 $b_1^2=b_2^2=\cdots=b^2$，则各支路有相同的平均信噪比 $\overline{\xi}=b^2/N$。由于 M 个分集支路的衰落是互不相关的，所有支路的 ξ_k（$k=1,2,\cdots,M$）同时小于某个给定值 x 的概率为

$$F(x)=\left(1-e^{-x/\overline{\xi}}\right)^M \qquad (4.7)$$

若 x 为接收机正常工作的门限，$F(x)$ 就是通信中断的概率。而至少有一支路信噪比超过 x 的

概率就是使系统能正常通信的概率（可通率），为

$$1-F(x)=1-\left(1-\mathrm{e}^{-x/\overline{\xi}}\right)^{M} \tag{4.8}$$

$F(x)\sim x$ 的关系如图 4.8 所示。由图 4.8 可以看出，当给定一个中断概率 $F(x)$，有分集（$M>1$）与无分集（$M=1$）时所要求的 $x/\overline{\xi}$ 值是不同的。例如，当 $F=10^{-3}$ 且无分集时，要求

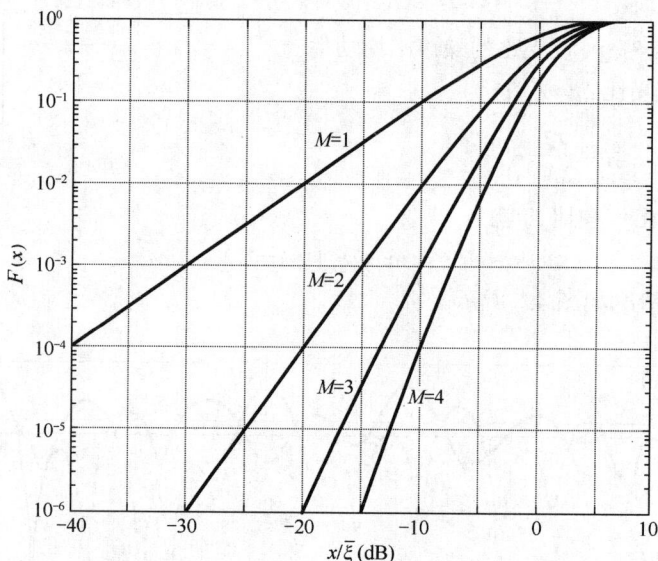

图 4.8 选择合并的 x 累积分布函数

$$\left(x/\overline{\xi}\right)_{\mathrm{dB}}=-30\mathrm{dB}$$

或

$$20\lg\left(\overline{\xi}\right)-20\lg(x)=\overline{\xi}_{\mathrm{dB}}-x_{\mathrm{dB}}=30\mathrm{dB}$$

即要求支路接收信号的平均信噪比高出门限值 30dB。而有分集时，比如 $M=2$，这一数值为 15dB。就是说，采用二重分集，在保证中断概率不超过给定该值的情况下，所需支路接收信号的平均信噪比下降了 $30-15=15$dB。采用三重分集时，信噪比则下降了 $30-10=20$dB；四重分集时，信噪比则下降了 $30-7=23$dB。由此可以看出，在给定的门限信噪比情况下，随着分集支路数的增加，所需支路接收信号的平均信噪比在下降，这意味着采用分集技术可以降低对接收信号功率（或者说降低对发射功率）的要求，而仍然能保证系统所需的通信概率，这就是采用分集技术带来的好处。

概率 $F(x)$ 也是 ξ_k（$k=1,2,\cdots,M$）中最大值小于给定值 x 的概率。因此上式也是选择合并器输出的信噪比 ξ_s 的累积分布函数，其概率密度函数可以对 $F(x)$ 求导得到

$$p(\xi_\mathrm{s})=\frac{\mathrm{d}F(x)}{\mathrm{d}x}\bigg|_{x=\xi_\mathrm{s}}=\frac{M}{\overline{\xi}}\left(1-\mathrm{e}^{-\xi_\mathrm{s}/\overline{\xi}}\right)^{M-1}\mathrm{e}^{-\xi_\mathrm{s}/\overline{\xi}} \tag{4.9}$$

可以进一步求得 ξ_s 的均值，即

$$\overline{\xi_s} = \int_0^\infty \xi_s p(\xi_s) d\xi_s = \overline{\xi} \sum_{k=1}^M \frac{1}{k} \qquad (4.10)$$

对二重分集 $M=2$，有

$$\overline{\xi_s} = \overline{\xi}(1+1/2) = 1.5\overline{\xi} \qquad (4.11)$$

它等于没有分集的平均信噪比的 1.5 倍，等于 $10\lg(1.5)=1.76\text{dB}$，如图 4.7 所示。在 $\overline{\xi}$ 相同的情况下，$\overline{\xi_s}$ 可以用作不同合并技术性能的比较，这将在后面讨论。

2. 最大比值合并

在选择合并中，只选择其中一个信号，其余信号被抛弃。这些被弃之不用的信号都具有能量并且携带相同的信息，若把它们也利用上，将会明显改善合并器输出的信噪比。基于这样的考虑，最大比值合并把各支路信号加权后合并。在信号合并前对各路载波相位进行调整并使之同相，然后相加。这样合并器输出信号的包络为

$$r_{\text{mr}} = \sum_{k=1}^M \alpha_k r_k \qquad (4.12)$$

输出的噪声功率等于各支路的输出噪声功率之和，即

$$N_{\text{mr}} = \sum_{k=1}^M \alpha_k^2 N_k$$

于是合并器的输出信噪比为

$$\xi_{\text{mr}} = \frac{r_{\text{mr}}^2/2}{N_{\text{mr}}} = \frac{\left(\sum_{k=1}^M \alpha_k r_k\right)^2}{2\sum_{k=1}^M \alpha_k^2 N_k} = \frac{\left(\sum_{k=1}^M \alpha_k \sqrt{N_k} \cdot r_k/\sqrt{N_k}\right)^2}{2\sum_{k=1}^M \alpha_k^2 N_k}$$

希望输出的信噪比有最大值，根据许瓦兹不等式

$$\left(\sum_{k=1}^M x_k y_k\right)^2 \leqslant \left(\sum_{k=1}^M x_k^2\right)\left(\sum_{k=1}^M y_k^2\right) \qquad (4.13)$$

若

$$\frac{x_1}{y_1} = \frac{x_2}{y_2} = \cdots = \frac{x_M}{y_M} = C \,(\text{常数})$$

则式（4.13）取等号，即等式获最大值。

现令

$$x_k = \alpha_k \sqrt{N_k}, \qquad y_k = r_k/\sqrt{N_k}$$

若使加权系数 α_k 满足

$$\frac{\alpha_k \sqrt{N_k}}{r_k/\sqrt{N_k}} = \frac{\alpha_k N_k}{r_k} = C(\text{常数}) \qquad k=1,2,\cdots,M$$

即

$$\alpha_k = C\frac{r_k}{N_k} \propto \frac{r_k}{N_k}$$

则有

$$\xi_{mr}=\frac{\left(\sum_{k=1}^{M}\alpha_k\sqrt{N_k}\cdot r_k/\sqrt{N_k}\right)^2}{2\sum_{k=1}^{M}\alpha_k^2 N_k}=\frac{\left(\sum_{k=1}^{M}\alpha_k^2 N_k\right)\left(\sum_{k=1}^{M}r_k^2/N_k\right)}{2\sum_{k=1}^{M}\alpha_k^2 N_k}=\sum_{k=1}^{M}\frac{r_k^2}{2N_k}=\sum_{k=1}^{M}\xi_k$$

这结果表明，若第 k 支路的加权系数 α_k 和该支路信号幅度 r_k 成正比，和噪声功率 N_k 成反比，则合并器输出的信噪比有最大值且等于各支路信噪比之和，即

$$\xi_{mr}=\sum_{k=1}^{M}\xi_k \tag{4.14}$$

一个 $M=2$ 的例子如图 4.9 所示。ξ_{mr} 随时间的变化的例子如图 4.10 所示。

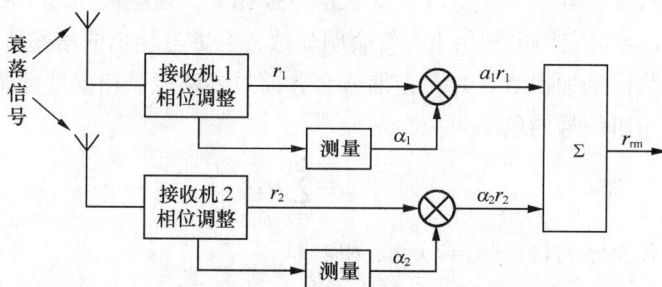

图 4.9　二重分集最大比值合并

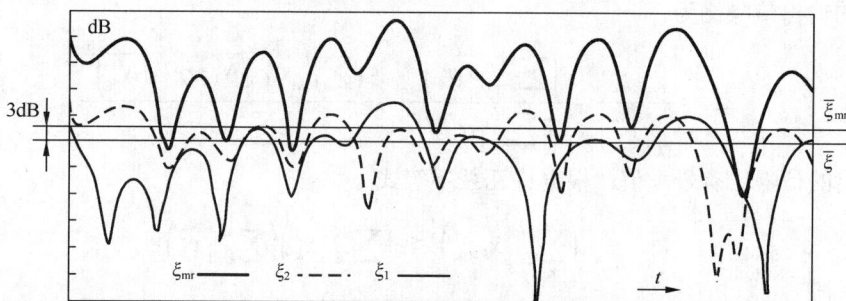

图 4.10　二重分集最大比值合并的信噪比

由于 r_k 是服从瑞利分布的随机变量，各支路有相同的平均信噪比，可以证明其概率密度函数为

$$p(\xi_{mr})=\frac{1}{(M-1)!\left(\overline{\xi}\right)^M}\left(\xi_{mr}\right)^{M-1}\mathrm{e}^{-\xi_{mr}/\overline{\xi}}$$

ξ_{mr} 小于等于给定值 x 的概率为

$$F(x)=P(\xi_{mr}\leqslant x)=\int_0^x\frac{\xi_{mr}^{M-1}\mathrm{e}^{-\xi_{mr}/\overline{\xi}}}{\left(\overline{\xi}\right)^M(M-1)!}\mathrm{d}\xi_{mr}=1-\mathrm{e}^{-x/\overline{\xi}}\sum_{k=1}^{M}\frac{\left(x/\overline{\xi}\right)^{k-1}}{(k-1)!} \tag{4.15}$$

$F(x)\sim x$ 的特性如图 4.11 所示。由图 4.11 可以看出，和选择合并一样，对给定的中断概率 10^{-3}，随着 M 的增加，所需的信噪比在减小：相对于没有分集，$M=2$ 时所需的信噪比减小了 $30-13.5=16.5\mathrm{dB}$，$M=3$ 时减小了 $30-7.2=22.8\mathrm{dB}$，$M=4$ 时减小了 $30-3.7=26.3\mathrm{dB}$。

ξ_{mr} 的均值可以由式（4.12）直接求得

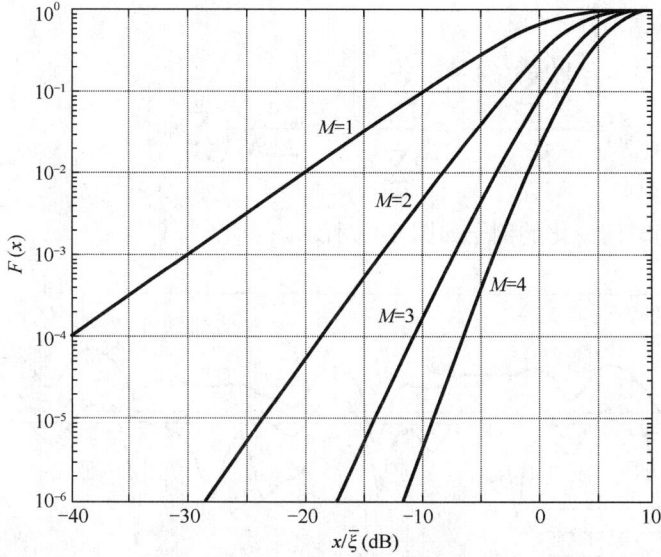

图 4.11 最大比值合并的累积分布函数

$$\overline{\xi}_{mr}=\sum_{k=1}^{M}\overline{\xi}_k=M\overline{\xi} \tag{4.16}$$

$M=2$ 时，其信噪比是没有分集时信噪比的 2 倍，即增加了 3dB（见图 4.10）。

3. 等增益合并

在 3 种合并方式中，最大比值合并有最好的性能，但它要求有准确的加权系数，实现的电路比较复杂。等增益合并的性能虽然比它差些，但实现起来要容易得多。等增益合并器的各个加权系数均为 1，即

$$\alpha_k = 1 \qquad k = 1, 2, \cdots, M$$

二重分集等增益合并的例子如图 4.12 所示。

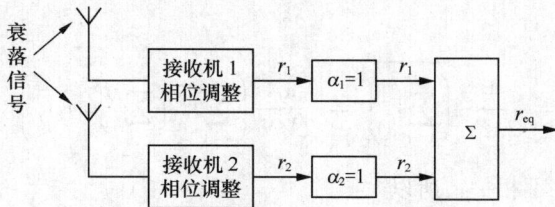

图 4.12 二重分集等增益合并

合并器输出的信号的包络为

$$r_{eq}=\sum_{k=1}^{M}r_k \tag{4.17}$$

设各支路噪声平均功率相等，输出的信噪比为

$$\xi_{eq}=\frac{\frac{1}{2}\left(\sum_{k=1}^{M}r_k\right)^2}{\sum_{k=1}^{M}N_k}=\frac{\left(\sum_{k=1}^{M}r_k\right)^2}{2\sum_{k=1}^{M}N_k}=\frac{1}{2MN}\left(\sum_{k=1}^{M}r_k\right)^2 \tag{4.18}$$

$M=2$ 时，ξ_{eq} 随时间变化的例子如图 4.13 所示。

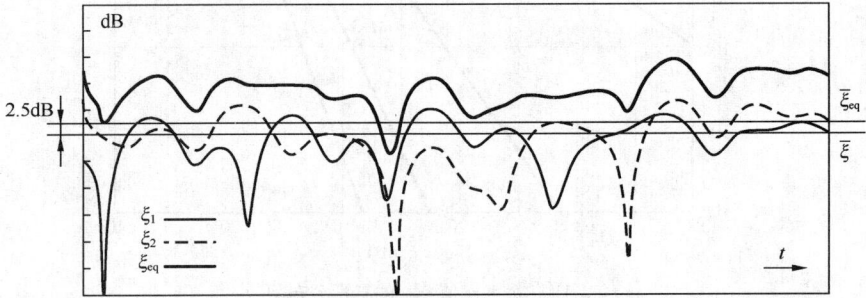

图 4.13 二重分集等增益合并的信噪比

对于 $M>2$ 的情况，要求得 ξ_{eq} 的累积分布函数和概率密度函数是比较困难的，可以用数值方法求解，但 $M=2$ 时其累积分布函数（推导过程略）为

$$F(x)=P(\xi_{eq}\leqslant x)=1-\mathrm{e}^{-2x/\bar{\xi}}-\sqrt{\frac{\pi x}{\bar{\xi}}}\cdot\mathrm{e}^{-x/\bar{\xi}}\cdot erf\left(\sqrt{\frac{\xi_{eq}}{\bar{\xi}}}\right)$$

概率密度函数为

$$p(\xi_{eq})=\frac{1}{\bar{\xi}}\cdot\mathrm{e}^{-2\xi_{eq}/\bar{\xi}}-\sqrt{\pi}\cdot\mathrm{e}^{-\xi_{eq}/\bar{\xi}}\cdot\left(\frac{1}{2\sqrt{\xi_{eq}\bar{\xi}}}-\frac{1}{\bar{\xi}}\sqrt{\frac{\xi_{eq}}{\bar{\xi}}}\right)\cdot erf\left(\sqrt{\frac{\xi_{eq}}{\bar{\xi}}}\right) \tag{4.19}$$

$F(x)$ 的特性如图 4.14 所示。虽然无法得到 $M>2$ 时 ξ_{eq} 的概率密度函数的一般表达式，但可以求得其均值 $\bar{\xi}_{eq}$ 如下

$$\bar{\xi}_{eq}=\frac{1}{2MN}\overline{\left(\sum_{k=1}^{M}r_k\right)^2}=\frac{1}{2MN}\left(\sum_{k=1}^{M}\overline{r_k^2}+\sum_{\substack{j,k=1\\j\neq k}}^{M}\overline{r_k r_j}\right) \tag{4.20}$$

因为各支路的衰落各不相关，所以

$$\overline{r_j\cdot r_k}=\overline{r_j}\cdot\overline{r_k}\quad j\neq k$$

对瑞利分布有 $\overline{r_k^2}=2b^2$ 和 $\overline{r_k}=b\sqrt{\pi/2}$，把这些关系代入式（4.20），便得到

$$\bar{\xi}_{eq}=\frac{1}{2MN}\left(2Mb^2+M(M-1)\frac{\pi b^2}{2}\right)=\bar{\xi}\cdot\left(1+(M-1)\frac{\pi}{4}\right) \tag{4.21}$$

例如 $M=2$ 时有

$$\bar{\xi}_{eq}=\bar{\xi}(1+\pi/4)=1.78\,\bar{\xi}$$

即等于没有分集时的平均信噪比的 1.78 倍，即 2.5dB，如图 4.14 所示。

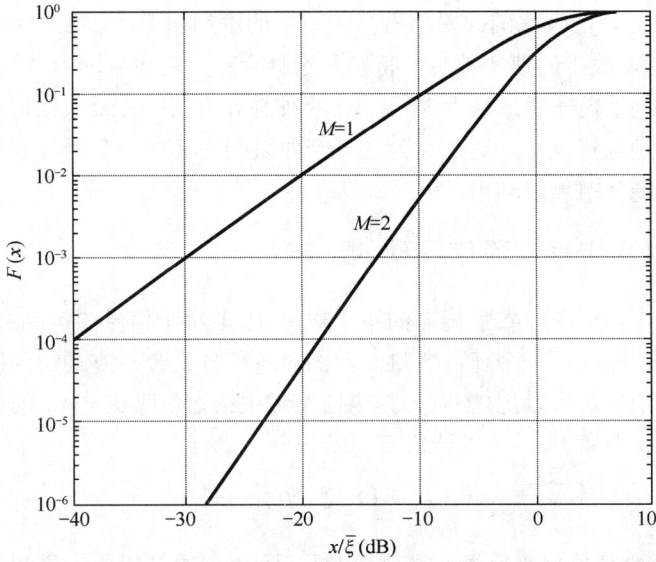

图 4.14　等增益合并的 x 累积分布函数

4.2.4　性能比较

为了比较不同合并方式的性能,可以比较它们的输出平均信噪比与没有分集时的平均信噪比。这个比值称作合并方式的改善因子,用 D 表示。对选择合并方式,由式(4.10)得改善因子为

$$D_s = \frac{\overline{\xi}_s}{\overline{\xi}} = \sum_{k=1}^{M} \frac{1}{k} \tag{4.22}$$

对最大比值合并,由式(4.16)得改善因子为

$$D_{mr} = \frac{\overline{\xi}_{mr}}{\overline{\xi}} = M \tag{4.23}$$

对等增益合并,由式(4.21)得改善因子为

$$D_{eq} = \frac{\overline{\xi}_{eq}}{\overline{\xi}} = 1 + (M-1)\frac{\pi}{4} \tag{4.24}$$

通常用 dB 表示,即 $D(\text{dB}) = 10\lg(D)$。图 4.15 给出了各种 $D(\text{dB}) \sim M$ 的关系曲线。

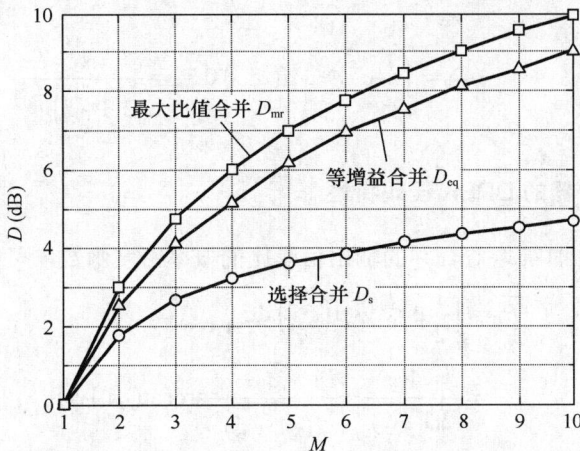

图 4.15　各种合并方式的改善

由图 4.15 所示可见，信噪比的改善随着分集重数的增加而增加，在 $M=2\sim3$ 时，增加很快，但随着 M 的继续增加，改善的速率放慢，特别是选择合并。考虑到随着 M 的增加，电路复杂程度也增加，实际的分集重数一般最高为 $3\sim4$。在 3 种合并方式中，最大比值合并改善最多，其次是等增益合并，最差是选择合并，这是因为选择合并只利用其中一个信号，其余没有利用，而前两者把各支路信号的能量都加以利用。

4.2.5 分集对数字移动通信误码的影响

在加性高斯白噪声信道中，数字传输的错误概率 P_e 取决于信号的调制解调方式及信噪比 γ。在数字移动信道中，信噪比是一个随机变量。前面对各种分集合并方式的分析，得到了在瑞利衰落的信噪比概率密度函数。可以把 P_e 看做是衰落信道中给定信噪比 $\gamma=\xi$ 的条件概率。为了确定所有可能值的平均错误概率 $\overline{P}_e$，可以计算下面的积分

$$\overline{P}_e=\int_0^\infty P_e(\xi)\cdot P_M(\xi)\mathrm{d}\xi \tag{4.25}$$

式中 $P_M(\xi)$ 即为 M 重分集的信噪比概率密度函数。下面以二重分集为例说明分集对二进制数字传输误码的影响。由于差分相干解调（DPSK）误码率的表达式是比较简单的指数函数，这里以它为例来分析多径衰落环境下各种合并器的误码特性。DPSK 的误码率为

$$P_b=\frac{1}{2}\mathrm{e}^{-\gamma} \tag{4.26}$$

利用式（4.25）的积分可以计算各种合并器的误码率（推导过程略）。

1. 采用选择合并器的 DPSK 误码特性

令 $\gamma=\xi_s$，则平均误码率为

$$\overline{P}_b=\int_0^\infty \frac{1}{2}\mathrm{e}^{-\xi_s}\cdot P(\xi_s)d\xi_s=\frac{M}{2}\sum_{k=0}^{M-1}C_{M-1}^k(-1)^k\frac{1}{1+k+\overline{\xi}} \tag{4.27}$$

式中 C_m^n 为二项式系数 C_m^n，等于 $m!/(m-n)!n!$。

2. 采用最大比值合并器的 DPSK 误码特性

令 $\gamma=\xi_{mr}$，则有

$$\overline{P}_b=\int_0^\infty \frac{1}{2}\mathrm{e}^{-\xi_{mr}}\cdot p(\xi_{mr})\,\mathrm{d}\xi_{mr}=\frac{1}{2\left(1+\overline{\xi}\right)^M} \tag{4.28}$$

3. 采用等增益合并器的 DPSK 误码特性

令 $\gamma=\xi_{eq}$，由 $M=2$ 时等增益合并的输出信噪比的概率密度函数，可以求得平均误码率为

$$\overline{P}_b=\int_0^\infty \frac{1}{2}\mathrm{e}^{-\xi_{eq}}\cdot p\left(\xi_{eq}\right)\mathrm{d}\xi_{eq}$$

$$=\frac{1}{2(1+\overline{\xi})}-\frac{\overline{\xi}}{2(\sqrt{1+\overline{\xi}})^3}\mathrm{arccot}(\sqrt{1+\overline{\xi}}) \tag{4.29}$$

上述各积分计算也可以用数值计算的方法。图 4.16 所示给出了当 $M=2$ 时，3 种合并方式的平

均误码特性。由图可见，二重分集对无分集误码特性有了很大的改善，而 3 种合并的差别不是很大。

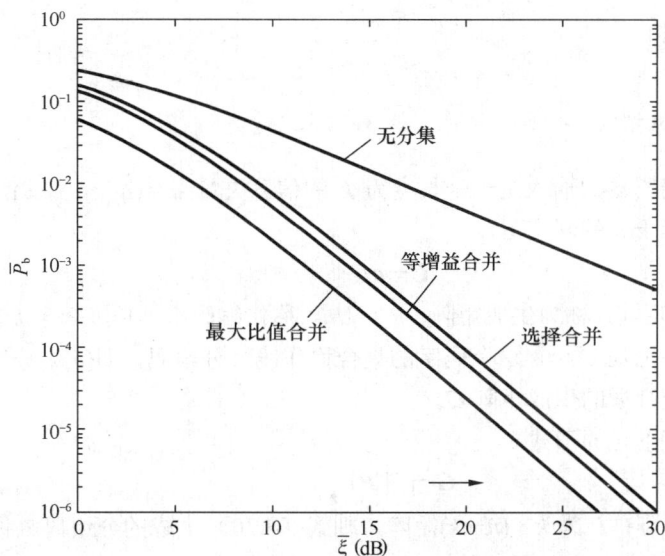

图 4.16 $M=2$ 时各种合并方式的 DPSK 平均误码率

4.3 信道编码

4.3.1 序

传统的信道编码通常分成两大类，即分组码和卷积码，这两种码在移动通信中都得到应用。例如，目前数字蜂窝标准 GSM、D-AMPS 都采用了卷积码和循环码（分组码的一个子类）。在相同的计算复杂度的前提下，卷积码可以获得更好的性能。

为了尽量接近香农信道容量的理论极限，传统的分组码和卷积码需要增加线性分组码的长度或卷积码的约束长度，长度的增加实际会使最大似然估计译码器的计算复杂程度以指数增加，最后复杂到译码器无法实现。20 世纪 90 年代出现的 Turbo 码在接近这理论极限方面开辟了新的途径。1993 年，在日内瓦举行的 IEEE 国际通信学会上，两位法国电机工程师克劳德·伯劳（Claude Berrou）和雷恩·格莱维欧克斯（Alain Glavieux）提出一种新的编码方法。他们声称在误比特率为 10^{-5} 的情况下，可以和香农极限的距离缩小到 0.5dB 以内。这篇论文（"Near Shannon limit error-correcting coding and decoding:turbo codes"）后来被证明对纠错编码具有革命性的影响。由于 Turbo 码巨大的前景，它已成为通信研究的前沿，全世界各大公司和大学的许多研究小组都聚焦在这一领域，获得了许多成果，并用在第三代移动通信上。

在早期的数字通信中，调制技术和编码技术是两个独立的设计部分。信道编码常是以增加信息速率（即增加信号的带宽）来获得编码增益的，这对频谱资源丰富但功率受限制的信道是很适用的，但在频带受限的蜂窝移动通信系统，其应用就受到很大的限制。为了改善这种状况，20 世纪后期出现了把调制和编码看做一个整体来考虑的网格编码调制（Trellis Coded Modulation，TCM）。理论和实践表明，在不牺牲带宽和速率的前提下，TCM 编码在频带有限的加性高斯白噪声信道上极大地提高了编码增益，这使它在移动通信中具有很大的吸引力，因为移动通信要求较高的频谱效率和功率效率。

由于篇幅关系本小节主要对卷积码和 Turbo 码的基本原理以及应用做一些介绍。

4.3.2 分组码

1. 分组码的基本描述

二进制分组码编码器的输入是一个长度为 k 的信息矢量 $\boldsymbol{a}=(a_1,a_2,\cdots,a_k)$，它通过一个线性变换，输出一个长度等于 n 的码字 $\boldsymbol{C}$。

$$C=aG \tag{4.30}$$

式中 $\boldsymbol{G}$ 为 $k\times n$ 矩阵，称为生成矩阵。$R_c=k/n$，称作编码率。长度等于 k 的输入矢量有 2^k 个，因此编码得到的码字也是 2^k 个。这个码字的集合称作线性分组码，即 (n,k) 分组码。分组码的设计任务就是要找到一个合适的生成矩阵 $\boldsymbol{G}$。

若生成矩阵具有下述的形式

$$G=[I\,|\,P] \tag{4.31}$$

式中 $\boldsymbol{I}$ 为 k 阶单位矩阵；$\boldsymbol{P}$ 为 $k\times(n-k)$ 矩阵，则式（4.30）生成的分组码就称作系统码。其码字的前 k 位比特就是信息矢量 $\boldsymbol{a}$，后面的 $(n-k)$ 位则是校验位。

对一个分组码的生成矩阵 $\boldsymbol{G}$，也存在一个 $(n-k)\times n$ 矩阵 $\boldsymbol{H}$ 满足

$$GH^{\mathrm{T}}=O \tag{4.32}$$

式（4.32）中，$\boldsymbol{O}$ 为一个 $k\times(n-k)$ 的全零矩阵。$\boldsymbol{H}$ 称为校验矩阵，它也满足

$$CH^{\mathrm{T}}=O \tag{4.33}$$

式（4.33）中，$\boldsymbol{O}$ 为一个 $1\times(n-k)$ 的全零行矩阵。据式（4.33），可以校验所接收到的码字是否有错。

通常码字 C_i 中 1 的个数称作 C_i 的重量，用 $w\{C_i\}$ 表示。两个分组码字 C_i、C_j 对应位不同的数目称作 C_i、C_j 的汉明距离，用 $d\{C_i, C_j\}$ 表示。任意两个码字之间汉明距离的最小值称为码的最小距离，用 $d_{\min}$ 表示。由于对线性分组码来说，任何两个码字之和都是另一个码字，所以码的最小距离等于非零码字重量的最小值。$d_{\min}$ 是衡量码的抗干扰能力（捡、纠错能力）的重要参数，$d_{\min}$ 越大，码字之间差别就越大，即使传输过程中产生较多的错误，也不会变成其他的码字，因此码的抗干扰能力就越强。理论分析得出以下几个结论。

① (n,k) 线性分组码能纠正 t 个错误的充分必要条件是

$$d_{\min}=2t+1 \tag{4.34}$$

或

$$t=\left\lfloor \frac{d_{\min}-1}{2} \right\rfloor \tag{4.35}$$

式中 $\lfloor x \rfloor$ 表示对 x 取整数部分。

② (n,k) 线性分组码能发现接收码字中 l 个错误的充分必要条件是

$$d_{\min}=l+1 \tag{4.36}$$

③ (n,k) 线性分组码能纠正 t 个错误并能发现 l（$l>t$）个错误的充分必要条件是

$$d_{\min}=t+l+1 \tag{4.37}$$

译码是编码的反变换。译码器根据编码规则和信道特性，对所接收到的码字进行判决，这一过程就是译码。通过译码纠正码字在传输过程中产生的错误，从而求出发送信息的估值。设发送

的码字为 C，接收到的码字 $R=C+e$，其中 e 为错误图样，它指示码字中错误码元的位置。当没有错误时，e 为全零矢量。因为码字符合式（4.32），也可以利用这种关系检查接收的码字是否有错。定义接收码字 R 的伴随式（或校验子）为

$$S=RH^{\mathrm{T}} \tag{4.38}$$

如果 $S=O$，则 R 是一个码字；若 $S\neq O$，则传输一定有错。但是由于任意两个码字的和是另外一个码字，所以 $S=O$ 不等于没有错误发生，而未能发现这种错误的图样有 2^k-1 个。由于

$$S=RH^{\mathrm{T}}=(C+e)H^{\mathrm{T}}=CH^{\mathrm{T}}+eH^{\mathrm{T}}=eH^{\mathrm{T}} \tag{4.39}$$

可见伴随式仅与错误图样有关，与发送的具体码字无关；不同的错误图样有不同的伴随式，它们有一一对应的关系，据此可以构造伴随式与错误图样关系的译码表。(n, k) 线性码对接收码字的译码步骤如下。

① 计算伴随式 $S^{\mathrm{T}}=HR^{\mathrm{T}}$。

② 根据伴随式算出错误图样 e。

③ 计算发送码字的估值 $\hat{C}=R\oplus e$。

这种译码方法可以用于任何线性分组码。

2. 分组码的例子

1. 汉明码

汉明码是最早（1950 年）出现的纠一个错误的线性码。由于它编码简单，在通信和数据存储系统有广泛的应用。其主要参数有如下几个。

码长：$n=2^m-1$

信息位数：$k=2^m-m-1$

监督位数：$n-k=m(m\geqslant 3)$

最小距离：$d_{\min}=3$

2. 循环码

上述介绍的译码步骤适用于所有的线性分组码。但在求错误图样 e 时，需要使用组合逻辑电路，当 $n-k$ 比较大时，电路将变得十分复杂而且不实际。由于循环码可以使用线性反馈移位寄存器很容易实现编码和伴随式的计算，并且译码方法简单，因此得到广泛的应用。

如果 (n,k) 线性分组码的每个码字经过任意循环移位后仍然是一个分组码的码字，则称该码为循环码。为便于讨论，通常把码字 $C=(c_{n-1}, c_{n-2}, \cdots, c_1, c_0)$ 的各个分量看做一个多项式的系数，即

$$C(x)=c_{n-1}x^{n-1}+c_{n-1}x^{n-2}+\cdots+c_1x+c_0 \tag{4.40}$$

$C(x)$ 称码多项式。循环码可以由一个 $(n-k)$ 阶生成多项式 $g(x)$ 产生。$g(x)$ 的一般形式为

$$g(x)=x^{n-k}+g_{n-k-1}x^{n-k-1}+\cdots+g_1x+1 \tag{4.41}$$

$g(x)$ 是 $1+x^n$ 的一个 $n-k$ 次因式。设信息多项式为

$$m(x)=m_{k-1}x^{k-1}+\cdots+m_1x+m_0 \tag{4.42}$$

循环码的编码步骤为：

① 计算 $x^{n-k}m(x)$；

② 计算 $x^{n-k}m(x)/g(x)$，得到余式 $r(x)$；

③ 得到码字多项式 $C(x)=x^{n-k}m(x)+r(x)$。

循环码的译码方法基本上按照上述分组码的译码步骤进行。由于采用了线性反馈移位寄存器，译码电路变得十分简单。

循环码特别适合误码检测，在实际应用中许多用于误码检测的码都属于循环码。用于误码检测的循环码称为循环冗余校验码（Cyclic Redundancy Check，CRC）。

4.3.3 卷积码

1. 卷积码编码器

分组码的码字是逐组产生的，即编码器每接收一组 k 个信息比特就输出一个长度等于 n 的码字。编码器所添加的 $n-k$ 个冗余仅和这 k 个信息比特有关，和其他信息分组无关，所以编码器是无记忆的。卷积码编码器对输入的数据流每次 1bit 或 k bit 进行编码，输出 n 个编码符号（称作 n 维分支码字）。但输出分支码字的每个码元不仅和此时刻输入的 k 个信息有关，也和前 m 个连续时刻输入的信息元有关。因此编码器应包含有 m 级寄存器以记录这些信息，即卷积编码器是有记忆的。通常卷积码表示为 (n,k,m)，编码率 $r=k/n$。

当 $k=1$ 时，卷积码编码器的结构包括一个由 m 个串接的寄存器构成的移位寄存器（称 m 级移位寄存器）、n 个连接到指定寄存器的模二加法器以及把模二加法器的输出转换为串行输出的转换开关。图 4.17 所示为一个简单的卷积码编码器的例子，其中 $n=2$，$m=3$，所以是 $(2,1,3)$ 编码。卷积码编码器每次（一个单元时间即一个节拍）输入一个信息比特，从 $b^{(1)}b^{(2)}$ 端子输出卷积码分支码字的两个码元，并由转换开关把 $b^{(1)}b^{(2)}$ 变换为串行输出。显然，输出的两个码元不仅和当前输入的信息元有关，还和前面输入的两个信息元有关。每个输入的信息码元对当前和其后编码的分支码字都有影响，直到这个信息元完全移出移位寄存器。卷积码的约束长度就定义为串行输入比特通过编码器所需的移位次数，它表示编码过程相互约束的相连的分支码字数。所以，具有 m 级移位寄存器的编码器其约束长度 $K=m+1$。图 4.17 所示编码器的约束长度为 4。

上述概念可以推广到码率为 k/n 的卷积码。此时编码器包含了 k 个移位寄存器、n 个模二加法器和输入输出开关。若用 K_i 表示第 i 个移位寄存器的约束长度，整个编码器的约束长度定义为 $K=\max(K_i)$。图 4.18 所示是一个码率为 2/3、约束长度等于 2 的卷积码编码器。

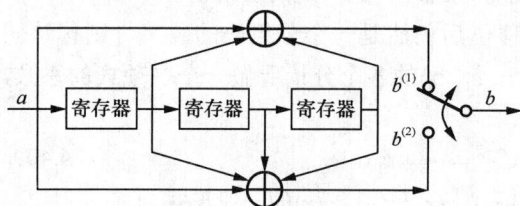

图 4.17　二进制（2,1,3）卷积码编码器

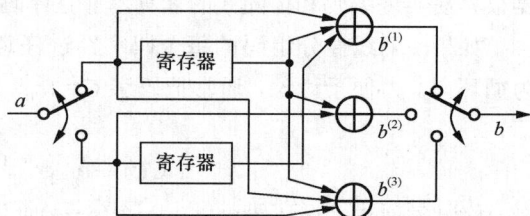

图 4.18　二进制（3,2,2）卷积码编码器

在蜂窝移动电话系统中，常采用 $k=1$ 的卷积码即 $(n,1,m)$ 码，码率 $r=1/n$。下面要讨论的是这一类卷积码，并通过具体例子说明描述卷积码的方法和编码译码原理。

卷积码编码器的编码特性可以用其冲激响应集 $\{g^{(i)}\}$ 来描述。其中 $g^{(i)}$ 表示输入序列 $a=(1,0,0,\cdots)$ 产生的第 i 个输出序列 $b^{(i)}$。由于移位寄存器只有 m 级寄存器，所以冲激响应持续时间最大为 $K=m+1$。例如，对图 4.17 的编码器只有一个输入序列 a，它经过两条不同的路径到达输

出端，对应两个长度 $K=4$ 的响应序列，即

$$\left.\begin{array}{l} g^{(1)}=(1\,1\,0\,1) \\ g^{(2)}=(1\,1\,1\,1) \end{array}\right\} \tag{4.43}$$

不难证明，对任意的输入序列 $\boldsymbol{a}$，对应两个输出的序列分别是 $\boldsymbol{a}$ 与 $g^{(1)}$、$g^{(2)}$ 的离散卷积，即

$$\left.\begin{array}{l} b^{(1)}=\boldsymbol{a}*g^{(1)} \\ b^{(2)}=\boldsymbol{a}*g^{(2)} \end{array}\right\} \tag{4.44}$$

所以这种编码被称为卷积码，冲激响应又被称为生成序列。

另外卷积码编码器的编码特性还可以用生成多项式来进行表述，它定义为冲激响应的单位时延变换。设生成序列 $(g_0^{(i)},g_1^{(i)},g_2^{(i)},\cdots,g_K^{(i)})$ 表示第 i 条路径的冲激响应，其中系数 $g_0^{(i)},g_1^{(i)},g_2^{(i)},\cdots,g_K^{(i)}$ 等于 0 或 1。对应第 i 条路径的生成多项式定义为

$$g^{(i)}(D)=g_0^{(i)}+g_1^{(i)}D+g_2^{(i)}D^2+\cdots+g_K^{(i)}D^K \tag{4.45}$$

其中 D 表示单位时延变量，D^n 表示相对于时间起点 n 个单位时间的时延。完整的卷积码编码器可以用一组生成多项式 $\{g^{(1)}(D),g^{(2)}(D),\cdots,g^{(n)}(D)\}$ 来表述。例如对图 4.19 所示编码器有

$$\left.\begin{array}{l} g^{(1)}(D)=1+D+D^3 \\ g^{(2)}(D)=1+D+D^2+D^3 \end{array}\right\} \tag{4.46}$$

类似地，对信息序列 $\boldsymbol{a}=(a_0,a_1,a_1,\cdots,a_{N-1})$ 也可以表示为信息多项式，即

$$a(D)=a_0+a_1D+a_2D^2+\cdots+a_{N-1}D^{N-1} \tag{4.47}$$

相应的第 i 条路径输出序列多项式为

$$b^{(i)}(D)=g^{(i)}(D)a(D) \tag{4.48}$$

注意，式（4.46）也描述了图 4.19 编码器的结构，即寄存器和模二加法器的连接方式。一般地，给出一组生成多项式，就给出了编码器的结构。除了上述的解析方法，描述卷积码编解码过程还可以用状态图和网格图来描述。

2. 状态图

对于码率为 $1/n$ 的卷积码编码器，可以用存于编码器内移位寄存器的 $m=K-1$ 个信息比特来定义它的状态。设在 j 时刻相邻的 K 个比特为 $a_{j-K+1},\cdots,a_{j-1},a_j$，其中 a_j 是当前（输入）比特，则在 j 时刻编码器的 $K-1$ 个状态比特就是 $a_{j-1},\cdots,a_{j-K+2},a_{j-K+1}$。显然，编码器的输出是由当前的输入和当前编码器的状态所决定的。每当输入一个信息比特，编码器的状态就发生一次变化，编码器输出 n 位的编码分支码字。编码过程可以用状态图（State Diagram）来表示，它描述了编码器每输入一个信息元时，编码器各可能的状态以及伴随状态的转移所产生的分支码字。下面以具体例子来说明编码的过程。

图 4.19（a）是一个 $(2,1,2)$ 卷积码编码器，其状态图如图 4.19（b）所示。图中小圆内的数字表示状态，连接小圆的箭头表示状态转移的方向，用连线的格式表示状态转移的条件（输入的信息比特）：若输入信息比特为 1，连线为虚线；若为 0 则实线。连线旁的两位数字表示相应输出分支码字。

状态图简明地表示了在某一时刻编码器的输入比特和输出分支码字的关系，但不能描述随着信息比特的输入，编码器状态及编码输出分支码字随时间的变化的情况。用网格图可以比较方便

地表示这种变化关系。

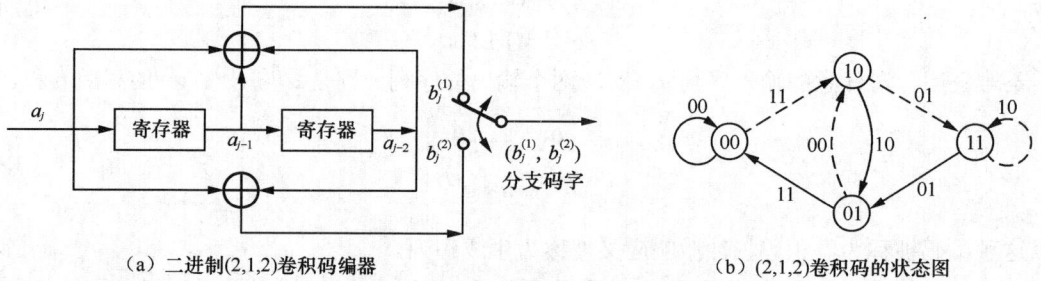

（a）二进制(2,1,2)卷积码编码器　　　　　　　　（b）(2,1,2)卷积码的状态图

图 4.19　二进制卷积编码器和卷积码状态图

3．网格图

网格图（Trellis Diagram）实际就是在时间轴上展开编码器在各时刻的状态图。下面仍以图 4.19 编码器为例，说明用网格图描述编码的过程。编码器有两个寄存器 $m=2$，编码器的状态共有 4 种可能。随着时间随节拍 t_0，t_1，t_2，…的推移和信息比特的输入，编码器从一种状态转移到另一种状态，状态每变化一次就输出一个分支码字。编码器在各时刻的可能状态在图中用一小圆点（节点）表示。两点的连线则表示一个确定的状态转移方向，若输入信息比特为 1，连线用虚线表示；若为 0，用实线表示。连线旁的数字就表示相应的输出分支码字。图 4.19（a）编码器的网格图如图 4.20 所示。

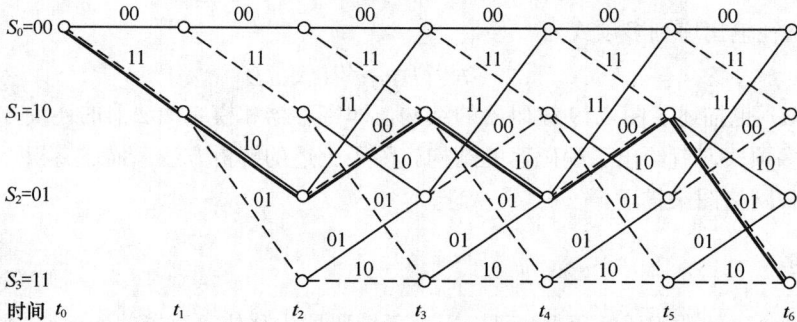

图例：　——— 输入 1　　- - - - 输入 0　　○ 状态

图 4.20　网格图

编码器是从 t_0 时刻的初始状态（$S_0=00$）开始，根据输入的信息比特向两个可能的状态转移。直到 t_2，编码器才可能有 4 种状态。前 $m=2$ 个节拍的过程是编码器脱离初始状态的过程，在这过程中，并不是 4 种可能的状态都能达到的。

网格图中首尾相连的连线构成了一条路径，对应着某个输入序列的编码输出序列。例如有输入序列 101011，根据上述表示规则，很容易找到相应的路径（如图中的粗线）以及编码输出序列，即 11 10 00 10 00 01。同样对编码序列 11 01 10 01 00 10，可以很方便地从网格图指出相应的输入序列，即 111010。所以输入信息序列、编码输出序列和网格图中一条路径是唯一对应的。对含有 k 个移位寄存器的编码器，当输入的信息序列长度为 L 时，就有 2^{Lk} 种可能，所以对应可能的路径也有 2^{Lk} 条。当 Lk 比较大时，2^{Lk} 是一个很大的数。

4．维特比译码的基本原理

译码器的功能就是要根据某种法则（方法），以尽可能低的错误概率对编码输入信息作出估计。卷积码译码通常按最大似然法则译码，对二进制对称信道（BSC）来说，它就等效于最小汉明距离译码。在这种译码器中，把接收序列和所有可能的发送序列进行比较，选择一个汉明距离最小的序列判定为发送序列。由于信息序列、编码序列有着一一对应的关系，而这种关系又唯一对应网格图的一条路径，因此译码就是根据接收序列 R 在网格图上全力搜索编码器在编码时所经过的路径，即寻找与 R 有最小汉明距离的路径。最大似然译码在实际应用中遇到的问题是当 2^{Lk} 很大时，计算量是很大的，这是困难所在。

维特比（A.J.Viterbi）译码是基于最大似然法则的最重要的卷积码译码方法。但它不是一次计算和比较 2^{Lk} 条路径，而是采用逐步比较的方法来逼近发送序列的路径。所谓逐步比较就是把接收序列的第 j 个分支码字和网格图上相应的两个时刻 t_j 和 t_{j+1} 之间的各支路径作比较，即和编码器在此期间可能输出的分支码字作比较，计算和记录它们的汉明距离，同时把它们分别累加到 t_j 时刻之前各支路累加的汉明距离上。比较累加结果并进行选择，保留汉明距离最小的一条路径（称作幸存路径），其余的被删除，所以在 t_{j+1} 时刻进入每个节点的路径只有一条，且均为幸存支路。这一过程直到接收序列的分支码字全部处理完毕，具有最小汉明距离的路径即判决为发送序列。

下面用图 4.21 的(2,1,2)编码器的例子来说明维特比译码算法的基本操作。

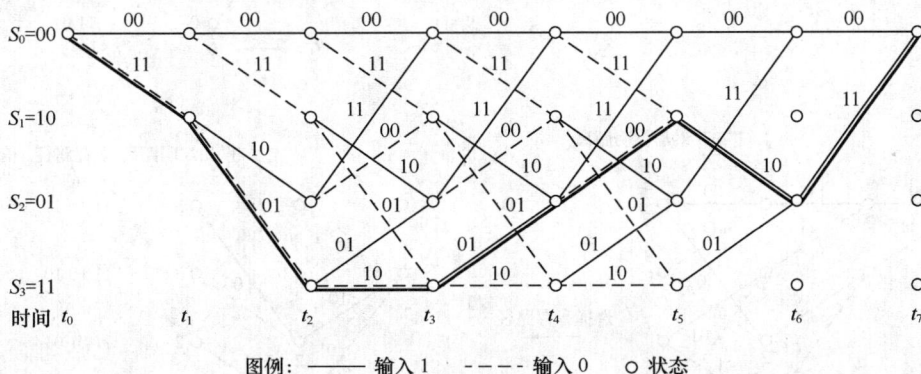

图例：——— 输入 1 — — — 输入 0 ○ 状态

图 4.21 （2,1,2）编码器的网格图

通常设编码器的初始状态 $S_0=(0\ 0)$。为了使编码器对信息序列编码后回到初始的状态，在输入的信息比特序列后加 $m=2$ 个 0 比特（拖尾比特），这样正确接收序列所对应的路径应终止于 S_0 的节点。设信息输入序列长 L，加 m 个拖尾比特后编码器的输入序列长度变为 $L+m$。$L=5$ 时的网格图如图 4.21 所示。由图可以看出，编码器结束编码时，各状态回归到 S_0 的路径有 4 种可能：$S_0{\rightarrow}S_0{\rightarrow}S_0$；$S_1{\rightarrow}S_2{\rightarrow}S_0$；$S_2{\rightarrow}S_0{\rightarrow}S_0$；$S_3{\rightarrow}S_2{\rightarrow}S_0$，对应时刻为 $t_5{\rightarrow}t_6{\rightarrow}t_7$。

设输入信息序列为 $a=(11101)$，加尾比特后就为(1110100)，由网格图可以得到对应发送的编码序列为

$$C=(c_0,c_1,c_2,c_3,c_4,c_5,c_6)=(11,01,10,01,00,10,11)$$

它对应图 4.23 的一条用粗线表示的路径。设接收序列为

$$R=(r_0,r_1,r_2,r_3,r_4,r_5,r_6)=(11,01,10,01,0\underline{1},10,1\underline{0})$$

其中有下划线的表示误码。图 4.22（a）～（g）各图描述了利用网格图对发送序列的搜索过程。

在搜索过程中若进入同一节点两支路的累加汉明距离相等，可以随意删除一个，这不影响其后支路汉明距离的累加。

在上述的图解过程中，为了简单省略了图4.22（d）到（g）计算各支路汉明距离的过程，仅给出幸存支路选择的结果。在 t_6 时刻，网格图中回到 t_7 时刻 S_0 状态的路径只有 $S_0 \to S_0$ 或 $S_2 \to S_0$，因此只保留 S_0 和 S_2 这两个状态的幸存路径。最后在 t_7 时刻，两路径会合，选择汉明距离最小（等于2）的路径为输出。比较输入输出序列结果，译码是正确的。

上述的译码结果确定了一条最大似然路径，其对应的符号序列可以作为译码输出送到用户。但当接收序列很长时，维特比算法对存储器要求就很高。但我们发现，当译码进行到一定的时刻，如第 P 个符号周期时，幸存路径一般合并为一，即正确符号出现的概率趋于1，这样就可以对第一个支路作出判决，把相应的比特送给用户。但这样的译码判决已不是真正意义上的最大似然估计。实验和分析证明，P 足够大时，例如 m 的5倍或6倍，就可以获得令人满意的结果。

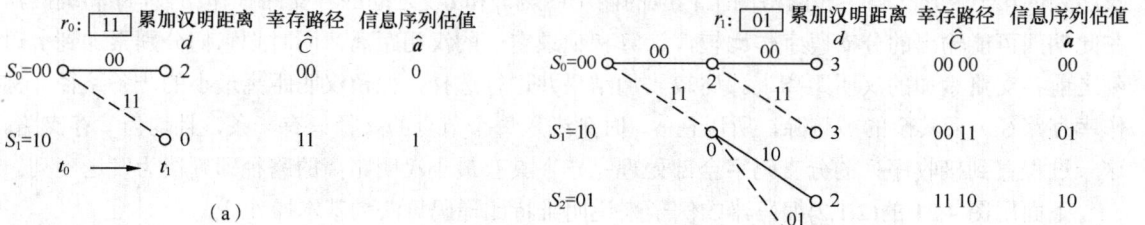

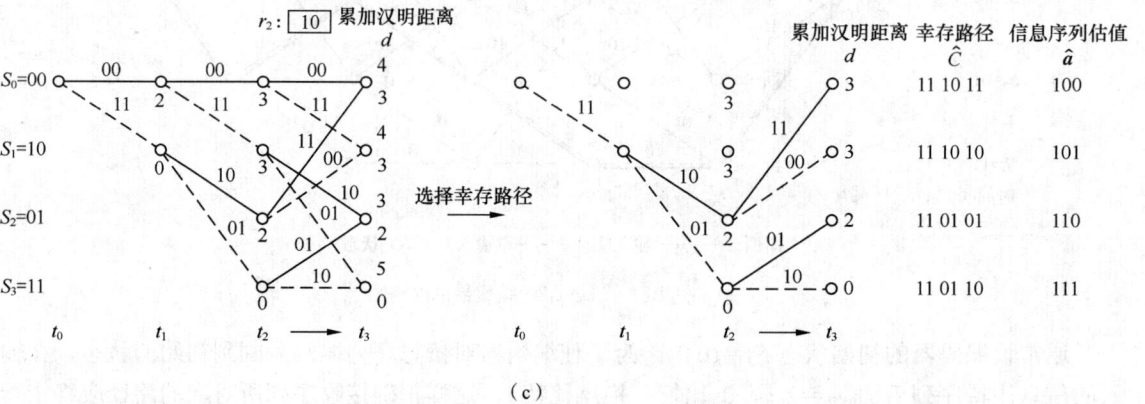

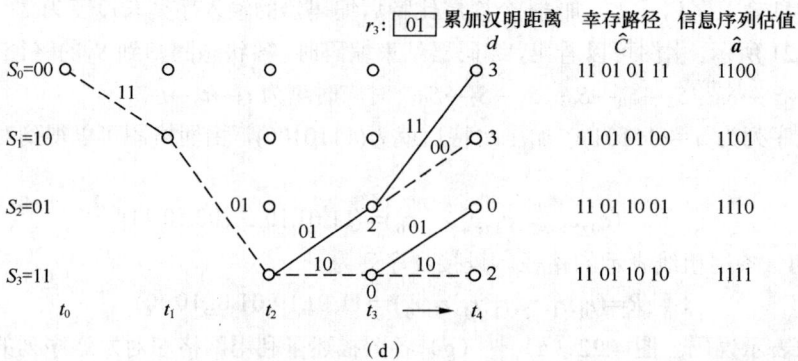

（a）

（b）

（c）

（d）

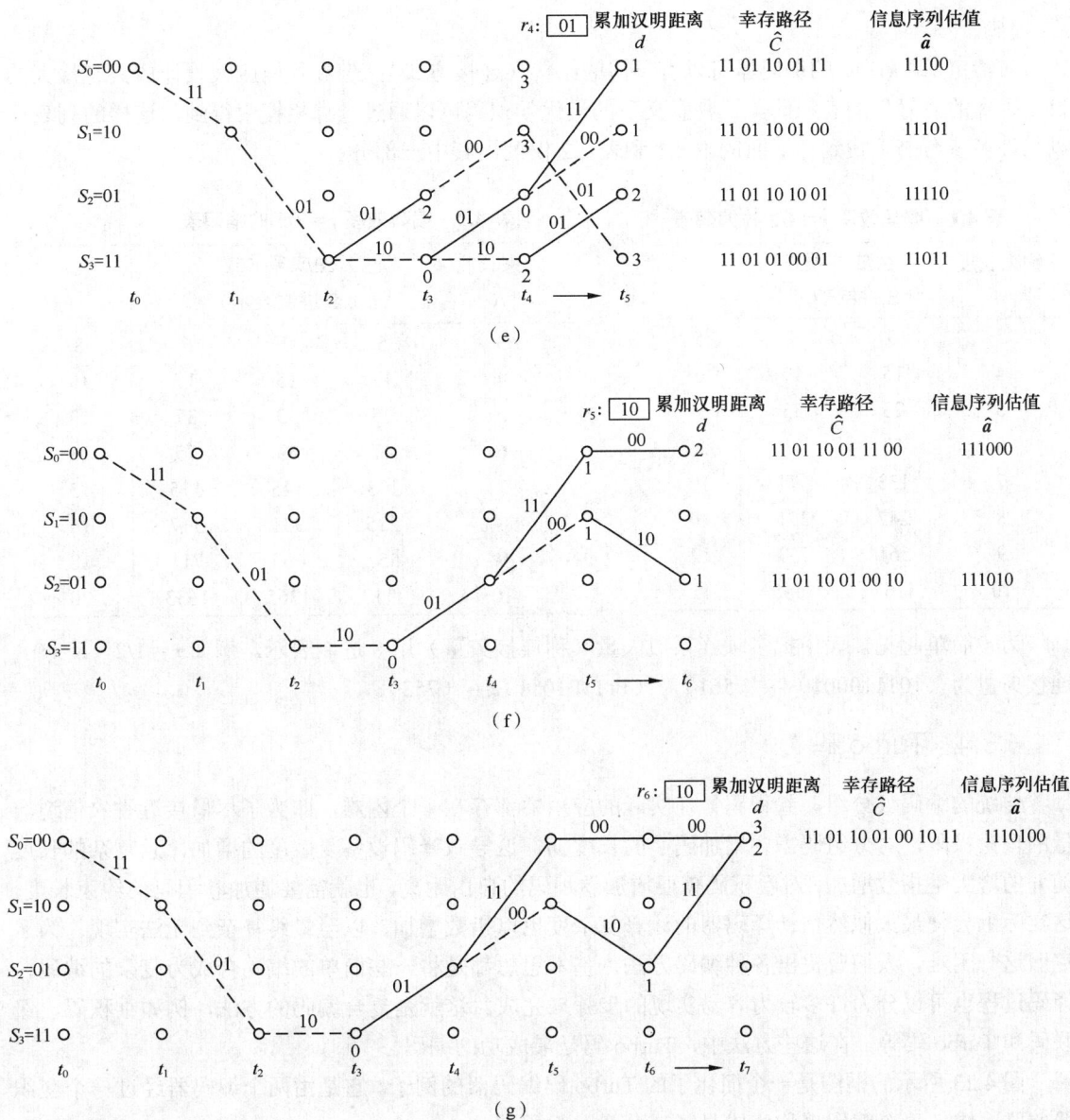

$r_4:$ 01　累加汉明距离 d　幸存路径 $\hat{C}$　信息序列估值 $\hat{a}$

$S_0=00$　　　　　　　3　1　11 01 10 01 11　11100

$S_1=10$　　　　00 3　11 00 01 1　11 01 10 01 00　11101

$S_2=01$　　01 01 2 01 0 01 01 2　11 01 10 10 01　11110

$S_3=11$　10 10 0 0 2 3　11 01 01 00 01　11011

t_0　t_1　t_2　t_3　t_4　→ t_5

（e）

$r_5:$ 10　累加汉明距离 d　幸存路径 $\hat{C}$　信息序列估值 $\hat{a}$

$S_0=00$　　　　　　00 2　11 01 10 01 11 00　111000

$S_1=10$　　　　11 00 1 10　　

$S_2=01$　　01 01 1 1　11 01 10 01 00 01　111010

$S_3=11$　10 0 0

t_0　t_1　t_2　t_3　t_4　t_5　→ t_6

（f）

$r_6:$ 10　累加汉明距离 d　幸存路径 $\hat{C}$　信息序列估值 $\hat{a}$

$S_0=00$　　　　　00 00 3 2　11 01 10 01 00 10 11　1110100

$S_1=10$　　　11 00 10 11

$S_2=01$　01 1

$S_3=11$　10 0

t_0　t_1　t_2　t_3　t_4　t_5　t_6　→ t_7

（g）

图 4.22　利用网格图对发送序列的搜索过程

5．卷积码的自由距离

根据分组码理论，码字最多可以纠正个错误的个数 t 由最小距离 d_{min} 确定

$$t=\left\lfloor \frac{d_{min}-1}{2} \right\rfloor \tag{4.49}$$

式中 $\lfloor x \rfloor$ 表示不大于 x 的最大整数。在卷积码中，式（4.49）中的 d_{min} 用被称为自由最小距离的 d_f 取代。根据前面的编码方法（在信息序列后加拖尾比特），卷积码编码器任意输出码字（编码输出序列）都对应于网格图上从全零状态出发并回到全零状态的一条路径。这样的路径有许多条，其中有一条重量是最轻的，该最小重量就是码的自由距离 d_f。当且仅当 $d_f \geqslant 2t$ 时，卷积码才能纠

t 个误码。

对给定 n，k，m 的编码器可以有不同的结构（连接方式），但卷积码应被设计成具有最大的自由距离的"好"的卷积码。这种意义下的最优卷积码可以通过计算机搜索得到，这样的列表可以从许多参考书里找到，下面的表 4.1 和表 4.2 仅列出其中一部分。

表 4.1　编码效率 $r=1/2$ 的编码表

约束长度 K	生成多项式 （8 进制表示）		d
3	5	7	5
4	15	17	6
5	23	35	7
6	53	75	8
7	133	171	10
8	247	371	10
9	561	753	12
10	1167	1545	12

表 4.2　编码效率 $r=1/3$ 的编码表

约束长度 K	生成多项式 （8 进制表示）			d
3	5	7	7	8
4	13	15	17	10
5	25	33	37	12
6	47	53	75	13
7	133	145	175	15
8	225	331	367	16
9	557	663	711	18
10	1117	1365	1633	20

为了简单起见，表中把多项式系数矢量（称连接矢量）用 8 进制表示。例如 $r=1/2$，$K=9$，连接矢量为（101110001）$\rightarrow$（561），（111101011）$\rightarrow$（753）。

4.3.4　Turbo 码

传统的编码（分组、卷积码）在实际的应用中都存在一个困难，即为了尽量接近香农信道容量的理论极限，对分组码需要增加码字的长度 n，这导致译码设备复杂度的增加，且复杂的长度随 n 的增大呈指数增加；对卷积码需要增加卷积码的自由距离，也就需要增加卷积码的约束长度，这实际上会使最大似然估计译码器的计算复杂度也以指数增加，以至最终复杂到无法实现。为了克服这一困难，人们曾提出各种编码方法，基本思想都是将一些简单的编码合成为复杂的编码，译码过程也可以分为许多较为容易实现的步骤来完成。这就是复合编码的方法，例如乘积码、级联码和 Turbo 码等。在这些方法中，Turbo 码是最成功的编码。

图 4.23 所示的框图是一个简化了的 Turbo 码编码器的例子。它是由两个编码器经过一个交织器并联而成，每个编码器称为成员（或分量）编码器。编码器通常采用卷积码编码。输入的数据比特流直接输入到编码器 1，同时也把这个数据流经过交织器重新排列次序后输入到编码器 2。由这两组编码器产生的奇偶校验比特，连同输入的信息比特组成 Turbo 码编码器的输出，由于输入信息直接输出，编码为系统码形式，其编码率为 1/3。通常卷积码可以对连续的数据流编码，但

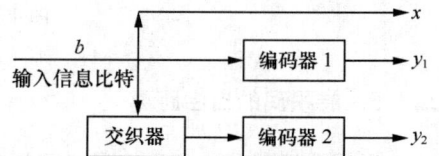

图 4.23　Turbo 码编码器原理框图

这里可以认为数据是有限长的分组，对应于交织器的大小。由于交织器通常有上千个比特，所以 Turbo 码可以看做一个很长的分组码。输入端在完成一帧数据的编码后，两个编码器被强迫回到零状态，此后循环往复。

Turbo 码编码器也可以采用串联结构，或串并联结合。成员编码器也可以有多个，由多个成

员编码器和交织器构成多维 Turbo 码。分量码可以是卷积码或分组码，但为了有效迭代译码，应当采用卷积码。

一般编码器 1 和编码器 2 采用递归卷积码编码器，它们有相同的生成多项式，结构如图 4.24 所示。和前面介绍的卷积码编码器不同，由于反馈的存在，递归卷积码编码器的冲激响应是一个无限序列。它的传输函数可以表示为

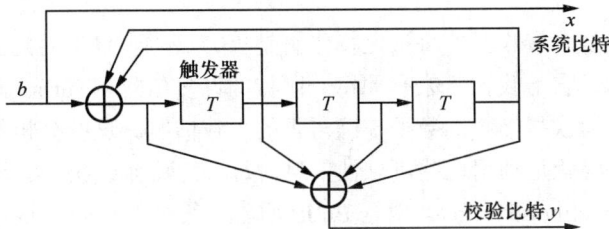

图 4.24　8 状态 RSC 编码器

$$\frac{Y(D)}{B(D)} = \frac{1+D+D^2+D^3}{1+D+D^3} \tag{4.50}$$

式中 D 表示时延，$B(D)$ 表示输入信息序列的多项式，$Y(D)$ 为编码器输出序列多项式。式（4.50）表示了信息序列和校验序列的约束关系，即

$$(1+D+D^2+D^3)B(D) = (1+D+D^3)Y(D)$$

在时域信息比特和校验比特的关系就是

$$b_i \oplus b_{i-1} \oplus b_{i-2} \oplus b_{i-3} \oplus y_i \oplus y_{i-1} \oplus y_{i-3} = 0$$

这就是奇偶校验式，对所有的 i 成立。图 4.24 的编码器可以表示为生成多项式，即

$$g(D) = \left[1, \ \frac{1+D+D^2+D^3}{1+D+D^3}\right] \tag{4.51}$$

由于递归性质，编码器称作递归系统卷积编码器（Recursive Systematic Convolutional，RSC）。由于 RSC 比一般的非递归卷积码有更大的自由距离，因此 RSC 有更大的抗干扰能力，误比特率更低。

对 Turbo 码来说，交织器是至关重要的。Turbo 码的新颖之处就在于除了采用卷积码外，还在编码器 2 前加入一个交织器。和一般的按行写入按列读出的方式不同，这是一个伪随机交织器。信息比特的重新排列使得编码码字拉开距离，改善了码距的分布，用 Berrou 的话来说就是"这种重新排列在编码中引入了某些随机特性"。换言之，交织器在要发射的信息中加入了随机特性，作用类似于香农的随机码。它使得两个编码器的输入互不相关，编码近于独立。由于译码需要交织后信息比特位置信息，所以交织是伪随机的。

从上述说明可以看出 Turbo 码实际上等效于一个很长的随机码，这是它比以往的编码更能接近香农极限的原因。

Turbo 码是由两个分量编码器构成的，有两个编码序列，在接收端有两个对应的译码器。Turbo 码译码器如图 4.25 所示。图中，b 为带噪声的系统比特，Z_1、Z_2 是两个带噪声的奇偶校验比特。可以通过对这两个分量码迭代译码来完成整个信号的译码。Turbo 译码采用后验概率译码（A Posteriori Probabilities decoding，APP），两个译码器均采用 BCJR 算法（该算法由 Bahl，Cocke，Jelinek 和 Raviv 发明）。

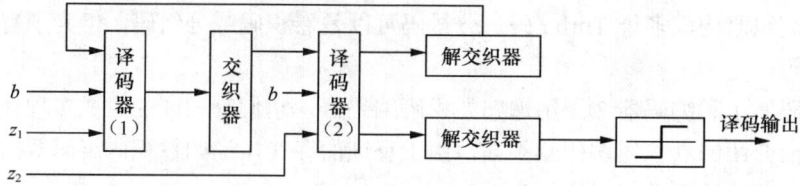

图 4.25　Turbo 码的译编码器

译码的功能就是要对接收到的每一比特作出是"0"还是"1"的判决。由于接收到的模拟信号幅度总是有起伏的，它给我们带来有关每一比特的许多信息。Turbo 码利用这些信息连同对奇偶校验码的检查，从而获得接收的数据正确与否的大致情况。这些分析结果对每个比特的猜测是非常有用的。Turbo 码就是利用这些可靠性信息对每个比特作判决的。这种可靠性用数字表示就是对数似然比（log-likelihood ratio）。根据 BCJR 算法，第一个译码器根据接收到的受噪声干扰的系统比特组 b 和奇偶校验比特组 Z_1 以及由编码器 2 提供的有关信息，对系统比特 x_j 产生软估计，用对数似然比表示为

$$l_1(x_i) = \log \frac{P(x_i=1 \mid b, z_1, \tilde{l}_2(x))}{P(x_i=0 \mid b, z_1, \tilde{l}_2(x))} \quad i=1,2,\cdots,K \tag{4.52}$$

式中 $\tilde{l}_2(x)$ 是译码器 2 为编码器 1 提供的参考信息（称外部信息）。设 K 个信息比特是统计独立的，则译码器 1 输出的总的对数似然比就为

$$l_1(x) = \sum_{i=1}^{K} l_1(x_i) \tag{4.53}$$

因此，生成的系统比特对应的外部信息是

$$\tilde{l}_1(x) = l_1(x) - l_2(x) \tag{4.54}$$

注意，$\tilde{l}_1(x)$ 在送到译码器 2 之前，应对其重新排序，以补偿在编码器 2 引入的随机交织。另外译码器 2 的输入还有被噪声干扰的奇偶校验比特 Z_2。这样，根据 BCJR 算法，译码器 2 就可以对信息比特 x 作出更精确的软估计。将此估计值重新交织，得到总的对数似然比。因此反馈到译码器 1 的外部信息是

$$\tilde{l}_2(x) = l_2(x) - \tilde{l}_1(x) \tag{4.55}$$

式中 $l_2(x)$ 是译码器 2 计算得到的对数似然比。对第 i 个比特有

$$l_2(x_i) = \log \frac{P(x_i=1 \mid b, z_2, \tilde{l}_1(x))}{P(x_i=0 \mid b, z_2, \tilde{l}_1(x))} \quad i=1,2,\cdots,K \tag{4.56}$$

这样，译码器 1 计算出每一个比特的对数似然比，并输入到译码器 2，译码器 2 计算似然比后对结果进行修正，又返回到译码器 1，再进行迭代。这样，两个译码器就可以用迭代的方式交换可靠性信息来改进各自的译码结果。经过多次迭代两个译码器的结果就会互相接近（收敛）。这一过程直到正确的译码概率很高时，停止迭代，从译码器 2 输出，经过解交织后进行判决为

$$\hat{x} = \text{sgn}(l_2(x)) \tag{4.57}$$

式中的符号函数判决是对每个比特 x_i 进行的。

Turbo 码通过迭代就绕过了长码计算复杂的问题。但这样做也付出了代价，由于迭代，译码必然会产生时延，所以在对实时性要求很高的场合，Turbo 码的应用受到限制。

Berrou 注意到他们发明的编译码是利用译码器的输出来改进译码的过程，和涡轮增压器（turbocharger）用排出的气体把空气压入引擎以提高内燃机的效率原理很相似，于是为这一编码

方案起名为 Turbo 编码。

由于 Turbo 码有着优异的性能，因而被广泛用在第三代的移动通信系统中。由于存在明显的时延，Turbo 码主要用在各种非实时业务的高速数据纠错编码中。除了 cdma2000 系统，其他的第三代系统也都把 Turbo 码作为高速数据传输使用的信道编码。

4.4 均衡技术

4.4.1 基本原理

1. 码间干扰和横向滤波器

在数字传输系统中，一个无码间干扰的理想传输系统，在没有噪声干扰的情况下，其冲激响应 $h(t)$ 应当具有如图 4.26 所示的波形。它除了在指定的时刻对接收码元的抽样不为零外，在其余的抽样时刻，抽样值应当为零。由于实际信道（这里指包括一些收发设备在内的广义信道）的传输特性并非理想，冲激响应的波形失真是不可避免的，如图 4.27 所示的 $h_d(t)$，信号的抽样在多个抽样时刻不为零。这就造成样值信号之间的干扰，即码间干扰（ISI）。严重的码间干扰会对信息比特判决造成错误。为了提高信息传输的可靠性，必须采取适当的措施来克服这种不良影响，方法就是采用信道均衡技术。从时间响应来考虑这种设计的时候，这种技术就称为时域均衡。

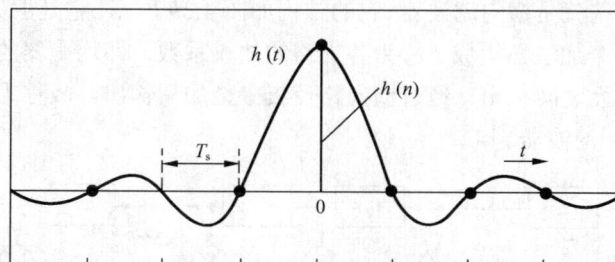

图 4.26 无码间干扰的样值序列

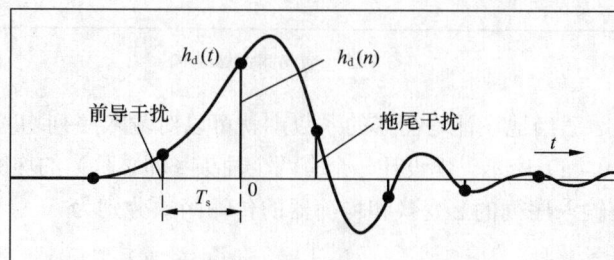

图 4.27 有码间干扰的样值序列

在数字通信中，我们感兴趣的是离散时间的发送数据序列 $\{a_n\}$ 和接收机最终输出序列 $\{\hat{a}_n\}$ 的关系。均衡器的作用就是希望最终能够使 $\{\hat{a}_n\} = \{a_n\}$，如图 4.28 所示。为了突出均衡器的作用，这里暂时不考虑信道噪声的影响。

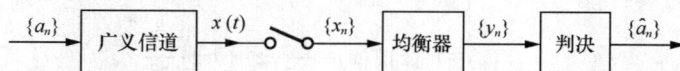

图 4.28 信道均衡的原理

均衡器的作用就是把有码间干扰的接收序列 $\{x_n\}$ 变换为无码间干扰的序列 $\{y_n\}$。当信道输入一个单位冲激为

$$a_n = \delta(n) = \begin{cases} 1 & n=0 \\ 0 & n \neq 0 \end{cases} \tag{4.58}$$

有码间干扰的信道输出一个类似图 4.28 中 $h_d(n)$ 的接收序列 $\{x_n\}$，它就是信道的冲激响应，即

$$x(n) = \sum_k h_k \delta(n-k) \tag{4.59}$$

式中 h_k 就是信道引入的失真。考虑到实际的失真响应 $h_d(t)$ 随时间的衰减，系数 h_k 的数目为有限的，而理想均衡器输出的序列应当具有如图 4.30 所示形式，即 $y(n) = \delta(n)$。现考虑用一个线性滤波器来实现均衡器。分析一个线性离散系统采用 z 变换是方便的。设均衡器输入序列的 z 变换为 $X(z)$，它是一个有限长的 z^{-1} 的多项式，且等于信道冲激响应的 z 变换即 $H(z) = X(z)$。而理想均衡器输出序列的 z 变换则为 $Y(z) = 1$。设均衡器的传输函数为 $E(z)$，则有

$$Y(z) = X(z)E(z) = H(z)E(z) \tag{4.60}$$

因此在信道特性给定的情况下，对均衡器传输函数的要求是

$$E(z) = \frac{1}{H(z)} \tag{4.61}$$

由此可见，均衡器是信道的逆滤波。根据 $E(z)$ 就可以设计所需要的均衡器。

最基本的均衡器结构就是横向滤波器。它的结构如图 4.29 所示。它是由 $2N$ 个延迟单元（z^{-1}）、$2N+1$ 个加权支路和一个加法器组成。c_k 为各支路的加权系数，即均衡器的系数。由于输入的离散信号从串行的延迟单元之间抽出，经过横向路径集中叠加后输出，故称为横向均衡器。这是一个有限冲激响应（FIR）滤波器。

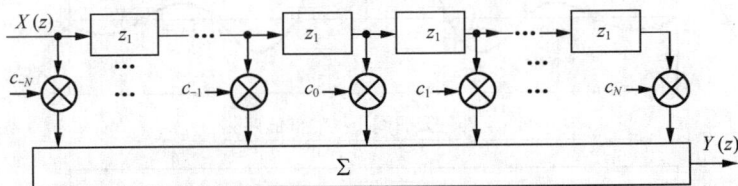

图 4.29 横向滤波器结构

对给定的输入 $X(z)$，适当地设计均衡器的系数，就可以对输入序列均衡。例如，有输入序列 $\{x_n\} = (1/4,1,1/2)$ 如图 4.30（a）所示。现设计一个有两个抽头（即二阶）的均衡器，系数 $(c_{-1},c_0,c_1) = (-1/3,4/3,-2/3)$。对应输入序列的 z 变换和均衡器的传输函数分别为

$$X(z) = \frac{1}{4}z + 1 + \frac{1}{2}z^{-1}$$

和

$$H(z) = \frac{-1}{3}z + \frac{3}{4} + \frac{-2}{3}z^{-1}$$

于是均衡器输出为

$$Y(z) = H(z)E(z) = \frac{-1}{12}z^2 + 1 + \frac{-1}{3}z^{-2}$$

对应的抽样序列为 $y(n)=(-1/12,0,1,0,-1/3)$，如图 4.30（b）所示。由图 4.30 可以看出，输出序列的码间干扰情况有了改善，但还不能完全消除码间干扰，如 y_{-2}，y_2 均不为零，这是残留的码间干扰。可以预期若增加均衡器的抽头数，均衡的效果会更好。事实上，当 $H(z)=X(z)$ 为一个有限长的多项式时，用长除法展开式（4.61），$E(z)$ 将是一个无穷多项式，对应横向滤波器的无数个抽头。不同的设计结果所得到的残留的码间干扰是不同的，残留的码间干扰越小越好。

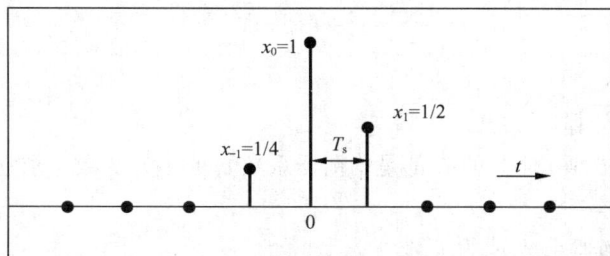

（a）均衡器的输入序列

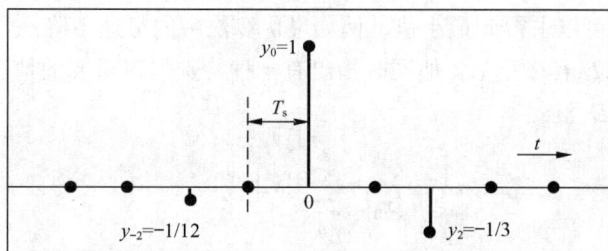

（b）均衡器的输出序列

图 4.30　二阶均衡器的输入输出序列

2．评价均衡器的性能的准则

评价一个均衡器的性能通常有两个准则：最小峰值准则和最小均方误差准则。设均衡前后的抽样值序列分别为 $\{x_n\}$ 和 $\{y_n\}$。

（1）峰值畸变准则

峰值畸变定义为

$$D=\frac{1}{|y_0|}\sum_{\substack{n=-\infty\\n\neq0}}^{\infty}|y_n| \tag{4.62}$$

对支路数为有限值 $2N+1$ 的横向均衡器，式中 y_n 为

$$y_n=\sum_{k=-N}^{N}c_kx_{n-k} \quad;\quad y_0=\sum_{k=-N}^{N}c_kx_{-k} \tag{4.63}$$

所谓峰值畸变准则就是在已知 $\{x_n\}$ 的情况下，调整均衡器系数 c_k 使 D 有最小值，同时使 $y_0=1$。

（2）均方畸变准则

均方畸变定义为

$$e^2=\frac{1}{y_0^2}\sum_{\substack{n=-\infty\\n\neq0}}^{\infty}y_n^2 \tag{4.64}$$

对支路数为有限值 $2N+1$ 的横向均衡器，式中 y_n 为

$$y_n = \sum_{k=-N}^{N} c_k x_{n-k} \quad ; \quad y_0 = \sum_{k=-N}^{N} c_k x_{-k} \tag{4.65}$$

所谓均方畸变准则的一种表述就是在已知 $\{x_n\}$ 的情况下，调整均衡器系数 c_k 使 e^2 有最小值，同时使 $y_0 = 1$。这个准则也可以表述为对下面的函数 L 求最小值。

$$L = \sum_{\substack{n=-\infty \\ n \neq 0}}^{\infty} y_n^2 + (y_0 - 1)^2 \tag{4.66}$$

（3）均衡器系数的计算

式（4.62）的 D 和式（4.66）的 L 都是均衡器系数 c_k 的多元函数，求它们的最小值就是多元函数求极值的问题。

① 使 D 最小的均衡器系数 c_k 的求解。

勒基（Lucky）对这类函数作了充分的研究，指出 $D(c_k)$ 是一个凸函数，它的最小值就是全局最小值。采用数值方法可以求得此最小值，例如最优算法中的最速下降法，通过迭代就可以求得一组 $2N+1$ 个系数，使 D 有最小值。他同时指出有一种特殊但很重要的情况：若在均衡前系统峰值畸变（称初始畸变）D_0 满足

$$D_0 = \frac{1}{|x_0|} \sum_{\substack{n=-\infty \\ n \neq 0}}^{\infty} |x_n| < 1 \tag{4.67}$$

则 $D(c_k)$ 的最小值必定发生在使 y_0 前后的 $y_n = 0$（$|n| \leqslant N, n \neq 0$）的情况。所以我们可以根据已知的 $\{x_n\}$，令

$$y_n = \begin{cases} 1 & n=0 \\ 0 & n = \pm 1, \pm 2, \cdots, \pm N \end{cases} \tag{4.68}$$

利用式（4.63）建立一个 $2N+1$ 个方程求解这 $2N+1$ 个系数。这种算法便称作迫零算法。根据勒基的证明，这是最优的解。

② 使 L 最小的均衡器系数 c_k 的求解。

L 的最小值必定发生在偏导数为 0 处

$$\frac{\partial L}{\partial c_k} = \sum_{\substack{n=-\infty \\ n \neq 0}}^{\infty} 2 y_n x_{n-k} + 2(y_0 - 1) x_{-k} = 0 \qquad (k = 0, \pm 1, \pm 2, \cdots, \pm N)$$

或

$$\sum_{\substack{n=-\infty \\ n \neq 0}}^{\infty} y_n x_{n-k} + (y_0 - 1) x_{-k} = 0 \qquad (k = 0, \pm 1, \pm 2, \cdots, \pm N) \tag{4.69}$$

根据式（4.65）

$$y_n = \sum_{i=-N}^{N} c_i x_{n-i}$$

代入式（4.69）整理后得

$$\sum_{i=-N}^{N} c_i r_{k-i} = x_{-k} \qquad (k=0,\pm1,\pm2,\cdots,\pm N) \qquad (4.70)$$

式中

$$r_{k-i} = \sum_{n=-\infty}^{\infty} x_{n-i} x_{k-i} \qquad (4.71)$$

为均衡器输入序列 $\{x_n\}$ 相隔 $k-i$ 个样值序列间的相关系数。这样，对给定的输入序列 $\{x_n\}$，求解式（4.70）的 $2N+1$ 个联立方程便可以求得均衡器的各系数。

实际上，由于信道参数经常随时间变化，均衡器的系数也必须随时调整。系数的确定不是采用一般解线性方程组（4.63）或（4.70）的方法，而是采用迭代的方法。它比直接解方程的方法使均衡器收敛到最佳状态的速度更快。根据对均衡器实际要求不同而产生许多不同的迭代算法，由于篇幅关系这里不再讨论。

4.4.2 非线性均衡器

线性均衡器除了横向均衡器外，还有线性反馈均衡器，它是一种无限冲激响应（IIR）滤波器。在要求相同残留码间干扰的情况下，线性反馈均衡器所需元件较少。但由于有反馈回路，因此存在稳定性问题，实际使用的线性均衡器多是横向均衡器。当信道的频率特性在信号带内存在较大的衰减时，均衡器在这些频率上以较高的增益来补偿，这又加大了均衡器的输出噪声。因此线性均衡器一般用在信道失真不大的场合。要使均衡器在失真严重的信道上有比较好的抗噪声性能，可以采用非线性均衡器，例如判决反馈均衡器、最大似然估计均衡器。

1. 判决反馈均衡器

判决反馈均衡器（Decision Feedback Equalization，DFE）的结构如图 4.31 所示。它由两个横向滤波器前馈滤波器（Feed Forward Filter，FFF）、反馈滤波器（Feed back Filter，FBF）和一个判决器构成。

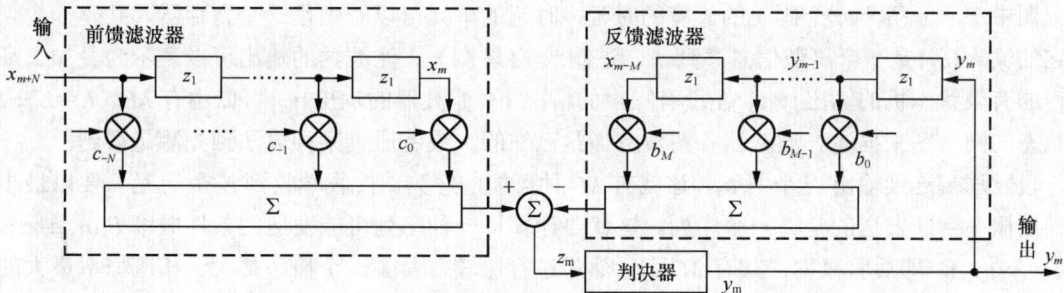

图 4.31 判决反馈均衡器

判决反馈均衡器的输入序列也是前馈滤波器的输入序列 $\{x_n\}$。反馈滤波器的输入则是均衡器已检测到并经过判决输出的序列 $\{y_n\}$。这些经过判决输出的数据，若是正确的，它们经反馈滤波器的不同时延和适当的系数相乘，就可以正确计算对其后面待判的码元的干扰（拖尾干扰）。从前馈滤波器的输出（当前码元的估值）减去拖尾干扰，就是判决器的输入，即

$$z_m = \sum_{n=-N}^{0} c_n x_{m-n} - \sum_{i=1}^{M} b_n y_{m-i} \qquad (4.72)$$

式中 c_n 是前馈滤波器的 $N+1$ 个支路的加权系数；b_i 是后向滤波器的 M 个支路的加权系数。z_m 就是当前判决器的输入，y_m 是输出。y_{m-1}, y_{m-2},…, y_{m-M} 则是均衡器前 M 个判决的输出。第一项是前馈滤波器的输出，是对当前码元的估值；第二项则表示 y_{m-1}, y_{m-2},…, y_{m-M} 对该估值的拖尾干扰。

应当指出，由于均衡器的反馈环路包含了判决器，因此均衡器的输入输出再也不是简单的线性关系，这是非线性关系。判决反馈均衡器是一种非线性均衡器。对它的分析要比线性均衡器复杂得多，这里不再进一步讨论。

和横向均衡器比较，判决反馈均衡器的优点是在相同抽头数的情况下，残留的码间干扰比较小，误码率也比较低。特别是在信道特性失真十分严重的信道，其优点更为突出。所以，这种均衡器在高速数据传输系统得到了广泛的应用。

2. 最大似然估计均衡器

首先使用最大似然估计均衡器（Maximum Likelihood Sequence Estimation Equalizer，MLSE）的是 Forney（1973 年），该均衡器的基本思想就是把多径信道等效为一个 FIR 滤波器，利用维特比算法在信号路径网格图上搜索最可能发送的序列，而不是对接收到的符号逐个判决。MLSE 可以看做是对一个离散有限状态机状态的估计。实际 ISI 的响应只发生在有限的几个码元，因此在接收滤波器输出端观察到的 ISI 可以看做是数据序列 $\{a_n\}$ 通过系数为 $\{g_n\}$ 的 FIR 滤波器的结果，如图 4.32 所示。

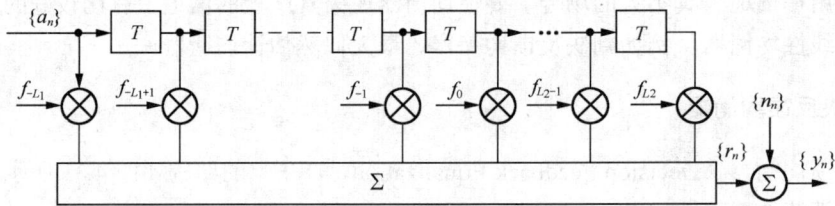

图 4.32　信道模型

图中 T 表示等于一个码元的长度的时延，时延的单元可以看做是一个寄存器，共有 L 个。由于它的输入 $\{a_n\}$ 是一个离散信息序列（二进制或 M 进制），滤波器的输出可以表示为叠加上高斯噪声的有限状态机的输出 $\{y_n\}$。在没有噪声的情况下，滤波器的输出 $\{r_n\}$ 可以由有 M^L（$L=L_1+L_2$）个状态的网格图来描述。滤波器各系数应当是已知的，或者通过某种算法预先测量得到。

设发送端连续输出 N 个码 a_n，这就有 M^N 种可能的序列。接收端收到 N 个 y_n 后，要以最小的错误的概率判断发送的是哪一个序列。这就要计算每一种序列可能发送的条件概率 $P(a_1, a_2, \cdots, a_N | y_1, y_2, \cdots, y_N)$，即后验概率，共有 M^N 个。然后进行比较，看哪一个概率最大。相应概率最大的序列就被判为发送端输出的码序列。这样做错误估计的可能性最小。根据概率论定理，有

$$P(a_1, a_2, \cdots, a_N | y_1, y_2, \cdots, y_N) = \frac{P(a_1, a_2, \cdots, a_N) P(y_1, y_2, \cdots, y_N | a_1, a_2, \cdots, a_N)}{P(y_1, y_2, \cdots, y_N)} \tag{4.73}$$

其中 $P(a_1, a_2, \cdots, a_N)$ 是发送序列 a_1, a_2, …, a_N 的概率，$P(y_1, y_2, \cdots, y_N | a_1, a_2, \cdots, a_N)$ 是在发送 a_1, a_2, …, a_N 的条件下，接收序列为 y_1, y_2, …, y_N 的概率。若各种序列以等概率发送，接收端可改为计算条件概率 $P(y_1, y_2, \cdots, y_N | a_1, a_2, \cdots, a_N)$，对应概率最大的序列作为发送的码序列的估计。因为条件概率 $P(y_1, y_2, \cdots, y_N | a_1, a_2, \cdots, a_N)$ 表示 y_n 序列和 a_n 序列间的相似性（似然性），这样的检测方法称为最大似然序列检测。

滤波器一共有 L 个寄存器，随着时间的推移寄存器的状态随发送的序列而变化。整个滤波器的状态共有 M^L 种。状态随时间变化的序列可以表示为 $u_1, u_2, \cdots, u_n, u_{n+1}, \cdots$。其中 u_n 是表示在 nT 时刻的状态。当 a_n 独立地以等概率取 M 种值时，滤波器的 M^L 种状态也以等概率出现。当状态 u_n, u_{n+1} 给定，根据输入的码元 a_n，便可以确定一个输出 r_n。

接收机事先并不知道发送端状态序列变化的情况，因此要根据接收到的 y_n 序列，从可能路径中搜索出最佳路径，使其 $P(y_1, y_2, \cdots, y_N \mid u_1, u_2, \cdots, u_N, u_{N+1})$ 最大。因为 r_n 只与 u_n, u_{n+1} 有关，在白噪声情况下，y_n 也只与 u_n, u_{n+1} 有关，而与以前情况无关，所以

$$P(y_1, y_2, \cdots, y_N \mid u_1, u_2, \cdots, u_{N+1}) = \prod_{n=1}^{N} P(y_n \mid u_n, u_{n+1}) \tag{4.74}$$

两边取自然对数

$$\ln P(y_1, y_2, \cdots, y_N \mid u_1, u_2, \cdots, u_{N+1}) = \sum_{n=1}^{N} \ln P(y_n \mid u_n, u_{n+1}) \tag{4.75}$$

在白色高斯噪声下，y_n 服从高斯分布，所以

$$\ln P(y_n \mid u_n, u_{n+1}) = A - B(y_n - r_n)^2 \tag{4.76}$$

其中 A, B 是常数，r_n 是与 $u_n \rightarrow u_{n+1}$ 对应的值。这样，求式（4.75）的最大概率值便归结为在网格图中，搜索最小平方欧氏距离的路径，即

$$\min \left\{ \sum_{n=1}^{N} (y_n - r_n)^2 \right\} \tag{4.77}$$

下面以三抽头的 ISI 信道模型为例说明这一方法。设传输信号为二进制序列，即 $a_n = \pm 1$。信道系数 $f = (1, 1, 1)$，即滤波器有两个时延单元，可以画出它的状态图，如图 4.33 所示。经过信道后无噪声输出序列为

$$r_n = a_0 f_0 + a_{-1} f_1 + f_2 a_{-2}$$

设信道模型初始状态为 $(a_{-1}, a_{-2}) = (-1, -1)$，当信道输入信息序列为

$$\{a_n\} = (-1, +1, +1, -1, +1, +1, -1, -1, \cdots)$$

则无噪声接收序列为

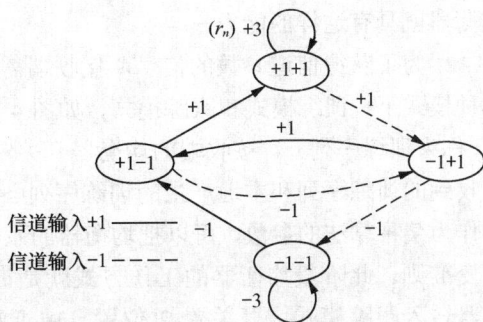

图 4.33 三抽头 ISI 信道的二进制信号状态图

$$\{r_n\} = (-3, -1, +1, +1, +1, +1, +1, -1, \cdots)$$

假设有噪声的接收序列为

$$\{y_n\} = (-3.2, -1.1, +0.9, +0.1, +1.2, +1.5, +0.7, -1.3, \cdots)$$

据图 4.33 可以画出相应的网格图。根据 y_n，在网格图中计算每一支路的平方欧氏距离 $(y_n - r_n)^2$，并在每一状态上累加，然后根据累加的结果的最小值确定幸存路径。最终得到的路径如图 4.34 所示，图中还给出了每一状态累加的平方欧氏距离。这一路径在网格图上对应的序列即为 $\{r_n\}$。

在上述的计算中，当 N 比较大时计算工作量是很大的。但在蜂窝移动电话系统中，一般 $M = 2 \sim 4$，$L \leq 5$。采用维特比算法一般可以提高计算效率。MLSE 算法的关键是要知道信道的模型参数即滤波器的系数，这就是信道的估计问题，这里不再介绍。

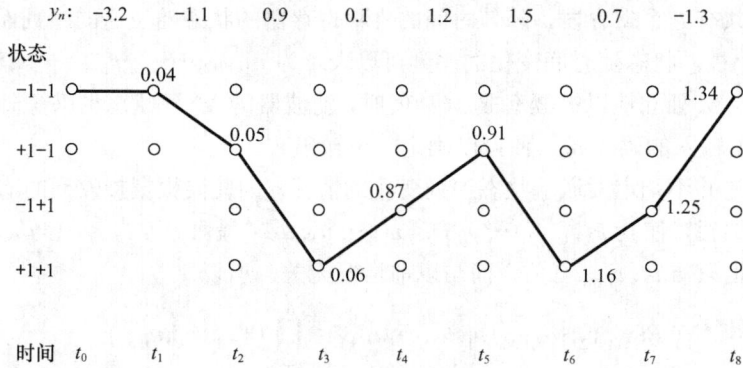

图 4.34 维特比算法的最后幸存路径

4.4.3 自适应均衡器

从原理上，在信道特性为已知的情况下，均衡器的设计就是要确定它的一组系数，使基带信号在抽样的时刻消除码间干扰。若信道的传输特性不随时间变化，这种设计通过解一组线性方程或用最优化求极值方法求得均衡器的系数就可以了。实际信道的特性往往是不确定的或随时间变化的。例如每次电话呼叫所建立的信道，在整个呼叫期间，传输特性一般可以认为不变，但每次呼叫建立的信道其传输特性不会完全一样的。而对移动电话，特别是在移动状态下进行通信，所使用的信道其传输特性每时每刻都在发生变化，而且传输特性十分不理想。因此实际的传输系统要求均衡器能够基于对信道特性的测量随时调整自己的系数，以适应信道特性的变化。自适应均衡器就具有这样的能力。

为了获得信道参数的信息，接收端需要对信道特性进行测量。为此，自适应均衡器工作在两种模式下：训练模式和跟踪模式，如图 4.35 所示。在发送数据之前，发送端发送一个已知的序列（称为训练序列），接收端的均衡器开关置 1，也产生同样的训练序列。由于传输过程的失真，接收到的训练序列和本地产生的训练序列必然存在误差，误差为 $e(n)=a(n)-y(n)$。利用 $e(n)$ 和 $x(n)$ 作为某种算法的参数，可以把均衡器的系数 c_k 调整到最佳，使均衡器满足峰值畸变准则或均方畸变准则。此阶段均衡器的工作方式就是训练模式。在训练模式结束后，发送端发送数据，均衡器转入跟踪模式，开关置 2 位置。由于此时均衡器达到一个最佳状态（均衡器收敛），判决器以很小的误差概率进行判决。均衡器系数的调整实际上多是按均方畸变最小来调节的。与按峰值畸变最小的迫零算法比较，它的收敛速度快，并且在初始畸变比较大的情况下仍然能够收敛。

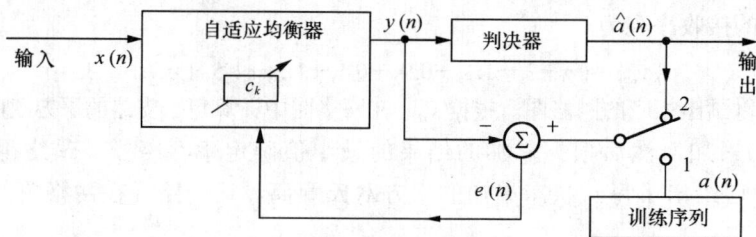

图 4.35 自适应均衡器

时分多址的无线系统发送数据通常是以固定时隙长度定时发送数据的，特别适合使用自适应均衡技术。它的每一个时隙都包含有一个训练序列，可以安排在时隙的开始处，如图 4.36 所示。此时，均衡器可以按顺序从第一个数据抽样到最后一个进行均衡；也可以利用下一时隙的训练序列对当前的数据抽样进行反向均衡；或者在采用正向均衡后再采用反向均衡，比较误差信号大小，输出误差小的正向或反向均衡的结果。训练序列也可以安排在数据的中间，如图 4.37 所示，此时训练序列对数据作正向和反向均衡。

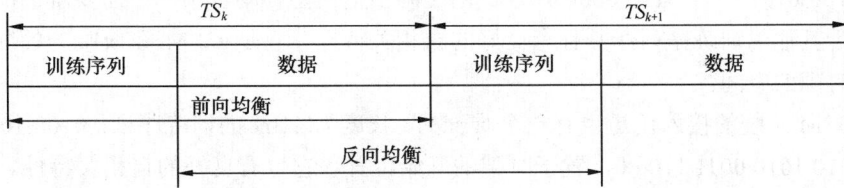

图 4.36　训练序列置于时隙的开始位置

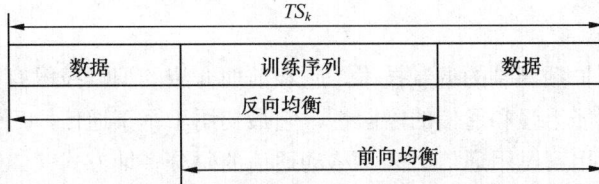

图 4.37　训练序列置于时隙的中间

GSM 移动通信系统设计了不同的训练序列，分别用于不同的逻辑信道的时隙。其中用于业务信道、专用控制信道时隙的训练序列长度为 26bit，共有 8 个，如表 4.3 所示。这些序列都被安排在时隙中间，使得接收机能正确确定接收时隙内数据的位置。

表 4.3　　　　　　　　　　　　　　　　　GSM 系统的训练序列

序　　号	二　进　制						十　六　进　制
1	00	1001	0111	0000	1000	1001	0111	0970897
2	00	1011	0111	0111	1000	1011	0111	0B778B7
3	01	0000	1110	1110	1001	0000	1110	10EE90E
4	01	0001	1110	1101	0001	0001	1110	11ED11E
5	00	0110	1011	1001	0000	0110	1011	06B906B
6	01	0011	1010	1100	0001	0011	1010	13AC13A
7	10	1001	1111	0110	0010	1001	1111	29F629F
8	11	1011	1100	0100	1011	1011	1100	3BC4BBC

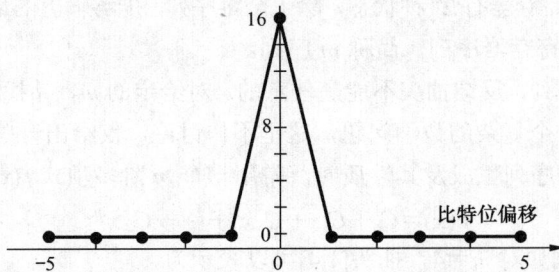

图 4.38　GSM 训练序列的自相关特性

应当指出，若取一个训练序列中间的 16bit 和它整个 26bit 序列进行自相关运算，所有这 8 个序列都有相同的良好的自相关特性，相关峰值的两边是连续的 5 个零相关值，如图 4.38 所示。另外，8 个训练序列有较低的自相关系数，这样，通过在相距比较近的小区中可能产生互相干扰的同频信道上使用不同的训练序列，便可以把同频信道比较容易地区分开来。

GSM 系统用于同步信道的训练序列长度为 64bit：1011 1001 0110 0010 0000 0100 0000 1111 0010 1101 0100 0101 0111 0110 0001 1011。由于同步信道是移动台第一个需要解调的信道，所以它的长度大于其他的训练序列，并且有良好的自相关特性。它是 GSM 系统唯一的同步信道训练序列，置于时隙的中间。

此外，GSM 系统的接入信道也有一个唯一的、长度为 41bit 的训练序列：0100 1011 0111 1111 1001 1001 1010 1010 0011 1100 0，置于时隙的开始位置。它也有良好的自相关特性。

4.5 扩频通信

下面介绍一种称为扩频调制的调制技术，它和前面介绍的调制技术有根本的差别。扩频通信最突出的优点是抗干扰能力强和通信的隐蔽性，它最初用于军事通信，后来由于其高频谱效率带来的高经济效益而应被用到民用通信上来。移动通信的码分多址方式（CDMA）就是建立在扩频通信的基础上。

扩展信号频谱的方式有多种，如直接序列（Direct Sequeuce，DS）扩频、跳频（Frequeucy Hopping，FH）、跳时（Time Hopping，TH）、线性调频和它们的混合方式。在通信中最常用的是直接序列扩频、跳频以及它们的混合方式（DS/FH）扩频。本小节主要介绍直接序列扩频和跳频扩频通信的基本原理，以及其抗干扰抗衰落的能力和它们实际的应用。

4.5.1 伪噪声序列

1. 序列的产生

在直接序列扩频和跳频扩频技术中，都要用到一类称之为伪噪声序列（Pseudo-noise Sequence，PN 序列）的扩频码序列。这类序列具有类似随机噪声的一些统计特性，但和真正的随机信号不同，它可以重复产生和处理，故称为伪随机噪声序列。PN 序列有多种，其中最基本最常用的一种是最长线性反馈移位寄存器序列，也称作 m 序列，通常由反馈移位寄存器产生。

由 m 级寄存器构成的线性移位寄存器如图 4.39 所示，通常把 m 称为这个移位寄存器的长度。每个寄存器的反馈支路都乘以 C_i。当 $C_i=0$ 时，表示该支路断开；当 $C_i=1$ 时，表示该支路接通。显然，长度为 m 的移位寄存器有 2^m 种状态，除了全零序列，能够输出的最长序列长度为 $N=2^m-1$。此序列便称为最长移位寄存器序列，简称 m 序列。

为了获得一个 m 序列，反馈抽头不能是任意的。对给定的 m，寻找能够产生 m 序列的抽头位置或者说是系数 C_i 是一个复杂的数学问题，这里不作讨论，仅给出一些结果，如表 4.4 所示。

在研究长度为 m 的序列生成及其性质时，常用一个 m 阶多项式 $f(x)$ 描述它的反馈结构，即

$$f(x)=C_0+C_1x+C_2x^2+\cdots+C_mx^m \tag{4.78}$$

式中 $C_0\equiv1$，$C_m\equiv1$。例如对 $m=4$，抽头[1,4]可以表示为

$$f(x)=C_0+C_1x+C_4x^4=1+x+x^4 \tag{4.79}$$

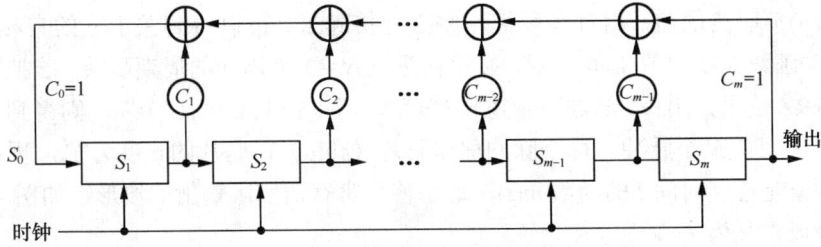

图 4.39 m 序列发生器的结构

表 4.4 m 值和抽头位置的关系表

m	抽 头 位 置
3	[1,3]
4	[1,4]
5	[2,5] [2,3,4,5] [1,2,4,5]
6	[1,6] [1,2,5,6] [2,3,5,6]
7	[3,7] [1,2,3,7] [1,2,4,5,6,7] [2,3,4,7] [1,2,3,4,5,7] [2,4,6,7] [1,7] [1,3,6,7] [2,5,6,7]
8	[2,3,4,8] [3,5,6,8] [1,2,5,6,7,8] [1,3,5,8] [2,5,6,8] [1,5,6,8] [1,2,3,4,6,8] [1,6,7,8]

这些多项式称为移位寄存器的特征多项式。

2. m 序列的随机性质

m 序列有随机二进制序列的许多性质，下面的 3 个性质描述了它的随机特性（证明略）。

（1）平衡特性

在 m 序列的一个完整周期 $N=2^m-1$ 内，"0"的个数和"1"的个数总是相差为 1。

（2）游程特性

在每个周期内，符号"1"或"0"连续相同的一段子序列称为一个游程。连续相同符号的个数称为游程的长度。m 序列游程总数为 $(N+1)/2$。其中长度为 1 的游程数等于游程总数的 1/2；长度为 2 的游程数等于游程总数的 1/4；长度为 3 的游程数等于游程总数的 1/8…… 最长的游程是 m 个连"1"（只有一个），最长连"0"的游程长度为 $m-1$（也只有一个）。

（3）自相关特性

两个序列 a，b 的对应位做模二加法，设 A 为所得结果序列"0"比特的数目，D 为"1"比特的数目，序列 a，b 的互相关系数为

$$R_{a,b}=\frac{A-D}{A+D} \tag{4.80}$$

当序列循环移动 n 位时，随着 n 的取值的不同，互相关系数也在变化，这时式（4.80）就是 n 的函数，称为序列 a，b 的互相关函数。若两个序列相等，即 $a=b$，$R_{a,b}(n)=R_{a,a}(n)$ 称为自相关函数。

m 序列的自相关函数是周期的二值函数。可以证明，对长度为 N 的 m 序列都有结果

$$R_{a,a}(n)=\begin{cases} 1 & n=l\cdot N \quad l=0,\pm1,\pm2,\cdots \\ \dfrac{-1}{N} & \text{其余} n \end{cases} \tag{4.81}$$

  n 和 $R_{a,a}(n)$ 都取离散值，用直线段把这些点连接起来，可以得到关于 n 的自相关函数曲线。$N=7$ 的自相关函数曲线如图 4.40 所示，显然它是以 $N=7$ 为周期的周期函数。若把这序列表示为一个双极性 NRZ 信号，用 -1 脉冲表示逻辑"1"，用 $+1$ 脉冲表示"0"，则得到一个周期性脉冲信号。每个周期有 N 个脉冲，每个脉冲称作码片（chip），码片的长度为 T_c，周期为 $T=NT_c$。此时，m 序列就是连续时间 t 的函数 $m(t)$，这是移位寄存器实际输出的波形，如图 4.40 所示。它的自相关函数就定义为

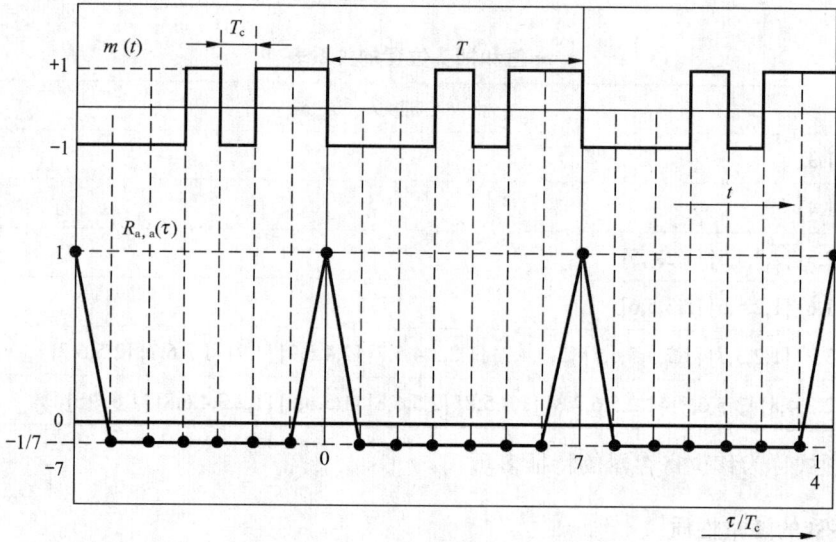

图 4.40 m 序列的自相关特性

$$R_{a,a}(\tau)=\frac{1}{T}\int_{-T/2}^{T/2}m(t)m(t+\tau)\mathrm{d}t \tag{4.82}$$

式中 τ 是连续时间的偏移量，$R_{a,a}(\tau)$ 是 τ 的周期函数，在一个周期 $[-T/2，T/2]$ 内，它可以表示为

$$R_{a,a}(\tau)=\begin{cases}1-\dfrac{N+1}{NT_c}|\tau| & |\tau|\leqslant T_c \\[2mm] \dfrac{-1}{N} & \text{其他}\,\tau\end{cases} \tag{4.83}$$

  其波形如图 4.40 所示。它在 nT_c 时刻的抽样就是 $R_{a,a}(n)$，只有两种数值。由式（4.83）可知，当序列的周期很大时，m 序列的自相关函数波形变得十分尖锐而接近冲激函数 $\delta(t)$，而这正是高斯白噪声的自相关函数。

  以上 3 个性质体现了 m 序列的随机性。显然随着 N 的增加，m 序列越是呈现出随机信号的性质。

  （4）互相关特性

  m 序列的互相关性是指相同周期 $P=2^n-1$ 两个不同的 m 序列 $\{a_n\}$、$\{b_n\}$ 一致的程度。其互相关值越接近于 0，说明这两个 m 序列差别越大，即互相关性越弱；反之，说明这两个 m 序列差别较小，即互相关性较强。当 m 序列用做码分多址系统的地址码时，必须选择互相关值很小的 m 序

列组，以避免用户之间的相互干扰，减小 MAI。

对于两个周期 $P=2^n-1$ 的 m 序列 $\{a_n\}$ 和 $\{b_{n+\tau}\}$（a_n,b_n 取值 1 或 0），其互相关函数（也称互相关系数）描述如下。

设 m 序列 $\{a_n\}$ 与其后移 τ 位的序列 $\{b_{n+\tau}\}$ 逐位模 2 加所得的序列为 $\{a_n+b_{n+\tau}\}$，"0"的位数为 A（序列 $\{a_n\}$ 和 $\{b_{n+\tau}\}$ 有相同的位数），"1"的位数为 D（序列 $\{a_n\}$ 和 $\{b_{n+\tau}\}$ 不相同的位数），则互相关函数可由下式计算

$$R_c(\tau)=\frac{A-D}{A+D} \tag{4.84}$$

其中：A 表示"0"的位数或相同的位数；D 表示"1"的位数或不相同的位数，显然 $P=A+D$。

如果伪随机码的码元用 1 和 -1 表示，与 0 和 1 表示的对应关系是"0"变成"1"，"1"变成"-1"，即 m 序列 $\{a_n\}$ 和 $\{b_{n+\tau}\}$ 的取值是 -1 或 1，此时这两个 m 序列的互相关函数可由下式计算，即

$$R_c(\tau)=\frac{1}{P}\sum_{n=1}^{P}a_n b_{n+\tau} \tag{4.85}$$

同一周期的 $P=2^n-1$ 的 m 序列组，其两两 m 序列对的互相关特性差别很大，有的 m 序列对的互相关特性好，有的则较差，不能实际使用。但是一般来说，随着周期的增加，其归一化的互相关值的最大值会递减。通常在实际应用中，我们只关心互相关特性好的 m 序列对的特性。

对于周期为 $P=2^n-1$ 的 m 序列组，其最好的 m 序列对的互相关函数值只取 3 个，这 3 个值是

$$R_c(\tau)=\begin{cases} \dfrac{t(n)-2}{P} \\ -\dfrac{1}{P} \\ -\dfrac{t(n)}{P} \end{cases} \tag{4.86}$$

其中，$t(n)=1+2^{[(n+2)/2]}$。式中 [ ] 表示取实数的整数部分。这 3 个值被称为理想三值，能够满足这一特性的 m 序列对称为 m 序列优选对，它们可以用于实际工程。

3. m 序列的功率谱

从移位寄存器出来的 m 序列的信号是一个周期信号，所以其功率谱是一个离散谱，理论分析（过程略）给出 m 序列的功率谱为

$$P(f)=\frac{1}{N^2}\delta(f)+\frac{1+N}{N^2}\sum_{\substack{n=-\infty \\ n\neq 0}}^{\infty}\mathrm{sinc}^2\left(\frac{n}{N}\right)\delta\left(f-\frac{n}{NT_c}\right) \tag{4.87}$$

图 4.41（a）给出了 $N=7$ 时 $m(t)$ 的功率谱特性。图 4.41（b）给出了一些功率谱包络随 N 变化的情况。可以看出在序列周期 T 保持不变的情况下，随着 N 的增加，$m(t)$ 的码片 $T_c=T/N$ 变短，脉冲变窄，频谱变宽，谱线变短。上述情况表明，随着 N 的增加，$m(t)$ 的频谱变宽变平且功率谱密度也在下降，从而接近高斯白噪声的频谱。这从频域说明了 $m(t)$ 具有随机信号的特征。

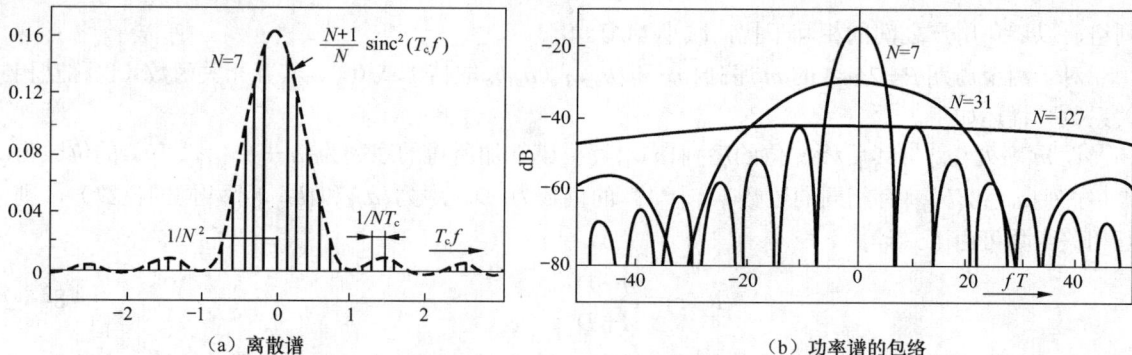

（a）离散谱　　　　　　　　　　　　　　（b）功率谱的包络

图 4.41　$m(t)$ 的功率谱特性

4.5.2　扩频通信原理

直接序列扩频通信系统中，扩展数据信号带宽的一个方法是用一个 PN 序列和它相乘。所得到的宽带信号可以在基带传输系统传输，也可以进行各种载波数字调制，例如 2PSK、QPSK 等。下面以 2PSK 为例，说明直接序列扩频通信系统的原理和系统的抗干扰能力。

1．扩频和解扩

采用 2PSK 调制的直接扩频通信系统如图 4.42 所示。为了突出扩频系统的原理，在讨论过程中认为信道是理想的，也不考虑高斯白噪声的影响。

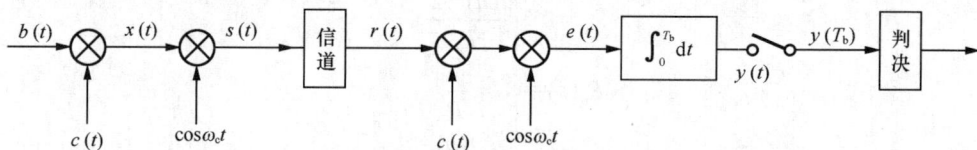

图 4.42　直接序列扩频通信系统

图中 $b(t)$ 为二进制数字基带信号，$c(t)$ 为 m 序列发生器输出的 PN 码序列信号。它们的波形都是取值为 ±1 的双极性 NRZ 码，这里逻辑"0"表示为 +1，逻辑"1"表示为 −1。通常，$b(t)$ 一个比特的长度 T_b 等于 PN 序列 $c(t)$ 的一个周期，即 $T_b = NT_c$。由于均为双极性 NRZ 码，可设 $b(t)$ 信号带宽 $B_b = R_b = 1/T_b$，$c(t)$ 的带宽 $B_c = R_c = 1/T_c$。

发射机对发送信息信号 $b(t)$ 处理的第一步是扩频，具体的操作是用 $c(t)$ 和 $b(t)$ 相乘。得到信号 $x(t)$，即

$$x(t) = b(t)c(t) \tag{4.88}$$

其波形如图 4.43 所示。由于 $x(t) = b(t)c(t)$，所以 $x(t)$ 的频谱等于 $b(t)$ 的频谱与 $c(t)$ 的频谱的卷积。为了表示方便，这里简单地用一个矩形的谱来表示 $b(t)$ 和 $c(t)$ 的频谱，如图 4.44 所示。$b(t)$ 和 $c(t)$ 相乘的结果使携带信息的基带信号的带宽被扩展到近似为 $c(t)$ 的带宽 B_c。扩展的倍数就等于 PN 序列一周期的码片数，即

$$N = \frac{B_c}{B_b} = \frac{T_b}{T_c} \tag{4.89}$$

而信号的功率谱密度下降到原来的 $1/N$。

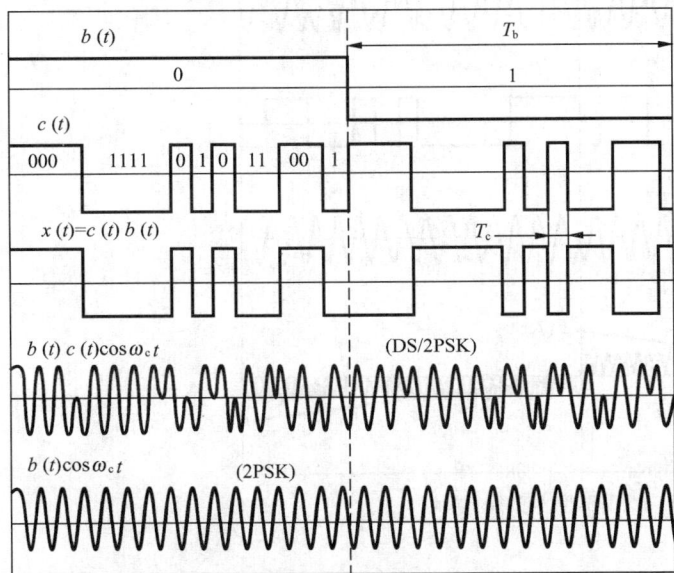

图 4.43 直接序列扩频系统的波形

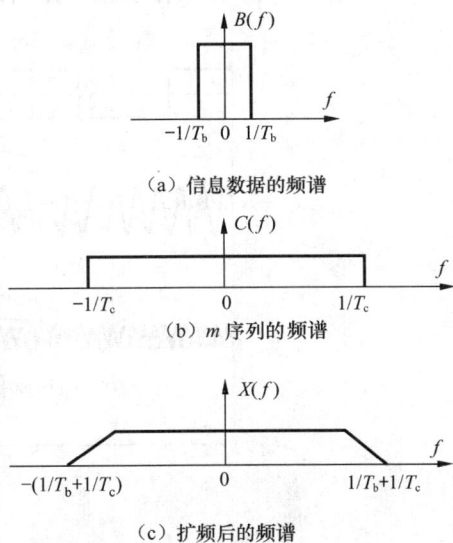

图 4.44 直接序列扩频信号

信号这样的处理过程就是扩频。$c(t)$ 在这里起着扩频的作用，称为扩频码。这种扩频方式就是直接序列扩频（Direct Sequence Spread Spectrum，DSSS）。扩频后的基带信号进行 2PSK 调制，得到信号 $s(t)$，即

$$s(t)=x(t)\cos\omega_c t=b(t)c(t)\cos\omega_c t \tag{4.90}$$

为了和一般的 2PSK 信号区别，下面把 $s(t)$ 称为 DS/2PSK。它的波形如图 4.47 所示。为了便于比较，图中还画出 $b(t)$ 的窄带 2PSK 信号波形。调制后的信号 $s(t)$ 的带宽为 $2B_c$。由于扩频和 2PSK 调制这两步操作都是信号的相乘，从原理上，也可以把上述信号处理次序调换，此时基带信号首先调制成为窄带的 2PSK 信号，信号带宽为 $2R_b$，然后与 $c(t)$ 相乘被扩频到 $2B_c$。

在接收端，接收机接收到的信号 $r(t)$ 一般是有用信号和噪声及各种干扰信号的混合。为了突出解扩的概念，这里暂时不考虑它们的影响，即 $r(t)=s(t)$。接收机将收到的信号首先和本地产生的 PN 码 $c(t)$ 相乘。由于 $c^2(t)=(\pm 1)^2=1$，所以

$$r(t)c(t)=s(t)c(t)=b(t)c(t)\cos\omega_c t \cdot c(t)=b(t)\cos\omega_c t \tag{4.91}$$

相乘所得信号显然是一个窄带的 2PSK 信号，它的带宽等于 $2R_b=2/T_b$。这样信号恢复为一个窄带信号，这一操作过程就是解扩。解扩后所得到的窄带 2PSK 信号可以采用一般 2PSK 解调的方法解调。本例采用相关解调的方法。2PSK 信号和相干载波相乘后进行积分，在 T_b 时刻抽样并清零。对抽样值 $y(T_b)$ 进行判决：若 $y(T_b)>0$，判为"0"；若 $y(T_b)<0$，判为"1"。解扩和相关解调的波形如图 4.45 所示。最后要注意的是，为了实现信号的解扩，要求本地的 PN 码序列和发射机的 PN 码序列严格同步，否则所接收到的就是一片噪声。

综上所述，直接序列扩频系统在发送端直接用高码率的扩频码去展宽数据信号的频谱，而在接收端则用同样的扩频序列进行解扩，把扩频信号还原为原始的窄带信号。扩频后的信号带宽比原来的扩展了 N 倍，功率谱密度下降到 $1/N$，这是扩频信号的特点。扩频码与所传输的信息数据无关，和一般的正弦载波信号一样，不影响信息传输的透明性。扩频码序列仅是起到扩展信号频谱带宽的作用。

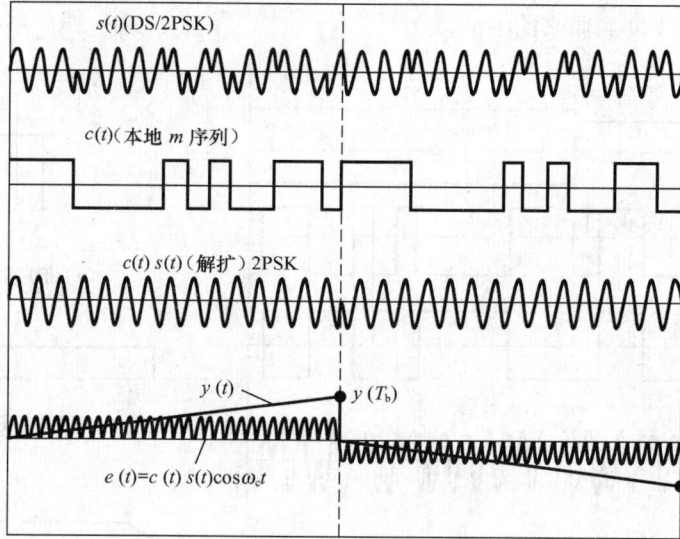

图 4.45 DS/BPSK 信号的解扩解调

2. 直扩系统抗窄带干扰的能力

在扩频信号传输的信道中，总会存在各种干扰和噪声。相对于携带信息的扩频信号带宽，干扰可以分为窄带干扰和宽带干扰。干扰信号对扩频信号传输的影响是比较复杂的问题，这里不进行详细的讨论。与一般的窄带传输系统比较，扩频信号的一个重要特点就是抗窄带干扰的能力。下面进行简单介绍。

分析抗窄带干扰的模型如图 4.46 所示。

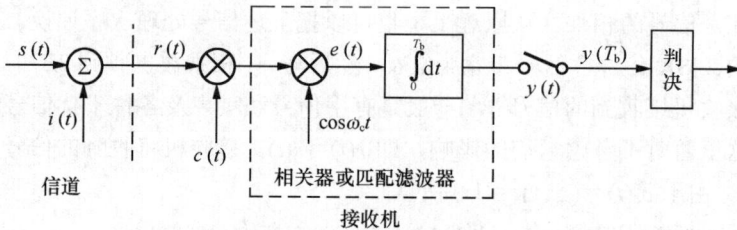

图 4.46 扩频信号的接收

图中设 $i(t)$ 为一窄带干扰信号，其频率接近信号的载波频率。接收机输入的信号为

$$r(t)=s(t)+i(t) \tag{4.92}$$

它和本地 PN 序列相乘后，乘法器的输出除了所希望的信号外，还存在干扰 $i(t)c(t)$，即

$$r(t)c(t)=s(t)c(t)+i(t)c(t)=c^2(t)b(t)\cos\omega_c t+i(t)c(t)$$
$$=b(t)\cos\omega_c t+i(t)c(t)$$

窄带干扰信号 $i(t)$ 和 $c(t)$ 相乘后，其带宽被扩展到 $W=2B_c=2/T_c$。设输入干扰信号的功率为 P_i，则 $i(t)c(t)$ 就是一个带宽为 W，功率谱密度为 $P_i/W=T_cP_i/2$ 的干扰信号。于是落入信号带宽的干扰功率为

$$P_o = 2/T_b \frac{P_i}{2/T_c} = \frac{P_i}{T_b/T_c} = \frac{P_i}{N}$$

最终扩频系统的输出干扰功率是输入干扰功率的 $1/N$，即

$$G_p = \frac{P_i}{P_o} = \frac{T_b}{T_c} = N \qquad (4.93)$$

式中 G_p 称作扩频系统的处理增益，它等于扩频系统带宽的扩展因子 N。这是描述扩频系统特性的重要参数。信号的解扩和解调以及对窄带干扰的扩频说明如图 4.47 所示。

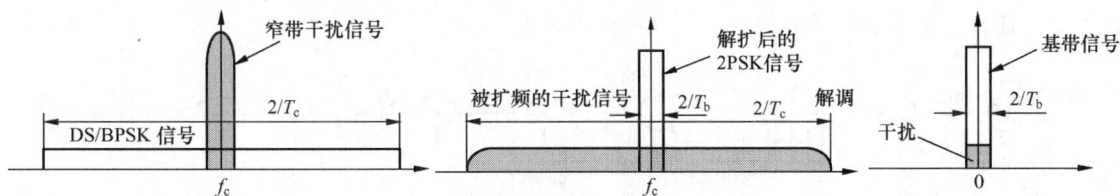

图 4.47　解调前后信号和干扰频谱的变化

扩频信号对窄带干扰的抑制作用在于接收机对信号解扩的同时，对干扰信号的扩频，这降低了干扰信号的功率谱密度。扩频后的干扰和载波相乘、积分（相当于低通滤波）大大地削弱了它对信号的干扰，因此在抽样器的输出信号受干扰的影响就大为减小，输出的抽样值比较稳定。这些过程的例子如图 4.48 所示。为了比较，图中还给出了 2PSK 解调的情况。在信号功率和干扰相同的情况下，扩频信号可以正常解调，而 2PSK 信号出现了误码。

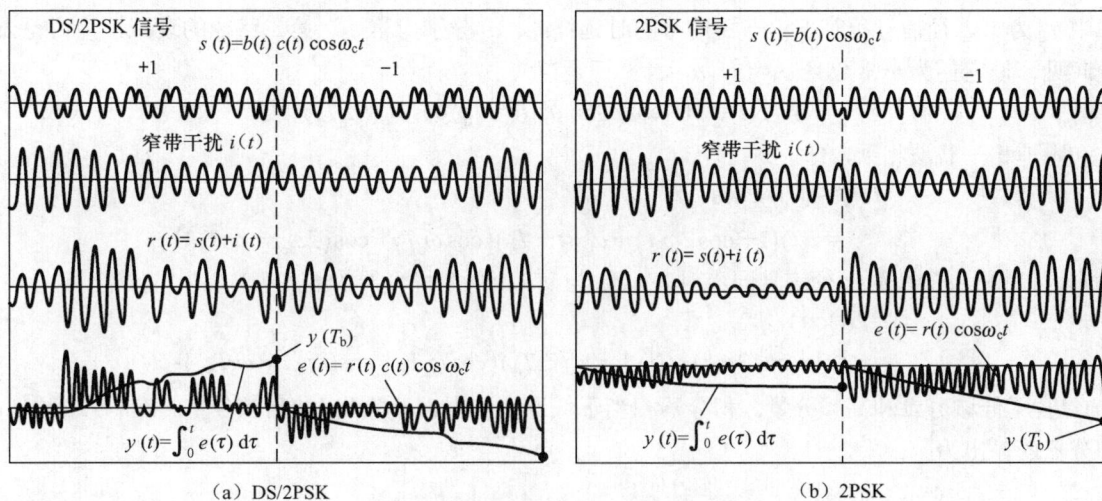

（a）DS/2PSK　　　　　　　　　　　（b）2PSK

图 4.48　窄带干扰对信号解调的影响

实际上，信道还存在各种干扰和噪声，分析它们对扩频信号的影响比较复杂。分析表明，系统的处理增益越大，一般对各种干扰的抑制能力就越强，但扩频通信系统对频谱无限宽的噪声如热噪声不起什么作用。

4.5.3 抗多径干扰和 RAKE 接收机

1. 抗多径干扰

在扩频通信系统中，利用 PN 序列的尖锐的自相关特性和很高的码片速率（T_c 很小）可以克服多径传播造成的干扰。由于多径传播所引起的干扰只和它们到达接收机的相对时间有关，和它们传播的时间无关。因此，可以在问题的讨论中，略去信道的传播时间，以第一个到达接收机的信号时间为参考，其后信号到达时间就为 $T_d(i)(i=1,2,\cdots)$。为了讨论简单，设电波的传播信道只有二径。具有二径传输信道的扩频通信系统如图 4.49 所示。

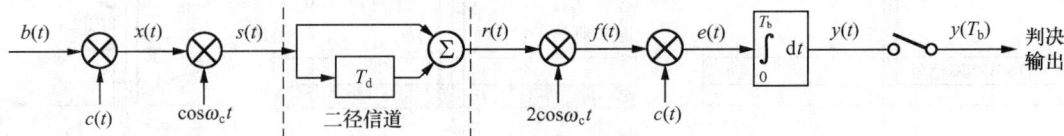

图 4.49 二径信道的扩频通信系统

图 4.49 中 $b(t)$ 为数据信号，$c(t)$ 为扩频码。扩频后的信号为

$$x(t)=b(t)c(t) \tag{4.94}$$

经载波调制后的发射信号为

$$s(t)=x(t)\cos\omega_c t \tag{4.95}$$

发射信号经过二径信道的传播，到达接收机的信号为

$$r(t)=a_0 s(t)+a_1 s(t-T_d) \tag{4.96}$$

式中 T_d 为第二径信号相对于第一径信号的时延；a_0、a_1 分别为第一、第二路径的衰减，为讨论方便起见，设它们为一常数且 $a_0=1$，$a_1<1$。于是

$$r(t)=x(t)\cos\omega_c t+a_1 x(t-T_d)\cos\omega_c(t-T_d) \tag{4.97}$$

它和本地相干载波相乘，即

$$f(t)=r(t)\cdot 2\cos\omega_c t$$
$$=x(t)\left(1+\cos 2\omega_c t\right)+a_1 x(t-T_d)\left(\cos\omega_c T_d+\cos\left(2\omega_c t-\omega_c T_d\right)\right)$$

设本地扩频码 $c(t)$ 和第一径信号同步对齐，$f(t)$ 与 $c(t)$ 相乘得积分器的输入为

$$e(t)=f(t)c(t)$$
$$=x(t)(1+\cos 2\omega_c t)\cdot c(t)+a_1 x(t-T_d)\left(\cos\omega_c T_d+\cos(2\omega_c t+\omega_c T_d)\right)\cdot c(t)$$

$e(t)$ 包含了低频分量和高频分量。积分器相当于低通滤波器，滤除 $e(t)$ 的高频分量。在 $t=T_b$ 时刻，积分器的输出为

$$y(T_b)=\frac{1}{T_b}\int_0^{T_b}x(t)c(t)\mathrm{d}t+k_d\frac{1}{T_b}\int_0^{T_b}x(t-T_d)c(t)\mathrm{d}t$$
$$=\frac{1}{T_b}\int_0^{T_b}b(t)c^2(t)\mathrm{d}t+k_d\frac{1}{T_b}\int_0^{T_b}b(t-T_d)c(t-T_d)c(t)\mathrm{d}t$$

式中 $k_d=a_1\cos\omega_c T_d<1$。设发送的二进制码元为 $\cdots b_{-1}b_0\ b_1\ b_2\cdots$。$x(t), x(t-T_d)$ 和 $c(t)$ 的时序如图 4.50 所示。要了解多径干扰对信号检测的影响，只需分析其中一个比特的检测就可以了。现在来考察 b_1 的检测。

在 $t=T_b$ 时刻，抽样输出为

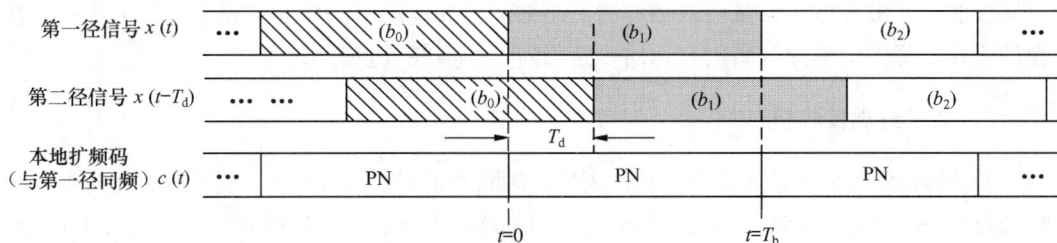

图 4.50　二径信号的接收

$$y(T_b)=\frac{1}{T_b}\int_0^{T_b}b_1c^2(t)\mathrm{d}t+k_d\frac{1}{T_b}\int_0^{T_b}b(t-T_d)c(t-T_d)c(t)\mathrm{d}t$$

$$=b_1+k_db_0\frac{1}{T_b}\int_0^{T_d}c(t-T_d)c(t)\mathrm{d}t+k_db_1\frac{1}{T_b}\int_{T_d}^{T_b}c(t-T_d)c(t)\mathrm{d}t \qquad (4.98)$$

$$=b_1+k_db_0R_c(-T_d)+k_db_1R_c(T_b-T_d)$$

式中 $R_c(\tau)$ 为 $c(t)$ 的局部自相关函数，有

$$R_c(\tau)=\frac{1}{T_b}\int_0^{\tau}c(t)c(t+\tau)\mathrm{d}t \qquad (4.99)$$

　　式（4.95）的后两项就是第二径信号对第一径信号的干扰。当这干扰比较大时，就会引起判决的错误。但对一个 m 序列来说，当 $|\tau|>T_c$ 时，其局部自相关系数的幅度都比较小，例如 $N=7$、63 和 255 的局部自相关特性如图 4.51 所示。正是 PN 序列这种自相关特性，有效地抑制了与它不同步的其他多径信号分量。各点波形如图 4.52 所示。

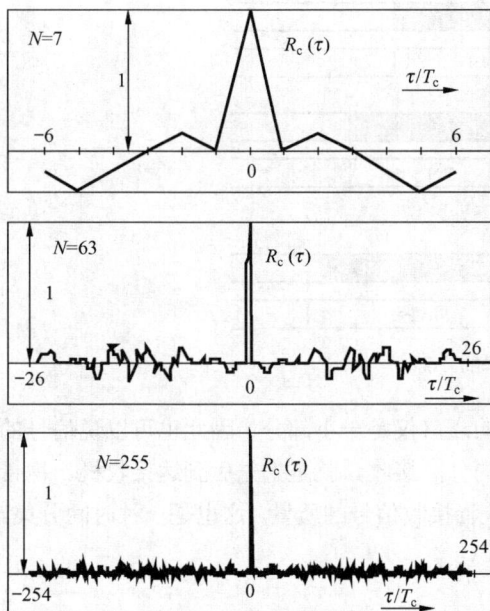

图 4.51　PN 序列的局部自相关

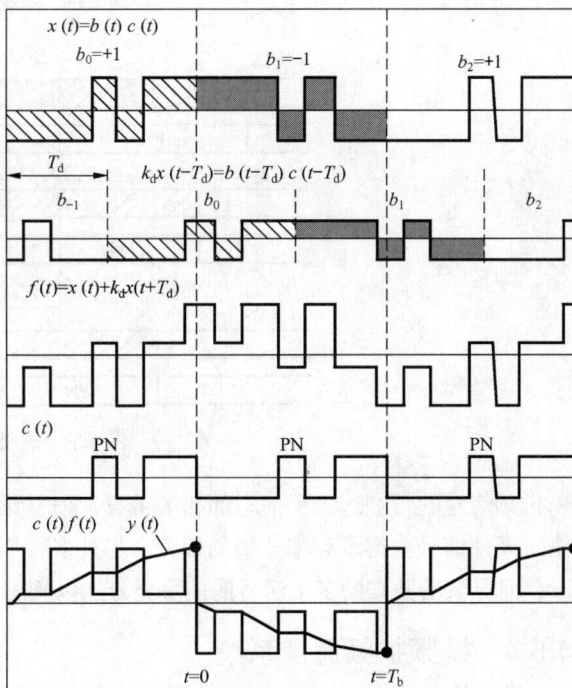

图 4.52　多径信号接收各点波形

以上仅是分析了两径信号的传输情况，不难推广到多径情况。总之，只有与本地相关器扩频码同步的这一多径信号分量可以被解调，而抑制了其他的不同步的多径分量的干扰。也就是在混叠的多径信号中，单独分离出与本地扩频码同步的多径分量。

2．多径分离接收机

多径传输给信号的接收造成干扰，利用扩频码的良好自相关特性，可以很好地抑制这种干扰，特别是多径时延大于扩频码的码片的时候。但是这些先后到达接收机的信号，都携带相同的信息，都具有能量，若能够利用这些能量，则可以变害为利，改善接收信号的质量。基于这种指导思想，Price和Green在1958年提出多径分离接收（RAKE receiver）的技术，这就是RAKE接收机。

RAKE接收机主要由一组相关器构成，其原理如图4.53所示。每个相关器和多径信号中的一个不同时延的分量同步，情况如图4.54所示，输出就是携带相同信息但时延不同的信号。把这些输出信号适当的时延对齐，然后按某种方法合并，就可以增加信号的能量，改善信噪比。所以RAKE接收机具有搜集多径信号能量的能力，用Price和Green的话来说，它的作用就有点像花园里用的耙子（rake），故取名RAKE接收机。在CDMA IS-95移动通信系统中，基站接收机有4个相关器，移动台有3个相关器。这都保证了对多径信号的分离和接收，提高了接收信号的质量。

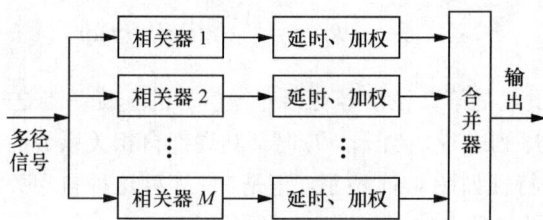

图 4.53　RAKE 接收机原理

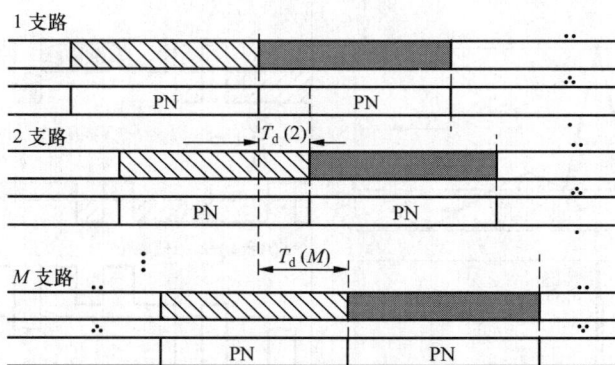

图 4.54　多径信号的分离

扩频信号的带宽远大于信道的相关带宽，信号频谱的衰落仅是一小部分，因此也可以说信号的频谱扩展使信号获得了频率分集的好处。另外多径信号的分离接收，就是把先后到达接收机、携带同一信息且衰落独立的多个信号的能量充分加以利用，改善接收信号的质量，这也是一种时间分集。

4.5.4　跳频扩频通信系统

直扩系统的处理增益 G_p 越大，扩频系统从中获得抗干扰的能力就越强，系统的性能就越好。

但是直扩系统要求严格的同步，系统的定时和同步要求在几分之一的码片内建立。因此，$G_p = N$越大，码片 T_c 的长度就越短，实现这一要求的硬件设备就越难于实现。因为移位寄存器状态的转移和反馈逻辑的计算都需要一定的时间，这实际上限制了 G_p 的增加。一种代替的方法就是采用跳频技术来产生扩频信号。

1. 基本概念

一般的数字调制信号在整个通信的过程中，其载波是固定的。所谓跳频扩频（Frequency Hopping Spread Spectrum，FHSS）就是使窄带数字已调信号的载波频率在一个很宽的频率范围内随时间跳变，跳变的规律称作跳频图案，如图 4.55 所示。图中横轴为时间，纵轴为频率，这个时间与频率的平面称为时间—频率域。它说明载波频率随时间跳变的规律。只要接收机也按照这个规律同步跳变调谐，收发双方就可以建立起通信连接。出于对通信保密（防窃听）或抗干扰抗衰落的需要，跳频规律应当有很大的随机性，但为了保证双方的正常通信，跳频的规律实际上是可以重复的伪随机序列。例如，在图 4.55 中，有 3 个跳频序列，例如其中一个序列为 $f_5 \rightarrow f_4 \rightarrow f_7 \rightarrow f_0 \rightarrow f_6 \rightarrow f_3 \rightarrow f_1$。

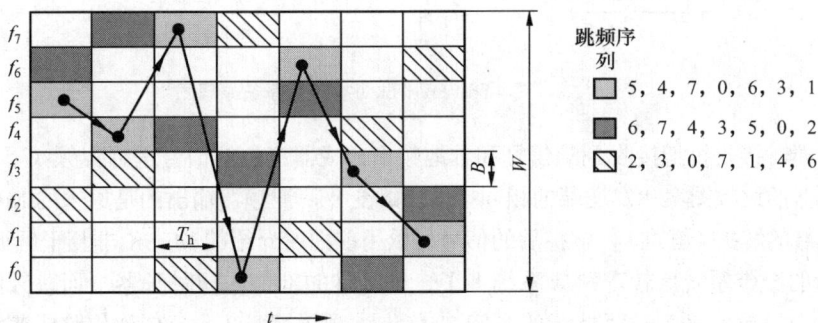

图 4.55 慢跳频图案

跳频信号在每一个瞬间，都是窄带的已调信号，信号的带宽为 B，称为瞬时带宽。由于快速的频率跳变形成了宏观的宽带信号，跳频信号所覆盖的整个频谱范围就称为跳频信号的总带宽（或称跳频带宽），表示为 W。在跳频系统中，系统的跳频处理增益定义为

$$G_H = \frac{W}{B} \tag{4.100}$$

实际上 $W/B = N$ 就是跳频点数。在每一瞬间，跳频信号系统只占用可用频谱资源极小的一部分，因此可以在其余的频谱安排另外的跳频系统，只要这些系统的跳频序列不发生重叠，即在每个频点上不发生碰撞，就可以共享同一跳频带宽进行通信而互不干扰。图 4.55 所示就是具有 3 个跳频序列的跳频图案，它们没有频点的重叠，因此不会引起系统间的干扰。通常把没有频点碰撞的两个跳频序列称为正交的，利用多个正交的跳频序列可以组成正交跳频网。该网中的每个用户利用被分配得到的跳频码序列，建立自己的信道，这是另一种形式的码分多址连接方式。所以跳频系统具有码分多址和频带共享的组网能力。

跳频信号的数字调制方式，一般采用 FSK 方式。这是因为在一个很宽的频率范围内，载波信号的产生和在信道的传输过程，要保持各离散频率载波相位相干是比较困难的。所以，在跳频系统中，一般不用 PSK，而采用 FSK 调制和非相干解调。这种跳频信号表示为 FH/MFSK。

跳频系统的例子如图 4.56 所示。要发送的二进制数据首先经过 MFSK 调制，然后经过混频产生在信道传输的发射信号。混频器的振荡信号由一个频率合成器提供，其振荡频率受 PN 码发生器输出的 m 位比特控制，一般可以在 $N=2^m$ 个离散频率中选择。混频器的带通滤波器选择乘法器输出的和频信号（上变频）作为发射信号送入信道。PN 码发生器按指定的节拍不断更新输出 m 位比特，形成一个 2^m 进制的跳频指令序列。混频器按照这一指令，把 MFSK 信号搬移到相应的各跳频载波频率点上，实现信号的跳频扩频。通常把 PN 码发生器和频率合成器组合起来称为跳频器，其中 PN 码发生器就起着跳频指令发生器的作用。

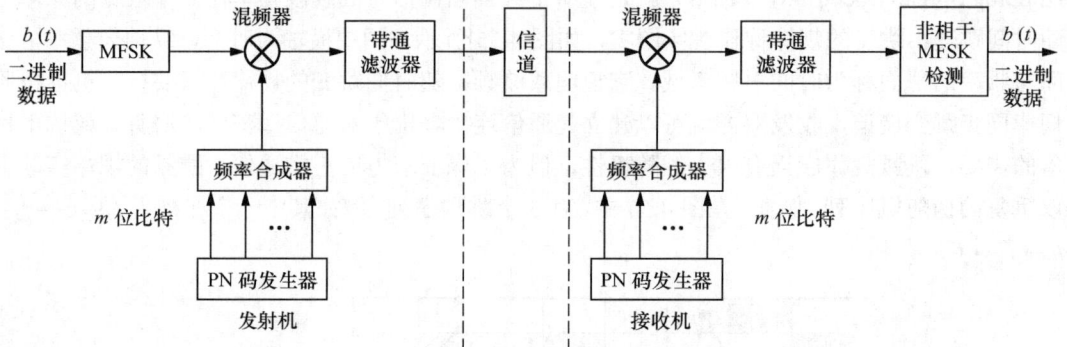

图 4.56　FH/MFSK 跳频通信系统原理图

在接收端，接收机把接收到的信号和本地频率合成器产生的信号进行混频（下变频），由于本地频率合成器的跳频图案和发送端的相同（同步跳变），混频器输出的是原来的 MFSK 信号，完成跳频扩频信号的解扩（解跳）。解扩后的信号可以用前面所介绍的 MFSK 非相干解调方法进行解调。

和一般的窄带系统比较，跳频系统多了一个关键的部件，即跳频器。而跳频同步是跳频系统的核心技术。跳频信号每一跳持续的时间 T_h 称作跳频周期。$R_h=1/T_h$ 称作跳频速率。根据调制符号速率 R_s 和 R_h 的关系，有两种基本的调频技术：慢跳频和快跳频。当 $R_s=KR_h$（K 为正整数）时，称为慢跳频（Slow Frequency Hopping，SFH），此时在每个载波频率点上发送多个符号；当 $R_h=KR_s$ 时，称作快跳频（Fast Frequency Hopping，FFH），即在发送一个符号的时间内，载波频率发生多次跳变。对 FH/MFSK 信号，码片速率 R_c 定义为

$$R_c=\max(R_h, R_s) \tag{4.101}$$

即一个码片的长度 $T_c=\min(T_h, T_s)$，也就是信号频率保持不变的最短持续时间。

在扩频信号带宽比较宽的情况下，跳频扩频比直接序列扩频更容易实现。在直扩系统中，要求码片的建立和同步必须在码片长度 $T_c=T_b/G_p$ 几分之一的时间内的完成。而在跳频系统，T_c 则是跳频点频率持续不变的最短时间，例如 $T_h=T_s$ 的 SFH/2FSK 信号就是 $T_c=T_b$。后者的码片比前者的长得多，所以 FH 系统在系统的定时要求比直扩系统宽松得多，而所需的扩频带宽可以通过调整跳频增益来获得。

2. 跳频系统的抗干扰性能和在 GSM 系统的应用

跳频系统对抗单频或窄带干扰是很有特色的。和直扩系统不同，跳频系统没有分散窄带干扰信号功率谱密度的能力，而是利用跳频序列的随机性和为数众多的频率点，使得它和干扰信号的频率发生冲突的概率大为减小，即跳频是靠躲避干扰来获得抗干扰能力的。因此跳频系统的抗窄

带干扰能力实际上就是指它碰到干扰的概率。在通信的过程中，众多的跳频点中偶尔有个别的频点受到干扰并不会给整个通信造成太大的影响。特别是在快跳频系统中，所传输的码元分布在多个频率点上，这种影响会更小。跳频系统的抗干扰性能用其跳频处理增益表示。

GSM 系统在业务量大、干扰大的情况下常常采用跳频。如前所述，跳频起着频率分集的作用，另外它还可以分散来自其他小区的强干扰。因为在同一地区附近，往往有相同频率的系统在工作而产生同频干扰，使用跳频系统可以减小这种干扰。或者说使用户受到干扰的机会是相等的，即平均了所有载波的总的干扰电平。减小瑞利衰落的影响和同频干扰，这是 GSM 蜂窝移动通信系统有时采用跳频技术的原因。GSM 系统是一个时分系统，每帧有 8 个时隙，提供 8 个信道。跳频采用每帧改变频率的方法，即 $8 \times 15/26 = 4.615$ms 改变载波频率一次，这属于慢跳频。GSM 系统允许使用 64 种不同的跳频序列。采用跳频要增加设备，是否采用跳频由运营商来决定。

习题与思考题

4.1　分集接收技术的指导思想是什么？

4.2　什么是宏观分集和微观分集?在移动通信中常用哪些微观分集？

4.3　工作频段为 900MHz 模拟移动电话系统 TACS 的信令采用数字信号方式。其前向控制信道的信息字 A 和字 B 交替采用重复发送 5 次，如图 4.57 所示。每字（40bit）长度为 5ms。为使字 A（或 B）获得独立的衰落，移动台的速度最低是多少？

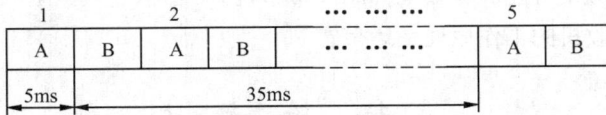

图 4.57　习题 3 图

4.4　合并方式有哪几种？哪一种可以获得最大的输出信噪比？为什么？

4.5　要求 DPSK 信号的误比特率为 10^{-3} 时，若采用 $M = 2$ 的选择合并，要求信号平均信噪比是多少 dB？没有分集时又是多少？采用最大合并时重复上述工作。

4.6　什么是码字的汉明距离？码字 1101001 和 0111011 的汉明距离等于多少？一个分组码的汉明码距为 32 时能纠正多少个错误？

4.7　已知一个卷积码编码器由两个串联的寄存器（约束长度 3），3 个模 2 加法器和一个转换开关构成。编码器生成序列为 $g^{(1)} = (1,0,1)$，$g^{(2)} = (1,1,0)$，$g^{(3)} = (1,1,1)$。画出它的结构方框图。

4.8　图 4.58 是一个 (2,1,1) 卷积码编码器。

① 画出状态图。

② 设输入信息序列为 10111，画出编码网格图。

③ 求编码输出并在图中找出一条与编码输出的路径。

④ 设接收编码序列为 11，01，11，11，01，用维特比算法译码搜索最可能发送的信息序列。

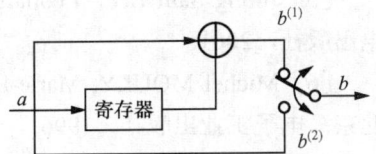

图 4.58　习题 8 图

4.9　Turbo 码与一般的分组码和卷积码相比，有哪些特点使得它有更好的抗噪声性能？它有什么缺点使得它在实际应用受到什么限制？

4.10 Turbo 码码率为 1/2，其生成矩阵 $g(D)$ 为

$$g(D)=\left[1,\frac{1+D+D^2}{1+D^2}\right]$$

① 画出编码器的原理框图。

② 设信息序列是 $\{m_k\}$，奇偶校验序列是 $\{b_k\}$，写出它的奇偶校验等式。

4.11 信道均衡器的作用是什么？为什么支路数为有限的线性横向均衡器不能完全消除码间干扰？

4.12 线性均衡器与非线性均衡器相比主要缺点是什么？在移动通信一般使用它们中的哪一类？

4.13 试说明判决反馈均衡器的反馈滤波器在其中是如何消除信号的拖尾干扰的？

4.14 PN 序列有哪些特征使得它具有类似噪声的性质？

4.15 计算序列的相关性。

① 计算序列 $a=1110010$ 的周期自相关特性并绘图（取 10 个码元长度）。

② 计算序列 $b=01101001$ 和 $c=00110011$ 的互相关系数，并计算各自的周期自相关特性并绘图（取 10 个码元长度）。

③ 比较上述序列，哪一个最适合用作扩频码？

4.16 简要说明直接序列扩频和解扩的原理。

4.17 为什么扩频信号能够有效地抑制窄带干扰？

4.18 RAKE 接收机的工作原理是什么？

参 考 文 献

［1］Theodore S.Rappapaort. Wireless communications principles and practice［M］. 北京：电子工业出版社，1998.

［2］John G. Proakis . Digital communications［M］. MicGraw-Hill ,Inc 1995.北京：电子工业出版社[M].1998.

［3］Vijav K.Garg. 第三代移动通信系统原理与工程设计：CDMA IS-95 CDMA 和 cdma2000［M］.于鹏等译.北京：电子工业出版社，2001.

［4］Gordon L.Stüber.移动通信原理（第二版）：［M］. 裴昌幸等译.北京：电子工业出版社，2004.

［5］Jhong Sam Lee，Leonard E.Miller.CDMA 系统工程手册［M］.许希斌等译.北京：人民邮电出版社，2001.

［6］Michel MOULY, Marie-Bernadette PAUTET. GSM 数字移动通信系统［M］. 骆健霞等译.北京：电子工业出版社，1996.

［7］西蒙·赫金. 通信系统（第四版）. 宋铁成等译［M］.北京：电子工业出版社，2003.

第 5 章　蜂窝组网技术

学习重点和要求

本章重点介绍了移动通信蜂窝组网的原理和移动通信网络结构，包括频率复用和蜂窝小区、多址接入技术以及网络结构等。

要求

- 掌握移动通信网的概念和特点。
- 掌握蜂窝小区的原理以及相关技术。
- 掌握多址接入和系统容量的概念和原理。
- 理解移动网络的组成。

5.1　移动通信网的基本概念

移动通信在追求最大容量的同时，还要追求最大的覆盖，也就是无论移动用户移动到什么地方移动通信系统都应覆盖到。当然，在现今的移动通信系统中还无法做到上述所提到的最大覆盖，但是系统应能够在其覆盖的区域内提供良好的语音和数据通信服务。要实现系统在其覆盖区内良好的通信，就必须有一个通信网支撑。这个通信网就是移动通信网。

一般来说，移动通信网络由两部分组成：一部分为空中网络，另一部分为地面网络。

空中网络是移动通信网的主要部分，主要包括以下几个方面。

（1）多址接入：在给定的频率资源下，如何提高系统的容量是蜂窝移动通信系统的重要问题。由于采用何种多址接入方式直接影响到系统的容量，所以一直是人们研究的热点。

（2）频率复用和蜂窝小区：蜂窝小区和频率复用是一种新的概念和想法，它主要是解决频率资源限制的问题，并大大增加系统的容量。蜂窝小区和频率复用实际上是一种蜂窝组网的概念，是由美国贝尔实验室最早提出的。

蜂窝式组网理论的内容如下。

- 无线蜂窝式小区覆盖和小功率发射：蜂窝式组网放弃了点对点传输和广播覆盖模式，将一个移动通信服务区划分成许多以正六边形为基本几何图形的覆盖区域，称为蜂窝小区。一个较低功率的发射机服务一个蜂窝小区，在较小的区域内设置相当数量的用户。
- 频率复用：蜂窝系统的基站工作频率，由于传播损耗提供足够的隔离度，在相隔一定距离的另一个基站可以重复使用同一组工作频率，称为频率复用。例如，用户超过 100 万的大城市，若每个用户都有自己的频道频率，则需要极大的频谱资源，且在话务繁忙时也许还可能饱和，而采用频率复用则可以大大地缓解频率资源紧缺的矛盾，增加用户数目或系统容量。频率复用能够从有限的原始频率分配中产生几乎无限的可用频率，这是使系统容量趋于无限的极好方法。频率复用所带来的问题是同频干扰，同频干扰的影响并不是与蜂窝之间的绝对距离有关，而是与蜂窝间距离与小区半径的比值有关。

● 多信道共用和越区切换：由若干无线信道组成的移动通信系统，为大量用户共同使用并且仍能满足服务质量的信道利用技术，称为多信道共用技术。多信道共用技术利用信道占用的间断性，使许多用户能够任意地、合理地选择信道，以提高信道的使用效率，这与市话用户共同享有中继线相类似。事实上，不是所有的呼叫都能在一个蜂窝小区内完成全部接续业务的，为了保证通话的连续性，当正在通话的移动台进入相邻无线小区时，移动通信系统必须具备将业务信道自动切换到相邻小区基站的越区切换功能，即切换到新的信道上，从而不中断通信过程。

（3）切换和位置更新：采用蜂窝式组网后，切换技术就是一个重要的问题。不同的多址接入切换技术也有所不同。位置更新是移动通信所特有的，由于移动用户要在移动网络中任意移动，因此网络需要在任何时刻联系到用户，以有效地管理移动用户。完成这种功能的技术称为移动性管理。

地面网络部分主要包括以下两个方面。

（1）服务区内各个基站的相互连接。

（2）基站与固定网络（PTSN、ISDN 和数据网等）。

5.2 频率复用和蜂窝小区

频率复用和蜂窝小区的设计是与移动网的区域覆盖和容量需求紧密相连的。早期的移动通信系统采用的是大区覆盖，但随着移动通信的发展这种网络设计已远远不能满足需求了。因而以蜂窝小区、频率复用为代表的新型移动网的设计孕育而生了，它是解决频率资源有限和用户容量问题的一个重大突破。

一般来说，移动通信网的区域覆盖方式可分为两类：一类是小容量的大区制；另一类是大容量的小区制。

1．小容量的大区制

大区制是指一个基站覆盖整个服务区。为了增大单基站的服务区域，天线架设要高，发射功率要大。但是这只能保证移动台可以接收到基站的信号。反过来，当移动台发射时，由于受到移动台发射功率的限制，就无法保障通信了。为解决这个问题，可以在服务区内设若干分集接收点与基站相连，利用分集接收来保证上行链路的通信质量。也可以在基站采用全向辐射天线和定向接收天线，从而改善上行链路的通信条件。大区制只能适用于小容量的通信网，例如用户数在 1 000以下。这种制式的控制方式简单，设备成本低，适用于中小城市、工矿区以及专业部门，是发展专用移动通信网可选用的制式。

2．大容量的小区制

小区制移动通信系统的频率复用和覆盖有两种：带状服务覆盖区和面状服务覆盖区。

- 带状服务覆盖区

双频组频率配置

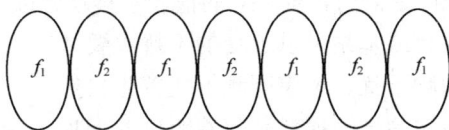

三频组频率配置

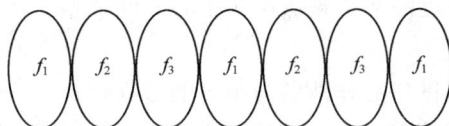

- 面状服务覆盖区

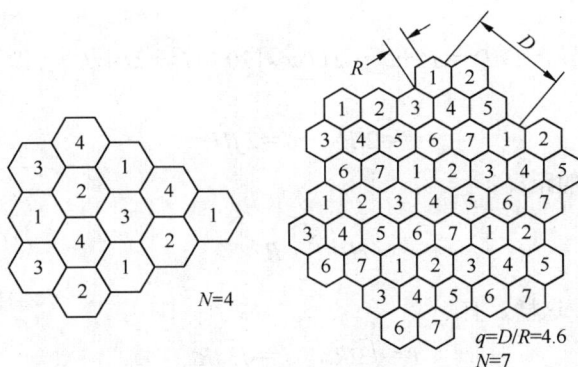

图 5.1　蜂窝系统的频率复用和小区面状覆盖图示

图 5.1 所示为标有相同数字的小区使用相同的信道组,如 $N=4$ 的示意图中画出了两个完整的含有相同数字 1 到 4 的小区,一般称为簇或区群。在一个小区簇内,要使用不同的频率,而在不同的小区簇间使用对应的相同频率。小区频率复用的设计指明了在哪里使用不同的频率信道。另外,图 5.1 所示的六边形小区是概念上的,是每个基站的简化覆盖模型。用六边形作覆盖模型,则可用最小的小区数就能覆盖整个地理区域,而且六边形最接近于全向的基站天线和自由空间传播的全向辐射模式。无线移动通信系统广泛使用六边形研究系统覆盖和业务需求。

实际上,由于无线系统覆盖区的地形地貌不同,无线电波传播环境不同,产生的电波的长期衰落和短期衰落不同,一个小区实际的无线覆盖是一个不规则的形状。

当用六边形来模拟覆盖范围时,基站发射机或者安置在小区的中心(中心激励小区),或者安置在六边形的 3 个顶点上(顶点激励小区)。

考虑一个共有 S 个可用的双向信道的蜂窝系统,如果每个小区都分配 K 个信道($K<S$),并且 S 个信道在 N 个小区中分为各不相同、各自独立的信道组,而且每个信道组有相同的信道数目,那么可用无线信道的总数为

$$S=K \cdot N \tag{5.1}$$

共同使用全部可用频率的 N 个小区叫做一簇。如果簇在系统中共同复制了 M 次,则信道的总数 C 可以作为容量的一个度量,即

$$C=MKN=MS \tag{5.2}$$

其中，N 为簇的大小，典型值为 4、7 或 12。如果簇 N 减小而小区的数目保持不变，则需要更多的簇来覆盖给定的范围从而获得更大的容量。N 的值表示移动台或基站可以承受的干扰，同时保持令人满意的通信质量。移动台或基站可以承受的干扰主要体现在由于频率复用所带来的同频干扰。考虑同频干扰首先自然想到的是同频距离，因为电磁波的传输损耗是随着距离的增加而增大的，所以干扰也必然减少。

频率复用距离 D 是指最近的两个频点小区中心之间的距离，如图 5.2 所示。

在一个小区中心或相邻小区中心作两条与小区的边界垂直的直线，其夹角为 120°。此两条直线分别连接到最近的两个同频点小区中心，其长度分别为 I 和 J，如图 5.2 所示。于是同频距离为

图 5.2 $N=7$ 频率复用设计示例

$$D^2=I^2+J^2-2IJ\cos120°=I^2+IJ+J^2 \tag{5.3}$$

令

$$I=2iH , \quad J=2jH \tag{5.4}$$

式中 H 为小区中心到边的距离

$$H=\frac{\sqrt{3}}{2}R \tag{5.5}$$

其中，R 是小区的半径。这样，有

$$I=\sqrt{3}iR , \quad J=\sqrt{3}jR \tag{5.6}$$

将式（5.6）代入式（5.3）得

$$D=\sqrt{3N}R \tag{5.7}$$

其中

$$N=i^2+ij+j^2 \tag{5.8}$$

N 称为频率复用因子，也等于小区簇中包含小区的个数。因此，N 值大时，频率复用距离 D 就大，但频率利用率就降低，因为它需要 N 个不同的频点组。反之，N 小则 D 小，频率利用率高，但可能会造成较大的同频干扰。这是一对矛盾。

下面来看同频干扰的问题。

假定小区的大小相同，移动台的接收功率门限按小区的大小调节。设 L 为同频干扰小区数，则移动台的接收载波干扰比可表示为

$$\frac{C}{I}=\frac{C}{\sum\limits_{l=1}^{L}I_l} \tag{5.9}$$

式中，C 为最小载波强度；I_l 为第 l 个同频干扰小区所在基站引起的干扰功率。

移动无线信道的传播特性表明，小区中移动台接收到的最小载波强度 C 与小区半径的 R^{-n} 成正比。再设 D_l 是第 l 个干扰源与移动台间的距离，则移动台接收到的来自第 l 个干扰小区的载波功率与 $(D_l)^{-n}$ 成正比。n 为衰落指数，一般取 4。

如果每个基站的发射功率相等，整个覆盖区域内的路径衰落指数也相同，则移动台的载干比

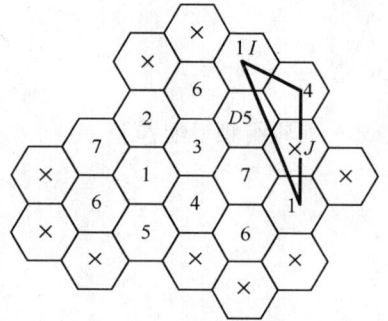

可近似表示为

$$\frac{C}{I}=\frac{R^{-n}}{\sum_{l=1}^{L}(D_l)^{-n}}\qquad(5.10)$$

通常在被干扰小区的周围，干扰小区是多层，一般第一层起主要作用。现仅仅考虑第一层干扰小区，且假定所有干扰基站与预设被干扰基站间的距离相等，即 $D=D_l$，则载干比简化为

$$\frac{C}{I}=\frac{(D/R)^n}{L}=\frac{(\sqrt{3N})^n}{L}\qquad(5.11)$$

式（5.11）表明了载干比和小区簇的关系。式中 $D/R=\sqrt{3N}$ 为同频复用比例，有时也称其为同频干扰因子，一般用 Q 表示，即

$$Q=\frac{D}{R}=\sqrt{3N}\qquad(5.12)$$

一般模拟移动系统要求 $C/I>18dB$，假设 n 取值为 4，根据式（5.11）可得出，簇 N 最小为 6.49，故一般取簇 N 的最小值为 7。在数字移动通信系统中，$C/I=7\sim10dB$，所以可以采用较小的 N 值。

为了找到某一特定小区的相距的同频相邻小区，必须按以下步骤进行：（1）沿着任何一条六边形链移动 i 个小区；（2）逆时针旋转 60° 再移动 j 个小区。图 5.3 中所示的情况为 $I=3$、$j=2(N=19)$。

另外，当小区扇区化后，由于采用了定向天线，所以产生同频干扰的小区将会比采用全向天线时产生同频干扰的小区小，由此可以使得受干扰小区的载干比降低。例如当采用 3 个扇区并定向天线时，C/I 的值比采用全向天线时改善了 3.16dB[7]，则相应的小区簇也会减小。

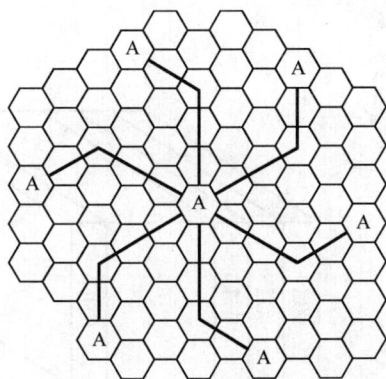

图 5.3　在蜂窝小区中定位同频小区的方法

5.3　多址接入技术

1. 多址接入方式

当以传输信号的载波频率不同来区分信道建立多址接入时，称为频分多址方式（FDMA）；当以传输信号存在的时间不同来区分信道建立多址接入时，称为时分多址方式（TDMA）；当以传输信号的码型不同来区分信道建立多址接入时，称为码分多址方式（CDMA）。

图 5.4 所示为 N 个信道的 FDMA、TDMA 和 CDMA 的示意图。

目前在移动通信中应用的多址方式有频分多址（FDMA）、时分多址（TDMA）、码分多址（CDMA）以及它们的混合应用方式等。

2. 频分多址方式

在 FDD 系统中，分配给用户一个信道，即一对频谱；一个频谱用作前向信道即基站向移动台方向的信道，另一个则用作反向信道即移动台向基站方向的信道。这种通信系统的基站必须同时

发射和接收多个不同频率的信号；任意两个移动用户之间进行通信都必须经过基站的中转，因而必须同时占用两个信道（两对频谱）才能实现双工通信。

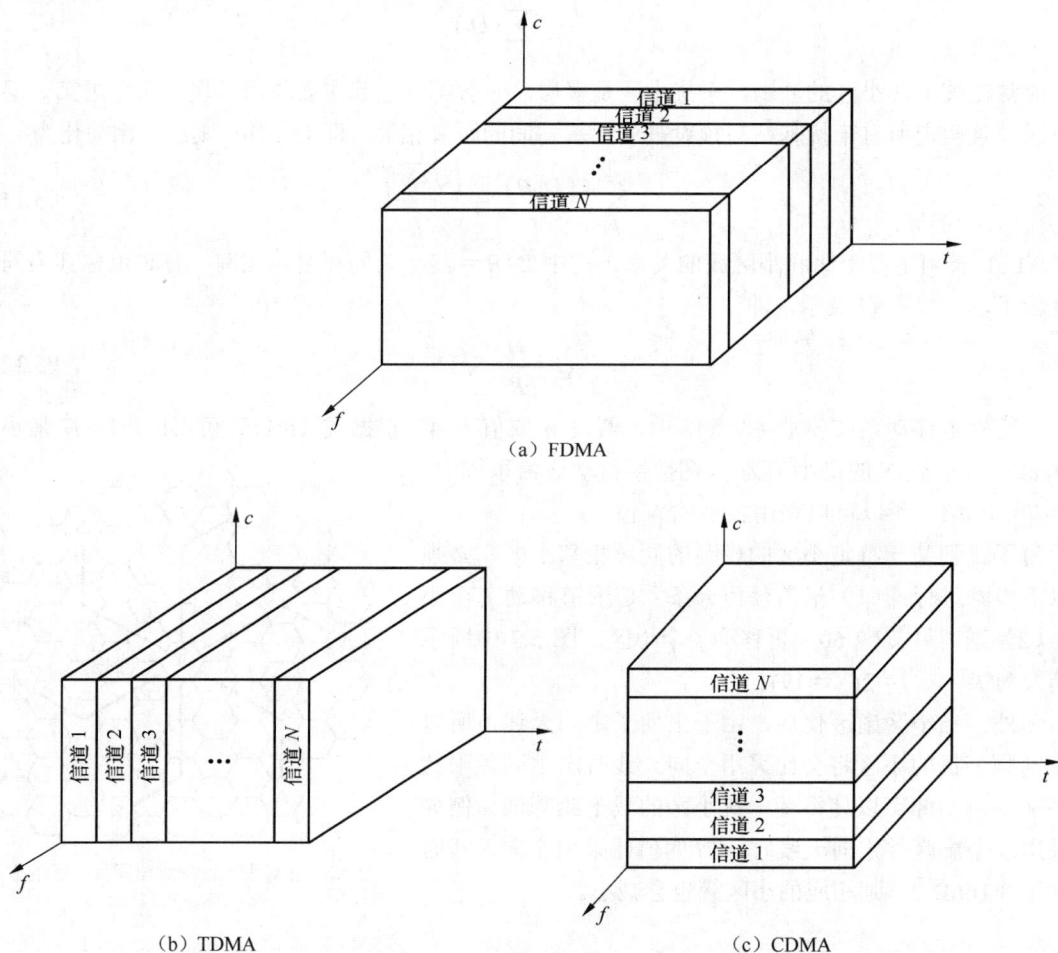

（a）FDMA

（b）TDMA

（c）CDMA

图 5.4　FDMA、TDMA、CDMA 的示意图

它们的频谱分割如图 5.5 所示。在频率轴上，前向信道占有较高的频带，反向信道占有较低的频带，中间为保护频带。在用户频道之间，设有保护频隙 F_g，以免因系统的频率漂移造成频道间的重叠。

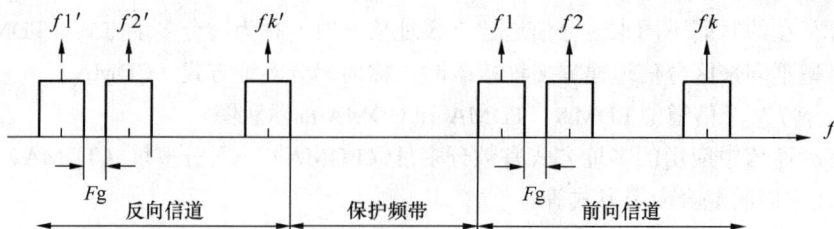

图 5.5　FDMA 系统频谱分割示意图

前向与反向信道的频带分割，是实现频分双工通信的要求；频道间隔（例如为 25kHz）是保证频道之间不重叠的条件。

FDMA 系统中的主要干扰有互调干扰、邻道干扰和同频道干扰。

互调干扰是指系统内由于非线性器件产生的各种组合频率成分落入本频道接收机通带内造成对有用信号的干扰。当干扰的强度（功率）足够大时，将对有用信号造成伤害。克服互调干扰的办法，除减少产生互调干扰的条件，即尽可能提高系统的线性程度、减少发射机互调和接收机互调外，主要是选用无互调的频率集。

邻道干扰是指相邻波道信号中存在的寄生辐射落入本频道接收机带内，造成对有用信号的干扰。当邻道干扰功率足够大时，将对有用信号造成损害。克服邻道干扰的方法，除严格规定收发信机的技术指标，即规定发射机寄生辐射和接收机中频选择性外，主要是采用加大频道间的隔离度。

同频道干扰是指相邻区群中同信道小区的信号造成的干扰。它与蜂窝结构和频率规划密切相关。为了减少同频道干扰，需要合理地选定蜂窝结构与频率规划，表现为系统设计中对同频道干扰因子 Q 的选择。

FDMA 的特点如下。

●　每信道占用一个载频，相邻载频之间的间隔应满足传输信号带宽的要求。为了在有限的频谱中增加信道数量，系统均希望间隔越窄越好。FDMA 信道的相对带宽较窄（25kHz 或 30kHz），每个信道的每一载波仅支持一个电路连接，也就是说 FDMA 通常在窄带系统中实现。

●　符号时间与平均延迟扩展相比较是很大的。这说明符号间干扰的数量低，因此在窄带 FDMA 系统中无须自适应均衡。

●　基站复杂庞大，重复设置收发信设备。基站有多少信道，就需要多少部收发信机，同时需用天线共用器，功率损耗大，易产生信道间的互调干扰。

●　FDMA 系统每个载波单个信道的设计，使得在接收设备中必须使用带通滤波器允许指定信道里的信号通过，滤除其他频率的信号，从而限制邻近信道间的相互干扰。

●　越区切换较为复杂和困难。因为在 FDMA 系统中，分配好语音信道后，基站和移动台都是连续传输的，所以在越区切换时，必须瞬时中断传输数十至数百毫秒，把通信从一频率切换到另一频率去。对于语音，瞬时中断问题不大，但对于数据传输则将带来数据的丢失。

3.　时分多址方式

时分多址（TDMA）是在一个宽带的无线载波上，把时间分成周期性的帧，每一帧再分割成若干时隙（无论帧或时隙都是互不重叠的），每个时隙就是一个通信信道，分配给一个用户。如图 5.6 所示，系统根据一定的时隙分配原则，使各个移动台在每帧内只能按指定的时隙向基站发

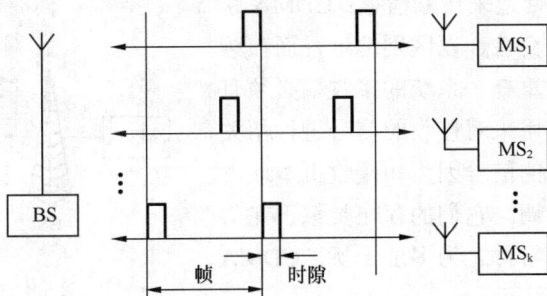

图 5.6　TDMA 系统工作示意图

射信号（突发信号），在满足定时和同步的条件下，基站可以在各时隙中接收到各移动台的信号而互不干扰。同时，基站发向各个移动台的信号都按顺序安排在预定的时隙中传输，各移动台只要在指定的时隙内接收，就能在合路的信号（TDM 信号）中把发给它的信号区分出来。

TDMA 的帧结构如图 5.7 所示。

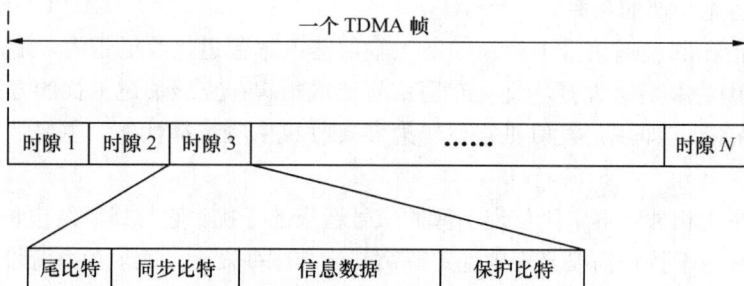

图 5.7　TDMA 帧结构

TDMA 的特点如下。

● 突发传输的速率高，远大于语音编码速率，每路编码速率设为 R bit/s，共 N 个时隙，则在这个载波上传输的速率将大于 NR bit/s。这是因为 TDMA 系统中需要较高的同步开销，同步技术是 TDMA 系统正常工作的重要保证。

● 发射信号速率随 N 的增大而提高，如果达到 100kbit/s 以上，码间串扰就将加大，必须采用自适应均衡，用以补偿传输失真。

● TDMA 用不同的时隙来发射和接收，因此不需双工器。即使使用 FDD 技术，在用户单元内部的切换器，就能满足 TDMA 在接收机和发射机间的切换，而不使用双工器。

● 基站复杂性减小。N 个时分信道共用一个载波，占据相同带宽，只需一部收发信机，互调干扰小。

● 抗干扰能力强，频率利用率高，系统容量大。

● 越区切换简单。由于在 TDMA 中移动台是不连续地突发式传输，所以切换处理对一个用户单元来说是很简单的。因为它可以利用空闲时隙监测其他基站，这样越区切换可在无信息传输时进行，因而没有必要中断信息的传输，即使传输数据也不会因越区切换而丢失。

4．码分多址方式

码分多址（CDMA）系统为每个用户分配了各自特定的地址码，利用公共信道来传输信息。CDMA 系统的地址码相互具有准正交性，以区别地址，而在频率、时间和空间上都可能重叠。系统的接收端必须有完全一致的本地地址码，用来对接收的信号进行相关检测。其他使用不同码型的信号因为和接收机本地产生的码型不同而不能被解调。它们的存在类似于在信道中引入噪声或干扰，通常称之为多址干扰。CDMA 系统工作示意图如图 5.8 所示。

CDMA 系统的特点如下。

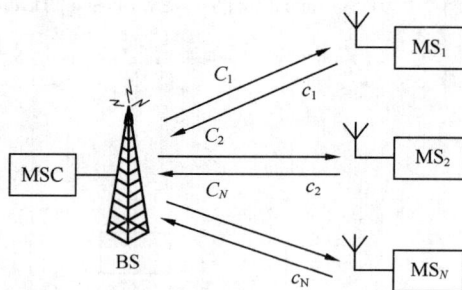

图 5.8　CDMA 系统工作示意图

- CDMA 系统的许多用户共享同一频率，不管使用的是 TDD 还是 FDD 技术。

- 通信容量大。理论上讲，信道容量完全由信道特性决定，但实际的系统很难达到理想的情况，因而不同的多址方式可能有不同的通信容量。CDMA 是干扰限制性系统，任何干扰的减少都直接转化为系统容量的提高，因此一些能降低干扰功率的技术，如语音激活（Voice Activity）技术等，可以自然地用于提高系统容量。

- 容量的软特性。TDMA 系统中同时可接入的用户数是固定的，无法再多接入任何一个用户，而 DS-CDMA 系统中，多增加一个用户只会使通信质量略有下降，不会出现硬阻塞现象。

- 由于信号被扩展在一较宽的频谱上，因而可以减小多径衰落。如果频谱带宽比信道的相关带宽大，那么固有的频率分集将具有减少小尺度衰落的作用。

- 在 CDMA 系统中，信道数据速率很高，因此码片（chip）时长很短，通常比信道的时延扩展小得多。因为 PN 序列有较好的自相关性，所以大于一个码片宽度的时延扩展部分可受到接收机的自然抑制。另一方面，如采用分集接收最大合并比技术，可获得最佳的抗多径衰落效果。而在 TDMA 系统中，为克服多径造成的码间干扰，需要用复杂的自适应均衡器，均衡器的使用增加了接收机的复杂度，同时影响到越区切换的平滑性。

- 平滑的软切换和有效的宏分集。DS-CDMA 系统中所有小区使用相同的频率，这不仅简化了频率规划，也使越区切换得以完成。每当移动台处于小区边缘时，同时有两个或两个以上的基站向该移动台发送相同的信号，移动台的分集接收机能同时接收合并这些信号，此时处于宏分集状态。当某一基站的信号强于当前基站信号且稳定后，移动台才切换到该基站的控制上去，这种切换可以在通信的过程中平滑完成，称为软切换。

- 低信号功率谱密度。在 DS-CDMA 系统中，信号功率被扩展到比自身频带宽度宽百倍以上的频带范围内，因而其功率谱密度大大降低。由此可得到两方面的好处：其一，具有较强的抗窄带干扰能力；其二，对窄带系统的干扰很小，有可能与其他系统共用频段，使有限的频谱资源得到更充分的使用。

CDMA 系统存在着两个重要的问题，一是来自非同步 CDMA 网中不同用户的扩频序列不完全是正交的。这一点与 FDMA 和 TDMA 是不同的，FDMA 和 TDMA 具有合理的频率保护带或保护时间，接收信号近似保持正交性，而 CDMA 对这种正交性是不能保证的。这种扩频码集的非零互相关系数会引起各用户间的相互干扰，即多址干扰，在异步传输信道以及多径传播环境中多址干扰将更为严重。

另一问题是"远—近"效应。许多移动用户共享同一信道就会发生"远—近"效应问题。由于移动用户所在的位置处于动态的变化中，基站接收到的各用户信号功率可能相差很大，即使各用户到基站距离相等，深衰落的存在也会使到达基站的信号各不相同，强信号对弱信号有着明显的抑制作用，会使弱信号的接收性能很差甚至无法通信。这种现象被称为"远—近"效应。为了解决"远—近"效应问题，在大多数 CDMA 实际系统中采用功率控制技术。蜂窝系统中由基站来提供功率控制，以保证在基站覆盖区内的每一个用户给基站提供相同功率的信号。这就解决了由于一个邻近用户的信号过大而覆盖了远处用户信号的问题。基站的功率控制是通过快速抽样每一个移动终端的无线信号强度指示（Radio Signal Strength Indication，RSSI）来实现的。尽管在每一个小区内使用功率控制，但小区外的移动终端还会产生不在接收基站控制内的干扰。

5. 空分多址方式

空分多址（SDMA）方式就是通过空间的分割来区别不同的用户。在移动通信中，能实现空间分割的基本技术就是采用自适应阵列天线，在不同用户方向上形成不同的波束。如图 5.9 所示，SDMA 使用定向波束天线来服务于不同的用户。相同的频率（在 TDMA 或 CDMA 系统中）或不同的频率（在 FDMA 系统中）用来服务于被天线波束覆盖的这些不同区域。扇形天线可被看做是 SDMA 的一个基本方式。在极限情况下，自适应阵列天线具有极小的波束和无限快的跟踪速度，它可以实现最佳的 SDMA。将来有可能使用自适应天线，迅速地引导能量沿用户方向发送，这种天线看来是最适合于 TDMA 和 CDMA 的。

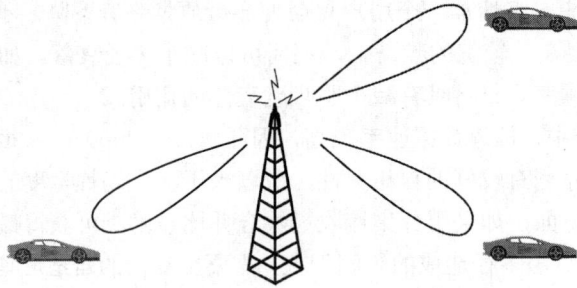

图 5.9　SCDM 系统工作示意图

在蜂窝系统中，一些原因使反向链路传输困难较多。第一，基站完全控制了在前向链路上所有发射信号的功率。但是，由于每一用户和基站间无线传播路径不同，从每一用户单元出来的发射功率必须动态控制，以防止任何用户功率太高而影响其他用户。第二，发射受到用户单元电池能量的限制，因此也限制了反向链路上对功率的控制程度。如果为了从每个用户接收到更多能量，通过空间过滤用户信号的方法，即通过空分多址方式可以反向控制用户空间的辐射能量，那么每一用户的反向链路将得到改善，并且需要更小的功率。

用在基站的自适应天线，可以解决反向链路的一些问题。不考虑无穷小波束宽度和无穷大快速搜索能力的限制，自适应式天线提供了最理想的 SDMA，提供了在本小区内不受其他用户干扰的唯一信道。在 SDMA 系统中的所有用户将能够用同一信道在同一时间双向通信。而且一个完善的自适应式天线系统应能够为每一用户搜索其多个多径分量，并且以最理想的方式组合它们，来收集从每一用户发来的所有有效信号能量，从而有效地克服了多径干扰和同信道干扰。尽管上述理想情况是不可实现的，它需要无限多个阵元，但采用适当数目的阵元，也可以获得较大的系统增益。

5.4　码分多址关键技术

在移动通信中，CDMA IS-95 系统以及 3G 移动通信系统的 3 个标准中都采用的是码分多址，因此码分多址技术已成为移动通信系统中最主要的多址方式之一。由于码分多址一般是通过扩频通信来实现的，所以这里首先介绍扩频技术的基本概念，然后重点介绍码分多址的一些关键技术。

5.4.1　扩频通信基础

1. 概述

扩展频谱通信的定义为：扩频通信技术是一种信息传输方式，用来传输信息的信号带宽远远大于信息本身的带宽；频带的扩展由独立于信息的扩频码来实现，并与所传输的信息数据无关；

在接收端则用相同的扩频码进行相关解调，实现解扩和恢复所传的信息数据。该项技术称为扩频调制，而传输扩频信号的系统称为扩频系统。扩频通信技术的理论基础是仙农定理。

长期以来，所有的调制和解调技术都争取在静态加性高斯白噪声信道中达到更好的功率效率和（或）带宽效率。因此目前所有调制方案的一个主要设计思想就是最小化传输带宽，其目的是为了提高频带利用率。然而，由于带宽是一个有限的资源，随着窄带化调制接近极限，最后只有压缩信息本身的带宽了，于是调制技术又向着相反的方向发展——采用宽带调制技术，即以信道带宽来换取信噪比的改善。那么，以仙农公式为理论基础，寻找展宽信号带宽的方法是否可以大大提高系统的抗干扰性能呢？回答是肯定的。

由高通公司开发并已投入商业运营的 CDMA IS-95 系统，成为扩频系统商业化的光辉典范，并且开辟了扩频非军事应用的新纪元。

2．理论基础

仙农信息论中的仙农定理描述了信道容量、信号带宽、持续时间与信噪比之间的关系，即

$$C = WT \log_2(1 + \frac{S}{N}) \tag{5.13}$$

其中：C 为信道容量；W 为信道带宽；T 为信号持续时间；$\frac{S}{N}$ 为信噪比。

仙农公式表明了一个信道无误差地传输信息的能力与信道中的信噪比以及用于传输信息的信道带宽之间的关系。决定信道容量 C 的参数有 3 个：信号带宽 W，持续时间 T 以及信噪比 $\frac{S}{N}$。这 3 个参数组成一个很形象的具有可塑性的三维立方体，如图 5.10 所示。

由信号带宽 W、持续时间 T 与信噪比 $\frac{S}{N}$ 组成的立方体的体积就是信道容量 C。这个信道容量所决定的三维信号体积最大的特点就是具有可塑性，即在总体积不变的条件下，三轴上的自变量间可以互换，可以互相取长补短。

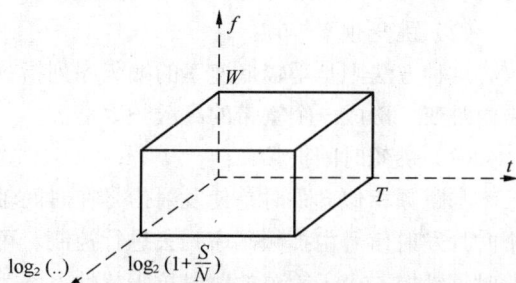

图 5.10　信道容量与信号带宽、持续时间以及
信噪比之间的关系

用频带换取信噪比就是现代扩频通信的基本原理，其目的是为了提高通信系统的可靠性。如果通信中信噪比为主要矛盾（比如无线通信），而信号带宽有富余，往往就可以采用这种用带宽换取信噪比的方法提高通信可靠性。即使带宽没有富余，但是为了保证可靠性也要采用牺牲带宽的方法，确保信噪比。

那么，是否可以一味地牺牲带宽来换取信噪比上性能的提高呢？

根据仙农公式 $C = WT \log_2(1 + \frac{S}{N})$，将其转换为以 e 为底的对数，那么单位时间内（$T=1$）信道容量为

$$C = 1.44 \times W \ln(1 + \frac{S}{N}) \tag{5.14}$$

对于干扰环境的典型情况，$\dfrac{S}{N} \ll 1$，那么公式可以简化为

$$C \approx 1.44 \times W \frac{S}{N} \tag{5.15}$$

一般而言，信号功率总是受限的，这里假定 S 不变，同时有

$$N = N_0 W \tag{5.16}$$

其中 N 为噪声功率，N_0 为噪声功率谱，W 为信道带宽。则可得

$$C = 1.44 \times W \frac{S}{N_0 W} = 1.44 \frac{S}{N_0} \tag{5.17}$$

这就是由仙农公式得出的，用频带换取信噪比的极限容量。

3. 扩频方法

扩展频谱的方法有直接序列扩频（Direct Sequence Spread Spectrum，DSSS），简称直接扩频或直扩；跳变频率扩频（Frequency Hopping，FH），简称跳频；跳变时间扩频（Time Hopping，TH），简称跳时；宽带线性调频（Chirp Modulation），简称 Chirp。

目前，最基本的展宽频谱的方法有以下 3 种。

（1）直接序列扩频

这种方法就是直接用具有高码率的扩频码序列在发端去扩展信号的频谱，而在接收端，用相同的扩频码序列去进行解扩，把展宽的扩频信号还原成原始的信息。

（2）跳变频率扩频

这种方法则是用较低速率的编码序列指令去控制载波的中心频率，使其离散地在一个给定频带内跳变，形成一个宽带的离散频率谱。

（3）跳变时间扩频

与跳频相似，跳时是使发射信号在时间轴上跳变。首先把时间轴分成许多时片，在一帧内哪个时片发射信号由扩频码序列去进行控制。可以把跳时理解为：用一定码序列进行选择的多时片的时移键控。由于简单的跳时抗干扰性不强，很少单独使用。

上述基本调制方法可以进行组合，形成各种混合系统，如跳频/直扩系统、跳时/直扩系统等。

目前，扩展频谱的带宽常在 1~100MHz 的范围，因此，系统的抗干扰性能非常好。扩频调制技术日益受到广泛的重视，应用领域不断扩大。在移动通信中采用扩频系统已日益增多，国外已有短波和超短波跳频电台商品出售。扩频技术所具有的抗衰落能力和频道共享能力对移动通信具有很大的吸引力。

扩频系统有以下特点。

● 能实现码分多址复用（CDMA）。

● 信号的功率谱密度低，因此信号具有隐蔽性且功率污染小。

● 有利于数字加密，防止窃听。

● 抗干扰性强，可在较低的信噪比条件下保证系统传输质量。

● 抗衰落能力强。

上述特点的性能指标将取决于具体的扩展频谱方法、编码形式及扩展带宽。下面简要介绍一下直扩系统和跳频系统的工作原理和性能。

4. 直扩系统

直接序列调制系统亦称直接扩频系统，或称伪噪音系统，记作 DS 系统。

图 5.11 给出了直接扩频系统的原理框图。基带信号的信码是欲传输的信号，它通过速率很高的编码程序（通常用伪随机序列）进行调制将其频谱展宽，这个过程称作扩频。对频谱展宽后的序列进行射频调制（通常采用 PSK 调制），其输出则是扩展频谱的射频信号，经天线辐射出去。

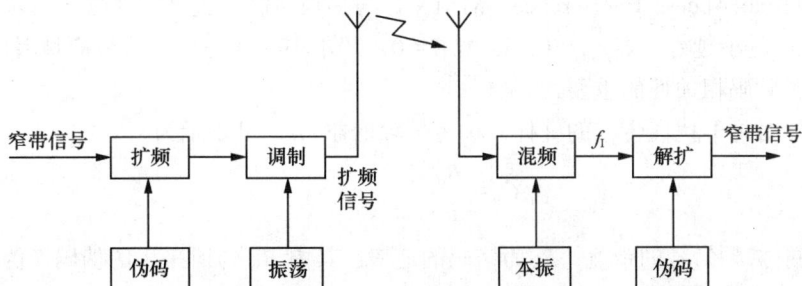

图 5.11 直接扩频系统原理框图

在接收端，射频信号经混频后变为中频信号，它与本地和发端相同的编码序列进行反扩展，将宽带信号恢复成窄带信号，这个过程称为解扩。解扩后的中频窄带信号经普通信息解调器进行解调，恢复成原始的信码。

如果将扩频和解扩这两部分去掉，该系统就变成普通的数字调制系统。因此，扩频和解扩是扩展频谱调制的关键过程。

从以上的介绍中可以清楚地看到，扩频的作用仅仅是扩展了信号的带宽，虽然也常常被称为扩频调制，但它本身并不具有实现信号频谱搬移的功能。

扩展频谱的特性取决于所采用的编码序列的码型和速率。为了获得具有近似噪声的频谱，均采用伪噪声序列作为扩频系统的编码序列。在接收端，将同样的编码序列与所接收的信号进行相关接收，完成解扩过程。因此，对伪噪声序列的相关性还有特殊的要求。

下面具体分析一下扩频和解扩的过程。为简化分析，假定同步单径 BPSK 信道中有 K 个用户，并假定所有的载波相位为 0，则接收的信号等效基带表示为

$$s(t)=\sum_{k=1}^{K}\sqrt{P_k}a_k(t)c_k(t)+n(t) \tag{5.18}$$

其中：$a_k \in \{-1,1\}$ 为第 k 个用户信息比特值；P_k 为发送功率；$s_k(t)$ 为第 k 个用户的归一化扩频信号，$\int_0^{T_b} s_k^2(t)\mathrm{d}t=1$；$T_b$ 为信息比特的时间宽度；$n(t)$ 表示加性高斯白噪声，其双边功率谱密度为 $\dfrac{N_0}{2}$，单位为 W/Hz。

相关系数的定义为

$$\rho_{i,k}=\frac{1}{T_b}\int_0^{T_b} c_i(t)c_k(t)\mathrm{d}t \tag{5.19}$$

这里，如果 $i=k$，则 $\rho_{k,k}=1$ 为自相关系数值；如果 $i\neq k$，则 $0\leqslant\rho_{i,k}<1$ 为互相关系数值。

对于某一特定比特，相关器（解扩）的输出为

$$y_k = \frac{1}{T_b} \int_0^{T_b} s(t)c_k(t)\mathrm{d}t$$

$$= \sqrt{P_k}\,b_k + \sum_{\substack{i=1 \\ i \neq k}}^{K} \rho_{i,k}\sqrt{P_i}\,b_i + \frac{1}{T_b}\int_0^{T_b} n(t)c_k(t)\mathrm{d}t \qquad (5.20)$$

$$= \sqrt{P_k}\,b_k + MAI_k + z_k$$

上式表明：与第 k 个用户本身的自相关给出了希望接收的数据项，与其他用户的互相关产生出多址干扰项（Multiple Access Interference，MAI），与热噪声的相关产生了噪声 z_k 项。由此可知，互相关系数值 $\rho_{i,k}$ 越小越好，若 $\rho_{i,k}=0$，则 $MAI=0$，即本小区其他用户对被检测用户不产生干扰。由此可以看出扩频码相关性的重要。

由频谱扩展对抗干扰性带来的好处，称为扩频增益 G_P，可表示为

$$G_P = \frac{B_W}{B_S} \qquad (5.21)$$

式中，B_W 为发射扩频信号的带宽；B_S 为信码的速率。其中 B_W 与所采用的伪码（伪随机序列或伪噪声序列的简称）速率有关。为获得高的扩频增益，通常希望增加射频带宽 B_W，即提高伪码的速率。例如，当信码速率 $B_S=10\mathrm{kHz}$、射频带宽为 $B_W=2\mathrm{MHz}$，则 $G_P=200$ 时，近似获得 23dB 的扩频增益，这是很可观的。

扩频系统利用扩频—解扩处理过程为什么能获得高信噪比呢？如图 5.12 所示，在发端，有用信号经扩频处理后，频谱被展宽，如图 5.12（a）所示；在收端，利用伪码的相关性作解扩处理后，有用信号频谱被恢复成窄带谱，如图 5.12（b）所示。宽带无用信号与本地伪码不相关，因此不能解扩，仍为宽带谱；窄带无用信号则被本地伪码扩展为宽带谱。由于无用的干扰信号为宽带谱而有用信号为窄带谱，因此我们可以用一个窄带滤波器排除带外的干扰电平，这样，窄带内的信噪比就大大提高了。为了提高抗干扰性能，希望扩展带宽对信息带宽的比越大越好。

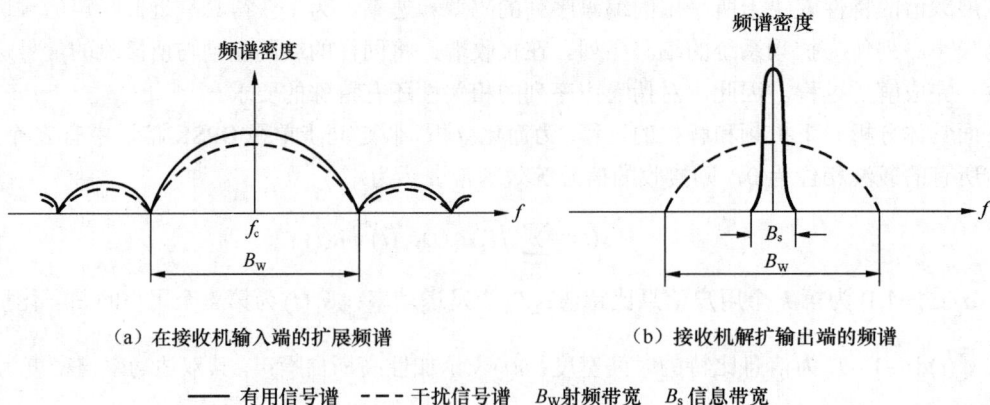

（a）在接收机输入端的扩展频谱　　　　　　　　（b）接收机解扩输出端的频谱

—— 有用信号谱　--- 干扰信号谱　B_W 射频带宽　B_S 信息带宽

图 5.12　扩频、解扩处理过程

直扩系统的优点在于它可以在很低甚至负信噪比的环境中使系统正常工作。例如，数据带宽为 9.6kHz，扩展带宽为 1.228 8MHz，则扩频增益 $G_P=21.07\mathrm{dB}$。若信息解调器要求输入信噪比为 6dB 时，则有 $21.07-6 \approx 15\mathrm{dB}$，即允许系统接收机输入端的信噪比为 $-15\mathrm{dB}$。图 5.13 所示为基于 CDMA IS-95 标准的码分多址通信系统的结构示意图。

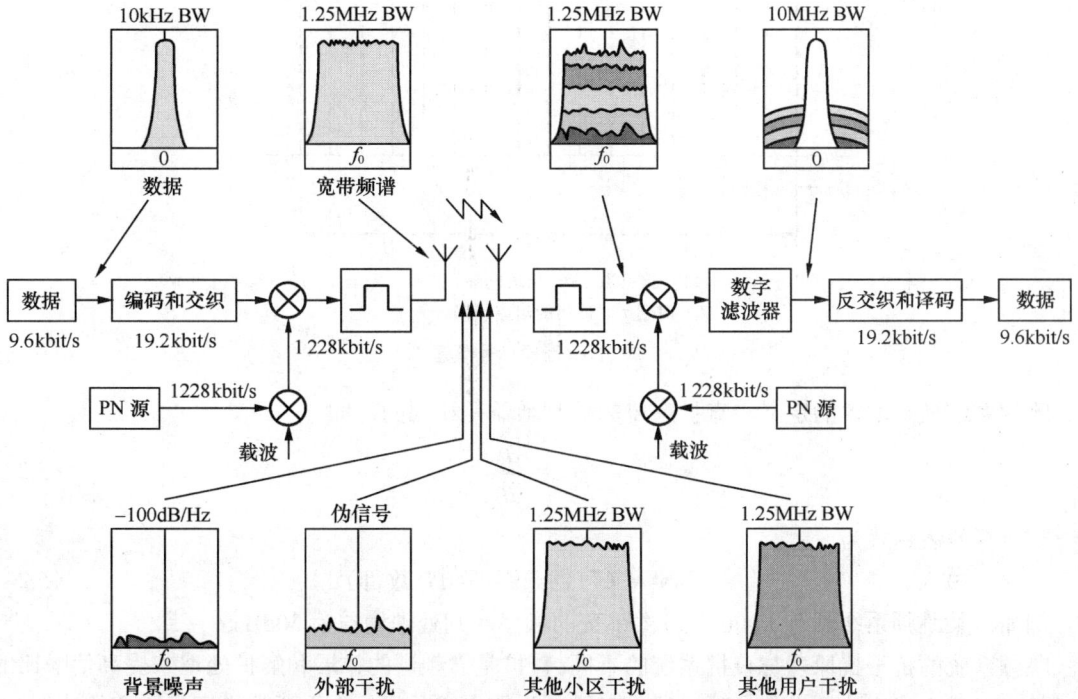

图 5.13 基于 CDMA IS-95 的通信系统示意图

但是，考虑到网内用户移动的情况对直扩系统将产生"远—近"效应，即近距离、大功率无用信号将抑制远端小功率有用信号的现象。因此，移动通信采用直扩系统时，需要解决"远—近"效应带来的影响，办法之一是采用功率控制。另外，采用多用户检测技术克服"远—近"效应的影响也是目前移动通信领域的研究热点。

5．跳频系统

图 5.14 所示为跳频系统的原理方框图。如果图中的频率合成器被置定在某一固定的频率上，这就是普通的数字调制系统，其射频为一窄带谱。当利用伪码随机置定频率合成器时，发射机的振荡频率在很宽的频率范围内不断地改变，从而使射频载波亦在一个很宽的范围内变化，于是形成了一个宽带离散谱，如图 5.15 所示。接收端必须以同样的伪码置定本地频率合成器，使其与发端的频率作相同的改变，即收发跳频必须同步，这样，才能保证通信的建立。解决同步及定时是实际跳频系统的一个关键问题。

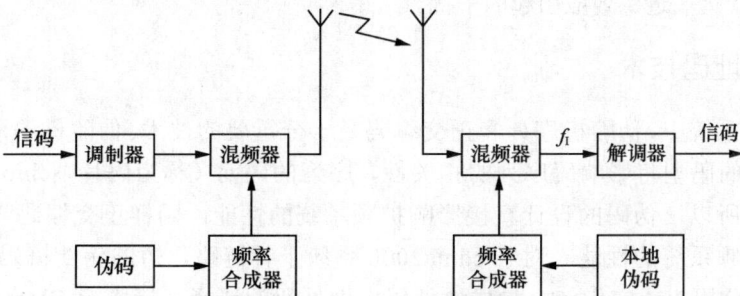

图 5.14 跳频系统原理框图

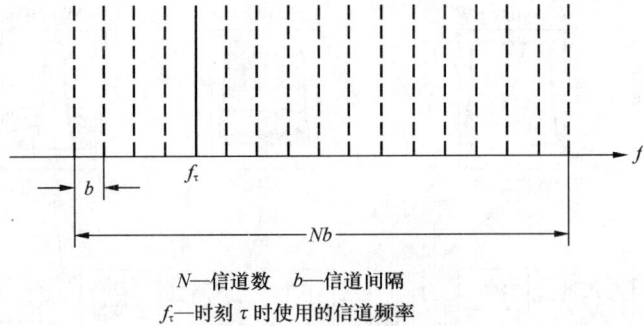

N—信道数　b—信道间隔
$f_τ$—时刻 $τ$ 时使用的信道频率

图 5.15　跳频信号频谱

跳频系统处理增益的定义与直扩系统的扩频增益是相同的，即

$$G_P = \frac{B_W}{B_S} \qquad (5.22)$$

更直观的表达式为

$$G_P = N（可供选用的频率数目） \qquad (5.23)$$

例如，某跳频系统具有 1 000 个可供跳变的频率，则处理增益为 30dB。

跳频系统的抗干扰原理与直扩系统的不同：直扩是靠频谱的扩展和解扩处理来提高信噪比的，跳频是靠躲避干扰来达到提高信噪比的。对跳频系统来说，另一个重要的指标是跳变的速率，可以分为快、慢两类。慢跳变比较容易实现，但抗干扰性能也较差，跳变的速率远比信号速率低，可能为几至数十秒才跳变一次。快跳的速率接近信号的最低频率，可达每秒几十跳、上百跳或上千跳（毫秒级）。快跳的抗干扰和隐蔽性能较好，但实现能快速跳变而又有高稳定度的频率合成器比较困难，这一点是实现快速跳频系统的关键问题。

由于跳频系统对载波的调制方式并无限制，且能与现有的模拟调制兼容，故在军用短波和超短波电台中得到了广泛的应用。

移动通信中采用跳频调制系统虽然不能完全避免"远—近"效应带来的干扰，但是能大大减少它的影响，这是因为跳频系统的载波频率是随机改变的。例如，跳频带宽为 10MHz，若每个信道占 30kHz 带宽，则有 333 个信道。当采用跳频调制系统时，333 个信道同时可供 333 个用户使用。若用户的跳变规律相互正交，则可减少网内用户载波频率重叠在一起的概率，从而减弱"远—近"效应的干扰影响。

当给定跳频带宽及信道带宽时，该跳频系统的用户同时工作的数量就被唯一确定。网内同时工作的用户数与业务覆盖区的大小无关。当按蜂窝式构成频段重复使用时，除本区外，应考虑邻区的移动用户的"远—近"效应引起的干扰。

5.4.2　地址码技术

在扩频通信系统中，伪随机序列和正交编码是十分重要的技术。伪随机序列常以 PN 表示，称为伪码。伪码的码型将影响码序列的相关性，序列的码元（称为码片，chip）长度将决定扩展频谱的宽度。所以，伪码的设计直接影响扩频系统的性能，同样正交编码 Walsh 码的性能也将直接影响扩频系统的性能。对于 cdma2000 系统下行链路，短的伪随机码用以区分基站，Walsh 码用以区分用户，它们统一构成地址码。地址码的选择直接影响 CDMA 系统的容量、抗干扰能力、接入和切换速度等，所选地址码应能提供足够数量的相关函数特性尖锐的码系列，在经过解扩后具有较高的信噪比。因此在直接扩频任意选址的通信系统中，对地址码有如下 3 个要求。

● 伪码的比特率应能满足扩展带宽的需要。

● 伪码应具有尖锐的自相关特性，正交编码应具有尖锐的互相关特性。

● 伪码应具有近似噪声的频谱性质，即近似连续谱，且均匀分布。

通常采用的伪码有 m 序列、Gold 序列等多种伪随机序列。在移动通信的数字信令格式中，伪码常被用做帧同步编码序列，利用相关峰来启动帧同步脉冲以实现帧同步。而正交编码通常采用 Walsh 码。目前 cdma2000 系统中用伪随机序列（PN 码）中的 m 序列（长码）来区分用户，WCDMA 系统中用 Gold 码来区分用户，并且都采用正交 Walsh 函数来区分信道。下面将详细介绍 Gold 码、Walsh 码的产生和性质等。有关 m 序列的基本概念和性质等，已在本书的第 4 章介绍过了，这里不再重复。

1. Gold 码

m 序列尤其是 m 序列优选对，是特性很好的伪随机序列，但是，它们能彼此构成优选对的数目很少，不便于在码分多址系统中应用。R.Gold 于 1967 年提出了一种基于 m 序列优选对的码序列，称为 Gold 序列。它是 m 序列的组合码，由优选对的两个 m 序列逐位模 2 加得到，当改变其中一个 m 序列的相位（向后移位）时，可得到一新的 Gold 序列。Gold 序列虽然是由 m 序列模 2 加得到的，但它已不是 m 序列，不过它具有与 m 序列优选对类似的自相关和互相关特性，而且构造简单，产生的序列数多，因而获得广泛的应用。

（1）Gold 序列的生成

一对周期 $P=2^n-1$ 的 m 序列优选对 $\{a_n\}$ 和 $\{b_n\}$，$\{a_n\}$ 与其后移 τ 位的 $\{b_{n+\tau}\}(\tau=0,1,\cdots,P-1)$ 逐位模 2 加所得的序列 $\{a_n+b_{n+\tau}\}$ 都是不同的 Gold 序列。

Gold 序列产生电路一般模式如图 5.16 所示。图中 m 序列发生器 1 和 2 产生的 m 序列是一 m 序列优选对，m 序列发生器 1 的初始状态固定不变，调整 m 序列发生器 2 的初始状态，在同一时钟脉冲控制下，产生两个 m 序列经过模 2 加后可得到 Gold 序列，通过设置 m 序列发生器 2 的不同初始状态，可以得到不同的 Gold 序列。

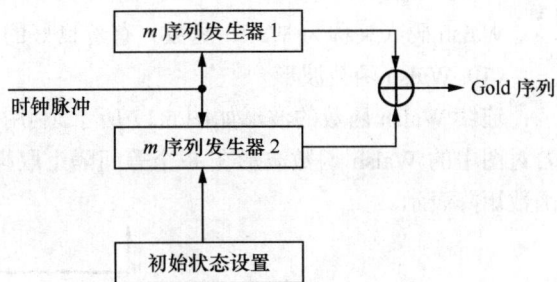

图 5.16 Gold 序列产生电路

（2）Gold 序列的特性

在实际工程中，我们关心的 Gold 序列的特性主要有如下 3 点。

① 相关特性。

对于周期 $P=2^n-1$ 的 m 序列优选对生成的 Gold 序列，具有与 m 序列优选对相类似的自相关和互相关特性。Gold 序列的自相关函数 $R_a(\tau)$ 在 $\tau=0$ 时与 m 序列相同，具有尖锐的自相关峰；当 $1\leqslant\tau\leqslant P-1$ 时，与 m 序列有所差别，相关函数值不再是 $-1/P$，而是取式（5.24）中互相关函数优选对的 3 个值，即

$$R_c(\tau)=\begin{cases} \dfrac{t(n)-2}{P} \\ -\dfrac{1}{P} \\ -\dfrac{t(n)}{P} \end{cases} \qquad (5.24)$$

② Gold 序列的数量

周期 $P=2^n-1$ 的 m 序列优选对生成的 Gold 序列，由于其中一个 m 序列不同的移位都产生新的 Gold 序列，共有 $P=2^n-1$ 个不同的相对移位，加上原来两个 m 序列本身，总共有 2^n+1 个 Gold 序列。随着 n 的增加，Gold 序列数以 2 的 n 次幂增长，因此 Gold 序列数比 m 序列数多得多，并且它们具有优良的自相关和互相关特性，完全可以满足实际工程的需要。

③ 平衡的 Gold 序列

平衡的 Gold 序列是指在一个周期内"1"码元数比"0"码元数仅多一个。平衡的 Gold 序列在实际工程中作平衡调制时，有较高的载波抑制度。对于周期 $P=2^n-1$ 的 m 序列优选对生成的 Gold 序列，当 n 是奇数时，2^n+1 个 Gold 序列中有 $2^{n-1}+1$ 个 Gold 序列是平衡的，约占 50%；其余的或者是"1"码元数太多，或者是"0"码元数太多，这些都不是平衡的 Gold 序列。当 n 是偶数（不是 4 的倍数）时，有 $2^{n-1}+2^{n-2}+1$ 个 Gold 序列是平衡的，约占 75%，其余的都是不平衡的 Gold 序列。

因此，只有约 50%（n 是奇数）或 75%（n 不为 4 的倍数的偶数）的 Gold 序列可以用到码分多址通信系统中去。

在 WCDMA 系统中，下行链路采用 Gold 码区分小区和用户，上行链路采用 Gold 码区分用户。

2. Walsh 码

Walsh 码（又称为 Walsh 函数）有着良好的互相关和较好的自相关特性。

（1）Walsh 函数波形

连续 Walsh 函数的波形如图 5.17 所示。利用 Walsh 函数的正交性，可作为码分多址的地址码。若对图中的 Walsh 函数波形在 8 个等间隔上取样，可得到离散 Walsh 函数，可用 8×8 的 Walsh 函数矩阵表示。

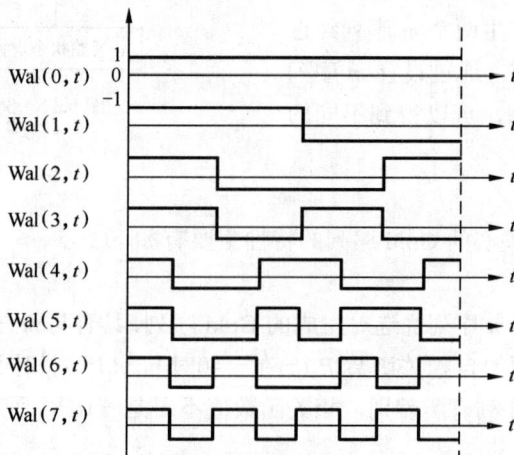

图 5.17 Walsh 函数波形

图 5.17 所示的 Walsh 函数对应的矩阵可写作

$$\begin{pmatrix} 00 & 00 & 00 & 00 \\ 00 & 00 & 11 & 11 \\ 00 & 11 & 11 & 00 \\ 00 & 11 & 00 & 11 \\ 01 & 10 & 01 & 10 \\ 01 & 10 & 10 & 01 \\ 01 & 01 & 10 & 10 \\ 01 & 01 & 01 & 01 \end{pmatrix}$$

（2）Walsh 函数矩阵的递推关系

$$H_0 = (0) \qquad\qquad H_2 = \begin{pmatrix} 0 & 0 \\ 0 & 1 \end{pmatrix}$$

$$H_4 = H_{2\times 2} = \begin{pmatrix} H_2 & H_2 \\ H_2 & \overline{H_2} \end{pmatrix} = \begin{pmatrix} 00 & 00 \\ 01 & 01 \\ 00 & 11 \\ 01 & 10 \end{pmatrix}$$

$$H_8 = H_{4\times 4} = \begin{pmatrix} H_4 & H_4 \\ H_4 & \overline{H_4} \end{pmatrix} = \begin{pmatrix} 00 & 00 & 00 & 00 \\ 01 & 01 & 01 & 01 \\ 00 & 11 & 00 & 11 \\ 01 & 10 & 01 & 10 \\ 00 & 00 & 11 & 11 \\ 01 & 01 & 10 & 10 \\ 00 & 11 & 11 & 00 \\ 01 & 10 & 10 & 01 \end{pmatrix}$$

$$H_{2N} = \begin{vmatrix} H_N & H_N \\ H_N & \overline{H_N} \end{vmatrix} \qquad\qquad (5.25)$$

式（5.25）中，N 取 2 的幂，$\overline{H}_N$ 是 H_N 的补。

利用 Walsh 函数矩阵的递推关系，可得到 64×64 阵列的 Walsh 序列。这些序列在 Qualcomm-CDMA 数字蜂窝移动通信系统中被作为前向码分信道。因为是正交码，可供码分的信道数等于正交码长，即 64 个；并采用 64 位的正交 Walsh 函数来用作反向信道的编码调制，这是利用了 Walsh 序列的良好的互相关特性。读者有兴趣可以分析一下 Walsh 序列的自相关特性。

5.4.3 扩频码的同步

在码分系统中相关接收要求本地地址码（伪码）与收到的（发送来的）地址码同步。地址码的同步是码分多址系统的重要组成部分，其性能好坏直接影响系统的性能。所谓两个扩频码同步，就是保持其时差（相位差）为 0 状态。

令 $a_1(t-\tau_1)$、$a_2(t-\tau_2)$ 为两个长度相等的伪码，保持其同步就是使 $\tau_1 = \tau_2$，也就是 $\Delta\tau = \tau_2 - \tau_1 = 0$。

通常在码分多址系统中，所采用的地址码都是周期性重复的序列，即为

$$c_i(t)=\sum_{n=-\infty}^{\infty} a_i(t-nT) \qquad (-\infty<t<-\infty) \qquad (5.26)$$

其中 T 是 $a_i(t)$ 长度。显然，$c_i(t)$ 是 $a_i(t)$ 的周期性重复（延拓），其周期为 T。扩频码的同步主要是指 $c_i(t)$ 的同步。

令 $c_i(t-\tau)$ 为接收到的伪码，$c_i(t-\hat{\tau})$ 为本地伪码，分别如图 5.18、图 5.19 所示。其周期为 $T=NT_c$，N 为码位数（码长），T_c 为码片宽度。

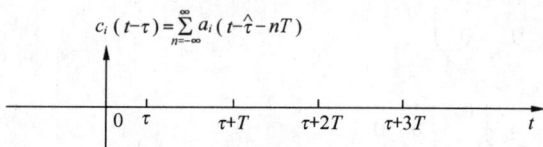

图 5.18　接收伪码序列时延

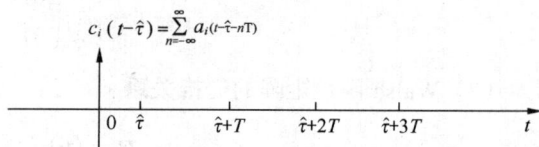

图 5.19　本地伪码序列时延

同步过程就是使 $\hat{\tau}=\tau$。扩频码的同步可以分为粗同步与细同步。粗同步又称为捕获，细同步又称为跟踪。粗同步使两个信号彼此粗略地对准，即：$|\hat{\tau}-\tau|=|\Delta\tau|<T_c(\hat{\tau}-\tau=\Delta\tau)$；一旦接收的扩频信号被捕获，则接着进行细同步，使两个信号的波形尽可能精确地持续保持对准，即 $|\hat{\tau}-\tau|=|\Delta\tau|\to 0$。

下面将简要介绍扩频码基带信号的捕获与跟踪方法，对于扩频码频带信号的捕获与跟踪，这里不作介绍。

1. 粗同步

粗同步的方法包括并行相关检测、串行相关检测以及匹配滤波捕获法。所有的同步检测方法都是先求 $c_i(t-\tau)$ 与 $c_i(t-\hat{\tau})$ 的相关函数，即

$$R_i(\Delta\tau)=R_i(\hat{\tau}-\tau)=\int_0^T c_i(t-\tau)c_i(t-\hat{\tau})\mathrm{d}t \qquad (5.27)$$

将相关的结果与门限值 u_0 比较，如果 $R_i(\Delta\tau)>u_0$，则粗同步完成，进入跟踪过程；反之则仍然进行捕获过程，改变本地扩频序列的相位或者频率，再与接收信号做相关。粗同步的过程如图 5.20 所示。

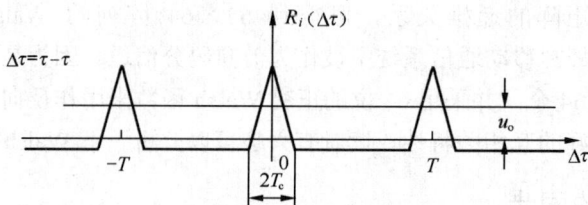

图 5.20　粗同步过程示意图

（1）并行相关检测

图 5.21 所示为并行相关检测捕获系统的示意图。如图所示，本地码序列 $c_i(t)$ 依次延迟一个码片（T_c），T 为搜索的周期。经过相关运算后，通过比较相关器的输出 $y_1,y_2,\cdots,y_N$，选择最大者对应的 $\hat{\tau}$ 作为时延的估计值，即认为最大者对应的本地扩频序列与接收信号实现了粗同步（误差

$|\Delta\tau|<T_c$)。随着 T 的增大，同步差错的概率将降低，但是捕获所需的时间将增大。

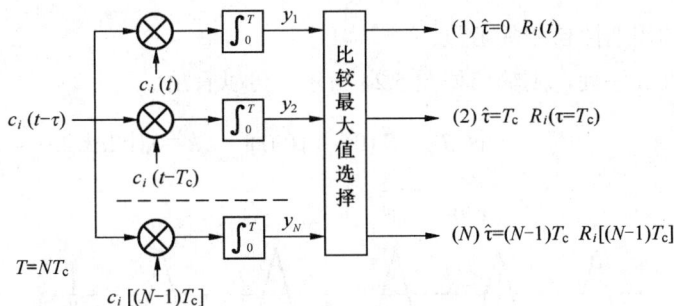

图 5.21 并行相关检测

在无干扰以及相关特性理想的条件下，并行相关检测法理论上只需要一个周期 T 即可完成捕获。但是需要 N 个相关器，当 $N\gg1$ 时，将导致设备庞大。

（2）串行相关检测

图 5.22 所示为串行相关检测捕获系统的示意图。串行相关检测使用单个相关器，通过对每个可能的序列移位进行重复相关过程来进行搜索。由于只需要一个相关器，因此其电路比较简单。

在串行搜索过程中，将本地的扩频码 $c_i(t-\hat{\tau})$ 与接收信号 $c_i(t-\tau)$ 进行相关处理，并将输出信号 $R_i(\hat{\tau}-\tau)$ 与门限值 u_0 比较。如果超出门限值，则此时对应的 $\hat{\tau}$ 即为时延估计值，捕获完成，有 $|\Delta\tau|<T_c$。如果输出信号低于门限值，则将本地信号的相位增加一个增量，通常为 T_c 或者 $T_c/2$（即每隔 T，增加 $\hat{\tau}$ 的值），再进行相关、比较，直至捕获完成，转入跟踪过程。

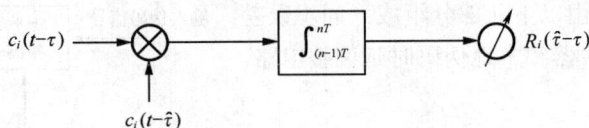

图 5.22 串行相关检测

串行相关检测虽然比较简单，但是其代价是捕获时间比较长。最长的捕获时间是 $(N-1)T$，当 $N\gg1$ 时，将导致搜索时间很长。

（3）匹配滤波器捕获法

令 $a_i(t)=0(t<0,t>T)$，即其持续时间为 T。$a_i(t)$ 的匹配滤波器的冲击响应为 $h(t)=a_i(T-t)$，显然，$h(t)$ 的持续时间也为 T。

令 $c_i(t)=\sum_{n=-\infty}^{\infty}a_i(t-nT)$，则对应的匹配滤波器捕获方法如图 5.23 所示。

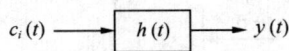

图 5.23 匹配滤波器捕获法

输入为 $c_i(t)$ 时，输出 $y(t)$ 为

$$y(t)=c_i(t)*h(t)$$

$$=\int_0^T c_i(t-\tau)h(\tau)\mathrm{d}\tau$$

$$=\int_0^T c_i(t-\tau)a_i(T-\tau)\mathrm{d}\tau \tag{5.28}$$

$$=R_i(t-\tau-T+\tau)$$
$$=R_i(t-T)$$

即输出 $y(t)$ 为 $a_i(t)$ 的周期性自相关函数。

如果为双极性的 m 序列，则输出如图 5.24 所示。可以看出

$$y(kT)=R_i(0)\to\left|R_i(t)\right|_{max},k=0,\pm1,\pm2,\cdots \tag{5.29}$$

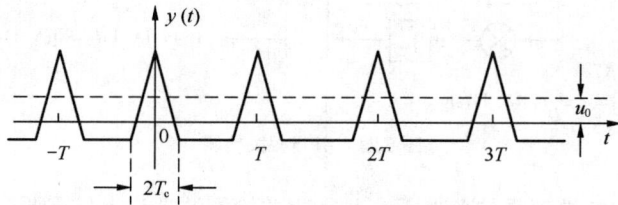

图 5.24　m 序列周期性自相关函数

匹配滤波法的优点在于实时性。其输出最大的时刻也就是输入伪码一个周期的结束时刻，也就是下一个周期的起始时刻，因此它的最短捕获时间也是 T。这种方法的主要限制是，对于长码（$N\gg1$）的匹配滤波器，硬件实现比较困难。

2．细同步

细同步又称为跟踪，它需要连续地检测同步误差，根据检测结果不断调整本地伪码的时延（相位），使 $\hat{\tau}-\tau=\Delta\tau\to0$ 并保持此状态。

同步跟踪电路一般由以下几部分组成：同步误差检测电路、本地伪码发生器和本地伪码时延调整电路，如图 5.25 所示。

其中误差检测一般用相关检测；本地伪码时延（相位）调整可用压控振荡器（VCO）或用时钟倍频加减脉冲法。

图 5.26 与图 5.27 所示分别为细同步的检测电路以及检测误差特性。

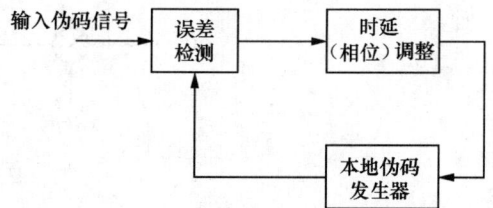

图 5.25　同步跟踪电路

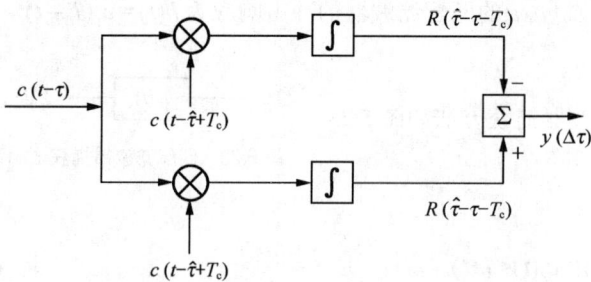

图 5.26　细同步误差检测电路

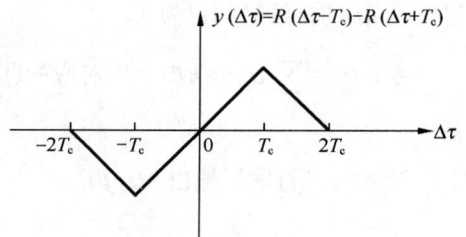

图 5.27　检测误差特性

图 5.28 所示为伪码时延锁定电路，可以用于伪码的细同步跟踪。

图中，$f_2=f_1+y(\Delta\tau)$。从图中可以看出，在区间 $(-T_c,T_c)$ 内，有

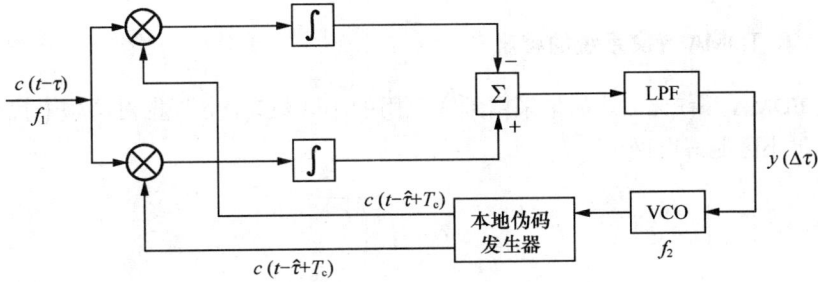

图 5.28 伪码时延锁定电路

$$y(\Delta\tau)=K\Delta\tau \tag{5.30}$$

其中，为 K 大于 0 的常数。因此有

$$f_2=f_1+K\Delta\tau \tag{5.31}$$

若 $\Delta\tau\in(0,T_c)$，则 $K\Delta\tau>0$，$f_2>f_1$，此时本地伪码超前滑动；若 $\Delta\tau\in(-T_c,0)$，$f_2<f_1$，此时本地伪码滞后滑动。最终锁定在 $\Delta\tau=0$，跟踪范围为 $(-T_c,T_c)$，即两个码片长度。

一般来讲，检测电路中两路本地伪码的时延差可以是码片的若干分之一。时延差越小，跟踪范围越小，但跟踪精度越高。

5.5 蜂窝移动通信系统的容量分析

蜂窝系统的无线容量可定义为

$$m=\frac{B_t}{B_c N} \qquad 信道/小区 \tag{5.32}$$

其中：m 是无线容量大小，B_t 是分配给系统的总的频谱，B_c 是信道带宽，N 是频率重用的小区数。

理论上讲各种多址接入方式都有相同的容量。下面分析 3 种多址方式理想情况下的容量。

假设 3 种多址系统均有 W MHz 的带宽；每个用户未编码比特率都为 $R_b=1/T_b$，T_b 代表一个比特的时间周期；每种多址系统均使用正交信号波形，则最大用户数为

$$M=容量\leqslant\frac{W}{R_b}=WT_b \tag{5.33}$$

再假定任何多址系统每个用户接到的能量是 S_r，则接收到的总能量为

$$P_r=MS_r \tag{5.34}$$

假设所需的信噪比（SNR）或 E_b/N_0（单位比特能量与噪声谱密度比）与实际值相等，即

$$\left(\frac{E_b}{N_o}\right)_{req}=\left(\frac{E_b}{N_0}\right)_{actual}=\frac{S_r/R_b}{N_0}=\frac{P_r/M}{N_0 R_b} \tag{5.35}$$

由此得出

$$M=\frac{(P_r/N_0)}{R_b(E_b/N_0)_{req}} \tag{5.36}$$

所以从理论上说，各种多址技术具有相同的容量，即

$$M_{FDMA}=M_{TDMA}=M_{CDMA}=\frac{(P_r/N_0)}{R_b(E_b/N_0)_{req}} \tag{5.37}$$

然而，在实际情况下移动通信的 3 种多址系统并不具有相同的容量。

1. FDMA 和 TDMA 蜂窝系统的容量

对于模拟 FDMA 系统来说，如果采用频率重用的小区数为 N，根据对同频干扰和系统容量的讨论可知，对于小区制蜂窝网

$$N=\sqrt{\frac{2}{3}\left(\frac{C}{I}\right)} \tag{5.38}$$

即频率重用的小区数 N 由所需的载干比来决定，则可求得 FDMA 的无线容量如下

$$m=\frac{B_t}{B_c\sqrt{\frac{2}{3}\left(\frac{C}{I}\right)}} \qquad \text{信道/小区} \tag{5.39}$$

对于数字 TDMA 系统来说，由于数字信道所要求的载干比可以比模拟制的小 4dB～5dB（因数字系统有纠错措施），因而频率复用距离可以再近一些。所以可以采用比 7 小的方案，例如 $N=3$ 的方案。则可求得 TDMA 的无线容量如下

$$m=\frac{B_t}{B_c'\sqrt{\frac{2}{3}\left(\frac{C}{I}\right)}} \qquad \text{信道/小区} \tag{5.40}$$

B_c' 为等效 TDMA 的等效带宽，等效带宽与 TDMA 系统的每个载频时分的时隙数有关，即

$$B_c'=\frac{B}{m} \tag{5.41}$$

其中，B 为 TDMA 的频道带宽，m 是每个频道包含的时隙数。

2. CDMA 蜂窝系统的容量

决定 CDMA 数字蜂窝系统容量的主要参数是：处理增益、E_b/N_0、语音负载周期、频率再用效率以及基站天线扇区数。

若不考虑蜂窝系统的特点，只考虑一般扩频通信系统，接收信号的载干比可以写成

$$\frac{C}{I}=\frac{R_bE_b}{N_0W}=\left(\frac{E_b}{N_0}\right)\bigg/\left(\frac{W}{R_b}\right) \tag{5.42}$$

式中，E_b 是信息的比特能量；R_b 是信息的比特速率；N_0 是干扰的功率谱密度；W 是总频段宽度（即 CDMA 信号所占的频谱宽度）；E_b/N_0 类似于通常所谓的归一化信噪比，其取值决定于系统对误比特率或语音质量的要求，并与系统的调制方式和编码方案有关；W/R_b 是系统的处理增益。

若 m 个用户共用一个无线频道，显然每一用户的信号都受到其他 $m-1$ 个用户信号的干扰。假设到达一个接收机的信号强度和各干扰强度都相等，则载干比为

$$\frac{C}{I}=\frac{1}{m-1} \tag{5.43}$$

或

$$m-1=\left(\frac{W}{R_b}\right)\bigg/\left(\frac{E_b}{N_0}\right) \tag{5.44}$$

即

$$m=1+\left(\frac{W}{R_{\mathrm{b}}}\right)\Big/\left(\frac{E_{\mathrm{b}}}{N_0}\right) \qquad 信道/小区 \qquad (5.45)$$

如果把背景热噪声 η 考虑进去，则能够接入此系统的用户数可表示为

$$m=1+\left(\frac{W}{R_{\mathrm{b}}}\right)\Big/\left(\frac{E_{\mathrm{b}}}{N_0}\right)-\frac{\eta}{C} \qquad 信道/小区 \qquad (5.46)$$

结果表明，在误比特率一定的条件下，降低热噪声功率，减小归一化信噪比，增大系统的处理增益都将有利于提高系统的容量。

应该注意这里的假定条件，所谓到达接收机的信号强度和各个干扰强度都一样，对单一小区（没有邻近小区的干扰）而言，在前向传输时，不加功率控制即可满足；但在反向传输时，各个移动台向基站发送的信号必须进行理想的功率控制才能满足。其次，应根据 CDMA 蜂窝通信系统的特点对这里得到的公式进行修正。

（1）采用语音激活技术提高系统容量

在典型的全双工通话中，每次通话中语音存在时间小于 35%，亦即语音的激活期（占空比）d 通常小于 35%。如果在语音停顿时停止信号发射，对 CDMA 系统而言，直接减少了对其他用户的干扰，即其他用户受到的干扰会相应地平均减少 65%，从而使系统容量提高到原来的 $1/d=2.86$ 倍。为此，CDMA 系统的容量公式被修正为

$$m=1+\left[\left(\frac{W}{R_{\mathrm{b}}}\right)\Big/\left(\frac{E_{\mathrm{b}}}{N_0}\right)-\frac{\eta}{C}\right]\cdot\frac{1}{d} \qquad 信道/小区 \qquad (5.47)$$

当用户数目庞大并且系统是干扰受限而不是噪声受限时，用户数可表示为

$$m=1+\left[\left(\frac{W}{R_{\mathrm{b}}}\right)\Big/\left(\frac{E_{\mathrm{b}}}{N_0}\right)\right]\cdot\frac{1}{d} \qquad 信道/小区 \qquad (5.48)$$

（2）利用扇区划分提高系统容量

CDMA 小区扇区化有很好的容量扩充作用。利用 120° 扇形覆盖的定向天线把一个蜂窝小区划分成 3 个扇区时，处于每个扇区中的移动用户是该蜂窝的 $\frac{1}{3}$，相应的各用户之间的多址干扰分量也就减少为原来的 $\frac{1}{3}$，从而系统的容量将增加约 3 倍（实际上，由于相邻天线覆盖区之间有重叠，一般能提高到 $G=2.55$ 倍左右）。为此 CDMA 系统的容量公式又被修正为

$$m=\left\{1+\left[\left(\frac{W}{R_{\mathrm{b}}}\right)\Big/\left(\frac{E_{\mathrm{b}}}{N_0}\right)\right]\cdot\frac{1}{d}\right\}\cdot G \qquad （信道/小区） \qquad (5.49)$$

其中，G 为扇区分区系数。

（3）频率再用

在 CDMA 系统中，所有用户共享一个无线频率，即若干个小区内的基站和移动台都工作在相同的频率上。因此任一小区的移动台都会受到相邻小区基站的干扰，任一小区的基站也会受到相邻小区移动台的干扰。这些干扰的存在必然会影响系统的容量。其中任一小区的移动台对相邻小区基站（反向信道）的总干扰量和任一小区的基站对相邻小区移动台（前向信道）的总干扰量是

不同的,对系统容量的影响也有差别。对于反向信道,因为相邻小区基站中的移动台功率受控而不断调整,对被干扰小区基站的干扰不易计算,只能从概率上计算出平均值的下限。然而理论分析表明,假设各小区的用户数为 M,M 个用户同时发射信号,前向信道和反向信道的干扰总量对容量的影响大致相等。因而在考虑邻近蜂窝小区的干扰对系统容量影响时,一般按前向信道计算。

对于前向信道,在一个蜂窝小区内,基站不断地向移动台发送信号,移动台在接收它自己所需的信号时,也接收到基站发给其他移动台的信号,而这些信号对它所需的信号将形成干扰。当系统采用前向功率控制技术时,由于路径传播损耗的原因,位于靠近基站的移动台,受到本小区基站发射的信号干扰比距离远的移动台要大,但受到相邻小区基站的干扰较小;位于小区边缘的移动台,受到本小区基站发射的信号干扰比距离近的移动台要小,但受到相邻小区基站的干扰较大。移动台最不利的位置是处于 3 个小区交界的地方,图 5.29 所示为 MS 所在点。

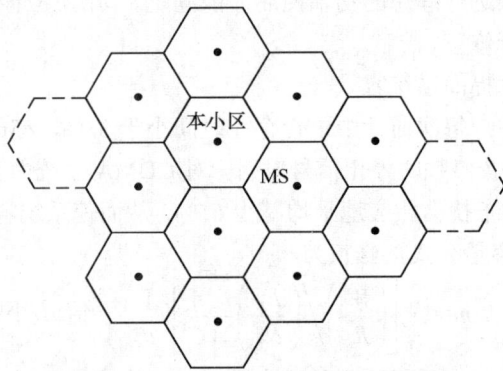

图 5.29　CDMA 系统移动台受干扰示意图

假设各小区中同时通信的用户数是 M,即各小区的基站同时向 M 个用户发送信号,理论分析表明,在采用功率控制时,每小区同时通信的用户数将下降到原来的 60%,即信道复用效率 $F=0.6$,也就是系统容量下降到没有考虑邻区干扰时的 60%。此时,CDMA 系统的容量公式再次被修正为

$$m=\left\{1+\left[\left(\frac{W}{R_{b}}\right)\bigg/\left(\frac{E_{b}}{N_{0}}\right)\right]\cdot\frac{1}{d}\right\}\cdot G\cdot F \qquad 信道/小区 \qquad (5.50)$$

3. 三种系统容量的比较

在给定的一个窄带码分系统的频谱带宽内(1.25MHz)内,将 CDMA 系统容量与 FDMA、TDMA 系统容量进行比较,结果如下。

(1)模拟 TACS 系统,采用 FDMA 方式

设:分配给系统的总频宽 $B_{t}=1.25\text{MHz}$;信道带宽 $B_{c}=25\text{kHz}$;频率重用的小区数 $N=7$。则系统容量

$$m=\frac{1.25\times10^{3}}{25\times7}=\frac{50}{7}\approx7.1 \qquad 信道/小区$$

(2)数字 GSM 系统,采用 TDMA 方式

设:分配给系统的总频宽 $B_{t}=1.25\text{MHz}$;载频间隔 $B_{c}=200\text{kHz}$;每载频时隙数为 8;频率重用的小区数 $N=4$。则系统容量

$$m=\frac{1.25\times10^{3}\times8}{200\times4}=\frac{10\times10^{3}}{800}\approx12.5 \quad 信道/小区$$

（3）数字 CDMA 系统

设：分配给系统的总频宽 $B_t=1.25\text{MHz}$；语音编码速率 $R_b=9.6\text{kbit/s}$；语音占空比 $d=0.35$；扇形分区系数 $G=2.55$；信道复用效率 $F=0.6$；归一化信噪比 $E_b/N_0=7\text{dB}$。则系统容量

$$m=\left\{1+\left[\left(\frac{1.25\times10^{3}}{9.6}\right)\bigg/\left(10^{0.7}\right)\right]\cdot\frac{1}{0.35}\right\}\cdot2.55\times0.6=115 \quad 信道/小区$$

3 种体制的系统容量的比较结果为

$$m_{CDMA}\approx16m_{TACS}\approx9m_{GSM}$$

由此可以看出，在总频带宽度为 1.25MHz 时，CDMA 数字蜂窝移动通信系统的容量约是模拟 FDMA 系统容量的 16 倍，约是数字时分 GSM 系统容量的 9 倍。需要说明的是以上的比较中 CDMA 系统容量是理论值，即是在假设 CDMA 系统的功率控制是理想的条件下得出的。这在实际中显然是做不到的。为此实际的 CDMA 系统的容量比理论值有所下降，其下降多少将随着其功率控制精度的高低而变化。另外，CDMA 系统容量的计算与某些参数的选取有关，对于不同的参数值得出的系统容量也有所不同。当前比较普遍的看法是，CDMA 数字蜂窝移动通信系统的容量是模拟 FDMA 系统的 8~10 倍。

5.6 切换、位置更新

在蜂窝移动网中切换、位置更新是非常重要的概念。切换是指移动用户通话时由一个蜂窝小区移动到另一个相邻蜂窝小区并且保持通话的过程。实现这个过程的技术通常称为切换技术。位置更新是说移动用户移动时，网络保持跟踪移动用户的过程，包括位置登记和呼叫传递。下面介绍切换和位置更新的基本概念。

5.6.1 切换技术

1. 信道切换原理

当移动用户处于通话状态时，如果出现用户从一个小区移动到另一个小区的情况，为了保证通话的连续，系统要将对该 MS 的连接控制也从一个小区转移到另一个小区。这种将正在处于通话状态的 MS 转移到新的业务信道上（新的小区）的过程称为"切换"（Handover）。因此，从本质上说，切换的目的是实现蜂窝移动通信的"无缝隙"覆盖，即当移动台从一个小区进入另一个小区时，保证通信的连续性。切换的操作不仅包括识别新的小区，而且需要分配给移动台在新小区的语音信道和控制信道。通常，有以下两个原因引起一个切换。

（1）信号的强度或质量下降到由系统规定的一定参数以下，此时移动台被切换到信号强度较强的相邻小区。

（2）由于某小区业务信道容量全被占用或几乎全被占用，这时移动台被切换到业务信道容量较空闲的相邻小区。

由第一种原因引起的切换一般由移动台发起，由第二种原因引起的切换一般由上级实体发起。

切换必须顺利完成，并且尽可能少地出现，同时要使用户觉察不到。为了适应这些要求，系统设计者必须指定一个启动切换的最恰当的信号强度。一旦将某个特定的信号强度指定为基站接收机中可接受的语音质量的最小可用信号（一般为$-90\sim-100$dBm），那么比此信号强度稍微强一点的信号强度就可作为启动切换的门限。其差值表示为$\triangle=P_r$（切换）$-P_r$（最小可用），其值不能太小也不能太大。如果$\triangle$太大，就有可能会有不需要的切换来增加系统的负担；如果$\triangle$太小就有可能会因信号太弱而掉话，而在此之前又没有足够的时间来完成切换。

在决定何时切换的时候，要保证所检测到的信号电平的下降不是因为瞬间的衰减，而是由于移动台正在离开当前服务的基站。为了保证这一点，基站在准备切换之前先对信号监视一段时间。

呼叫在一个小区内没有经过切换的通话时间，叫做驻留时间。某一特定用户的驻留时间受到一系列参数的影响，包括传播、干扰、用户与基站之间的距离，以及其他随时间变化的因素。

在第一代模拟蜂窝系统中，信号能量的检测是由基站来完成，由移动交换中心（Mobile Switching Center，MSC）来管理的。在使用数字 TDMA 技术的第二代系统中，是否切换的决定是由移动台来辅助完成的，在移动台辅助切换（Mobile Assisted Handoff，MAHO）中，每个移动台检测从周围基站中接受信号能量，并且将这些检测数据连续地回送给当前为它服务的基站。MAHO 的方法使得基站间的切换比第一代模拟系统要快得多，因为切换的检测是由每个移动台来完成的，这样 MSC 就不再需要连续不断地监视信号能量。MAHO 的切换频率在蜂窝环境中特别适用。

不同的系统用不同的策略和方法来处理切换请求。一些系统处理切换请求的方式与处理初始呼叫是一样的。在这样的系统中，切换请求在新基站中失败的概率和来话的阻塞是一样的。然而，从用户的角度来看，正在进行的通话中断比偶尔的新呼叫阻塞更令人讨厌。为了提高用户所觉察到的服务质量，人们已经想出了各种各样的办法来实现在分配语音信道的时候，使切换请求优先于初始呼叫请求。

使切换具有优先权的一种方法叫做信道监视方法，即保留小区中所有可用信道的一小部分，专门为那些可能要切换到该小区的通话所发出的切换请求服务。监视信道在使用动态分配策略时能使频谱得到充分利用，因为动态分配策略可通过有效的、根据需求的分配方案使所需的监视信道减小到最小值。

对切换请求进行排队，是减小由于缺少可用信道而强迫中断的发生概率的另一种方法。由于接收到的信号强度下降到切换门限以下和因信号太弱而通话中断之间的时间间隔是有限的，因此可以对切换请求进行排队。

2．切换分类

根据切换发生时，移动台与原基站以及目标基站连接方式的不同，可以将切换分为硬切换与软切换两大类。

（1）硬切换

硬切换（Hard Handoff，HHO）是指在新的通信链路建立之前，先中断旧的通信链路的切换方式，即先断后通。在整个切换过程中移动台只能使用一个无线信道。在从旧的服务链路过渡到新的服务链路时，硬切换存在通话中断，但是时间非常短，用户一般感觉不到。在这种切换过程中，可能存在原有的链路已经断开，但是新的链路没有成功建立的情况，这样移动台就会失去与网络的连接，即产生掉话。

采用不同频率的小区之间只能采用硬切换，所以模拟系统和 TDMA 系统（如 GSM 系统）都是采用硬切换的方式。

硬切换方式的失败率比较高，如果目标基站没有空闲的信道或者切换信令的传输出现错误，都会导致切换失败。此外，当移动台处于两个小区的交界处，需要进行切换时，由于两个基站在该处的信号都较弱并且会起伏变化，这就容易导致移动台在两个基站之间反复要求切换，即出现"乒乓效应"，使系统控制器的负载加重，并增加通信中断的可能性。根据以往对模拟系统、TDMA 系统的测试统计，无线信道上 90% 的掉话是在切换过程中发生的。

（2）软切换

软切换（Soft Handoff，SHO）是指需要切换时，移动台先与目标基站建立通信链路，再切断与原基站之间的通信链路的切换方式，即先通后断。

软切换只有在使用相同频率的小区之间才能进行，因此模拟系统、TDMA 系统不具有这种功能。它是 CDMA 蜂窝移动通信系统所独有的切换方式。

在 CDMA 移动通信系统中，采用软切换可以带来以下好处。

● 提高切换成功率

在软切换过程中，移动台同时与多个基站进行通信。只有当移动台与新的基站建立起稳定的通信之后，原有的基站才会中断其通信控制。因此，与硬切换相比，软切换的失败率相对比较小，有效地提高了切换的可靠性，大大降低切换造成的掉话概率。

● 增加系统容量

当移动台与多个基站进行通信时，有的基站命令移动台增加发射功率，有的基站命令移动台降低发射功率，这时移动台优先考虑降低发射功率的命令。这样，从统计的角度上来看，降低了移动台整体的发射功率，从而降低了对其他用户的干扰。CDMA 系统是自干扰系统，降低了发射功率，实际上就降低了背景噪声，从而增加了系统容量。

● 提高通信质量

软切换过程中，在前向链路，多个基站向移动台发送相同的信号，移动台解调这些信号就可以进行分集合并，从而提高前向链路的抗衰落能力。在反向链路，多个基站接收到一个移动台的信号，通常这些基站进行解调后送至基站控制器（Base Station Controller，BSC），在 BSC 用选择器选择质量最好的一路作为输出，从而实现反向链路的分集接收。因此，采用软切换可以提高接收信号的质量。

但是软切换也有一些缺点，如导致硬件设备的增加、占用更多的资源，当切换的触发机制设定不合理导致过于频繁的控制消息交互时，也会影响用户正在进行的呼叫质量，等等。但对 CDMA 系统来说，系统容量的瓶颈主要不在于硬件设备资源，而是系统自身的干扰。

软切换中还包括更软切换（Softer Handoff）。所谓更软切换是指在同一个小区的不同扇区之间进行的软切换。与此对应，软切换通常指不同小区之间进行的软切换。

在软切换过程中，会同时占用两个基站的信道单元和 Walsh 码资源，通常在基站控制器完成前向链路帧的复制和反向链路帧的选择。更软切换则不用占用新的信道单元，只需要在新扇区分配 Walsh 码，从基站送到 BSC 的只是一路语音信号。

软切换是 CDMA 系统特有的关键技术之一，也是网络优化的重点，软切换算法和相关参数的设置对系统容量和服务质量有重要影响。

CDMA 系统中独特的 RAKE 接收机可以同时接收两个或两个以上基站发来的信号，从而保证了 CDMA 系统能够实现软切换，如图 5.30 所示。

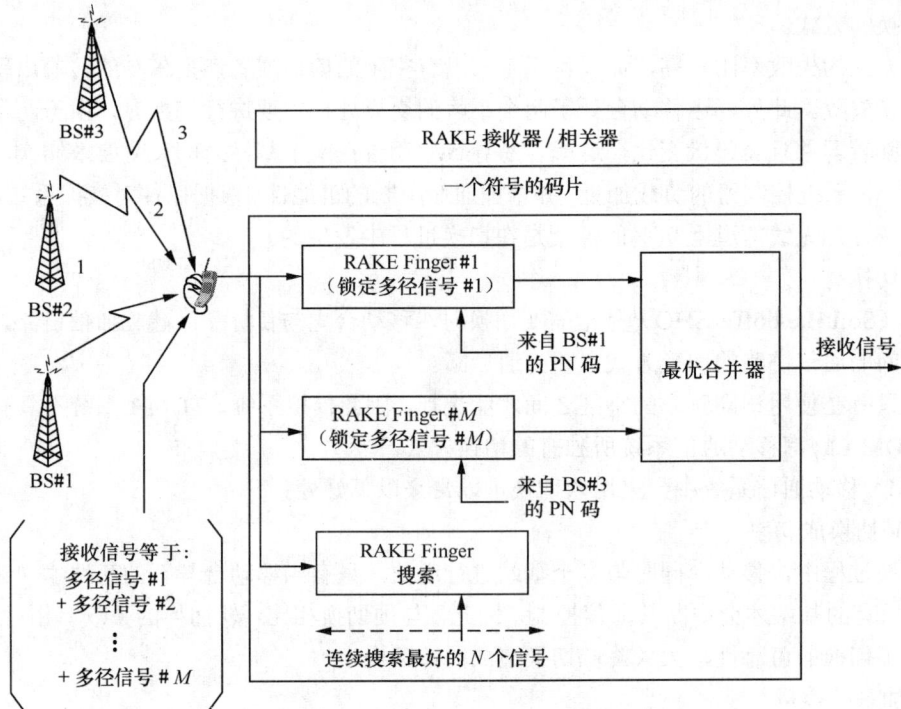

图 5.30 软切换时 RAKE 接收说明

5.6.2 位置更新

在移动通信系统中，用户可以在系统覆盖范围内任意移动，为了能把一个呼叫传送到随机移动的用户，就必须有一个高效的位置管理系统来跟踪用户的位置变化。

位置管理包括两个主要任务：位置登记和呼叫传递。位置登记的步骤是在移动台的实时位置信息已知的情况下，更新位置数据库和认证移动台。呼叫传递的步骤是在有呼叫给移动台的情况下，根据归属寄存器（Home Location Register，HLR）和访问寄存器（Visitor Location Register，VLR）中可用的位置信息来定位移动台。

与上述两个问题紧密相关的两个问题是：位置更新（Location Update）和寻呼（Paging）。位置更新解决的问题是移动台如何发现位置变化以及何时报告它的当前位置。寻呼解决的问题是如何有效地确定移动台当前处于哪一个小区。

5.7 无线资源管理技术原理

5.7.1 概述

所谓无线资源管理（Radio Resource Management，RRM），也称作无线资源控制（Radio Resource Control，RRC）或者无线资源分配（Radio Resource Allocation，RRA），是指通过一定的策略和手段进行管理、控制和调度，尽可能充分地利用无线网络有限的各种资源，保障各类业务满足服务质量（Quality of Service，QoS）的要求，确保达到规划的覆盖区域，尽可能地提高系统容量和资源利用率。无线资源管理的功能是以无线资源的分配和调整为基础展开的，包括控制业务连接的建立、维持和释放，管理涉及的相关资源等。

具体而言无线资源管理负责的主要是空中接口资源的利用，这些资源包括：频率资源，一般指信道所占用的频段（载频）；时间资源，一般指用户业务所占用的时隙；码资源，用于区分小区信道和用户；功率资源，一般指码分多址系统中利用功率控制来动态分配功率；地理资源，一般指覆盖区及小区的划分与接入；空间资源，一般是指采用智能天线技术后，对用户及用户群的位置跟踪；存储资源，一般是指空中接口或网络节点与交换机的存储处理能力。不同的系统，因为所采用的空中接口技术不同，因此所利用的资源种类也不完全相同。如 GSM 系统，因为没有采用 CDMA 方式，所以就没有利用码资源。

无线资源管理的目的一方面是为了提高系统资源的有效利用，扩大通信系统容量；另一方面是为了提高系统可靠性，保证通信 QoS 性能等。但可靠性和有效性本来就互为矛盾：要有高的可靠性（时延、丢包率等满足业务要求），就很难保证传输的有效性（高的数据速率）；反之亦然。无线资源管理等各种技术就是为了在满足各种业务的不同 QoS 需求的同时，最大程度地提高无线频谱利用率，实现可靠性和有效性矛盾中的统一。

一般来说，无线资源管理包括以下内容：接纳控制（Admission Control）、负载控制（Load Control）、功率控制（Power Control）、切换控制（Handoff Control）、速率控制（Rate Control）以及信道分配（Channel Allocation）、分组调度（Packet Scheduling）等。

图 5.31 所示为移动通信中无线资源管理的原理框图[10]。

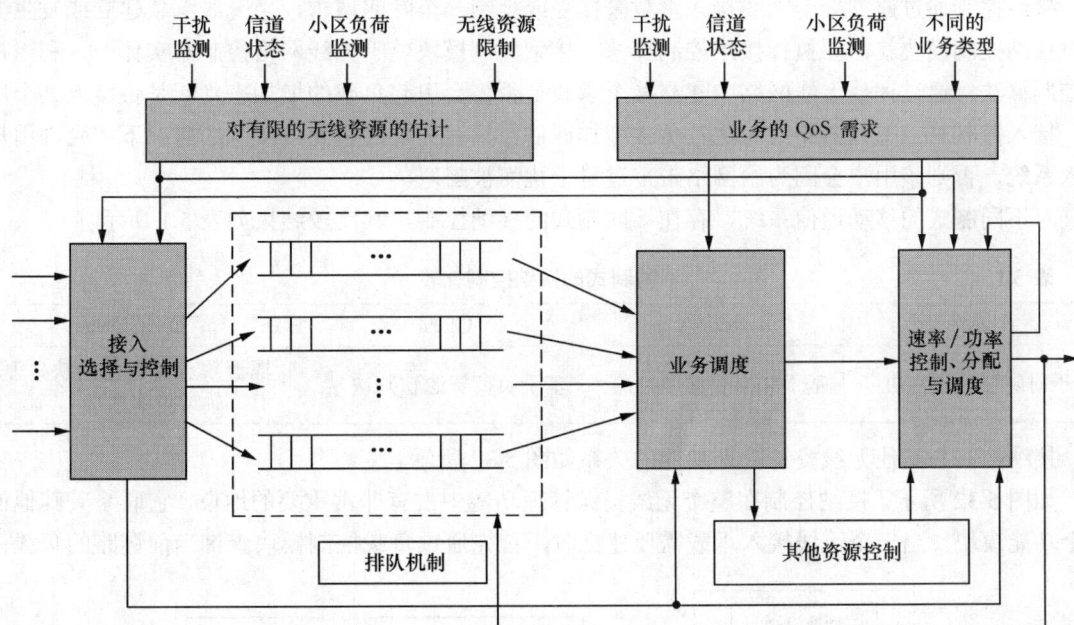

图 5.31 移动通信中无线资源管理的原理框图

对于第二代移动通信系统来说，由于其业务主要是以语音和低速数据业务为主，因此第二代移动通信的无线资源管理主要集中在信道分配、接纳控制、负载控制、功率控制、切换控制等方面。对于第三代以及后 3G 的移动通信系统来说，除了能够提供传统的例如语音、短消息和低速数据业务外，一个关键特性是能够支持宽带移动多媒体数据业务。多媒体数据业务可以分为不同的 QoS 等级，如果不对空中接口资源进行有效的无线资源管理，多媒体数据业务所要达到的 QoS

就无法得到保证。由于第三代移动通信技术正面临用户数量急剧增加，移动业务逐步走向多元化，用户对 QoS 的要求不断提高的问题，对无线资源管理技术提出了新的挑战。如何保证足够的小区容量同时又要满足不同业务的时延和速率要求，而且尽可能充分地结合和利用新的无线传输技术的特性，这些都是在新的业务、传播环境下无线资源管理技术需要考虑的问题。第三代移动的无线资源管理除了信道分配、接纳控制、负载控制、功率控制、切换控制等外，还应考虑分组业务的调度、自适应链路调度和速率控制等。由此可知，第三代以及 B3G 移动通信的无线资源管理是非常复杂的，还面临着诸多的挑战。

由于篇幅有限，下面我们只给出无线资源管理的一些基本概念，有关细节请参考有关文献。

5.7.2　接纳控制

接纳控制是无线资源管理的重要组成部分，其目的是维持网络的稳定性，保证已建立链路的 QoS。当发生下面 3 种情况时就需要进行接纳控制。

（1）用户设备（User Equipment，UE）的初始建立、无线承载建立。

（2）UE 发生越区切换。

（3）处于连接模式的 UE 需要增加业务。

接纳控制通过建立一个无线接入承载来接受或拒绝一个呼叫请求，当无线承载建立或发生变化时接纳控制模块就需要执行接纳控制算法。接纳控制模块位于无线网络控制器实体中，利用接纳控制算法，通过评估无线网络中建立某个承载是否将会引起负载的增加来判断是否接入某个用户。接入控制对上下行链路同时进行负载增加评估，只有上下行都允许接入的情况下才允许用户接入系统，否则该用户会因为给网络带来过量干扰而被阻塞。

对不同制式的移动通信系统，存在不同制式的接纳控制，其比较结果如表 5.1 所示。

表 5.1　　　　　　　　　　　　不同制式的接纳控制比较

TDMA	FDMA	CDMA	TD-SCDMA
基于时隙资源硬判决	基于频点资源硬判决	基于负荷资源软判决	基于频点资源硬判决，基于负荷资源软判决

接纳控制与其他无线资源管理功能的关系如图 5.32 所示。

如图 5.32 所示，接纳控制在整个无线资源管理功能中占有非常重要的地位，它联系着其他的各个功能模块。当一个无线接入承载需要建立时，首先通过负载控制模块查询当前链路的负载；

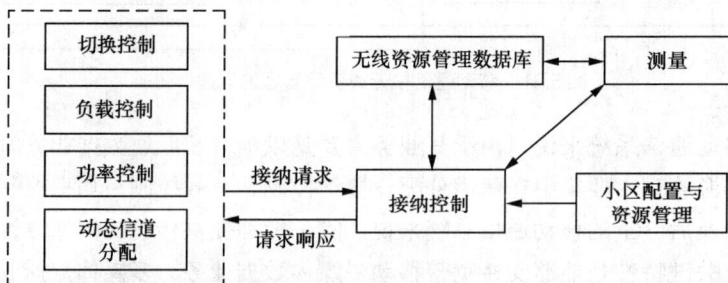

图 5.32　接纳控制与其他无线资源管理功能的关系

在确定最佳接入时隙后，需要向动态信道分配模块申请所需资源，动态信道分配模块根据算法决定是否给用户分配资源；当用户获得信道资源后，接纳控制模块需要和功率控制模块进行通信，以确定初始发射功率；无线承载建立后，切换控制模块会更新切换集信息，这时接纳控制模块在接入用户的过程中，会根据业务承载情况向切换控制模块发送切换请求。

接纳控制算法如下。

● 基于预留信道的 CAC 算法。信道预留的 CAC 机制的关键在于确定最优的预留信道供切换使用。信道预留少了，强制中止概率增大，切换的性能降低；信道预留多了，新呼叫请求的阻塞概率增大，带宽的利用率降低。当网络业务量负荷变化时，如何根据当前系统的负荷对预留信道进行动态、自适应地调节接纳控制的研究已成为当前的一个研究热点。

● 基于信干比的 CAC 算法。基于干扰的呼叫接纳算法的思想是，根据小区内用户当前的信干比和信干比门限值来估计系统的剩余容量。对于新呼叫或切换呼叫，只有在系统剩余容量大于零的前提下才允许接入。

● 基于码道的 CAC 算法。例如，在 TD-SCDMA 系统中，TD-SCDMA 的一个子帧包含 7 个时隙，7 个时隙可以用来上行（UL）和下行（DL）业务的传送，上下行时隙的分配由上下行切换点决定，Slot0 和 Slot1 固定地分配给下行和上行，其他时隙可以通过切换点灵活地调整。在一个时隙中，根据协议最高可以同时支持 16 个用户码道，这样，一个载频/时隙/码道即构成了一个资源单元（Resource Unit，RU）。基于码道的 CAC 算法的原理是：当一个新呼叫到达时，该呼叫的归属基站判断本小区的空闲 RU 是否能够满足呼叫用户的需求，能够满足则接入新呼叫，否则阻塞该新呼叫。

● 基于码道和功率的 CAC 算法。在进行接纳判别时，除了要进行码道资源的判断外，还要进行功率资源的判断。

5.7.3　动态信道分配

对于无线通信系统来说，无线信道数量有限，是极为珍贵的资源，要提高系统的容量，就要对信道资源进行合理的分配，由此产生了信道分配技术。如何确保业务的 QoS，如何充分有效地利用有限的信道资源，以提供尽可能多的用户接入是动态信道分配技术要解决的问题。

按照信道分割的不同方式，信道分配技术可分为固定信道分配（Fixed Channel Allocation，FCA）、动态信道分配（Dynamic Channel Allocation，DCA）和混合信道分配（Hybrid Channel Allocation，HCA）。FCA 指根据预先估计的覆盖区域内的业务负荷，将信道资源分给若干个小区，相同的信道集合在间隔一定距离的小区内可以再次得到利用。FCA 的主要优点是实现简单，缺点是频带利用率低，不能很好地根据网络中负载的变化及时改变网络中的信道规划。在以语音业务为主的 2G 系统中，信道分配大多采用固定分配的方式。

为了克服 FCA 的缺点，人们提出了 DCA 技术。在 DCA 技术中，信道资源不固定属于某一个小区，所有的信道被集中起来一起分配。DCA 将根据小区的业务负荷、候选信道的通信质量、使用率及信道的再用距离等诸多因素选择最佳的信道，动态地分配给接入的业务。只要能提供足够的链路质量，任何小区都可以将该信道分给呼叫。DCA 具有频带利用率高、无须信道预规划、可以自动适应网络中负载和干扰的变化等优点。其缺点在于，DCA 算法相对于 FCA 来说较为复杂，系统开销也比较大。HCA 是固定信道分配和动态信道分配的结合，在 HCA 中全部信道被分为固定和动态两个集合。

动态信道分配包括两个方面的内容：干扰信息收集以及通过智能地进行资源分配以极大提高系统的容量，所谓的智能就是根据小区负载大小来动态调节资源。DCA 必须收集有关小区的信息，如小区的负载情况、干扰信息等。同时，为了减小用户的功率损耗及测量的复杂性，在DCA中必须减少不必要的下行链路监测。总的来说DCA分为两步：收集小区的干扰信息（即监测小区的无线环境）及根据收集到的信息来分配资源。

基于CDMA技术的移动通信系统内一般存在两种系统干扰：其一是小区内干扰，也称之为多用户接入干扰（Multiple Access Interference，MAI），它是由一个小区内的多用户接入产生的；其二是小区间干扰，是在小区复用的过程中由周围小区和本小区间的相互作用所产生的。这种干扰使得系统的数据吞吐量减小，从而导致低频谱效率和低经济效益。因此，尽可能地最小化它们相互间所产生的影响是非常有必要的，而这正是动态信道分配技术要解决的问题。

动态信道分配技术一般分为慢速动态信道分配（SDCA）和快速动态信道分配（FDCA）。慢速DCA将无线信道分配至小区，用于在上下行业务比例不对称时，调整各小区上下行时隙的比例。而快速DCA将信道分至业务，为申请接入的用户分配满足要求的无线资源，并根据系统状态对已分配的资源进行调整。无线网络控制器（Radio Network Controller，RNC）管理小区的可用资源，并将其动态分配给用户，具体的分配方式就取决于系统的负荷、业务QoS要求等参数。

5.7.4 负载控制

无线资源管理功能的一个重要任务是确保系统不发生过载。一旦系统过载必然会使干扰增加、QoS下降，系统的不稳定会使某些特殊用户的服务得不到保证，所以负载控制同样非常重要。如果遇到过载，则无线网络规划定义的负载控制功能体将系统迅速并且可控地回到无线网络规划所定义的目标负载值。

CDMA蜂窝系统容量是自干扰和干扰受限的，接纳控制算法从保证系统中业已存在连接的QoS要求出发，要求能够尽可能多地接纳用户，以提高无线资源的利用率。但是如果接纳控制算法不够理想，就会造成过多的用户接入系统，导致系统发生过载；同时，如果大量的非实时业务占用了过多的系统资源，同样可能导致系统发生过载。负载控制就是通过一定的方法或准则，对系统承载能力进行监控和处理，确保系统在具有高性能高容量的目标下能稳定可靠的工作的一种无线资源管理方法。负载控制的一般流程如图5.33所示。

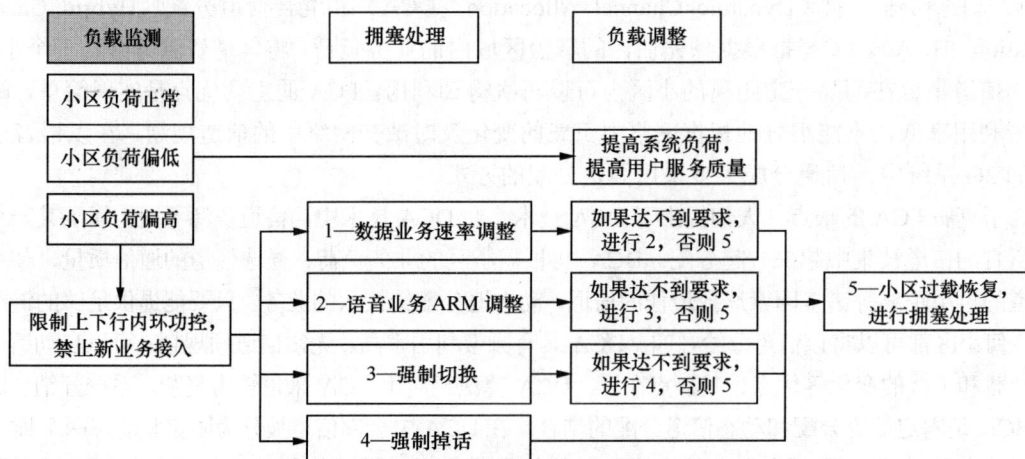

图 5.33　负载控制的一般流程

从图 5.33 中可以看出，负载控制的功能主要有 3 个。

（1）负荷监测和评估：进行公共测量处理。

（2）拥塞处理：决定使用何种方式来处理当前的拥塞情况。当系统受到的干扰急剧增加导致系统过载，此时负载控制的功能是较快地降低系统负载，使网络返回到稳定的工作状态。

（3）负荷调整：根据用户 QoS 调整用户所占用的资源。

在 CDMA 蜂窝系统中，上行链路容量主要是受限于基站处的总干扰，下行链路容量受限于基站的发射功率。因此，负载控制要达到的目标是将上行干扰与下行发射功率限制在一个合理的水平。负荷估计可以是基于功率的，也可以是基于吞吐量的。负荷估计一旦发现上行干扰或下行发射功率超出合理水平，系统就被认定为过载。为降低负荷，消除过载，可能采用的负荷控制措施如下。

（1）下行链路快速负载控制，拒绝执行来自移动台的下行链路功率增加命令。

（2）上行链路快速负载控制，降低上行链路快速功率控制目标 SIR_{target} 的值。

（3）切换到另一个载波。

（4）切换到例如 2G 等其他的通信系统。

（5）减少实时业务（如语音、视频会议）的发送速率。

（6）减小分组数据业务的吞吐量。

（7）通过减小基站的发射功率，缩小小区覆盖范围，使部分用户切换到其他小区。

（8）强制部分用户掉话。

5.7.5　分组调度

按照 QoS 需求的不同，3GPP 规定了 3G 中的 4 种主要业务。

- 对话类业务（conversational service）
- 流类业务（streaming service）
- 交互类业务（interactive service）
- 背景类业务（background service）

这 4 类业务最大的区别在于对时延的敏感程度不同，从上到下依次降低。对话类业务和流类业务对时延的要求比较严格，被称为实时业务；而交互类业务和背景类业务作为非实时业务，对时延不敏感，但要求具有更低的误码率。和实时业务相比，非实时业务有如下特点。

（1）突发性

非实时业务的数据传输速率可以由零迅速变为每秒数千比特，反之亦然。而实时业务一旦开始传输，将保持该传输速率直至业务结束，除非发生掉话，否则不会发生速率突变的情况。

（2）对时延不敏感

非实时业务对时延的容忍度可以达到秒甚至分钟级，而实时业务对时延十分敏感，容忍度基本在毫秒级。

（3）允许重传

无线链路控制（Radio Link Control，RLC）层支持分组重传，因此与实时业务不同，即使无线链路质量很差也仍然可以基本保证服务质量，但误帧率也会相应增加。

（4）要求数据完整

分组业务对数据完整性要求很高，因此一般采用确认模式传输；而实时业务时延要求高，但对数据错误率要求相对较低，通常采用透明模式传输。

根据上述特点，非实时数据业务可以通过分组调度的方式来传输。分组调度（Packet Scheduling）是无线资源管理的重要组成部分，从协议上看它位于 L2 和 L3 层，即 RLC/MAC 层和无线资源管理（Radio Resource Management，RRM）层。分组调度的任务是根据系统资源和业务 QoS 要求，对数据业务实施高效可靠的传输和调度控制的过程，其主要功能如下。

（1）在非实时业务的用户间分配可用空中接口资源，确保用户申请业务的 QoS 要求，如传输时延、时延抖动、分组丢失率、系统吞吐量以及用户间公平性等。

（2）为每个用户的分组数据传输分配传输信道。

（3）监视分组分配以及网络负载，通过对数据速率的调解来对网络负载进行匹配。

通常分组调度器位于 RNC 中，这样不仅可以进行多个小区的有效调度，同时还可以考虑到小区切换的进行。移动台或基站给调度器提供了空中接口负载的测量值，如果负载超过目标门限值，调度器可通过减小分组用户的比特速率来降低空中接口负载；如果负载低于目标门限值，可以增加比特速率来更为有效地利用无线资源。这样，由于分组调度器可以增加或减少网络负载，所以它又被认为是网络流量控制的一部分。

分组用户的调度方法可分为：码分调度法和时分调度法。码分调度法对于不同的分组用户，根据各自的 QoS 要求（包括数据包的大小、优先级、时延等），分配不同的位传输速率，从而占用不同数量的码资源。所有的分组用户能同时按所分配的位传输速率进行传输（传输速率为 0，则表示暂时不为该用户传递数据）。时分调度法对于不同的分组用户，分别在不同时段进行传输。当用户在其调度的时间段内时，采用最大传输速率进行传输；当用户不在其调度时间内时，则不进行传输（即速率为 0）。对于单个用户，时分调度法具有非常高的位传输速率，但只能占用很短的时间；当用户数量很大时，使用时分调度法将使用户等待的时间很长。

分组调度的一般流程如图 5.34 所示。当调度周期来到时，首先统计分组业务可以使用的总的码道和功率资源，同时对新来到的分组呼叫按照优先级从高到低的顺序进行排队；然后按照可用

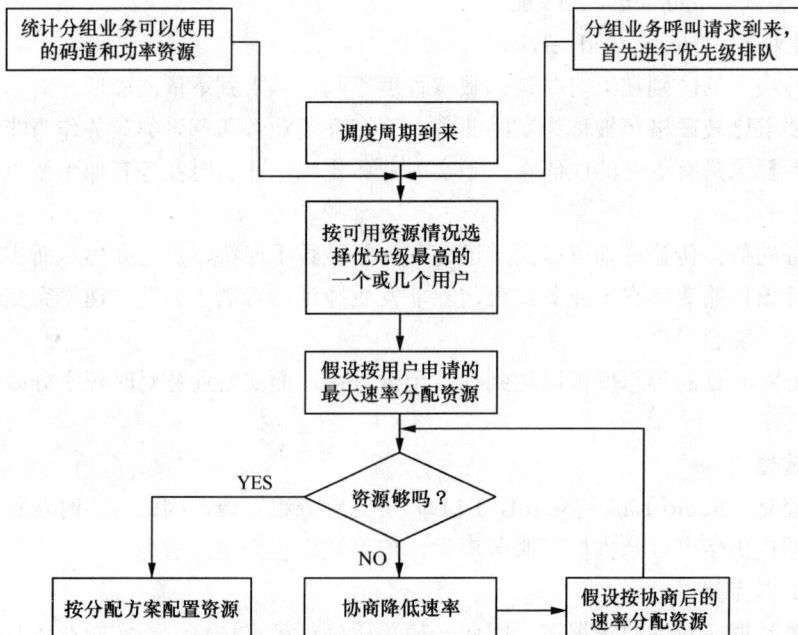

图 5.34　分组调度的一般流程

资源情况选择优先级最高的一个或几个用户进行调度，如果可用资源够用则按照用户申请的最大速率配置资源，否则要求用户降低业务速率；按照协商后的速率对用户进行资源分配后，再进行资源判断，直到能够满足要求为止。

传统的分组调度算法有：正比公平算法（Proportional Fair），在正比公平调度算法中，每个用户都有一个相应的优先级，在任意时刻，小区中优先级最大的用户接受服务；轮询算法（Round Robin），轮询算法的基本思想是用户以一定的时间间隔循环地占用等时间的无线资源，假设有 K 个用户，则每个用户被调度的概率都是 $1/K$，也就是说每个用户以相同的概率占用可分配的时隙、功率等无线资源；最大载干比算法（MAX C/I），最大载干比调度算法的基本思想是对所有移动台按照其接收信号的 C/I 预测的值从大到小的顺序进行服务。

当然随着研究的不断深入，目前许多新的调度算法层出不穷，这里不再介绍。

要说明的是有关功率控制和切换控制等资源管理策略，将在介绍具体移动通信系统时介绍。

5.8 移动通信网络结构

移动网络从 2G 仅仅支持语音业务和低速数据的网络构架已经发展到了 3G 支持高速数据业务、多媒体业务等的网络构架，同时正在向全 IP 的系统网络发展。系统网络的演进主要是依据高速数据业务、多媒体业务的发展而发展的。与 2G 移动网络相比较，3G、4G 网络除了在无线网络部分有了本质的变化（例如当今 3G 系统无一例外地采用了 CDMA 接入技术，采用了各种高性能的调制技术和链路控制技术等），在地面电路部分，主要是核心网络等也做了巨大的变化。这些改变的主要原因是为了适应高速数据传输的要求。这里主要介绍移动通信网络结构的一些基本概念和演进。

1. 2G 移动网络的基本组成

2G 移动通信网的基本组成如图 5.35 所示。

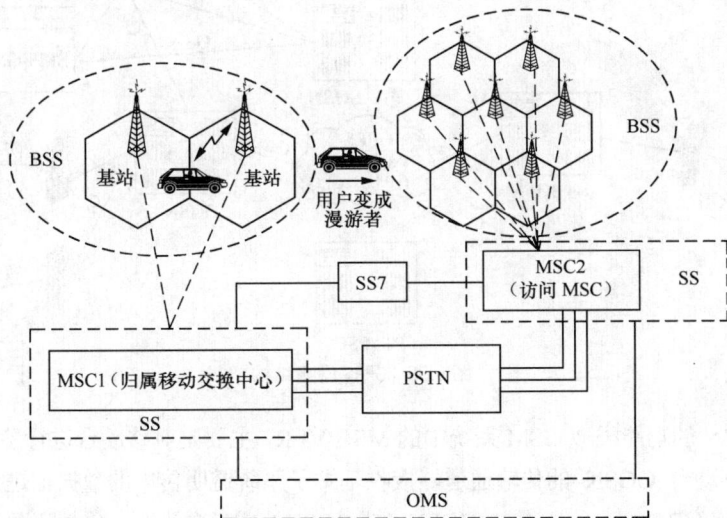

图 5.35　移动通信网的基本组成

图 5.35 所示为典型的蜂窝移动通信系统。移动通信无线服务区由许多正六边形小区覆盖而成，呈蜂窝状，通过接口与公众通信网（PSTN、PSDN）互连。移动通信系统包括移动交换子系统

（SS）、操作维护管理子系统（OMS）和基站子系统（BSS）（通常包括移动台），是一个完整的信息传输实体。

移动通信中建立一个呼叫是由基站子系统和移动交换子系统共同完成的；BSS 提供并管理移动台和 SS 之间的无线传输通道，SS 负责呼叫控制功能，所有的呼叫都是经由 SS 建立连接的；操作维护管理子系统负责管理控制整个移动网。

移动台（MS）也是一个子系统。实际上通常移动台是由移动终端设备和用户数据两部分组成的，移动终端设备称为移动设备，用户数据存放在一个与移动设备可分离的数据模块中，此数据模块称为用户识别卡（SIM）。

这里所说的 2G 网络构架包括了 GSM 系统和 CDMA IS-95 系统。

2．2.5G 移动网络的基本组成

2.5G 网络系统是指，由 GSM 网络发展而来的 GPRS 网络以及由 CDMA IS-95 发展而来的 cdma2000 1x 网络。正如前面所介绍的那样，2.5G 的演进是为了适应高速数据业务的需求。

GPRS 与 GSM 在网络结构上的最大不同是在核心网增加了传输分组业务的分组域，即在保持原有 GSM 的电路交换域的 MSC 域外，从 BSC 通过 Gb 接口连接了为传输分组业务的 SGSN——GPRS 业务支持节点和 GGSN——GPRS 网关支持节点。通过 GGSN 网络单元，GPRS 网络与 IP 网络或 X.25 分组网络连接传输数据。图 5.36 所示为 GPRS 网络的结构。

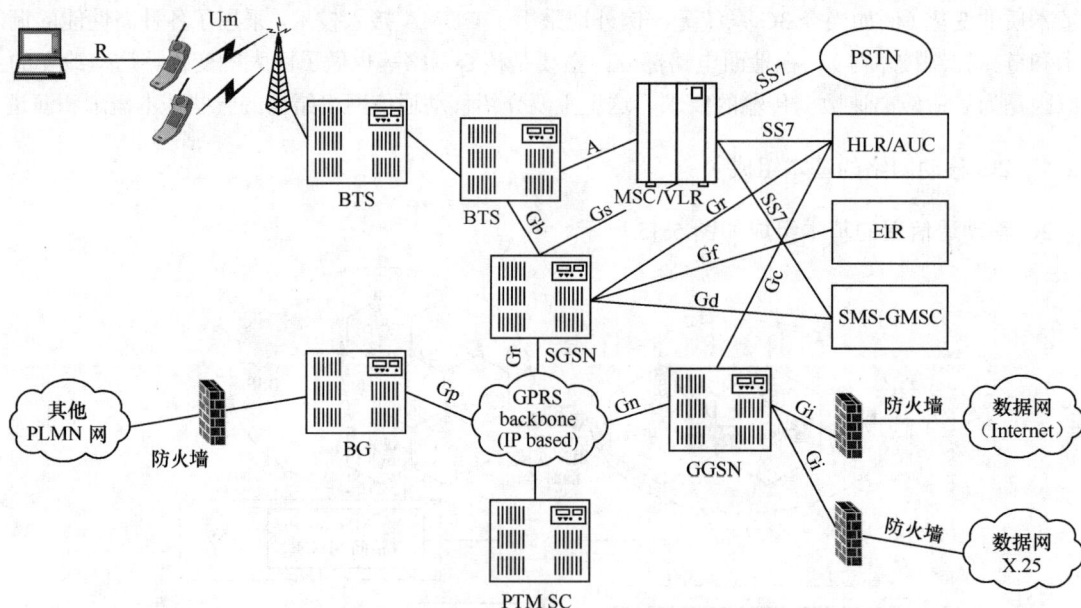

图 5.36　GPRS 网络结构

GPRS 的 SGSN 的功能类似 GSM 系统中的 MSC/VLR，主要是对移动台进行鉴权、移动性管理和路由选择，建立移动台 GGSN 的传输通道，接收基站子系统透明传来的数据，进行协议转换后经过 GPRS 的 IP 骨干网（IP Backbone）传给 GGSN（或 SGSN）或反向进行，另外还要进行计费和业务统计。GGSN 实际上是 GPRS 网对外部数据网络的网关或路由器，它提供 GPRS 和外部分组数据网的互连。GGSN 接收移动台发送的数据，选择到相应的外部网络，或接收外部网络的数据，根据其地址选择 GPRS 网内的传输通道，传输给相应的 SGSN。此外，GGSN 还有地址分配和计费等功能。

有关 GPRS 网络的其他网元和各个网元之间的接口将在第 6 章具体介绍。

cdma2000 1x 的网络结构与 GPRS 一样也是将电路域和分组域分开，如图 5.37 所示。

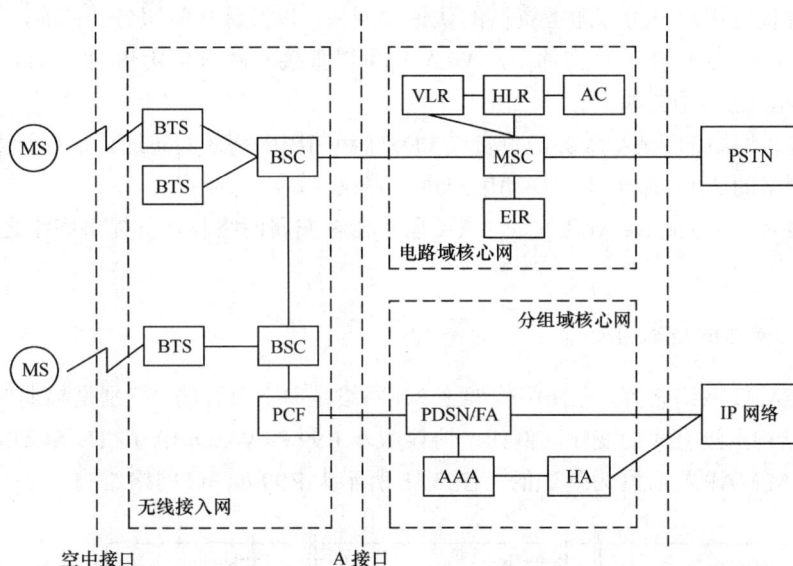

图 5.37　cdma2000 1x 网络结构

可以明显看到这个结构与 GPRS 网络结构总体上是一样的，只不过由于采用的协议不同，所以网络单元和接口定义是不相同的。另外，cdma2000 1x 电路域核心网继承了 CDMA IS-95 网络的核心网，而增加的分组域核心网包括以下功能单元，以提供分组数据业务所必需的路由选择、用户数据管理、移动性管理等功能。

（1）分组数据服务节点

分组数据服务节点（PDSN）为移动用户提供分组数据业务的管理与控制功能，它至少要连接到一个基站系统，同时连接到外部公共数据网络。PDSN 主要有以下功能。

● 建立、维护与终止与移动台的 PPP 连接。

● 为简单 IP 用户指定 IP 地址。

● 为移动 IP 业务提供外地代理（Foreign Agent，FA）的功能。

● 与鉴权、授权、计费（AAA）服务器通信，为移动用户提供不同等级的服务，并将服务信息通知 AAA 服务器。

● 与靠近基站侧的分组控制功能（Packet Cortrol Function，PCF）共同建立、维护及终止第二层的连接。

（2）归属代理

归属代理（Home Agent，HA）主要用于为移动用户提供分组数据业务的移动性管理和安全认证，包括以下功能。

● 对移动台发出的移动 IP 的注册信息进行认证。

● 在外部公共数据网与外地代理之间转发分组数据包。

● 建立、维护和终止与 PDSN 的通信并提供加密服务。

● 从 AAA 服务器获取用户身份信息。

● 为移动用户指定动态的归属 IP 地址。

（3）AAA 服务器

AAA 服务器是鉴权、授权与计费服务器的简称，它负责管理用户，包括用户的权限、开通的业务等信息，并提供用户身份与服务资格的认证和授权，以及计费等服务。目前，AAA 采用的主要协议为 RADIUS，所以在某些文件中，AAA 也可以直接叫做 RADIUS 服务器。根据在网络中所处位置的不同，它的功能如下。

- 业务提供网络的 AAA 服务器负责在 PDSN 和归属网络之间传递认证和计费信息。
- 归属网络的 AAA 服务器对移动用户进行鉴权、授权与计费。
- 中介网络（Broke Network）的 AAA 服务器在归属网络与业务提供网络之间进行消息的传递与转发。

3. 3G 移动网络的基本组成

为了与 2G/2.5G 网络兼容，在网络构架上 3G 网络是向下兼容的，特别是早期的 3G 协议版本核心网部分在结构上没有大的变化。例如，协议版本 R99 的 WCDMA 和 TD-SCDMA，它们的核心网都是以 GSM MAP 核心网为基础的。图 5.38 所示为 R99 的 3G 网络结构。

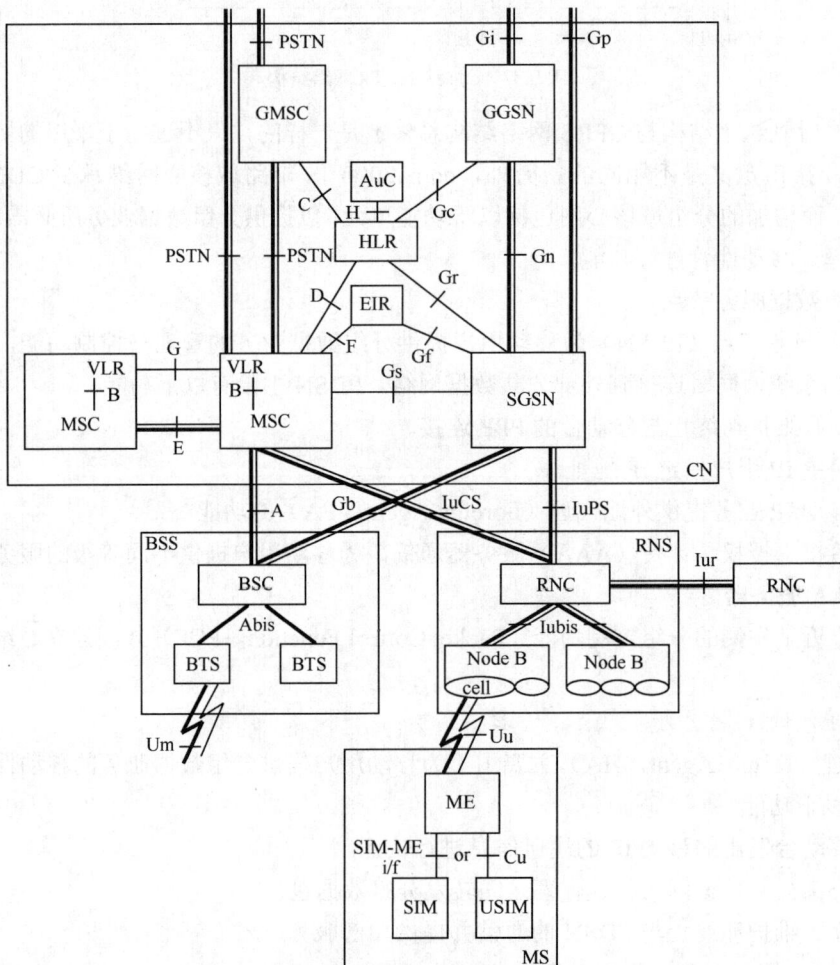

图 5.38　R99 3G 网络结构图

由这个结构图可以看出，3G 网络结构总体上是继承了 2G/2.5G 的网络构架，只是在无线接入和核心网控制上进行了较大的改变和演进。

习题与思考题

5.1　说明大区制和小区制的概念，指出小区制的主要优点。

5.2　简单叙述切换的基本概念。

5.3　什么是同频干扰？是如何产生的？如何减少？

5.4　试绘出单位无线区群的小区个数 $N=4$ 时，3 个单位区群彼此邻接时的结构图形。假定小区的半径为 r，邻接无线区群的同频小区的中心间距如何确定？

5.5　面状服务区的区群是如何组成的？模拟蜂窝系统同频无线小区的距离是如何确定的？

5.6　N-CDMA 系统的有效频带宽度为 1.228 8MHz，语音编码速率为 9.6kbit/s，比特能量与噪声密度比为 6dB，则系统容量为多少？

5.7　简述无线资源管理的基本概念和主要内容。

5.8　说明移动通信网的基本组成。

5.9　简述移动通信网络结构由 2G 到 3G 的变化。

参 考 文 献

［1］［美］Theodore S.Rappaport. Wireless communications principles and practice（影印版）［M］. 北京：电子工业出版社，1998.9.

［2］啜钢，王文博，常永宇等. 移动通信原理与系统［M］. 北京：北京邮电大学出版社，2005.

［3］啜钢，王文博，常永宇等. 移动通信原理与应用［M］. 北京：北京邮电大学出版社，2002.

［4］胡健栋等. 码分多址与个人通信［M］. 北京：人民邮电出版社，1995.

［5］李建东，杨家玮. 个人通信［M］. 北京：人民邮电出版社，1998.

［6］［美］William C .Y . Lee（李建业）.移动蜂窝通信-模拟和数字系统（第二版）［M］. 伊浩等译. 北京：电子工业出版社，1996.3.

［7］Jhong Sam Lee，Leonard E. Miller. CDMA 系统工程手册［M］. 许希斌，周世东等译.北京：人民邮电出版社，2000.

［8］TIA/EIA/CDMA IS-95 Interrim Standard. Mobile station-base Station Compatibility for Dual-mode Wideband Spread Spectrum Cellular System. Telecommunication Industry Association，July 1993.

［9］郭梯云等. 移动通信［M］. 西安电子科技大学出版社，2000.5.

［10］吴伟陵，牛凯. 移动通信原理［M］. 北京：电子工业出版社，2005.1.

第 6 章　GSM 和 CDMA IS-95 系统

学习重点和要求

第二代移动通信是以 GSM、CDMA 两大移动通信系统为代表的。GSM 移动通信系统是基于 TDMA 的数字蜂窝移动通信系统。GSM 是世界上第一个对数字调制、网络层结构和业务作了规定的蜂窝系统。如今 GSM 移动通信系统已经遍及全世界，即所谓"全球通"。

GPRS 即通用分组无线业务，是 GSM 网络向第三代移动通信系统（3G）WCDMA 和 TD-SCDMA 演进的重要一步，所以人们称其为 2.5G。目前 GPRS 发展十分迅速，我国在 2002 年已经全面开通了 GPRS 网，而且各种数据业务也相继开通。

本章首先介绍 GSM 系统所提供的业务及其业务特征，包括业务的分类，具体的电信业务、承载业务的特征以及附加业务；然后重点讲述了 GSM 系统的网络结构、功能和特性，包括 GSM 系统的结构、GSM 的信道（物理信道、逻辑信道以及它们的对应关系）、GSM 的信令协议、GSM 系统的无线传播环境以及抗干扰的方法、GSM 的接续及移动性管理；接下来介绍 GPRS 分组业务系统；在介绍 CDMA 系统时，这里主要介绍 CDMA 系统的基本概念和关键技术以及前反向链路的处理方法。

要求

● 掌握 GSM 业务的分类和电信业务、承载业务和附加业务的概念；了解电信业务和附加业务的基本类别和应用。

● 掌握 GSM 网络的总体结构和各个子系统的基本功能。

● 熟悉 GSM 物理信道、逻辑信道和突发脉冲的概念，掌握逻辑信道的分类和 GSM 的逻辑信道到物理信道的映射关系，掌握 GSM 帧结构的 5 个层次，了解突发脉冲的结构。

● 熟悉 GSM 网的信令系统，掌握 GSM 的空中接口（LAPDm）、Abis 接口（LAPD）以及 A 接口（七号信令）的概念、结构。

● 了解 GSM 系统的无线传播环境，各种抗干扰技术。

● 掌握 GSM 系统的接续过程、切换过程和移动性管理的过程。

● 掌握 GPRS 业务的基本概念。

● 掌握 GPRS 网络的基本结构和各种接口。

● 了解 GPRS 的移动性管理和会话管理的概念。

● 了解 CDMA IS-95 前反向链路的基本概念。

● 掌握 CDMA IS-95 系统的功率控制技术。

● 掌握 CDMA IS-95 系统的软切换技术。

6.1　GSM 系统的业务及其特征

广义上说 GSM 的业务是指用户使用 GSM 系统所提供的设施的活动。换句话说，一项 GSM 业务就是 GSM 系统为了满足一个特殊用户的通信要求而向用户提供的服务。GSM 按照 ISDN 对业务的分类方法对其业务进行了分类，业务分为基本业务和补充业务。基本业务按功能又可分为电信业务（Teleservices）（又称用户终端业务）和承载业务（Bearer Services）。这两种业务是独立的通信业务。

图 6.1 所示为 GSM 系统业务分类示意图。

电信业务是指为用户通信提供的包括终端设备功能在内的完整能力的通信业务。承载业务提供用户接入点（也称"用户/网络"接口）间信号传输的能力。

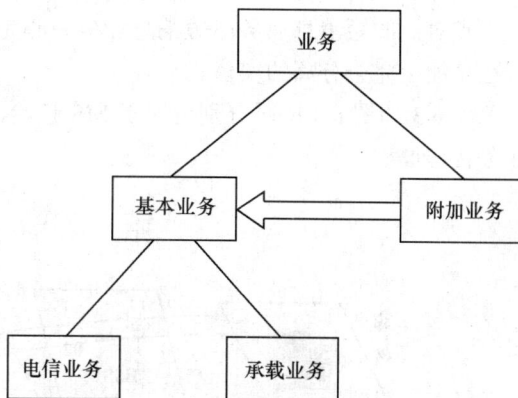

GSM 支持的基本业务，如图 6.2 所示。

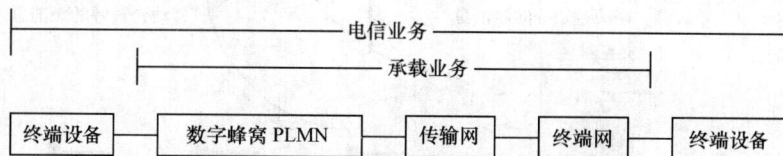

图 6.1　GSM 系统业务分类

图 6.2　GSM 支持的基本业务

1. 电信业务

GSM 系统主要提供的电信业务如表 6.1 所示。

表 6.1　　　　　　　　　　　　GSM 主要提供的电信业务

用户信息类型	电信业务码	电信业务名称
语音传输	11	电话
短消息	21	MS 终端的点对点短消息业务
	22	MS 起始的点对点短消息业务
	23	小区广播短消息业务
传真	61	交替语音和三类传真
	62	自动三类传真
紧急呼叫	12	

（1）电话业务

在 GSM 系统所提供的业务中，最重要的业务是电话业务，它为数字移动通信系统的用户和其他所有与其连网的用户之间提供双向电话通信。

（2）紧急呼叫业务

按照 GSM 技术规范，紧急呼叫是由电话业务引申出来的一种特殊业务。此业务可使移动用户通过一种简单而且统一的手续接到就近的紧急业务中心。使用紧急业务可以不收费，也不需要鉴别使用者的识别号码。根据我国情况，暂不提供紧急呼叫业务。

（3）短消息业务

短消息业务分为 3 类，包括 MS 起始、MS 终端的点对点短消息业务以及小区广播短消息业务。

点对点的短消息业务由短消息业务中心完成存储和前转功能。短消息业务中心是与 GSM 系统在功能上完全分离的实体。

图 6.3 和图 6.4 所示分别说明了 MS 起始、MS 终端的点对点短消息业务以及小区广播短消息业务传送过程。

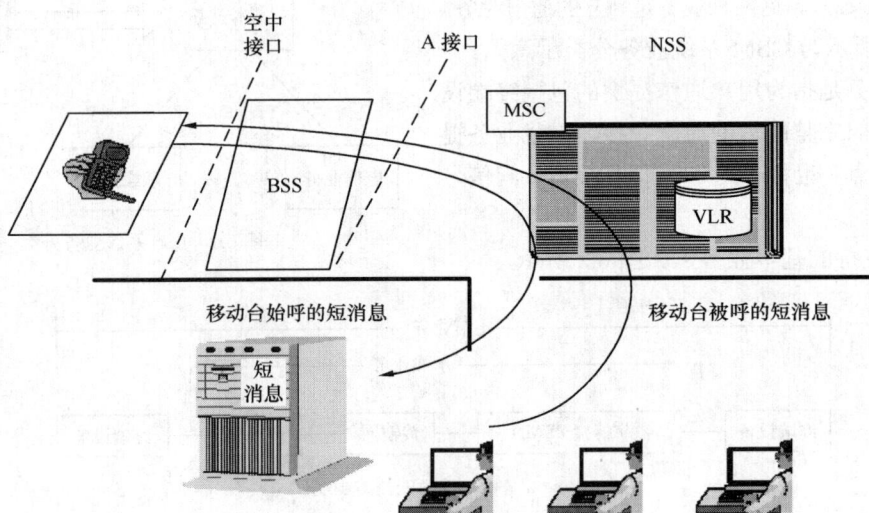

图 6.3 短消息服务（源端到终端）过程

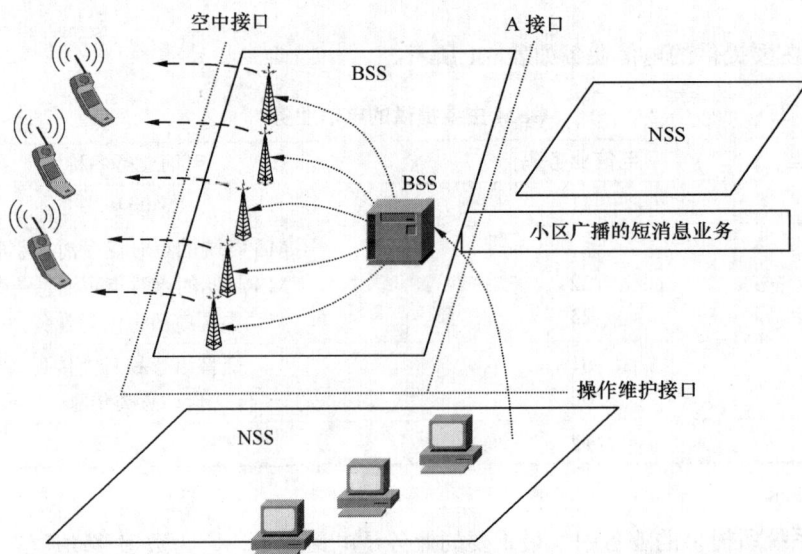

图 6.4 短消息服务（小区广播）过程

（4）传真业务

传真业务有两类：交替语音和三类传真、自动三类传真。交替语音和三类传真是指语音与三类传真交替传送的业务；自动三类传真是指能使用户经 GSM 网以传真编码信息文件的形式自动交换各种函件的业务。

2. 承载业务

GSM 系统主要提供的承载业务见表 6.2。

表 6.2　　　　　　　　　　　GSM 系统主要提供的承载业务

承载业务码	承载业务名称	透明属性
21	异步 300bit/s 双工电路型	T 或 NT
22	异步 1.2kbit/s 双工电路型	T 或 NT
24	异步 2.4kbit/s 双工电路型	T 或 NT
25	异步 4.8kbit/s 双工电路型	T 或 NT
26	异步 9.6kbit/s 双工电路型	T 或 NT
31	同步 1.2kbit/s 双工电路型	T
32	同步 2.4kbit/s 双工电路型	T 或 NT
33	同步 4.8kbit/s 双工电路型	T 或 NT
34	同步 9.6kbit/s 双工电路型	T 或 NT
41	异步 PAD 接入 300bit/s 电路型	NT
42	异步 PAD 接入 1.2kbit/s 电路型	T 或 NT
44	异步 PAD 接入 2.4kbit/s 电路型	T 或 NT
45	异步 PAD 接入 4.8kbit/s 电路型	T 或 NT
46	异步 PAD 接入 9.6kbit/s 电路型	T 或 NT
61	交替语音/数据	注 1
81	语音后接数据	注 1

注意：1. 承载业务 61 和 81 中的数据为 3.1kHz 信息传送能力的承载业务为 21～34。

　　　　2. 表中"T"表示透明；"NT"表示不透明。

3. 附加业务

附加业务是基本电信业务的增强或补充。下面列出了大部分附加业务。

- 计费提示——AOC
- 交替线业务（ALS）——个人或商业
- 来话限制——BAIC
- 当漫游在 HPLMN 之外时，限制所有来话
- 在国外时限制来话
- 呼出限制——BOC

- 限制所有打出去的国际电话——BOIC
- 限制所有打出去的国际电话，除了那些打到 HPLMN 国家的电话
- 遇忙呼叫前转——CFB
- 无应答呼叫前转——CFNA
- 无条件呼叫前转——CFU
- 呼叫保持
- 呼叫等待——CW
- 主叫线识别显示——CLIP
- 主叫线识别限制——永久或预呼（CLIR）
- 中央交换业务
- 闭合用户群——CUG
- 会议呼叫——CONF
- 显式呼叫转接
- 运营者确定的呼叫限制——ODB

6.2 GSM 系统的结构

GSM 系统的总体结构如图 6.5 所示。

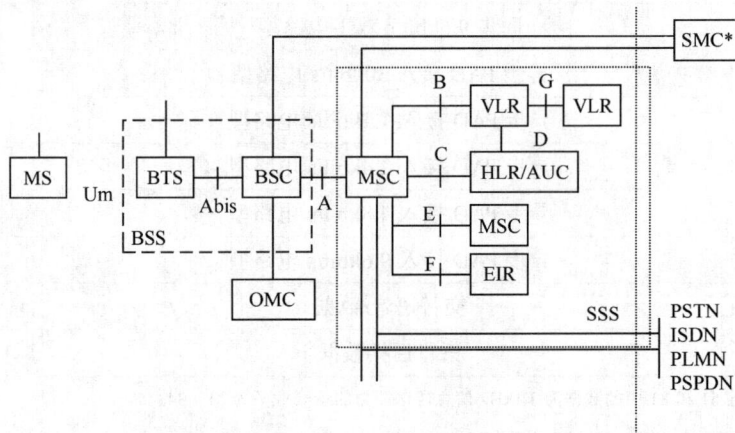

图 6.5 GSM 系统的总体结构

*：短消息业务中心（SMC）功能实体可通过与 SSS 的连接实现点对点短消息业务，

可通过与 BSS 的连接完成小区广播短消息业务。

GSM 系统总体结构由以下功能单元组成。

- MS（移动台）：它包括 ME（移动设备）和 SIM（用户识别模块）。根据业务的状况，移动设备可包括 MT（移动终端），TAF（终端适配功能）和 TE（终端设备）等功能部件。
- BTS（基站）：为一个小区服务的无线收发信设备。
- BSC（基站控制器）：具有对一个或多个 BTS 进行控制以及相应呼叫控制的功能，BSC 以及相应的 BTS 组成了 BSS（基站子系统）。BSS 是在一定的无线覆盖区中，由 MSC（移动业务

交换中心）控制，与 MS 进行通信的系统设备。

- MSC（移动业务交换中心）：对于位于它管辖区域中的移动台进行控制、交换的功能实体。

- VLR（拜访位置寄存器）：MSC 为所管辖区域中 MS 的呼叫接续，所需检索信息的数据库。VLR 存储与呼叫处理有关的一些数据，例如用户的号码、所处位置区的识别、向用户提供的服务等参数。

- HLR（归属位置寄存器）：管理部门用于移动用户管理的数据库。每个移动用户都应在其归属位置寄存器注册登记。HLR 主要存储两类信息，有关用户的参数和有关用户目前所处位置的信息。

- EIR（设备识别寄存器）：存储有关移动台设备参数的数据库。主要完成对移动设备的识别、监视、闭锁等功能。

- AUC（鉴权中心）：为认证移动用户的身份和产生相应鉴权参数（随机数 RAND，符号响应 SRES，密钥 Kc）的功能实体。通常，HLR、AUC 合设在一个物理实体中，VLR、MSC 合设于一个物理实体中，MSC、VLR、HLR、AUC、EIR 也可合设于一个物理实体中。MSC、VLR、HLR、AUC、EIR 功能实体组成为交换子系统（SSS）。

- OMC（操作维护中心）：操作维护系统中的各功能实体。依据厂家的实现方式可分为 OMC-R（无线子系统的操作维护中心）和 OMC-S（交换子系统的操作维护中心）。

GSM 系统可通过 MSC 实现与多种网络的互通，这些网络包括 PSTN、ISDN、PLMN 和 PSPDN。

6.3　GSM 系统的信道

信道就是传输语音、数据和控制信息的通道。下面具体介绍 GSM 中信道的概念。

6.3.1　物理信道与逻辑信道

1. 物理信道

由前面的讨论已经知道，GSM 系统采用的是频分多址接入（FDMA）和时分多址接入（TDMA）混合技术，具有较高的频率利用率。FDMA 是说在 GSM 900 频段的上行（MS 到 BTS）890～915MHz 或下行（BTS 到 MS）935～960MHz 频率范围内分配了 124 个载波频率，简称载频，各个载频之间的间隔为 200kHz。上行与下行载频是成对的，即是所谓的双工通信方式。双工收发载频对的间隔为 45MHz。TDMA 是说在 GSM 900 的每个载频上按时间分为 8 个时间段，每一个时隙段称为一个时隙（slot），这样的时隙称为信道，或称为物理信道。一个载频上连续的 8 个时隙组成一个称之为"TDMA Frame"的 TDMA 帧。也就说 GSM 的一个载频上可提供 8 个物理信道。图 6.6 所示为时分多址接入的原理示意图。

为了更好地理解目前我国正在广泛使用的 GSM 900 和 GSM 1800 的频率配置情况，下面给出我国 GSM 技术体制对频率配置所做的规定。

（1）工作频段

GSM 网络采用 900/1 800MHz 频段，如表 6.3 所示。

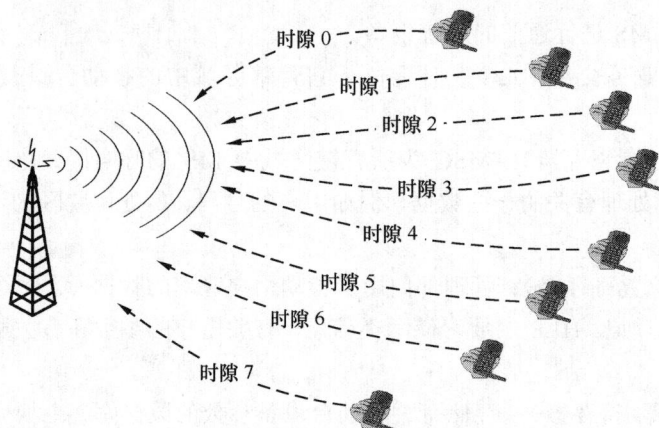

图 6.6 时分多址接入原理示意图

表 6.3   **GSM 网络的频段分配**

		移动台发、基站收	基站发、移动台收
GSM 900/1 800 频段	900MHz 频段	890～915MHz	935～960MHz
	1 800MHz 频段	1 710～1 785MHz	1 805～1 880MHz
国家无委分配给中国电信的频段	900MHz 频段(注)	886～909MHz	931～954MHz
	1 800MHz 频段	1 710～1 720MHz	1 805～1 815MHz

注：国家无委分配的 900MHz 频段包括原来分配的 TACS 频段和新分配的 ETACS 频段。

GSM 网络总的可用频带为 100MHz。中国电信应使用原国家无线电管理委员会分配的频率建设网络，随着业务的不断发展，在频谱资源不能满足用户容量需求时，可通过如下方式扩展频段。

① 充分利用 900MHz 的频率资源，尽量挖掘 900MHz 频段的潜力，根据不同地区的具体情况，可视需要向下扩展 900MHz 频段，相应地向 ETACS 频段压缩模拟公用移动电话网的频段。

② 在 900MHz 频率无法满足用户容量需求时，可启用 1 800MHz 频段。

③ 考虑远期需要，向频率管理单位申请新的 1 800MHz 频率。

（2）频道间隔

相邻频道间隔为 200kHz。每个频道采用时分多址接入（TDMA）方式分为 8 个时隙，即为 8 个信道。

（3）双工收发间隔

在 900MHz 频段，双工收发间隔为 45MHz。在 1 800MHz 频段，双工收发间隔为 95MHz。

（4）频道配置

采用等间隔频道配置方法。

● 在 900MHz 频段，频道序号为 1～124，共 124 个频道。频道序号和频道标称中心频率的关系为

$$f_1(n)＝890.200MHz＋(n-1)×0.200MHz \qquad 移动台发，基站收$$

$$f_h(n)＝f_1(n)＋45MHz \qquad 基站发，移动台收$$

其中：$n＝1～124$。

● 在 1 800MHz 频段，频道序号为 512～885，共 374 个频道。频道序号与频道标称中心频

率的关系为

$$f_l(n)=1\ 710.200\text{MHz}+(n-512)\times0.200\text{MHz} \qquad \text{移动台发,基站收}$$

$$f_h(n)=f_l(n)+95\text{MHz} \qquad \text{基站发,移动台收}$$

其中:$n=512\sim885$。

2. 逻辑信道

如果把 TDMA 帧的每个时隙看做物理信道,那么在物理信道所传输的内容就是逻辑信道。逻辑信道是指依据移动网通信的需要,为所传送的各种控制信令和语音或数据业务在 TDMA 的 8 个时隙分配的控制逻辑信道或语音、数据逻辑信道。

GSM 数字系统在物理信道上传输的信息是大约由 100 多个调制比特组成的脉冲串,称为突发脉冲序列——"Burst"。以不同的"Burst"信息格式来携带不同的逻辑信道。

逻辑信道分为专用信道和公共信道两大类。专用信道主要是指用于传送用户语音或数据的业务信道,另外还包括一些用于控制的专用控制信道;公共信道主要是指用于传送基站向移动台广播消息的广播控制信道和用于传送 MSC 与 MS 间建立连接所需的双向信号的公共控制信道。

图 6.7 所示为 GSM 所定义的各种逻辑信道。

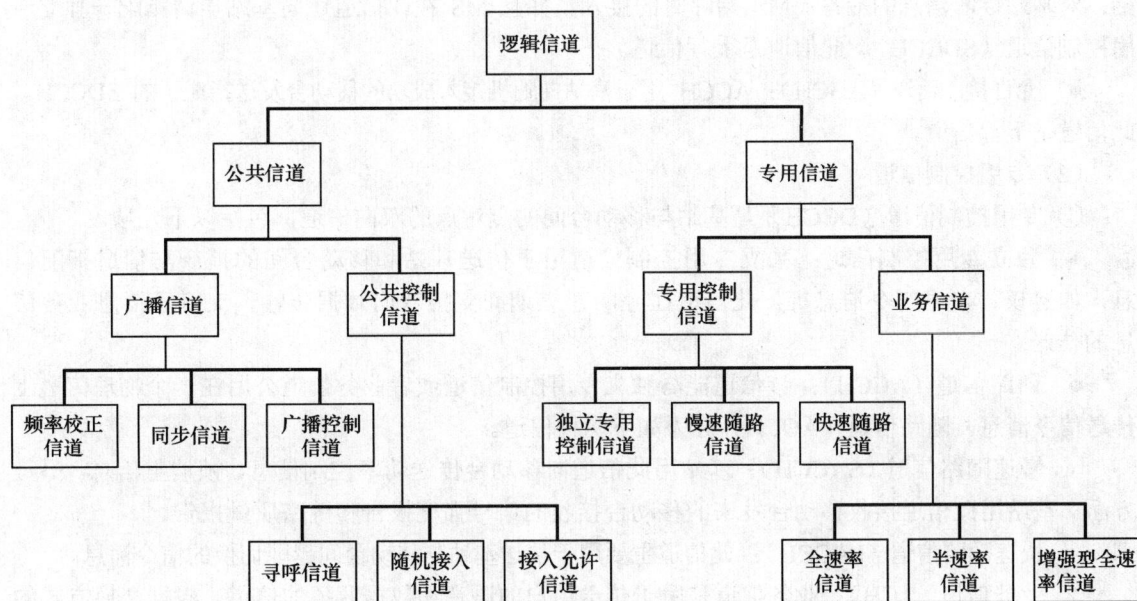

图 6.7 GSM 定义的各种逻辑信道示意图

(1)公共信道

① 广播信道。广播信道(BCH)是从基站到移动台的单向信道,包括以下几项。

● 频率校正信道(FCCH):此信道用于给用户传送校正 MS 频率的信息。移动台在该信道接收频率校正信息并用来校正移动台用户自己的时基频率。

● 同步信道(SYCH):同步信道用于传送帧同步(TDMA 帧号)信息和 BTS 识别码(BSIC)信息给 MS。

● 广播控制信道(BCCH):广播控制信道用于向每个 BTS 广播通用的信息。例如在该信道上广播本小区和相邻小区的信息以及同步信息（频率和时间信息）。移动台则周期地监听 BCCH，以获取 BCCH 上的如下信息。

    √ 本地区识别（Local Area Identity）

    √ 相邻小区列表（List of Neighbouring Cell）

    √ 本小区使用的频率表

    √ 小区识别（Cell Identity）

    √ 功率控制指示（Power Control Indicator）

    √ 间断传输允许（DTX permitted）

    √ 接入控制（Access Control），例如紧急呼叫等

    √ CBCH（Cell Broadcast Control Channel）的说明

    BCCH 载波是由基站以固定功率发射，其信号强度被所有移动台测量。

    ② 公共控制信道。公共控制信道（CCCH）是基站与移动台间的一点对多点的双向信道，包括包括以下几项。

    ● 寻呼信道（PCH）：此信道用于广播基站寻呼移动台的寻呼消息，是下行信道。

    ● 随机接入信道（RACH）：MS 随机接入网络时用此信道向基站发送信息。发送的信息包括：对基站寻呼消息的应答；MS 始呼时的接入。并且 MS 在此信道还向基站申请指配一独立专用控制信道（SDCCH）。此信道是上行信道。

    ● 允许接入信道（AGCH）：AGCH 用于基站向随机接入成功的移动台发送指配了的 SDCCH。此信道是下行信道。

    （2）专用控制信道

    ① 专用控制信道（DCCH）是基站与移动台间的点对点的双向信道，包括以下几项。

    ● 独立专用控制信道：独立专用控制信道用于传送基站和移动台间的指令与信道指配信息，如鉴权、登记信令消息等。此信道在呼叫建立期间支持双向数据传输，支持短消息业务信息的传送。

    ● 随路信道（ACCH）：该信道能与独立专用控制信道或者业务信道公用在一个物理信道上传送信令消息。随路信道（ACCH）分为如下两种信道。

    √ 慢速随路信道（SACCH）：基站用此信道向移动台传送功率控制信息、帧调整信息。另一方面，基站用此信道接收移动台发来的移动台接收的信号强度报告和链路质量报告。

    √ 快速随路信道（FACCH）：此信道主要用于传送基站与移动台间越区切换的信令消息。

    ② 业务信道（TCH）：业务信道是用于传送用户的语音和数据业务的信道。根据交换方式的不同业务信道可分为电路交换信道和数据交换信道；依据传输速率的不同可分为全速率信道和半速率信道。GSM 系统全速率信道的速率为 13kbit/s；半速率信道的速率为 6.5kbit/s。另外，增强全速率业务信道是指，它的速率与全速率信道的速率一样为 13kbit/s，只是其压缩编码方案比起全速率信道的压缩编码方案优越，所以它有较好的语音质量。

6.3.2　物理信道与逻辑信道的配置

1．逻辑信道与物理信道的映射

由前面的讨论可知，GSM 系统的逻辑信道数已经超过了 GSM 一个载频所提供的 8 个物理信

道，因此要想给每一个逻辑信道都配置一个物理信道，一个载频所提供的 8 个物理信道是不够的，需要再增加载频。所以可以看出，这样的逻辑信道和物理信道的指配方法是无法进行高效率的通信的，我们知道尽管控制信道在通信中起着至关重要的作用，但通信的根本任务是利用业务信道传送语音或数据，而按照上面的信道配置方法，在一个载频上已经没有业务信道的时隙了。解决上述问题的基本方法是，将公共控制信道复用，即在一个或两个物理信道上复用公共控制信道。

GSM 系统是按下面的方法建立物理信道和逻辑信道间的映射对应关系的。

一个基站有 N 个载频，每个载频有 8 个时隙。将载波定义为 f_0，f_1，f_2，…。对于下行链路，从 f_0 的第 0 时隙（TS0）起始。f_0 的第 0 时隙（TS0）只用于映射控制信道，f_0 也称为广播控制信道。图 6.8 所示为广播控制信道（BCCH）和公共控制信道（CCCH）在 TS0 上的复用关系。

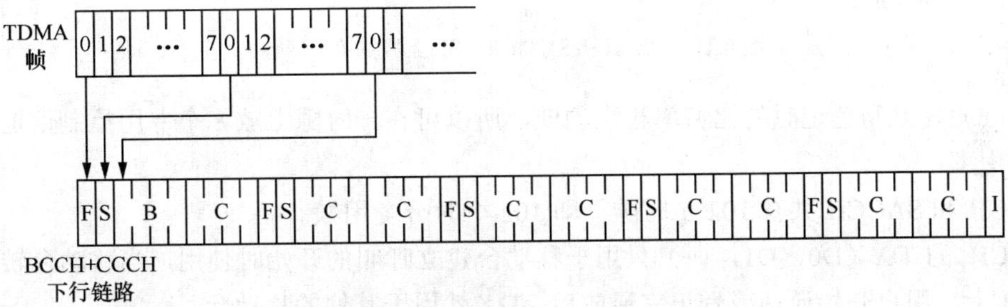

F（FCCH）：移动台据此同步频率。
S（SCH）：移动台据此读 TDMA 帧号和基站识别码（BSIC）。
B（BCCH）：移动台据此读有关小区的通用信息。
I（IDEL）：空闲帧，不包括任何信息，仅作为复帧的结束标志。

图 6.8　BCCH 与 CCCH 在 TS0 上的复用

BCCH 和 CCCH 共占用 51 个 TS0 时隙。尽管只占用了每一帧的 TS0 时隙，但从时间上讲长度为 51 个 TDMA 帧。作为一种复帧，以每出现一个空闲帧作为此复帧的结束，在空闲帧之后，复帧再从 F、S 开始进行新的复帧。以此方法进行重复，即通过时分复用构成 TDMA 的复帧结构。

在没有寻呼或呼叫接入时，基站也总在 f_0 上发射。这使移动台能够测试基站的信号强度以决定使用哪个小区更为合适。

对上行链路，f_0 上的 TS0 不包括上述信道。它只用于移动台的接入，即用于上行链路作为 RACH 信道。图 6.9 所示为 51 个连续的 TDMA 帧的 TS0。

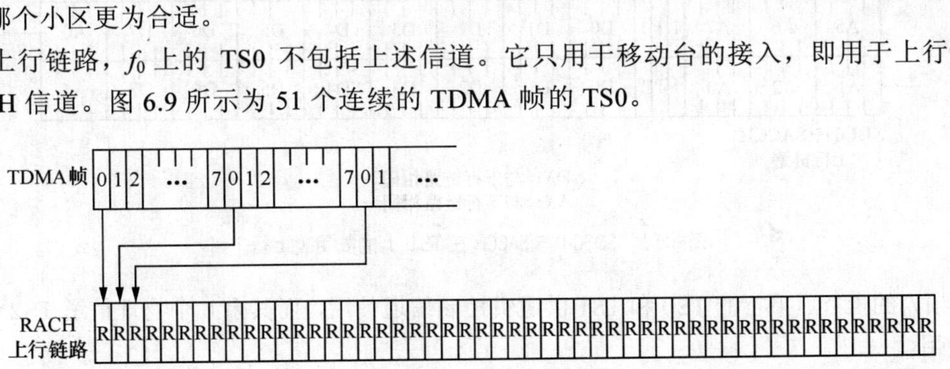

图 6.9　TS0 上 RACH 的复用

BCCH、FCCH、SCH、PCH、AGCH 和 RACH 均映射到 TS0。RACH 映射到上行链路，其余映射到下行链路。

下行链路 f_0 上的 TS1 时隙用来将专用控制信道映射到物理信道上，其映射关系如图 6.10 所示。

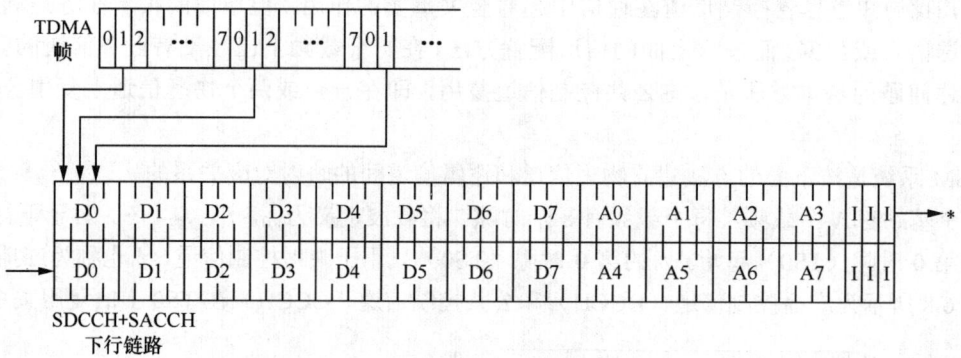

图 6.10　SDCCH 和 SACCH 在 TS1 上的复用（下行）

由于呼叫建立和登记时的比特率相当的低，所以可在一时隙上放 8 个专用控制信道，以提高时隙的利用率。

SDCCH 和 SACCH 共有 102 个时隙，即 102 个时分复用帧。

SDCCH 的 DX（D0，D1，…）只用于移动台建立呼叫的开始时使用，当移动台转移到业务信道 TCH 上，用户开始通话或登记完释放后，DX 就用于其他的移动台。

SACCH 的 AX（A0，A1，…）主要用于传送那些不重要的控制信息，如传送无线测量数据等。

上行链路 f_0 上的 TS1 与下行链路 f_0 上的 TS1 有相同的结构，只是它们在时间上有一个偏移，即意味着对于一个移动台可同时双向接续。图 6.11 所示为 SDCCH 和 SACCH 在上行链路 f_0 的 TS1 上的复用。

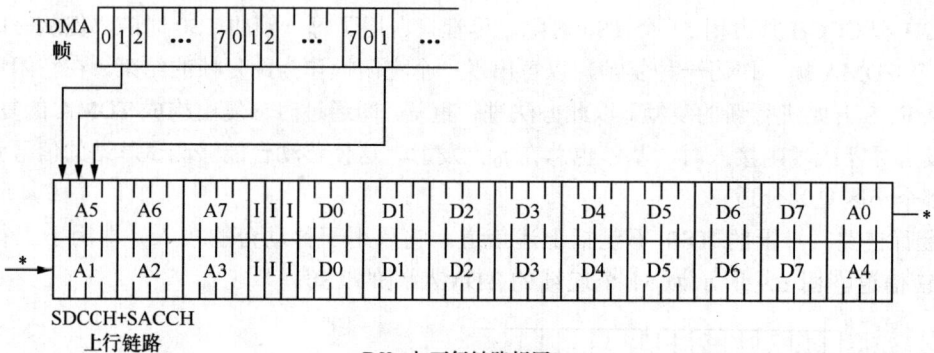

DX：与下行链路相同
AX：与下行链路相同

图 6.11　SDCCH 与 SACCH 在 TS1 上的复用（上行）

载频 f_0 的上行、下行的 TS0 和 TS1 供逻辑控制信道使用，而其余 6 个物理信道 TS2～TS7 由 TCH 使用。

TCH 到物理信道的映射如图 6.12 所示。

图 6.12 给出了 TS2 时隙的时分复用关系，其中 T 表示 TCH 业务信道，用于传送语音或数据；A 表示 SACCH 慢速随路信道，用于传送控制命令，如命令改变输出功率等；I 为 IDEL 空闲，它

不含任何信息，主要用于配合测量。时隙 TS2 是以 26 个时隙为周期进行时分复用的，以空闲时隙 I 作为重复序列的开头或结尾。

上行链路的 TCH 与下行链路的 TCH 结构完全一样，只是有一个时间的偏移。时间偏移为 3

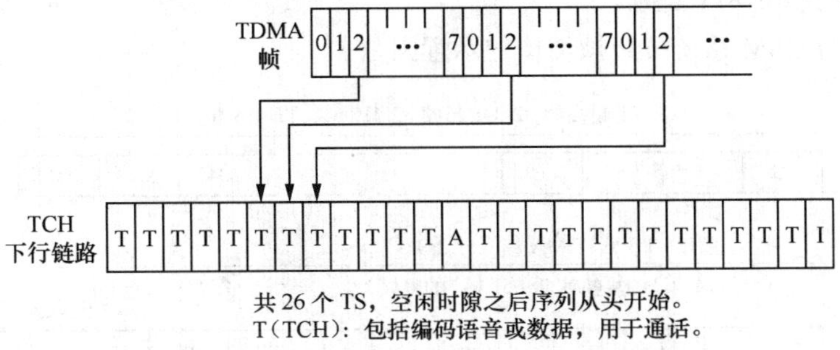

图 6.12 TCH 的复用

个 TS，也就是说上行的 TS2 与下行的 TS2 不同时出现，表明移动台的收发不必同时进行。图 6.13 所示为 TCH 上行与下行偏移的情况。

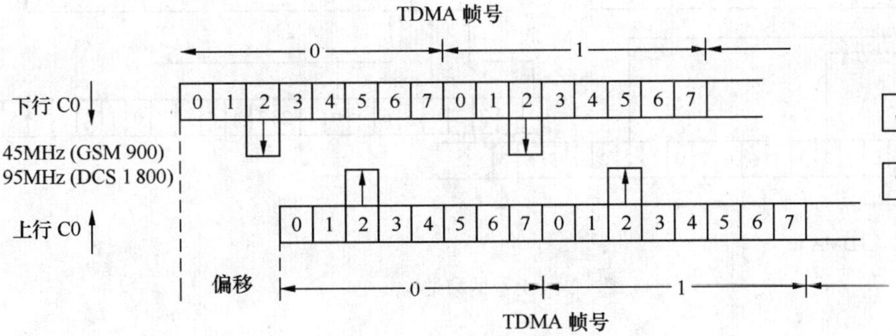

图 6.13 TCH 上下行偏移

通过以上论述可以得出在载频 f_0 上有如下结论。

- TS0：逻辑控制信道，重复周期为 51 个 TS。
- TS1：逻辑控制信道，重复周期为 102 个 TS。
- TS2：逻辑业务信道，重复周期为 26 个 TS。
- TS3~TS7：逻辑业务信道，重复周期为 26 个 TS。

其他 $f_1 \sim f_N$ 载频的 TS0~TS7 时隙全部是业务信道。

2. GSM 的时隙帧结构

前面论述了 GSM 的逻辑信道和物理信道的映射，在此基础上给出 GSM 的帧结构。

GSM 的时隙帧结构有 5 个层次，即时隙、TDMA 帧、复帧（multiframe）、超帧（superframe）和超高帧。

- 时隙是物理信道的基本单元。
- TDMA 帧是由 8 个时隙组成的，是占据载频带宽的基本单元，即每个载频有 8 个时隙。
- 复帧有两种类型。

    ✓ 由 26 个 TDMA 帧组成的复帧。这种复帧用于 TCH、SACCH 和 FACCH。

    ✓ 由 51 个 TDMA 帧组成的复帧。这种复帧用于 BCCH 和 CCCH。

● 超帧是由 51 个 26 帧的复帧或 26 个 51 帧的复帧构成。

● 超高帧等于 2 048 个超帧。

图 6.14 所示为 GSM 系统分级帧结构的示意图。

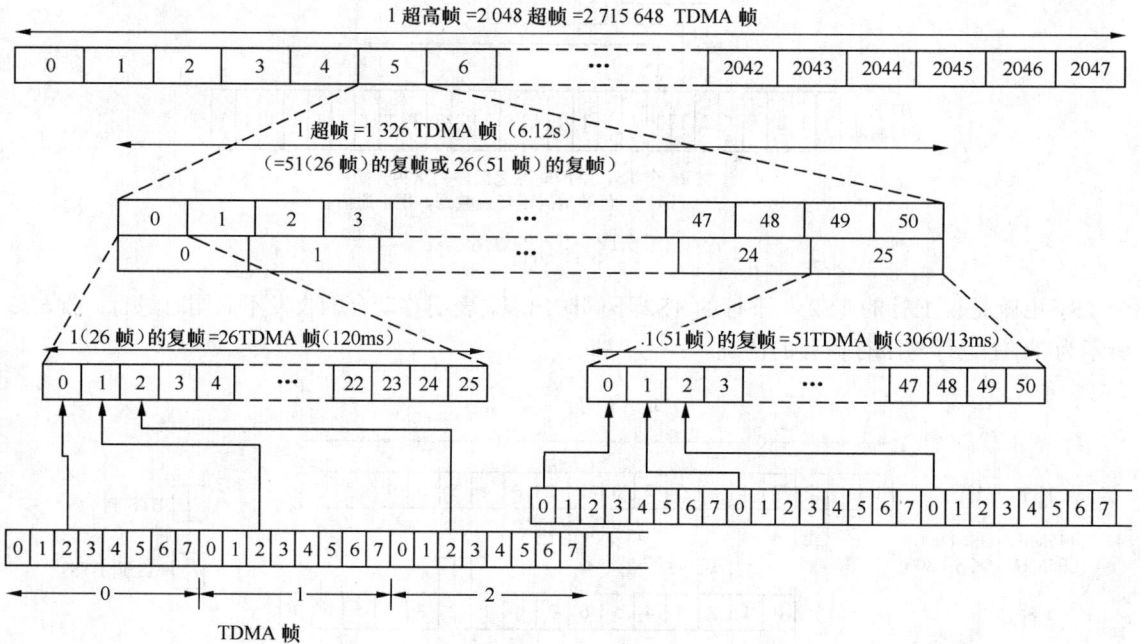

图 6.14 分级的帧结构

在 GSM 系统中超高帧的周期是与加密和跳频有关的。每经过一个超高帧的周期，循环长度为 2 715 648，相当于 3 小时 28 分 53 秒 760 毫秒，系统将重新启动密码和跳频算法。

6.3.3　突发脉冲

突发脉冲是以不同的信息格式携带不同逻辑信道，在一个时隙内传输，由 100 多个调制比特组成的脉冲序列。因此可以将突发脉冲看成是逻辑信道在物理信道传输的载体。根据逻辑信道的不同，突发脉冲也不尽相同。通常突发脉冲有 5 种类型。

1. 普通突发脉冲

普通突发脉冲（Normal Burst，NB）用于构成 TCH，以及除 FCCH，SYCH，RACH 和空闲突发脉冲以外的所有控制信息信道，携带它们的业务信息和控制信息。普通突发脉冲的构成如图 6.15 所示。

TB 3	加密比特 57	1	训练序列 26	1	加密比特 57	TB 3	GP 8.25

0.577ms

156.25bit

图 6.15　普通突发脉冲序列

由图 6.15 可看出：普通突发脉冲是由加密信息（2×57bit）、训练序列（26bit）、尾位 TB（2×3bit）、借用标志 F（Stealing Flag，2×1bit）和保护时间 GP（Guard Period，8.25bit）构成，总计 156.25bit。因每个 bit 的持续时间为 3.692 3μs，一个普通突发脉冲所占用的时间为 0.577ms。

在普通突发脉冲中，加密比特是 57bit 的加密语音、数据或控制信息，另外有 1bit 的"借用标志"，当业务信道被 FACCH 借用时，以此标志表明借用一半业务信道资源；训练序列是一串已知比特，是供信道均衡用的；尾位 TB 总是 000，是突发脉冲开始与结尾的标志；保护时间 GP 是用来防止由于定时误差而造成突发脉冲间的重叠。

2．频率校正突发脉冲

频率校正突发脉冲（Frequency Correction Burst，FB）用于构成 FCCH，携带频率校正信息。其结构如图 6.16 所示。

TB 3	固定比特 142	TB 3	GP 8.25

0.577ms
156.25bit

图 6.16　频率校正突发脉冲序列

频率校正突发脉冲除了含有尾位和保护时间外，主要传送固定的频率校正信息，即 142 个的全"0"比特。

3．同步突发脉冲

同步突发脉冲（Synchronization Burst，SB）用于构成 SYCH，携带有系统的同步信息。其结构图如图 6.17 所示。

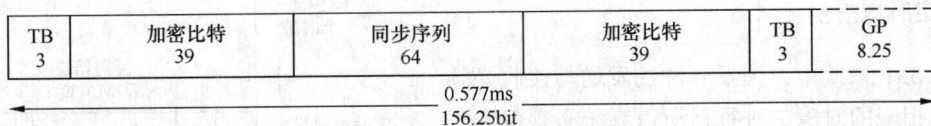

TB 3	加密比特 39	同步序列 64	加密比特 39	TB 3	GP 8.25

0.577ms
156.25bit

图 6.17　同步突发脉冲序列

同步突发脉冲由加密信息（2×39bit）和一个易被检测的长同步序列（64bit）构成。加密信息位携带有 TDMA 帧号（TN）以及基站识别码（BSIC）信息。

4．接入突发脉冲

接入突发脉冲（Access Burst，AB）用于构成移动台的 RACH，携带随机接入信息。接入突发脉冲的结构图如图 6.18 所示。

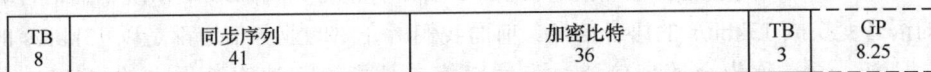

TB 8	同步序列 41	加密比特 36	TB 3	GP 8.25

图 6.18　接入突发脉冲序列

接入突发脉冲由同步序列（41bit）、加密信息（36bit）、尾位（8＋3bit）和保护时间构成。其中保护时间间隔较长，这是为了使移动台首次接入或切换到一个新的基站时不知道时间的提前量而设置的。当保护时间长达 252μs 时，允许小区半径为 35km，在此范围内可保证移动台随机接入移动网。

5．空闲突发脉冲

空闲突发脉冲（Dummy Burst，DB）的结构与普通突发脉冲的结构相同，只是将普通突发脉冲中的加密信息比特换成固定比特。其结构如图 6.19 所示。

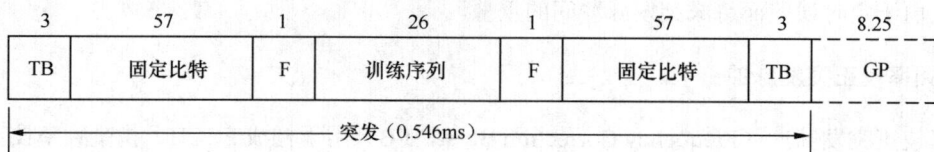

3	57	1	26	1	57	3	8.25
TB	固定比特	F	训练序列	F	固定比特	TB	GP

突发（0.546ms）

图 6.19　空闲突发脉冲

空闲突发脉冲的作用是当无用户信息传输时，用空闲突发脉冲替代普通突发脉冲在 TDMA 时隙中传送。

6.3.4　帧偏离、定时提前量与半速率信道

1．帧偏离

帧偏离是指前向信道的 TDMA 帧定时与反向信道的 TDMA 帧定时的固定偏差。GSM 系统中规定帧偏差为 3 个时隙，如图 6.20 所示。这样做的目的是简化设计、避免移动台同一时隙收发的必要性，从而保证收发的时隙号不变。

2．定时提前量

在 GSM 系统中，突发脉冲的发送与接收必须严格地在相应的时隙中进行，所以系统必须保证严格的同步。然而，移动用户是随机移动的，当移动台与基站距离远近不同时，它的突发脉冲的传输时延就不同。为了克服由突发脉冲的传输时延所带来

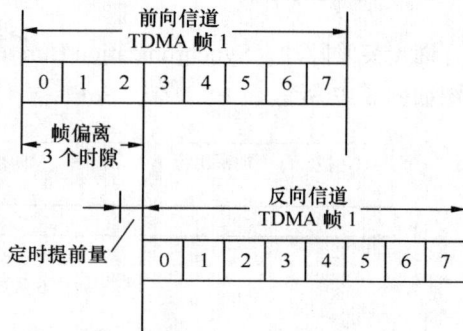

图 6.20　帧偏离与定时提前量示意图

的定时的不确定，基站要指示移动台以一定的提前量发送突发脉冲，以补偿所增加的时延，如图 6.20 所示。

3．半速率信道

全速率是指 GSM 中用于无线传输的 13kbit/s 的语音信号，即 GSM 系统中的语音编码器将 64kbit/s 的语音变换成 13kbit/s 的语音信号。前面我们所介绍的业务信道都是以 13kbit/s 的速率传输语音数据的，通常称为全速率信道；半速率信道是指语音速率从原来的 13kbit/s 下降到 6.5kbit/s。这样两个移动台将可使用一个物理信道进行呼叫，系统容量可增加一倍。图 6.21 所示为全速率信道和半速率信道的示意图。

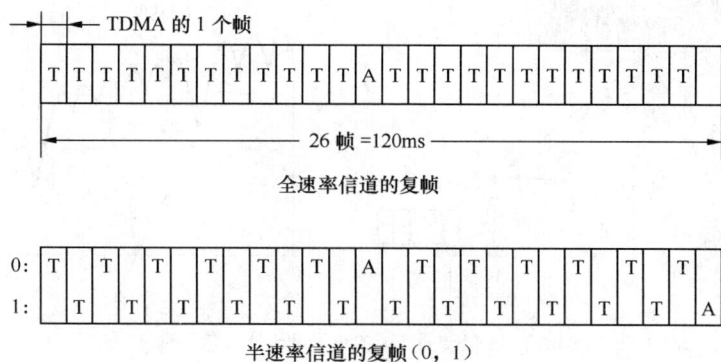

图 6.21 全速率信道和半速率信道

6.4 GSM 的无线数字传输

前面已经详细讨论了无线传播环境以及无线信道的问题和各种抗衰落技术，因此这里只是结合 GSM 系统讨论 GSM 系统的无线信道衰落特性和一些相应的抗衰落技术。

6.4.1 GSM 系统无线信道的衰落特性

1. 多径衰落

多径衰落信道的特性可由信号在自由空间的传输损耗、信号衰落深度、信号衰落次数等参数来表征。这些参数决定了电波传输的覆盖范围和场强分布。对数字信号的传输来说，仅这些参数还不够。在数字通信中，通信系统的好坏由输出的误码率来判断。有时尽管接收信号电平很高，但多径效应却会引起很高的误码率，使通信无法正常进行。事实上，多径传输带来了额外的路径损耗；多径衰落会导致数字信号传输的突发性错误；多径时延扩展将导致数字信号传输的码间干扰。图 6.22 所示为移动通信中的多径传播环境。

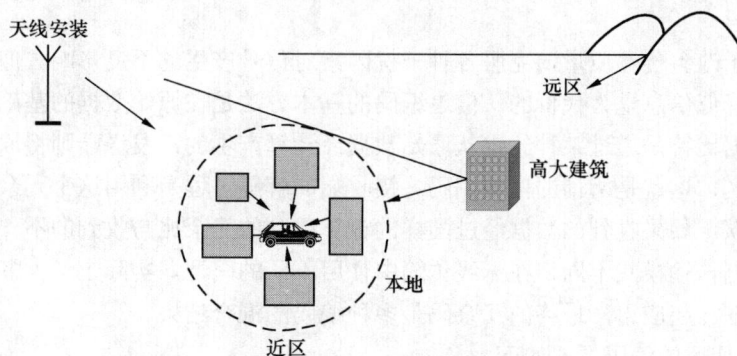

图 6.22 多径传播环境

图 6.23 所示为由于多径传输所带来的符号间的干扰以及信号衰落。

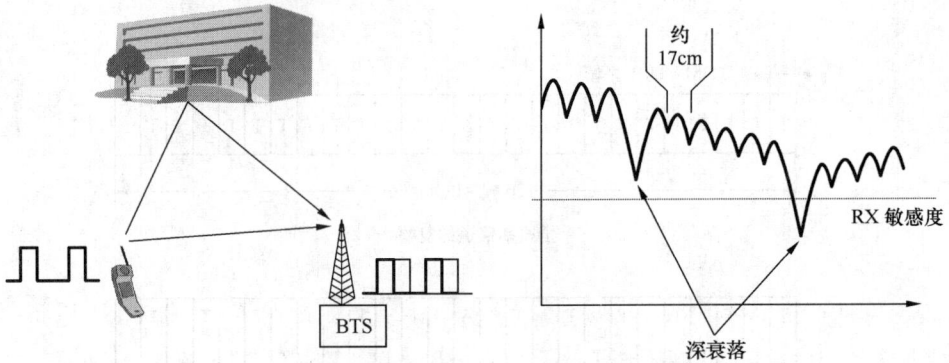

图 6.23 多径传播造成的符号间干扰及信号衰落

2. 阴影衰落

阴影衰落是由于传播环境中的地形起伏、建筑物及其他障碍物对电波遮蔽所引起的衰落。阴影衰落又称慢衰落，它一般表示为电波传播距离的 m 次幂和表示阴影损耗的正态对数分量的乘积。

3. 时延扩展

研究无线电波的多径传播可以从不同的角度进行。一方面可以从接收信号的包络变化反映的多径衰落特性，如瑞利衰落特性、电平通过率和平均衰落持续时间等考察多径传播；另一方面，在时间域，研究数字脉冲信号经过多径传播的时延特性，即在多径传播条件下接收信号产生的时延扩展或称时延散布。

时延扩展所带来的直接后果是接收信号中一个码元的波形会扩展到其他码元周期中，引起码间串扰。

6.4.2 GSM 系统中的抗衰落技术

1. 信道编码与交织

（1）信道编码

信道编码用于改善传输质量，克服各种干扰因素对信号产生的不良影响。但是信道编码是以增加数据长度，降低信息量为代价的。信道编码的基本方法是在原始数据的基础上附加一些冗余信息。增加的数据比特是通过某种约定从原始数据经计算产生的，发送端则将原始数据和增加的数据比特一起发送，这就是所谓的信道编码。接收端的解码过程是利用这个冗余信息检测误码并尽可能地纠正错误。如果收到的数据经过同样的计算得到的冗余比与收到的不一致时，就可以确定传输有误。根据传输模式不同，在无线传输中使用不同的码型。实际上，大多数情况下是把几种编码方式组合在一起应用，最终的冗余码是多种编码的混合结果。

GSM 系统中使用的编码方式如下。

● 块卷积码：主要用于纠错。当解码器采用最大似然估计方法时，可以产生十分有效的纠错效果。

● 纠错循环码：主要用于检测和纠正成组出现的误码。通常与块卷积码混合使用，用于捕捉和纠正遗漏的组误差。

● 奇偶码：这是一种普遍使用的，最简单的检测误码的方法。

（2）交织编码

交织编码的目的是把一个较长的突发误码离散成随机误码，再用纠正随机误码的编码技术，如卷积编码技术，消除随机误码。

在移动通信中多径衰落会导致数字信号传输的突发性错误。利用交织编码技术可以改善数字通信的传输能力。在 GSM 系统中采用了较为复杂的交织编码技术。

交织就是把码字顺序相关的比特流非相关化。GSM 交织编码器的输入码流是 20ms 的帧，每帧含 456bit。每两帧（40ms）共 912bit，按每行 8 位写入，共写入 114 行，即 $8 \times 114 = 912$bit。输出按列输出，每次读出 114bit，恰好对应 GSM 的一个 TDMA 时隙。也就是说将 912bit 字符交织后分散到 8 个 TDMA 帧的时隙中来传输。按照这种方法就会使传输中受到突发性干扰的信息码流，经交织译码后，突发错误变成了随机差错。图 6.24 所示为 GSM 系统采用的交织编码矩阵。

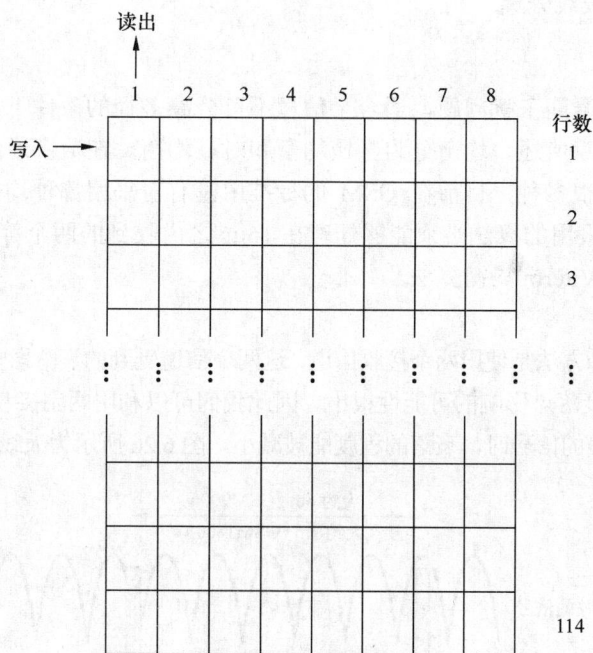

图 6.24　交织编码矩阵

GSM 系统的交织编码过程如图 6.25 所示。

将输入码流长为 20ms 帧中的 456bit 分成 8 段，每段含有 57bit。交织是在 40ms 共 912bit 间进行的。当前帧的 456bit 分别与第 n-1 帧后半帧的 228bit 和第 n+1 帧前半帧的 228bit 交织，即当前帧的 1、2、3、4 段与 n-1 帧的 5、6、7、8 段组成时隙 1、2、3、4；当前帧的 5、6、7、8 段与 n+1 帧的 1、2、3、4 段组成时隙 5、6、7、8。这就实现了将 912bit 码流交织，分散到 TDMA 帧的 8 个时隙传输的目的。

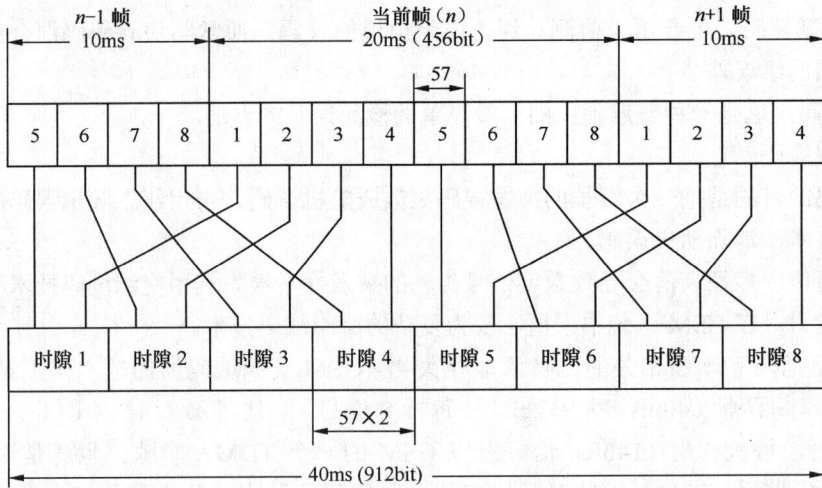

图 6.25 交织过程

2．Viterbi 均衡与天线分集

（1）Viterbi 均衡

均衡是用于解决符号间干扰问题，适合于信号不可分离多径的条件下，且时延扩展远大于符号宽度的情况。如第 2 章所述，均衡分为频域均衡和时域均衡。在数字通信中多采用时域均衡。

实现均衡的算法有很多种，目前在 GSM 的标准中没有对采用哪种均衡算法作出规定。但有一个重要的限制，就是采用的算法必须能够处理在 16μs 之内收到的两个等功率的多经信号。因此在 GSM 系统中多采用 Viterbi 均衡算法。

（2）天线分集

实现天线分集的一种方法是使用两个接收信道，这两个信道受到的衰落影响是不相关的，它们在某一时刻同时经受某一深衰落点影响的可能性很小。因此我们可以利用两副接收天线独立地接收同一信号，当合成来自两副天线的信号时，衰落的程度能被减小。图 6.26 所示为天线分集接收的示意图。

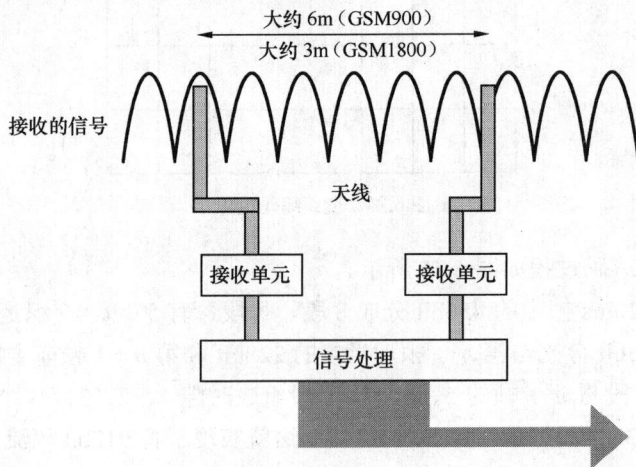

图 6.26 天线分集接收示意图

3. 跳频技术

所谓跳频就是有规则地改变一个信道的频隙（载频频带）。跳频分为快跳频和慢跳频，在 GSM 的无线接口上采用的是慢跳频技术。这是因为在 GSM 中要求在整个突发脉冲期间传输的频隙保持不变。

GSM 系统引入跳频有两个主要原因：一是频率分集；其次是干扰分集。

（1）频率分集是为了抗拒移动通信系统中瑞利衰落的影响而采用的抗干扰分集技术。研究表明，瑞利衰落将因频率的不同而产生不同的影响，换句话说，同一信号在不同频隙上有不同的瑞利衰落的影响。频率相差越大，这种干扰的相关性越小，频率相差 1MHz 时，几乎是完全不相关的。因此由频率分集分散到不同频隙上的突发脉冲不会受到同一瑞利衰落的影响，从而改善了传输质量。当 MS 高速移动时，同一信道接收的两个突发脉冲之间的位置变化也要承受其他衰落的影响，此时 GSM 中所采用的慢跳频技术就无能为力了。然而，就 MS 静止或慢速移动时，慢跳频技术可以使传输质量提高大约 6.5dB。

（2）干扰分集源于码分多址（CDMA）的应用。在高业务量区域，系统所能提供的容量要受到频率复用条件的限制，也就是受到制约系统质量的载干比（C/I）的限制。我们知道一个呼叫所承受的干扰电平是由其他呼叫的同时存在引起的。在允许干扰总和下，可以存在的干扰源越多，系统的容量越大，这就是干扰分集的目的。在 GSM 系统中，为了保证在相邻小区之间不发生干扰，每个小区应分配不同的频率组，即采用频分小区的方法。但有时为了提高频谱的利用率，不同的小区中可以包含相同的频率，如图 6.27 所示。

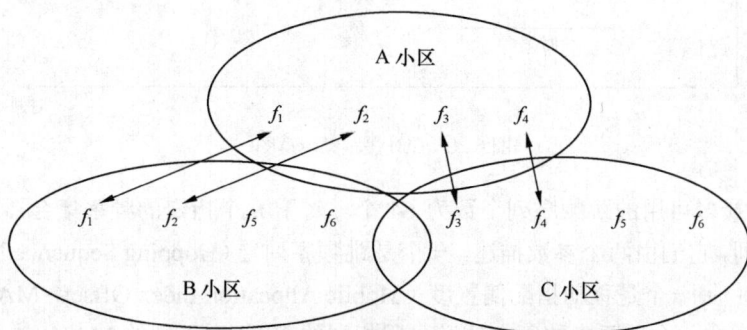

图 6.27　GSM 蜂房结构与调频组网

这时应用跳频和不应用跳频对 A 小区的干扰是大不相同的。表 6.4 给出了 A 小区受干扰的情况。

表 6.4　　　　　　　　　　　　　　　A 小区受干扰的情况

	f_1	f_2	f_3	f_4
移动台→基站干扰电平（无跳频）	0.1 (C/I=10dB)	0.14 (C/I=8.5dB)	0.25 (C/I=6dB)	0.28 (C/I=5.5dB)
移动台→基站平均干扰电平（有跳频）	0.19 (C/I=7.2dB)			
移动台→移动台干扰电平（无跳频）	0.10 (C/I=10dB)		0.14 (C/I=5.5dB)	
移动台→基站平均干扰电平（有跳频）	0.19 (C/I=7.2dB)			

通常当干扰总和小于 C/I=7dB 时，呼叫将受到严重干扰。如果没有跳频，只有分配在 f_1 或 f_2 上的用户可以被正确接收。然而有了跳频，就可以在所有情况下保证质量。这是因为虽然小区间具有相同的频率，但是由于采用了不相关的跳频序列，产生了干扰分集效果，也就得到表 6.4 所示平均干扰电平的水平。

GSM 系统的跳频是在 TDMA 帧中的时隙上进行的。蜂窝结构的每个区群分配 n 组频率，每个区群又分成若干个小区，每个小区分配一组频率（跳频频率集），其中每一个频率为 GSM 的一个频道（频隙）。时隙和频隙构成了跳频信道，用时隙号（Time Slot Number，TN）表示。跳频是在时隙和频隙上进行的，换句话说，是在一定的时间间隔不断地在不同的频隙上跳频，如图 6.28 所示。

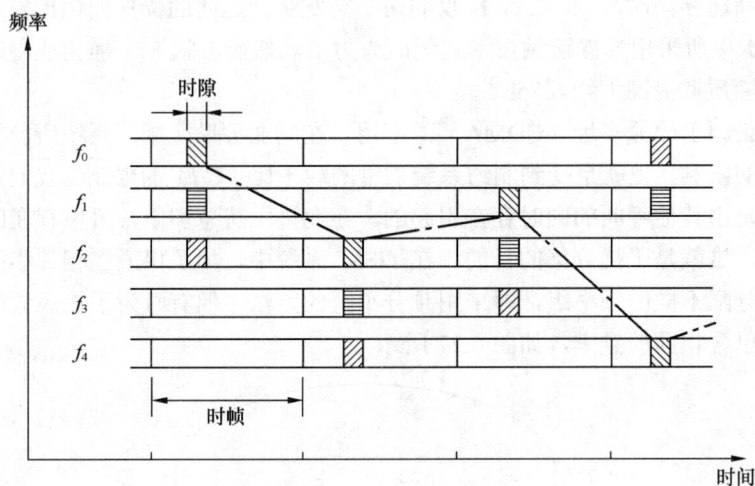

图 6.28 GSM 慢跳频示意图

GSM 中规定最多可用的跳频序列个数为 64 个。对于 n 个指定的频率集合，可以建立 $64 \times n$ 个不同的跳频序列。它们由两个参数描述，一个是跳频序列号（Hopping Sequence Number，HSN），有 64 种不同的值；另一个是移动指配偏置度（Mobile Allocation Index Offset，MAIO），可包括全部 n 个频率。通常在一个小区内的所有信道采用相同的 HSN 和不同的 MAIO 进行跳频，这样可以避免小区内信道之间的干扰；而在邻近小区之间由于使用不相关的频率集合，可认为彼此之间没有干扰。

跳频系统的抗干扰性能与跳频的频率集的大小关系密切，通常要求跳频频率集很大。但在蜂窝移动通信系统中，考虑到频率资源和系统容量，每组频率的数目最少应大于 4 个，否则将起不到跳频抗干扰的目的。

使用跳频的一个限制是公共信道必须使用固定频率，所以把公共信道选在不参加跳频的频隙上（NT0），同时集中在一个频率上。也就是说，支持广播控制信道的物理时隙 NT0 是不跳频的。这是因为在任何小区中的 BCCH 必须在一个专用载波上传输，否则，移动台将不能找到 BCCH，解不出 BCCH 中的信息。

4．语音激活与功率控制

在 GSM 系统中，采用语音激活与功率控制可以有效地减少同信道干扰。

（1）语音激活控制就采用了非连续发射（DTX），图 6.29 所示为其原理图。

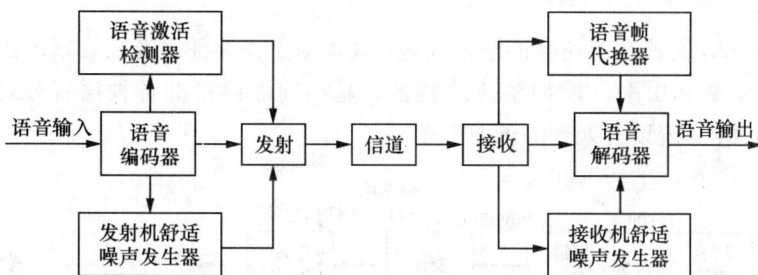

图 6.29 非连续发射原理框图

在发送端有一个语音激活检测器（VAD），其功能是检测是否有语音或仅仅是噪音。图 6.30 所示为语音激活检测器的示意图。

在图 6.29 中还有一个发射机舒适噪音发生器，用于产生与发射机背景噪音相似的信号参数，并发送给接收端。在接收端，同样有一个接收机舒适噪音发生器，可根据收到的背景噪音信号参数产生一个与发射机背景噪音相似的背景噪音信号。其目的在于

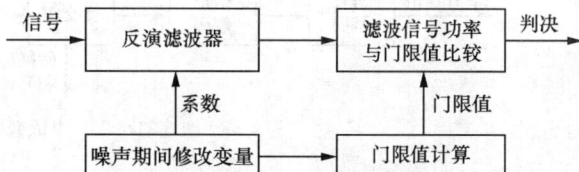

图 6.30 语音激活监测器框图

使收听者觉察不到谈话过程中语音激活控制开关的动作。另外，在接收端还有一个语音帧代换器（SFS），其作用是当语音编码数据中的某些重要码位受到干扰而译码器又无法纠正时，将前面未受到干扰的语音帧取代受到干扰的语音帧，从而保证接收到的语音质量。

（2）功率自适应控制的目的是，在保证通信服务质量的条件下，使发射机的发射功率为最小。平均功率的减小就相应地降低了系统内同信道干扰的平均电平。GSM 支持基站和移动台各自独立地进行发射功率控制。GSM 规定总的控制范围是 30dB，每步调节范围是 20dB，从 20mW 到 20W 之间的 16 个功率电平，每步精度为±3dB，最大功率电平的精度为±1.5dB。

功率自适应控制的过程是：移动台测量信号强度和信号质量，并定期向基站报告，基站按预置的门限参数与之相比较，然后确定发射功率的增减量。同理，移动台按预置的门限参数与之相比较，然后确定发射功率的增减量。通常在实际应用中，对基站不采用发射功率控制，主要是对移动台的发射功率进行控制，其发射功率以满足覆盖区内移动用户能正常接收的要求为准。

6.4.3 GSM 系统中的语音编码技术

目前 GSM 采用的语音方案是 13kbit/s 的 RPE-LTP（规则脉冲激励长期预测）码。它的目的是在不增加误码的情况下，以较小的速率优化频谱占有，同时达到与固定电话网尽量接近的语音质量。

GSM 系统首先把语音分成以 20ms 为单位的段，每个段编成 260bit 的数据块，然后对每个小段分别编码；块与块之间依靠外同步，块内部不含同步信息。这样，在无线接口上 20ms 一帧的数据流中不包含任何帮助接收端定位帧标志的信息。接收端将收到的信息块（激励信号）经 LPT 和 LPC 滤波重组，最后经过一个预先设计好的去加重网络加以复原，恢复语音信号。

6.4.4 GSM 系统中语音处理的一般过程

前面讨论了 GSM 无线数字传输的诸多问题，其本质是在保证语音或数据传输质量的条件下，提高系统的无线资源利用率，增加系统的容量。总结前面讨论的各种语音处理技术，给出如图 6.31 所示的 GSM 系统语音处理的一般框图。

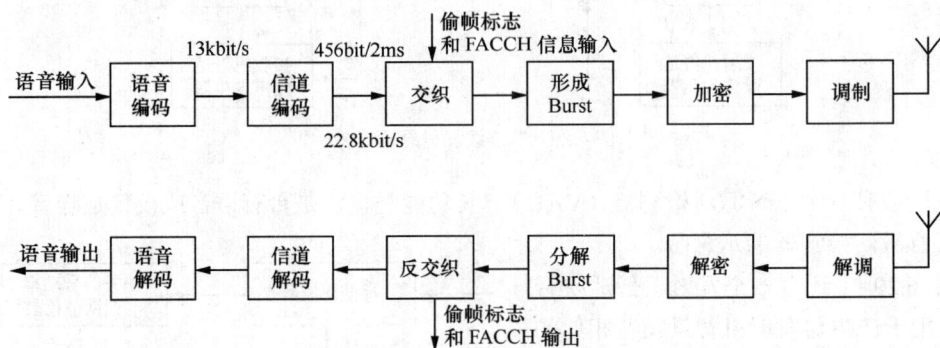

图 6.31　GSM 中语音处理的一般过程

6.5　GSM 的信令协议

GSM 系统的信令系统是以七号信令的主体再加上 GSM 的专用协议构成的，如图 6.32 所示。

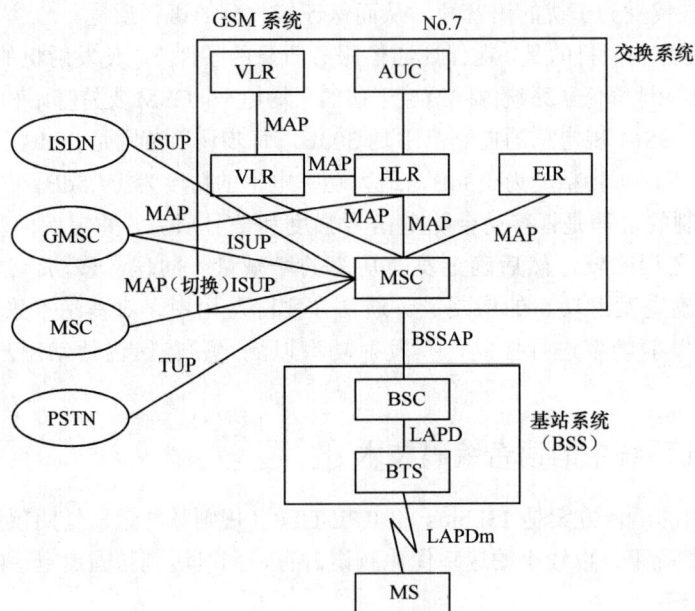

图 6.32　GSM 网络中各部分的信令

从图中可知，在 GSM 网络单元间的信令主要有 MAP、BSSAP（BSS 应用部分）、数据通道链路接入协议（LAPD）、以及 GSM 专用的 LAPDm 协议（专门用于空中接口的信令协议）。

6.5.1　GSM 的无线信令接口协议

1.　GSM 无线信令接口三层协议的概念

GSM 的无线信令接口协议是指 GSM 的 Um 接口上信令及其传输所应遵守的规定。由于 GSM 的 Um 接口是开放式接口，所以它的接口信令协议是公开的。只要生产移动台和基站的不同厂家遵守 Um 接口的协议，它们的设备就可以成功地互通，而其设备本身可以采用不同技术和结构。

GSM 无线信令接口协议采用的是 OSI 模型建议的分层协议结构，按功能通信过程分为 3 个层次。第一层是物理层，为最低层，包括各类信道，为高层的信息传送提供基本的无线信道。第二层是数据链路层，为中间层（LAPDm），包括各种数据传输结构，对数据传输进行控制。第三层为最高层，包括各类消息和程序，对业务进行控制，并有无线资源管理（RM）、移动性管理（MM）和呼叫管理 3 个子层。

在 OSI 分层的概念中，分层结构中的每层都存在实体单元。在不同系统中，为了实现共同目标而必须交换信息的同一层实体称为对等层。相邻层次中的实体通过共同层面相互作用。低层向高层提供服务，也就是第 $N+1$ 层被提供的服务是第 N 层及以下所有各层所提供的服务和功能的组合。当层与层之间相互作用时，是采用原语来描述的。原语表示的是相邻层之间信息与控制的逻辑交换，并不规定这种交换是如何实现的。

一般地说，第 $N+1$ 层与第 N 层之间交换的原语有 4 种，如图 6.33 所示。

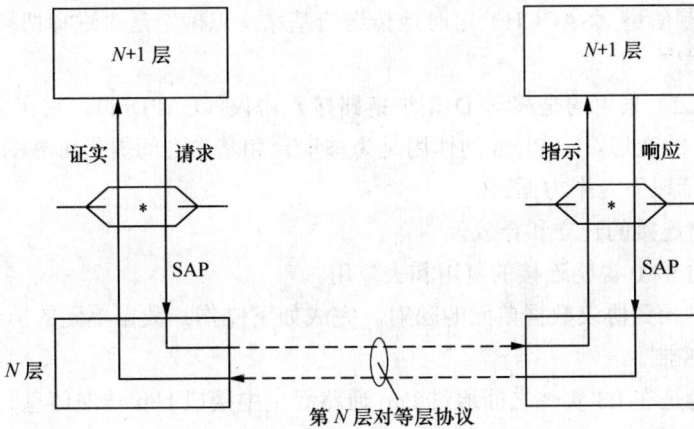

图 6.33　对等层通信的原语

图中各原语含义如下。
- "请求"原语类型：高层向相邻低层请求一种业务时使用的原语。
- "指示"原语类型：提供某种业务的层次，通知其相邻高层与"请求"类原语有关的活动时使用的原语。
- "响应"原语类型：某层确认收到某个低层的"指示"类原语时使用的原语。
- "证实"原语类型：提供"请求"业务的层为证实操作活动已经完成时使用的原语。

另外，在各个相邻功能层（实体）间的接口为业务接入点（SAP）。SAP 既用于对提供业务的实体的控制，又用于数据传送。以物理层为例，SAP 用于对提供业务的实体的控制是有关信道的建立和释放命令；用于数据传输是比特传输。但是在 GSM 中对物理层 SAP 的控制并不是由数据链路层而是由第三层中的无线资源管理子层进行的。对每种控制逻辑信道，都在物理层和数据层之间确定了一个 SAP，如图 6.34 所示。

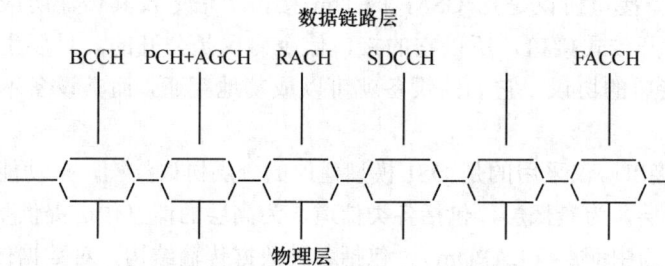

图 6.34　物理层 SAP

2．GSM 无线信令接口的三层协议

（1）物理层

物理层（L1）是为上层提供不同的逻辑信道，每个逻辑信道都有自己的业务接入点 SAP。由前面 GSM 信道的讨论我们知道逻辑信道是复用在物理信道上的，即各种逻辑信道是复用在 TDMA 物理信道的 TS0 或 TS1 时隙上的。

另外，由于移动台采用的是时分多址方式，可以在其空闲时监测周围的无线环境，把监测结果通过慢速随路控制信道（SACCH）定时地传送给基站，以确定是否进行切换。

（2）数据链路层

数据链路层（L2）采用的是移动 D 信道链路接入协议（LAPDm），它实际上是 ISDN "D" 信道协议（LAPD）的变形。LAPDm 的作用是为移动台和基站之间提供可靠的无线链路，为此它的主要信令协议包括以下几个方面。

- 信令层链路连接的建立和释放。
- 根据不同的 SAP 说明连接的复用和去复用。
- 业务数据单元到协议数据单元的映射。完成如下操作：数据单元的拆装，重组；误码的检测和恢复；流量控制。

LAPDm 的用途是在 L3 实体之间通过 Dm 通路经空中接口 Um 传递信息。LAPDm 支持以下几种实体或信令。

- 多个第三层实体
- 多个物理实体
- BCCH 信令
- PCH 信令
- AGCH 信令
- DCCH 信令（包括 SDCCH，FACCH 和 SACCH 信令）

LAPDm 的信令帧与 LAPD 的信令帧是有区别的。图 6.35 所示为 LAPDm 与 LAPD 的帧结构。

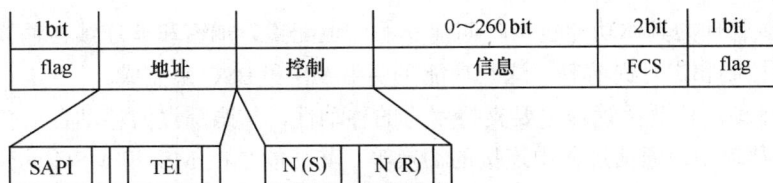

（a）LAPD 的帧结构

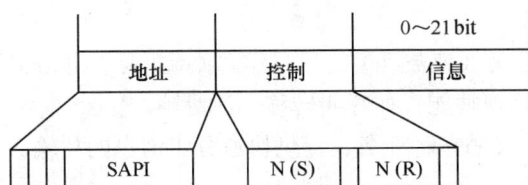

（b）LAPDm 的帧结构

图 6.35 LapD 和 LapDm 的帧结构

LAPDm 帧中不含有帧校验（FSC），标志，地址和控制段也比较短。LAPDm 与 LAPD 帧的类型和作用如表 6.5 所示。

表 6.5   **LAPD 和 LAPDm 两种协议中的帧类型**

帧　　名	意　　义	任　　务
SABM	建立异步平衡模式	建立证实模式时的第一个帧
DISC	拆线	释放证实模式时的第一个帧
UA	无序号证实	对上述两种帧的证实
DM	非连接模式	指示非连接模式的信息帧
UI	无信号信息	非证实模式下的信息帧
I	信息	证实模式下的信息帧
RR	接收器准备好	流量控制，也可以用于证实
RNR	接收器未准备好	流量控制
REJ	拒绝	否定证实
FRMR	帧拒绝	错误返回报告

（3）第三层

第三层（L3）主要完成以下功能。

- 专用无线信道连接的建立、操作和释放（无线资源管理（RM））。
- 位置更新、鉴权和 TMSI 的再分配（移动性管理（MM））。
- 电路交换呼叫的建立、维持和结束（呼叫控制（CC））。
- 补充业务支持（SS）。
- 短消息业务支持（SMS）。

第三层的这些功能分别由构成第三层的 3 个子层完成。下面分别讨论各个子层的功能和作用。

- 无线资源管理。无线资源管理子层的作用是：完成在呼叫期间移动台与 MSC 间连接的建立和释放，在越区或漫游期间的信道切换，实现动态地共享有限的无线资源（包括地面网的有线资源）。无线资源管理的具体功能包括呼叫建立的信道配置、加密和非连续传输模式管理、信道切换操作、功率控制和定时提前等。这些功能主要由 MS 和 BSC 来完成。

- 移动性管理。移动性管理主要支持用户的移动性，如跟踪漫游移动台的位置、对位置信息的登记、处理移动用户通信过程中连接的切换等。其功能是在 MS 和 MSC 间建立、保持及释放一个 MM 连接；由移动台启动的位置更新（数据库更新），以及保密识别和用户鉴权。
- 连接管理。连接管理（CM）支持以交换信息为目的的通信。它由呼叫控制、补充业务和短消息业务组成。
  - √ 呼叫控制具有移动台主呼（或被呼）的呼叫建立（或拆除）电路交换连接所必需的功能。
  - √ 补充业务支持呼叫的管理功能，如呼叫转移、计费等。
  - √ 短消息业务是 GSM 定义的一种业务，提供快速分组消息的传输。

6.5.2 GSM 的地面信令接口协议

GSM 地面接口采用的通信协议有如下一些标准。

- No.7 信令系统。
- X.25，用于 OMC 到 BSC 间 2Mbit 链路的数据通信。
- G732。2 048Mbit/s 的 PCM 链路，用于 PSTN 到 MSC、MSC 到 MSC、MSC 到 BSC、BSC 到 BTS、MSC 到 ITW（Interworking Function）之间，提供 30 个 64kbit/s 的语音信道。
- LAPD 用于 Abis 接口。

网络接口协议采用的 No.7 信令系统。GSM 系统间各个网络单元间采用的不同接口协议如图 6.5 所示。MSC 与公共电话网间的接口采用的是 TUP、MTP；MSC 与分组交换公共数据网间的接口采用的是 ISUP、MTP；MSC 与 VLR、HLR、EIR 间的 B、C、D、F 接口采用的是 MAP、TCAP、SCCP；MSC 与 BSC 间的接口采用的是 BSSAP、SCCP 和 MTP，其中 BSSAP 包括 BSSMAP 和 DTAP；MSC 与 MSC 间的 E 接口采用的是 MAP。Abis 接口是位于 BSC 与 BTS 间的内部接口，其接口协议为 LAPD。

6.6 接续和移动性管理

6.6.1 概述

在所有电话网络中建立两个用户——始呼和被呼之间的连接是通信最基本的任务。为了完成这一任务网络必须完成一系列的操作，诸如识别被呼用户、定位用户所在的位置、建立网络到用户的路由连接并维持所建立的连接直至两用户通话结束。最后当用户通话结束时，网络要拆除所建立的连接。

由于固定网的用户所在的位置是固定的，所以在固定网中建立和管理两用户间的呼叫连接是相对容易的。而移动网由于它的用户是移动的，所以建立一个呼叫连接是较为复杂的。通常在移动网中，为了建立一个呼叫连接需要解决以下 3 个问题。

- 用户所在的位置。
- 用户识别。
- 用户所需提供的业务。

下面将要论述的接续和移动性管理过程就是以解决上述 3 个问题为出发点的。

当一个移动用户在随机接入信道上发起呼叫另一个移动用户或固定用户，或者某个固定用户呼叫移动用户时，移动网络就开始了一系列的操作。这些操作涉及网络的各个功能单元，包括基站、移动台、移动交换中心、各种数据库以及网络的各个接口。这些操作将建立或释放控制信道和业务信道，进行设备和用户的识别，完成无线链路、地面链路的交换和连接，最终在主叫和被叫之间建立点到点的通信链路，提供通信服务。这个过程就是呼叫接续过程。

当移动用户从一个位置区漫游到另一个位置区时，同样会引起网络各个功能单元的一系列操作。这些操作将引起各种位置寄存器中移动台位置信息的登记、修改或删除，若移动台正在通话则将引起越区转接过程。这些就是支持蜂窝系统的移动性管理过程。

6.6.2　位置更新

GSM 系统的位置更新包括 3 个方面的内容：第一，移动台的位置登记；第二，当移动台从一个位置区域进入一个新的位置区域时，移动系统所进行的通常意义下的位置更新；第三，在一定的特定时间内，网络与移动台没有发生联系时，移动台自动地、周期地（以网络在广播信道发给移动台的特定时间为周期）与网络取得联系，核对数据。

移动系统中位置更新的目的是使移动台总与网络保持联系，以便移动台在网络覆盖的范围内的任何一个地方都能接入到网络内；或者说网络能随时知道移动台所在的位置，以使网络可随时寻呼到移动台。在 GSM 系统中是用各类数据库维系移动台与网络的联系的。

1. 移动用户的登记以及相关数据库

在用户侧一个最重要的数据库就是 SIM（Subscriber Identity Module）卡。SIM 卡中存有用于用户身份认证所需的信息，并能执行一些与安全保密有关的信息，以防止非法用户入网，另外，SIM 卡还存储与网络和用户有关的管理数据。SIM 卡是一个独立于用户移动设备的用户识别和数据存储设备，移动用户的移动设备只有插入 SIM 卡后，才能进网使用。在网络侧，从网络运营商的角度看，SIM 卡就代表了用户，就好像移动用户的"身份证"，每次通话网络对用户的鉴权实际上是对 SIM 卡的鉴权。

SIM 卡的内部是由 CPU、ROM、RAM 和 EEPROM 等部件组成的完整的单片计算机。生产SIM 的厂商已经在每个卡内存入了生产厂商代码、生产串号、卡的资源配置数据等基本参数，并为卡的正常工作提供了适当的软、硬件环境。

网络运营部门向用户提供 SIM 卡时需要注入用户管理的有关信息，其中包括：用户的国际移动用户识别号（IMSI）、鉴权密钥（Ki）、用户接入等级控制以及用户注册的业务种类和相关的网络信息等内容。这些内容同时也存入网络端的有关数据库，如 HLR 和 AUC 中。尽管在通常情况下，SIM 卡中以及网络端的相关必要的数据是预先注入好的，但是在业务经营部门没有与用户签署契约之前，SIM 卡是不能使用的。只有业务提供者把已注有用户数据的 SIM 卡发放给来注册的用户，通知网络运营部门对 HLR 中的那些用户给予初始化以后，这时用户拿到的 SIM 卡才开始生效。

当一个新的移动用户在网络服务区开机登记时，它的登记信息通过空中接口送到网络端的VLR 中，并在此进行鉴权登记。通常情况下，VLR 是与 MSC 集成在一起的。另外，网络端的HLR 也要随时知道 MS 所在的位置，因此在网络内部 VLR 和 HLR 要随时交换信息，更新它们的数据。在 VLR 中存放的是用户的临时位置信息，而在 HLR 中要存放两类信息，一类是移动用户的基本信息，是用户的永久数据；另一类是从 VLR 得到的移动用户的当前位置信息，是临时数据。

当网络端允许一个新的用户接入网络时，网络要对新的移动用户的 IMSI 的数据做"附着"标记，表明此用户是一个被激活的用户可以入网通信。移动用户关机时，移动用户要向网络发送最后一次消息，其中包括分离处理请求，MSC/VLR 收到"分离"消息后，就在该用户对应的 IMSI 上作"分离"标记，去"附着"。

2．移动用户位置更新

移动系统通常意义下的位置更新是说移动用户从一个网络服务区到达另外一个网络服务区时，系统所进行的位置更新操作。这种位置更新涉及了两个 VLR，图 6.36 所示为位置更新所涉及的网络单元。

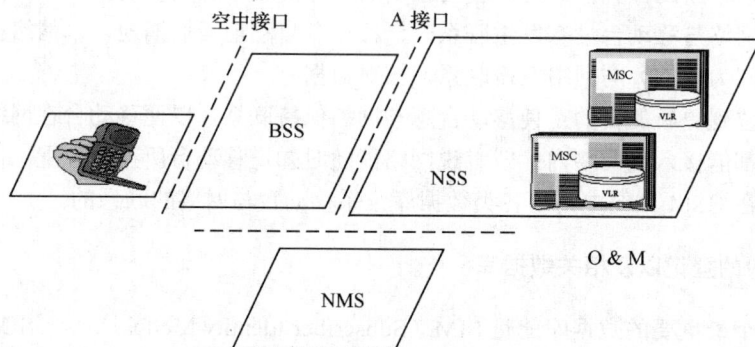

图 6.36　位置更新所涉及的网络单元

通常移动用户处于开机空闲状态时，它被锁定在所在小区的 BCCH 载频上，随时接收网络端发来的信息。在这个信息中包括了移动用户当前所在小区的位置识别信息。为了确定自己的所在位置，移动台要将这个位置识别信息（Identification，ID）存储到它的数据单元中。当移动台再次接收到网络端发来的 ID 时，它要将接收到的 ID 与原来存储的 ID 进行比较。若两个 ID 相同则表示移动台还在原来的位置区域内，若两个 ID 不同则表示移动台发生了位置移动，此时移动台要向网络发出位置更新请求信息。网络端接收到请求信息后便将移动台注册到一个新的位置区域，即新的 VLR 区域。同时，用户的 HLR 要与新的 VLR 交换数据得到移动用户新的位置信息，并通知移动台所属的原先的 VLR 删除用户的有关信息。这一位置更新过程如图 6.37 所示。

上述位置更新过程只是移动位置管理的一部分，实际上移动用户的移动性管理内容是很复杂的。另外，当移动用户在通话状态时发生的位置变化在移动通信系统中称为切换，有关 GSM 系统的切换问题后面再讨论。

3．移动用户的周期位置更新

周期位置更新发生在当网络在特定的时间内，没有收到来自移动台任何信息。比如在某些特定条件下由于无线链路质量很差，网络无法接收到来自移动台的正确消息，而此时移动台还处于开机状态并接收网络发来的消息，在这种情况下网络无法知道移动台所处的状态。为了解决这一

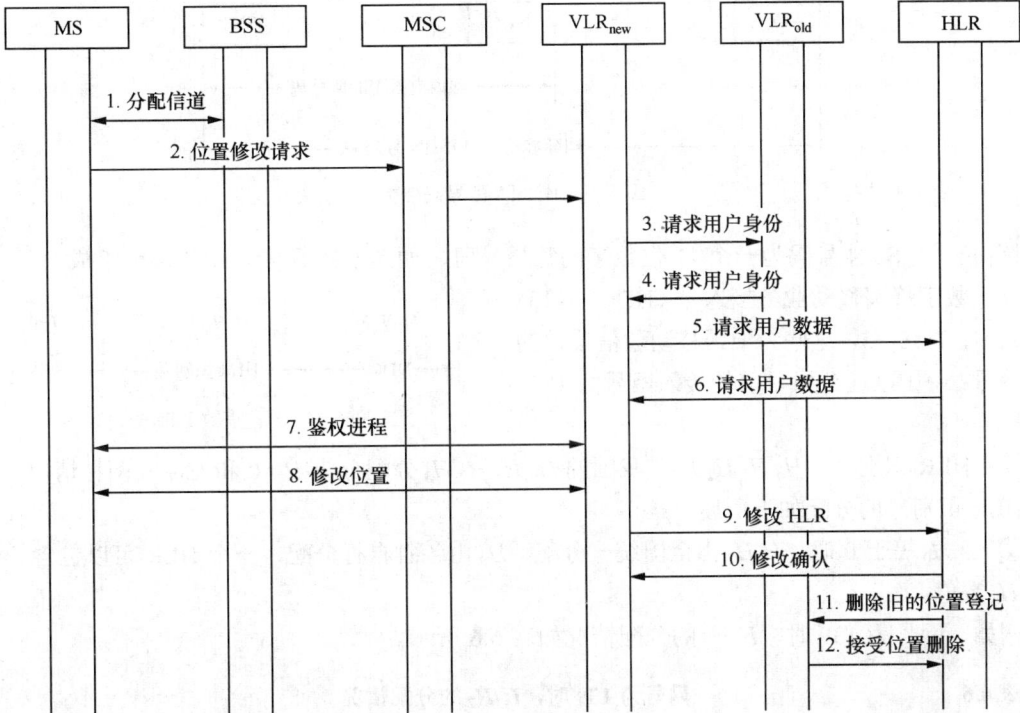

图 6.37　位置更新过程

问题，系统采取了强制登记措施。如系统要求移动用户在一特定时间内，例如一个小时，登记一次。这种位置登记过程就叫做周期位置更新。

　　周期位置更新是由一个在移动台内的定时器控制的，其定时器的定时值由网络在 BCCH 上通知移动用户。当定时值到时，移动台便向网络发送位置更新请求消息，启动周期位置更新过程。如果在这个特定时间内网络还接收不到某移动用户的周期位置更新消息，则网络认为移动台已不在服务区内或移动台电池耗尽，这时网络对该用户做去"附着"处理。周期位置更新过程只有证实消息，移动台只有接收到证实消息才会停止向网络发送周期位置更新请求消息。

6.6.3　呼叫建立过程

呼叫建立过程分为两个过程：移动台的被呼过程和移动台的主呼过程。

1. 移动台的被呼过程

　　这里以固定网（PSTN）呼叫移动用户为例，来说明移动台的被呼过程。呼叫处理过程实上是一个复杂的信令接续过程，包括交换中心间信令的操作处理、识别定位呼叫的用户、选择路由和建立业务信道的连接等。下面将详细地介绍这一处理过程。

　　（1）固定网的用户拨打移动用户的电话号码 MSISDN

　　移动用户的 MSISDN 号码相当于固定网的用户电话号码，是供用户拨打的公开号码。由于 GSM 系统中移动用户的电话号码结构是基于 ISDN 的编号方式，所以称为 MSISDN，即为移动用户的国际 ISDN 号码。MSISDN 的编码方法按照 CCITT 的建议，号码结构如图 6.38 所示。图中：CC 为国家代码，我国为 86。

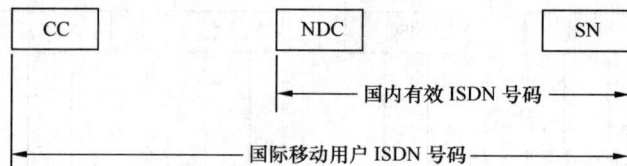

图 6.38　MSISDN 的号码结构

国内有效 ISDN 号码为一个 11 位数字的等长号码，如图 6.39 所示，由 3 部分组成。

√　数字蜂窝移动业务接入号（NDC）：$13S$（$S=9$、8、7、6、5，这些为中国移动通信公司的接入网号；中国联通公司目前的接入网号为 130、131）。

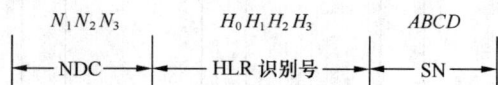

图 6.39　国内有效 ISDN 号码结构

√　HLR 识别号：$H_0 H_1 H_2 H_3$，我国的 $H_0 H_1 H_2 H_3$ 分配分为 $H_0=0$ 和 $H_0 \neq 0$ 两种情况。

HLR 识别号的分配如下所述。

① 当 H_0 等于 0 时，$H_1 H_2$ 由全国统一分配，H_3 由各省自行分配，一个 HLR 可以包含一个或多个 H_3 数值。

例如，网号为 139 时，$H_1 H_2$ 的分配情况如表 6.6 所示。

表 6.6　网号为 139 时，$H_1 H_2$ 的分配情况

H_1 \ H_2	0	1	2	3	4	5	6	7	8	9
0										
1	北京	北京	北京	北京	江苏	江苏	上海	上海	上海	上海
2	天津	天津	广东	广东	广东	广东	广东	广东	广东	广东
3	广东	河北	河北	河北	山西	山西	黑龙江	河南	河南	河南
4	辽宁	辽宁	辽宁	吉林	吉林	黑龙江	黑龙江	内蒙古	黑龙江	辽宁
5	福建	江苏	江苏	山东	山东	安徽	安徽	浙江	浙江	福建
6	福建	江苏	江苏	山东	山东	浙江	浙江	浙江	浙江	福建
7	江西	湖北	湖北	湖南	湖南	海南	海南	广西	广西	广西
8	四川	四川	四川	四川	湖南	贵州	湖北	云南	云南	西藏
9	四川	陕西	广东	甘肃	甘肃	宁夏	安徽	青海	辽宁	新疆

② 当 H_0 不等于 0 时，$SH_0 H_1 H_2$ 由全国统一分配。分配方案如表 6.7 所示。一个 HLR 可包含一个或若干个 $SH_0 H_1 H_2$ 数值。

表 6.7 　　　　　　　　　　当 H_0 不等于 0 时，$SH_0H_1H_2$ 的分配情况

	1	2	3	4	5	6	7	8	9
139	北京 (00~49) 上海 (50~99)	天津 (00~29) 重庆 (30~99)	河北 (00~99)	河北 (00~99)	山西 (00~99)	辽宁 (00~99)	辽宁 (00~19) 吉林 (20~99)	内蒙 (00~59) 预留 (60~99)	黑龙江 (00~99)
138	山东 (00~99)	山东 (00~99)	山东 (00~49) 河南 (50~99)	河南 (00~99)	河南 (00~99)	四川 (00~99)	四川 (00~94) 西藏 (95~99)	贵州 (00~79) 预留 (80~99)	云南 (00~99)
137	江苏 (00~99)	江苏 (00~99)	安徽 (00~99)	安徽 (00~49) 浙江 (50~99)	浙江 (00~99)	湖北 (00~99)	湖北 (00~49) 湖南 (50~99)	湖南 (00~99)	江西 (00~99)
136	广东 (00~99)	广东 (00~99)	广东 (00~69) 海南 (70~99)	预留 (00~29) 福建 (30~99)	福建 (00~39) 预留 (40~89) 广西 (90~99)	广西 (00~99)	陕西 (00~79) 预留 (80~99)	宁夏 (00~09) 预留 (10~49) 青海 (50~59) 新疆 (60~99)	甘肃 (00~59) 预留 (60~99)
135									

√ SN（移动用户号）：ABCD。由各 HLR 自行分配。

（2）PSTN 交换机分析 MSISDN 号码

PSTN 接到用户的呼叫后，根据 MSISDN 号码中的 NDC 分析得出此用户是要接入移动用户网，这样就将接续转接到移动网的关口移动交换中心（Gateway Mobile Services Switching Center，GMSC）。

（3）GMSC 分析 MSISDN 号码

GMSC 分析 MSISDN 号码得到被呼用户所在的 HLR 的地址。这是因为 GMSC 不含有被呼用户的位置信息，而用户的位置信息只存放在用户登记的 HLR 和 VLR 中，所以网络应在 HLR 中取得被呼用户的位置信息。所以得到 HLR 地址的 GMSC 发送一个携带 MSISDN 的消息给 HLR，以便得到用户呼叫的路由信息。这个过程称为 HLR 查询。

（4）HLR 分析由 GMSC 发来的信息

HLR 根据 GMSC 发来的消息，在其数据库中找到用户的位置信息。如前面所述，只有 HLR 知道当前被呼用户所在的位置信息，即被呼用户是在哪一个 VLR 区登记的。要说明的是 HLR 不负责建立业务信道的连接，业务信道的连接是由 MSC 负责的，而 HLR 只起到用户信息的查询作用。

现在介绍 HLR 中的内容，以示被叫用户是如何定位的。

HLR 包含如下内容。

- MSISDN
- IMSI
- VLR 的地址
- 用户的数据

其中，MSISDN 已介绍过了。这里出现了一个新的号码 IMSI，即国际移动用户识别（International Mobile Subscriber Identity，IMSI），它是移动用户的唯一识别号码，为一个 15 位数字的号码。其号码结构如图 6.40 所示，由 3 部分组成。

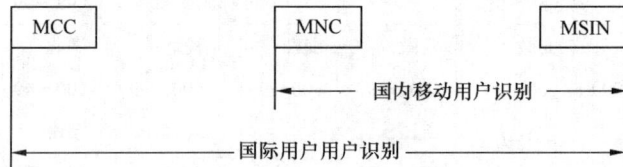

图 6.40　IMSI 的号码结构

　　√　移动国家号码（MCC）：由 3 个数字组成，唯一地识别移动用户所属的国家。中国为 460。
　　√　移动网号（MNC）：识别移动用户所归属的移动网。中国移动通信公司的 TDMA 数字公用蜂窝移动通信网为 00，中国联通公司的 TDMA 数字公用蜂窝移动通信网为 01。
　　√　移动用户识别码（MSIN）：由 10 位数字组成。

这里存在一个要说明的问题，即为什么不用用户的 MSISDN 号码进行网络登记和建立呼叫，而要引出一个 IMSI 号码呢？原因如下。首先不同国家移动用户的 MSISDN 号码的长度是不相同的，这主要是因为它们的国家码（CC）长度不同。中国的 CC 为 86，美国的 CC 为 1，而芬兰的 CC 为 358。因此，如果用 MSISDN 进行用户登记，为了防止来自不同国家的 MSISDN 号码的不同部分（CC、NDC、SN）混淆，则在网络处理时需为每个部分加一个长度指示，这将使处理变得复杂。其次为了使一个移动用户可以识别语音、数据、传真等不同的业务，一个移动用户要有不同 MSISDN 号码与相应的业务对应。所以移动用户的 MSISDN 号码不是唯一的，而移动用户的 IMSI 号码却是全球唯一的。

HLR 中另外的一个数据字段 VLR 地址字段是用于保存被呼用户当前登记的 VLR 地址的，这是网络建立与被呼用户的连接所需要的。

（5）HLR 查询当前为被呼移动用户服务的 MSC/VLR

HLR 查询当前为被呼移动用户服务的 MSC/VLR 的目的是为了在 VLR 中得到被呼用户的状态信息以及呼叫建立的路由信息。

（6）由正在服务于被呼用户的 MSC/VLR 得到呼叫的路由信息

正在服务于被呼用户的 MSC/VLR 是由其产生的一个移动台漫游号码（MSRN）提供呼叫路由信息的。这里由 VLR 分配的 MSRN 是一个临时移动用户的一个号码，该号码在接续完成后即可以释放给其他用户使用。它的结构有以下两种。

- 结构 1：$13S\,00\,M_1M_2M_3\,ABC$。其中，$M_1M_2M_3$ 为 MSC/VLR 号码，分配方案参见我国 GSM 技术体制。S 为 9、7、6、5 或 1 和 0。

● 结构 2：1354 $S\ M_0M_1M_2\ ABC$。其中，$S\ M_0M_1M_2$ 为 MSC/VLR 号码，分配方案参见我国 GSM 技术体制。

要注意的是 MSRN 主要是通过给出正在为被呼用户服务的 MSC/VLR 号码来应答 HLR 所请求的路由信息。

（7）MSC/VLR 将呼叫的路由信息传送给 HLR

在此传送过程 HLR 对路由信息不做任何处理，而是直接将其传送给 GMSC。

（8）GMSC 接收包含 MSRN 的路由信息

GMSC 接收包含 MSRN 的路由信息，并分析 MSRN，得到被叫的路由信息。最后将向正在为被呼用户服务的 MSC/VLR 发送携带有 MSRN 的呼叫建立请求消息，正在为被呼用户服务的 MSC/VLR 接到此消息，通过检查 VLR 识别出被叫号码，找到被叫用户。

上述的过程只完成了 GMSC 和 MSC/VLR 的连接，还没有连接到最终的被叫用户。下面的过程是 MSC/VLR 定位被叫用户。

当在一个 MSC/VLR 的业务区域内搜寻被叫用户时会发现，在这样大的区域内搜寻一个用户会花费 MSC/VLR 大量的工作。因此，有必要将 MSC/VLR 的业务区域划分成若干较小的区域，这些小的区域称为位置区（Location Area，LA），并由 MSC/VLR 管理。如图 6.41 所示。

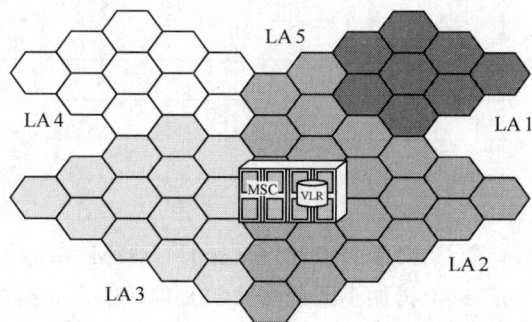

图 6.41　LA 划分示意图

每一个 MSC/VLR 包含若干个位置区（LA），这样我们就可以将寻呼被呼用户位置区域由原来的 MSC/VLR 业务区缩小到 LA 区域，以减小 MSC/VLR 搜索被叫用户的工作量。这里要说明的是，当位置区为 LA 时，通常的位置更新就要在 LA 之间进行了，具体过程与前面介绍的大同小异，这里不再论述了。

现在 VLR 所存的内容为以下几项。

● IMSI

● LAC（位置区代码）

● MSRN

● 用户数据

为了标识一个位置区，我们给每个 LA 分配一个位置区识别（LAI）。LAI 由 3 个部分组成，即

$$LAI = MCC + MNC + LAC$$

其中，MCC、MNC 为移动国家号码和移动网号；LAC 为一个 2 字节十六进制编码，表示为 $X_1X_2X_3X_4$（范围为 0000～FFFF），全部为 0 的编码不用。

我国的 X_1X_2 的分配如表 6.8 所示，X_3X_4 的分配由各省市自行分配。

表 6.8 我国 $X_1 X_2$ 的分配

X_1 \ X_2	0	1	2	3	4	5	6	7	8	9	A	B	C	D	E	F
0																
1	北京							上海								
2		天津				广东	广东									
3		河北				山西		河南								
4		辽宁		吉林		黑龙江		内蒙								
5		江苏		山东		安徽		浙江		福建						
6																
7		湖北		湖南		海南		广西		江西						
8		四川				贵州		云南		西藏						
9		陕西		甘肃		宁夏		青海		新疆						
A																
B																
C																
D																
E																
F																

另外，为了区分全球每一个 GSM 系统的小区（cell），GSM 系统还定义了一个全球小区识别码（GCI）。GCI 是在 LAI 的基础上再加小区识别（CI）构成的，其结构为

$$GCI = MCC + MNC + LAC + CI$$

其中：MCC，MNC，LAC 同上；CI 为一个 2 字节 BCD 编码，由各 MSC 自定。

GSM 系统还定义了一个基站识别码（BSIC），用于识别各个网络运营商之间的相邻基站。BSIC 为 6bit 的编码。其结构为

$$BSIC = NCC(3bit) + BCC(3bit)$$

其中，NCC（网络色码）用于识别不同国家（国内区别不同的省）及不同运营者，结构为 XY_1Y_2，这里 X 可扩展使用。我国的 Y_1Y_2 分配如表 6.9 所示。

表 6.9 我国 Y_1Y_2 分配

Y_1 \ Y_2	0	1
0	吉林、甘肃、西藏、广西 福建、北京、湖北、江苏	黑龙江、辽宁、四川、宁夏 山西、山东、海南、江西、天津
1	新疆、广东、安徽 上海、贵州、陕西、河北	内蒙古、青海、云南 河南、浙江、湖南

当网络知道了被叫用户所在的位置区后，便在此位置区内启动一个寻呼过程。图 6.42 所示为一个网络进行寻呼过程的简单步骤。

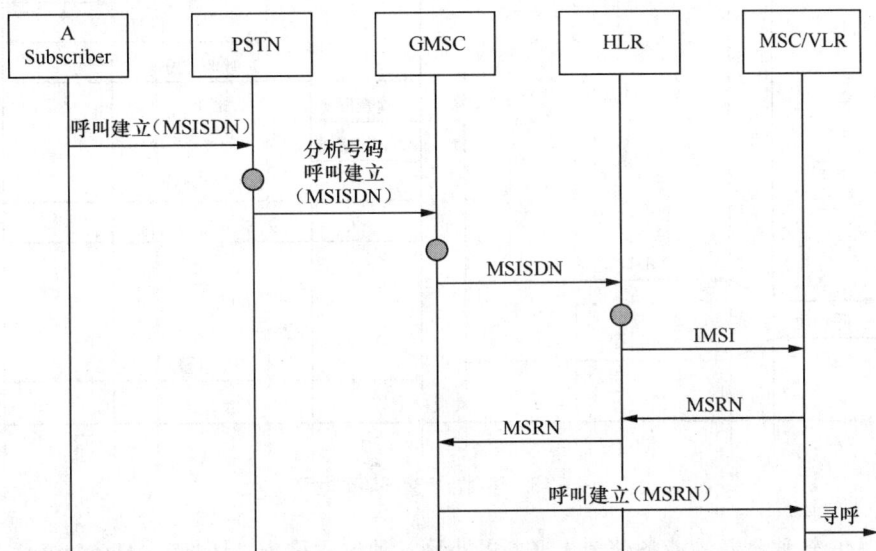

图 6.42 呼叫建立的简单步骤

当寻呼消息经基站通过寻呼信道 PCH 发送出去后，在位置区内某小区 PCH 上空闲的移动用户接到寻呼信息，识别出 IMSI 码，便发出寻呼响应消息给网络。网络接到寻呼响应后，为用户分配一业务信道，建立始呼和被呼的连接，完成一次呼叫建立。

以上介绍了固定网用户呼叫移动用户的呼叫建立过程，下面介绍移动台始呼的过程。

2．移动台的始呼过程

当一个移动用户要建立一个呼叫，只需拨被呼用户的号码，再按"发送"键，移动用户则开始启动程序。首先，移动用户通过随机接入信道（RACH）向系统发送接入请求消息。MSC/VLR 便分配给它一专用信道，查看主呼用户的类别并标记此主叫用户示忙，若系统允许该主呼用户接入网络，则 MSC/VLR 发证实接入请求消息，主叫用户发起呼叫，如果被呼叫用户是固定用户，则系统直接将被呼用户号码送入固定网，固定网将号码路由发送至目的地。如果被呼号是同一网中的另一个移动台，则 MSC 以类似从固定网发起呼叫的处理方式，进行 HLR 的请求过程，转接被呼用户的移动交换机，一旦接通被呼用户的链路准备好，网络便向主呼用户发出呼叫建立证实，并给它分配专用业务信道。主呼用户等候被呼用户的响应证实信号，这时完成移动用户主呼的过程。图 6.43 所示为移动台始呼的简单过程。

6.6.4 越区切换与漫游

1．越区切换定义

当移动用户处于通话状态时，如果出现用户从一个小区移动到另一个小区的情况，为了保证通话的连续，系统需要将对该 MS 的连接控制也从一个小区转移到另一个小区。这种将正在处于

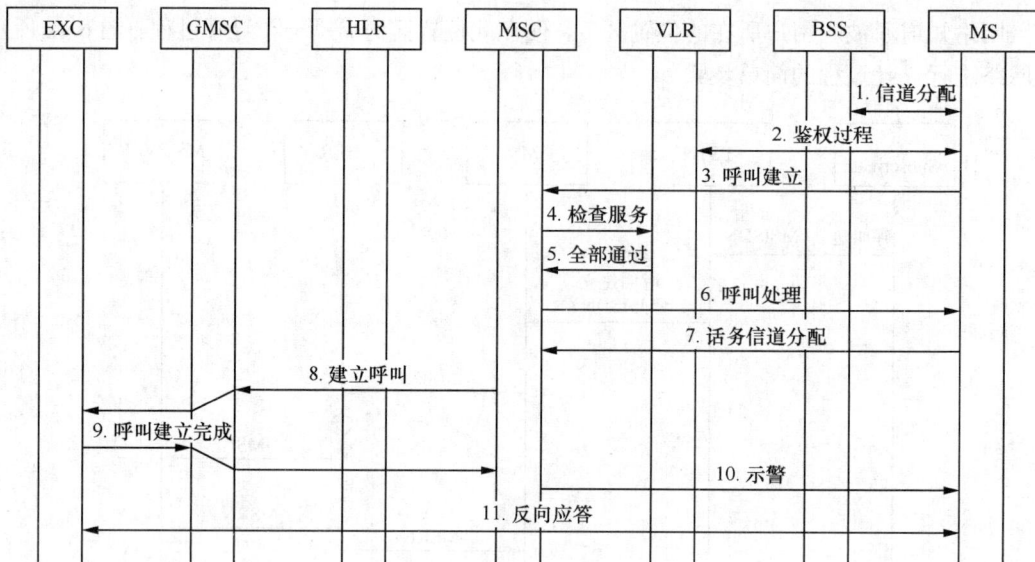

图 6.43　移动台发起呼叫的过程

通话状态的 MS 转移到新的业务信道上（新的小区）的过程称为"切换"（Handover）。因此，从本质上说，切换的目的是实现蜂窝移动通信的"无缝隙"覆盖，即当移动台从一个小区进入另一个小区时，保证通信的连续性。切换的操作不仅包括识别新的小区，而且需要分配给移动台在新小区的语音信道和控制信道。

通常，由以下两个原因引起一个切换。

● 信号的强度或质量下降到由系统规定的一定参数以下，此时移动台被切换到信号强度较强的相邻小区。

● 由于某小区业务信道容量全被占用或几乎全被占用，这时移动台被切换到业务信道容量较空闲的相邻小区。

由第一种原因引起的切换一般由移动台发起，由第二种原因引起的切换一般由上级实体发起。以下我们主要讨论由第一种原因引起的切换的情况。

2．切换的策略

在 GSM 数字移动系统中，对切换的控制是分散控制的。移动台与基站均参与测量接受信号的强度（RSSI）和质量（BER）。对不同的基站，RSSI 的测量在移动台处进行，并以每秒两次的速率将测量结果报告给基站。同时，基站对移动台所占用的业务信道也要进行测量，并报告给基站控制器，最后由基站控制器决定是否需要切换。由于 GSM 系统采用的是时分多址接入（TDMA）的方式，它的切换主要是在不同时隙之间进行的，这样在切换的瞬间切换过程会使通信发生瞬间的中断，即首先断掉移动台与旧的链路的连接，然后再接入新的链路。人们称这种切换为"硬切换"。

下面我们简单表述一下 GSM 系统决定切换的指标。通常有如下 3 个反映信道链路的指标。

● WEI（Word Error Indicator）是一个表明在 MS 侧当前的突发脉冲是否得到正确解调的指标。

● RSSI（Received Signal Strength Indicator）是一个反映信道间干扰和噪声的指标。

● QI（Quality Indicator）是一个对无线信号质量估计的指标，它是在一个有效窗口内用载干比（*C/I*）加上信噪比来估计信号质量的一个指标。

一般在决定是否进行切换时，主要根据两个指标：WEI 和 RSSI，可以依据这两个指标来设计切换的算法。另外，在实施切换时还要正确选择滞后门限，以克服切换时所产生的"乒乓效应"，但同时还要保证不因滞后门限设置的过大而发生掉话。

3．越区切换的种类

通常切换分为以下 3 类。

（1）同一 BSC 内不同小区间的切换

在 BSC 控制范围内切换要求 BSC 建立与新的基站之间的链路，并在新的小区基站分配一个业务信道。而网络 MSC 对这种切换不进行控制。图 6.44 所示为这种切换的示意图。

（2）同一 MSC/VLR 内不同 BSC 控制的小区间的切换

在这种情况下，网络参与切换过程，如图 6.45 所示。当原 BSC 决定切换时，需要向 MSC 请求切换，然后再建立 MSC 与新的 BSC、新的 BTS 的链路，选择并保留新小区空闲 TCH 供 MS 切换后使用，最后命令 MS 切换到新频率上的新的 TCH 上。切换成功后 MS 同样需要了解周围小区的信息，若位置区域发生了变化，呼叫完成后必须进行位置更新。

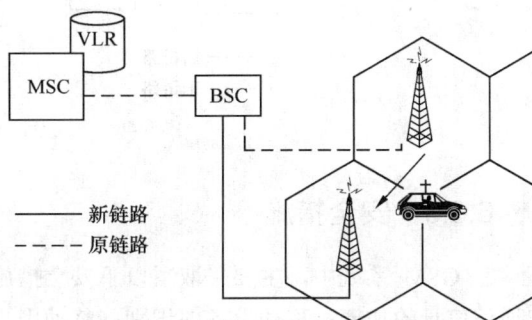

图 6.44 同-BSC 内的 BTS 间的切换

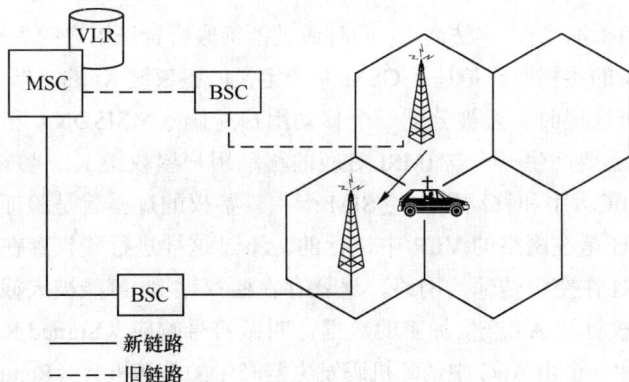

图 6.45 同 MSC/VLR 区内不同 BSC 切换

（3）不同 MSC/VLR 控制的小区间的切换

这种不同 MSC 间的切换比较复杂，原因在于当 MS 从正在为其服务的原 MSC 的区域移动到另一个 MSC 管辖的区域时（称此时的 MSC 为目标 MSC），目标 MSC 要向原 MSC 提供一路由信息以建立两个移动交换机的连接，这个路由信息是由一个切换号码（Handover Number，HN）提供的。

HON 的结构为

$$HON＝CC＋NDC＋SN$$

其中：CC 为国家码；NDC 为数字蜂窝移动业务接入号；SN 为移动用户号。

不同 MSC/VLR 控制的小区间切换的具体过程如图 6.46 所示。

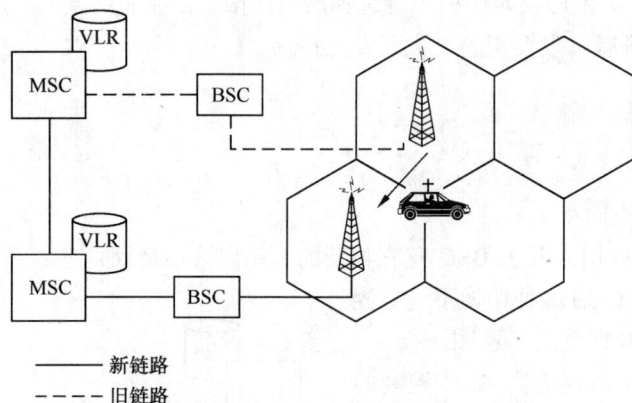

图 6.46　不同 MSC/VLR 交换机之间的切换

6.6.5　安全措施

在 GSM 系统中，主要采取了以下安全措施：对用户接入网的鉴权；在无线链路上对有权用户通信信息的加密；移动设备的识别；移动用户的安全保密。

1. 对用户接入网的鉴权

（1）鉴权原理

鉴权的作用是保护网络，防止非法盗用；同时通过拒绝假冒合法用户的"入侵"，从而保护 GSM 网络的用户。GSM 系统的鉴权原理是基于 GSM 系统定义的鉴权键 Ki 的。当一个客户与 GSM 网络运营商签约，进行注册登记时，要被分配一个移动用户号码（MSISDN）和一个移动用户识别号码（IMSI），与此同时还要产生一个与 IMSI 对应的移动用户鉴权键 Ki。鉴权键 Ki 被分别存放在网络端的鉴权中心（AuC）中和移动用户的 SIM 卡中。鉴权的过程就是验证网络端和用户端的鉴权键 Ki 是否相同，验证是在网络的 VLR 中进行的。不过这样进行鉴权存在一个问题，就是鉴权时需要用户将鉴权键 Ki 在空中传输给网络，这就存在鉴权键 Ki 可能被人截获的问题。为了安全的需要，GSM 用一鉴权算法 A3 产生加密的数据，叫做符号响应（Signed Response，SRES）。具体方法是用鉴权键 Ki 和一个由 AuC 中伪随机码发生器产生的伪随机数（Random number，RAND）作为鉴权算法 A3 的输入，经 A3 后，其输出便是 SRES。这样在鉴权时移动用户在空中向网络端传送的是 SRES，并在网络的 VLR 中进行比较。

（2）安全算法及鉴权三参数的产生

在 GSM 系统中，为了鉴权和加密的目的应用了 3 种算法，它们是 A3、A5 和 A8 算法。其中 A3 算法是为了鉴权之用，A8 算法用于产生一个供用户数据加密使用的密钥 Kc，而 A5 用于用户数据的加密。图 6.47 所示为安全算法所在 GSM 系统的位置。

在进行鉴权和加密时，GSM 系统要在其鉴权中心 AuC 产生鉴权三参数，既 RAND、SRES 和 Kc。三参数的产生过程如图 6.48 所示。

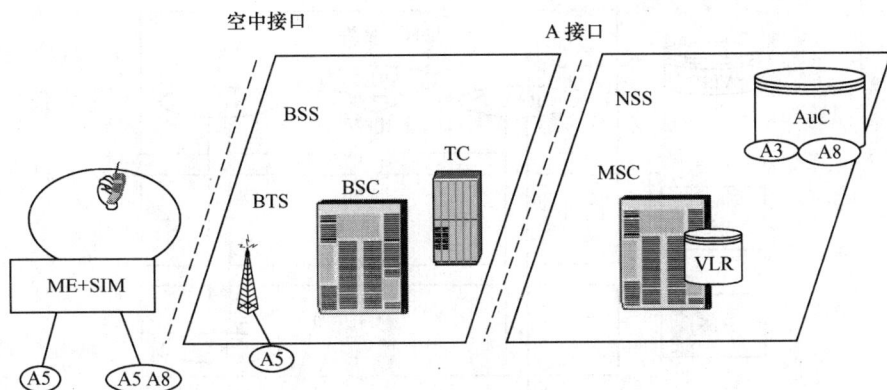

图 6.47　安全算法

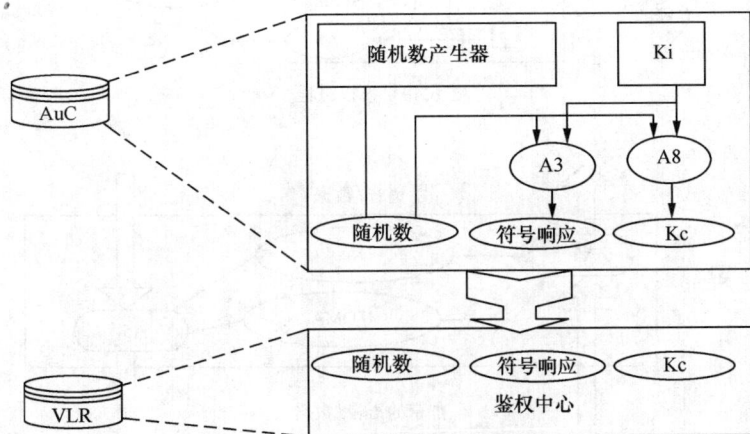

图 6.48　鉴权三参数的产生过程

下面讨论鉴权的过程。

首先，AuC 产生鉴权三参数后将其传送给 VLR，鉴权开始时，VLR 通过 BSS 将 RAND 送给移动台的 SIM 卡。由于 SIM 卡中具有与网络端相同的 Ki 和 A3、A8 算法，所以可产生与网络端相同的 SRES 和 Kc。为了在 VLR 中进行鉴权验证，MS 要将 SIM 卡产生的 SRES 发给 VLR，以便在 VLR 中将其与网络端的 SRES 比较，达到鉴权加密的目的。另外，因为 SRES 是随机的，所以在空中传输时是加密的。具体鉴权过程如图 6.49 所示。

2．无线链路上有权用户通信信息的加密

有权用户通信信息加密的目的是在空中接口对用户数据和信令的保密。加密过程如图 6.50 所示。

由图 6.50 可知，加密开始时根据 MSC/VLR 发出的加密指令，BTS 侧和 MS 侧均开始使用 Kc。在 MS 侧，由 Kc、TDMA 帧号一起经 A5 算法，对用户信息数据流加密，在无线路径上传输。在 BTS 侧，把从无线信道上收到的加密信息流、TDMA 帧号和 Kc，再经过 A5 算法解密后传送给 BSC 和 MSC。上述过程反之亦然。

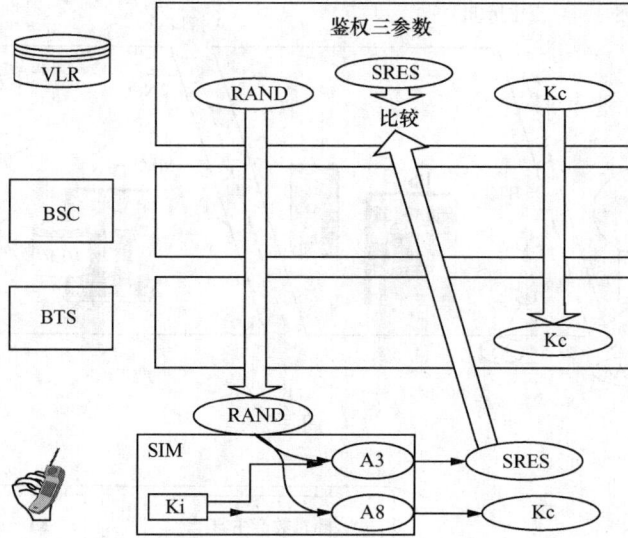

图 6.49 鉴权过程

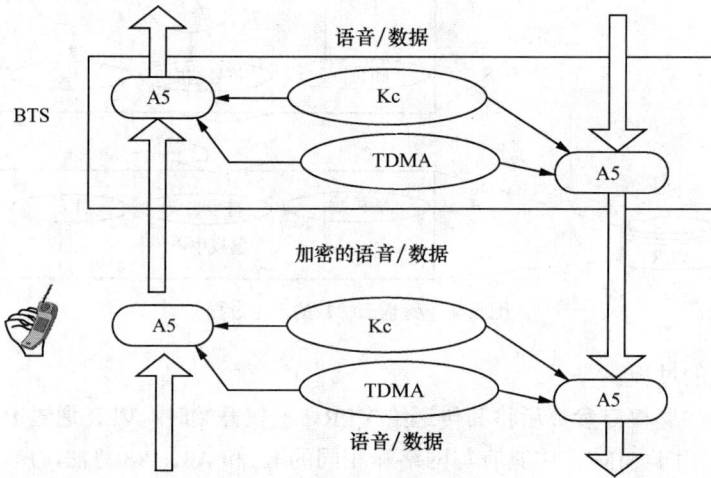

图 6.50 通信信息加密

3．移动设备的识别

移动设备的识别的目的是确保系统中使用的移动设备不是盗用或非法的设备。

移动设备的识别过程是，首先 MSC/VLR 向移动用户请求 IMEI（国际移动台设备识别码），并将 IMEI 发送给 EIR（设备识别寄存器）。

收到 IMEI 后，EIR 使用如下所定义的 3 个清单。

● 白名单：包括已分配给参加运营者的所有设备的识别序列号码。

● 黑名单：包括所有被禁止使用的设备识别。

● 灰名单：由运营者决定，例如包括有故障及未经型号认证的移动设备。

最后，将设备鉴定结果送给 MSC/VLR，以决定是否允许其入网。

4．移动用户的安全保密

移动用户的安全保密包括两个方面：用户的临时识别码（TMSI）和用户的个人身份号（PIN）。

（1）用户的临时识别码

TMSI 的设置是为了防止非法个人或团体通过监听无线路径上的信令交换而窃得移动用户的真实 IMSI 或跟踪移动用户的位置。

TMSI 由 MSC/VLR 分配，并不断进行更换，更换周期由网络运营者决定。每当 MS 用 IMSI 向系统请求位置更新、呼叫建立或业务激活时，MSC/VLR 对它进行鉴权。允许接入网络后，MSC/VLR 产生一个新的 TMSI，通过给 IMSI 分配 TMSI 的信令将其传送给移动台，写入用户的 SIM 卡。此后，MSC/VLR 和 MS 之间的信令交换就使用 TMSI，而用户的 IMSI 不在无线路径上传送。

（2）用户的个人身份号码

PIN 是一个 4～8 位的个人身份号，用于控制对 SIM 卡的使用，只有 PIN 码认证通过，移动设备才能对 SIM 卡进行存取，读出相关数据并批准入网。每次呼叫结束或移动设备正常关机时，所有的临时数据都会从移动设备传送到 SIM 卡中，再打开移动设备时要重新进行 PIN 码校验。

如果输入不正确的 PIN 码，用户可以再连续输入两次，超过 3 次不正确，SIM 卡就被阻塞，此时须到网络运营商处消除阻塞。当连续 10 次不正确输入时，SIM 卡会被永久阻塞，此 SIM 卡作废。

6.6.6　计费

移动通信的计费比公共固定网要复杂得多，原因在于移动用户的移动和漫游。一般来说，计费的原则是由网络运营商之间相互协商拟定的。我国根据具体情况制定了移动网的计费原则和要求，具体计费原则和要求见我国 GSM 技术体制。

6.7　通用分组无线业务

6.7.1　概述

在技术上，GSM 所采用的电路方式也可以传送 9.6kbit/s 或更高至 14.4kbit/s 的数据业务，但目前只能为每个用户分配一个信道。尽管高速电路数据（HSCSD）可为一个用户同时分配多个信道，能提供与有线网 64kbit/s 相似的高速数据，然而当所传送的数据业务是突发性强的少量数据时，GSM 的电路交换方式对有限的无线资源是一种浪费，其利用效率极低。基于 GSM 网络所开发的分组数据技术 GPRS 是按需动态占用资源的，其频谱利用率较高，数据传输速率最高可达到 171.2kbit/s，适合各种突发性强的数据传输。而且 GPRS 只在有数据传输时才分配无线资源，所以它采取的计费方式与电路交换的计时收费不同，GPRS 是按传输的数据量或数据量和计时两者结合的计费方式。

本书的宗旨是全面介绍移动通信的理论和应用，因此这里只能简单介绍 GPRS 的一些基本原理，有关更详细的内容请读者参考其他 GPRS 的专著。下面将介绍 GPRS 的基本业务、网络结构和移动性管理等基本概念。

6.7.2 GPRS 的业务

GPRS 网络可以提供两类业务：点对点（Point To Point，PTP）的业务；点对多点（Point To Multipoint，PTM）的业务。这两类业务也被称为 GPRS 网所提供的承载业务。在 GPRS 承载业务支持的标准化网络协议基础上，GPRS 可支持或为用户提供一系列的交互式电信业务，包括承载业务、用户终端业务、补充业务以及短消息业务、匿名接入等其他业务。以下只对承载业务和用户终端业务作一介绍。

1．GPRS 网络业务

（1）点对点业务

点对点业务是 GPRS 网络在业务请求者和业务接收者之间提供的分组传送业务。点对点业务又分为两种：点对点面向无连接的网络业务（PTP-CLNS）和点对点面向连接的网络业务（PTP-CONS）。

√ 点对点面向无连接的网络业务属于数据报业务类型，即数据用户之间的信息传递没有端到端的呼叫建立过程，分组的传送没有逻辑连接，且没有交付确认保证。点对点面向无连接的网络业务主要支持突发非交互式的应用业务，如基于 IP 的网络应用。

√ 点对点面向连接的网络业务属于虚电路型业务，它要为两个用户之间传送多路数据分组建立逻辑电路（PVC 或 SVC）。它要求有建立连接、数据传送和连接释放的过程。点对点面向连接的网络业务是面向连接的网络协议（CONP）支持的业务，即 X.25 协议支持的业务。

（2）点对多点业务

GPRS 提供的点对多点业务可以根据某个业务请求者请求，把信息传送给多个用户或一组用户，由 PTM 业务请求者定义用户组成员。GPRS 使用 IMGI 识别组成员，其组成员主要由移动用户组成。业务请求者可定义所传送信息的地理区域，地理区域可以是一个或几个，即所有成员可能分布在不同的地理区域内。

2．用户终端业务

用户终端业务可按基于 PTP 或基于 PTM 分为两类。

（1）基于 PTP 的用户终端业务

√ 信息点播业务。例如，Internet 浏览业务（WWW）；各种类型的信息查询业务，如娱乐类（影视、餐馆等）、商业类（股票等）、交通类（路况、时刻表等）、新闻类、天气预报等。

√ E-mail 业务。

√ 会话业务。在两个用户的实时终端到实时终端之间提供双向信息交换。

√ 远程操作业务。如：电子银行、电子商务、远程监控定位业务等。

（2）基于 PTM 的用户终端业务

点对多点应用业务包括点对多点单向广播业务和集团内部点对多点双向数据量事务处理业务。例如：新闻广播、天气预报、本地广告、旅游信息等。

3．GPRS 的业务质量

GPRS 为用户提供了 5 种可协商的业务质量（QoS）的基本属性，如图 6.51 所示。

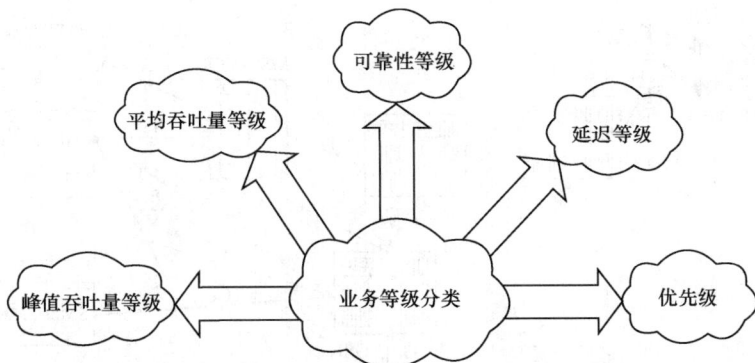

图 6.51　业务等级的分类

上述的每一种属性都有多个级别的值可供选用，不同级别属性值的组合构成了对要求不同的 QoS 的各种应用的支持。GPRS 标准中定义的 QoS 组合有许多种，但目前 GPRS 只支持其中的一部分 QoS 配置。

GPRS 的业务质量定义文件（Profile），是与每一个包数据协议（Packet Data Protocol，PDP）关联相联系的。QoS 定义文件被当作一个单一的参数，该参数具有多个数据传递属性。

在 QoS 定义文件协商过程中，移动台可以为每一个 QoS 属性申请一个值，包括存储在 HLR 中用户开户的缺省值。网络也要为每一个属性协商一个等级，从而与有效的 GPRS 资源相一致，以便提供适当的资源支持已经协商的 QoS 定义文件。

具体协商过程和属性的定义此处不再介绍。

6.7.3　GPRS 的网络结构及其功能描述

GPRS 网络是在 GSM 网的基础上发展起来的移动数据分组网。GPRS 网络分为两个部分：无线接入以及核心网。无线接入在移动台和基站子系统（BSS）之间传递数据；核心网在基站子系统和标准数据网边缘路由器之间中继传递数据。GPRS 的基本功能就是在移动终端和标准数据通信网的路由器之间传递分组业务。

1．GPRS 的网络结构

图 6.52 所示为 GPRS 网络结构及其接口。

由图 6.52 可以看出，GPRS 网是在原有 GSM 网的基础上增加了 SGSN——GPRS 业务支持节点、GGSN——GPRS 网关支持节点和 PTM SC——点对多点业务中心等功能实体。尽管 GPRS 网与 GSM 使用同样的基站，但需要对基站的软件进行更新，使其可以支持 GPRS 系统，并且要采用新的 GPRS 移动台。另外，GPRS 还要增加新的移动性管理程序。而且原有的 GSM 网络子系统也要进行软件更新并增加新的 MAP 信令及 GPRS 信令等。

下面对 GPRS 网的相关功能实体和相应接口进行介绍。

（1）SGSN 及其对外的接口

在一个归属 PLMN 内，可以有多个 SGSN，如图 6.53 所示。

SGSN 的功能类似 GSM 系统中的 MSC/VLR，主要是对移动台进行鉴权、移动性管理和路由选择，建立移动台 GGSN 的传输通道，接收基站子系统透明传来的数据，进行协议转换后经过 GPRS 的 IP

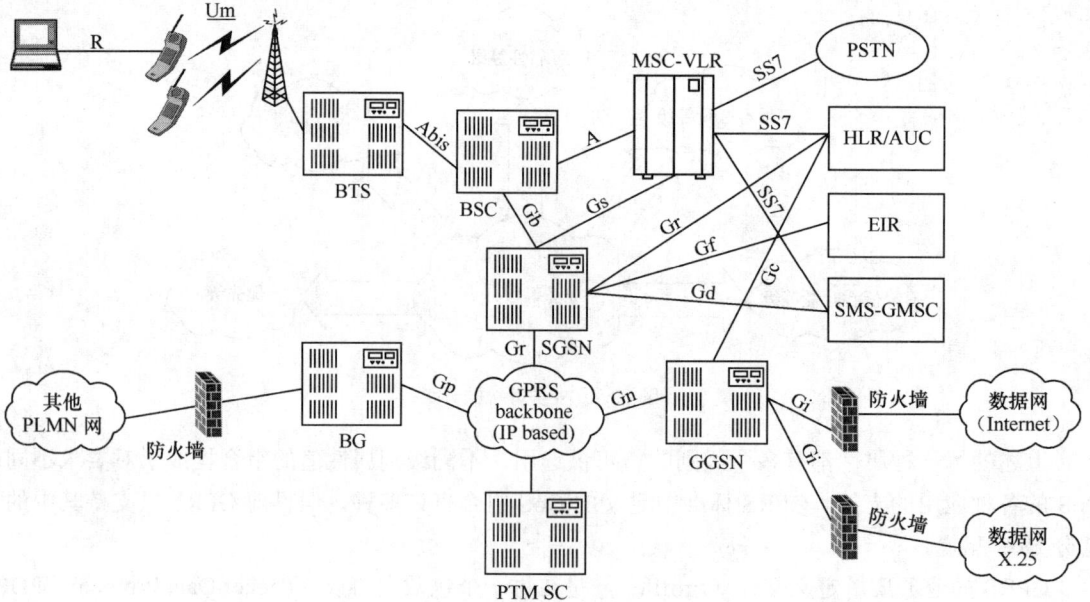

图 6.52　GPRS 网络结构及其接口

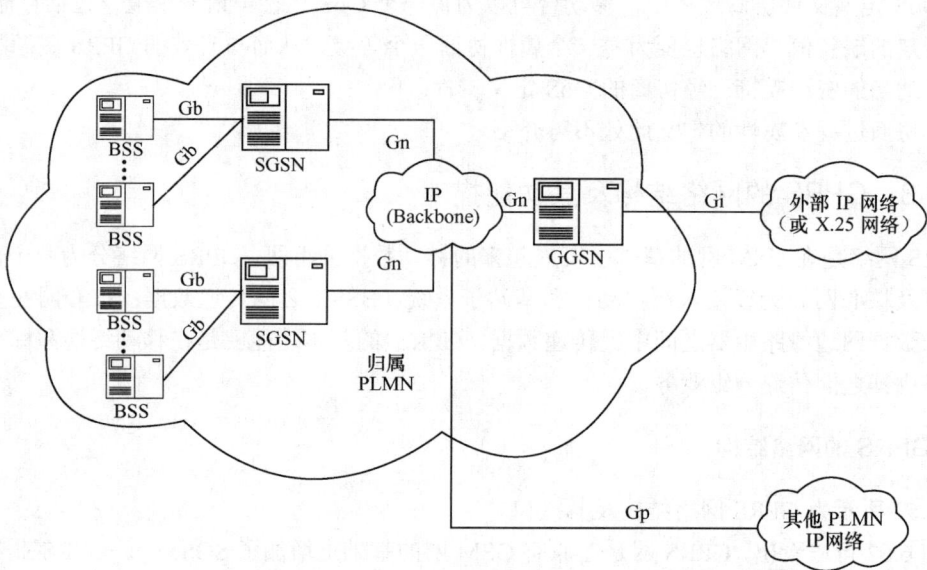

图 6.53　SGSN 及对外部的接口

骨干网（IP Backbone）传给 GGSN（或 SGSN）或反向进行，另外还进行计费和业务统计。

　　SGSN 与 BBS 间的接口为 Gb 接口，该接口协议即可用来传输信令和话务信息。通过基于帧中继的网络业务提供流量控制，支持移动性管理功能和会话功能，如 GPRS 附着/分离、安全、路由选择、数据连接信息的激活/去活等，同时支持 MS 经 BSS 到 SGSN 间分组数据的传输。

　　同一 PLMN 中，SGSN 与 SGSN 间以及 SGSN 与 GGSN 间的接口为 Gn 接口，该接口协议支持用户数据和有关信令的传输，支持移动性管理，该接口采用的协议为 TCP/IP。

　　不同 PLMN 间，SGSN 与 SGSN 间以及 SGSN 与 GGSN 间的接口为 Gp 接口，该接口与 Gn 接口的功能相似，另外它还提供边缘网关（BG）、防火墙以及不同 PLMN 间的互连功能。

此外，SGSN 与 MSC/VLR 的接口为 Gs 接口，其接口协议用来支持 SGSN 和 MSC/VLR 之间的配合工作，使 SGSN 可以向 MSC/VLR 发送 MS 的位置信息或接收来自 MSC/VLR 的寻呼信息。该接口采用 No.7 信令的 MAP 方式，使用 BSSAP＋协议，是一个可选接口，但对于 GPRS 的 A 类终端必须使用此接口。

SGSN 与 HLR 的接口为 Gr 接口，其接口协议用来支持 SGSN 接入 HLR 并获得用户管理数据和位置信息。该接口采用 No.7 信令的 MAP 方式。

SGSN 与 EIR 的接口为 Gf 接口，其接口协议用来支持 SGSN 与 EIR 交换有关数据，认证 MS 的 IMEI 信息。

SGSN 与 SMS-GMSC 的接口为 Gd 接口，通过此接口可以提高 SMS 的使用效率。

（2）GGSN 及其对外的接口

GGSN 实际上是 GPRS 网对外部数据网络的网关或路由器，它提供 GPRS 和外部分组数据网的互联。GGSN 接收移动台发送的数据，选择到相应的外部网络，或接收外部网络的数据，根据其地址选择 GPRS 网内的传输通道，传输给相应的 SGSN。此外，GGSN 还有地址分配和计费等功能。

GGSN 与其他功能实体的接口除了上面所介绍的 Gn、Gp 接口外还有与外部分组数据网的接口 Gi。GPRS 通过该接口与外部分组数据网互联（IP、X.25 网等）。由于 GPRS 可以支持各种各样的数据网络，所以 Gi 不是标准接口，只是一个接口参考点。

GGSN 与 HLR 之间的接口为 Gc 接口。通过此可选接口可以完成网络发起的进程激活，此时支持 GGSN 到 HLR 获得 MS 的位置信息，从而实现网络发起的数据业务。

以上重点介绍了 GPRS 网的 SGSN、GGSN 及其接口，图 6.52 中的其他功能实体和网络接口与 GSM 系统基本相同，但为了支持分组数据的新协议必须升级软件，增加新的协议功能。比如 Um 接口，其射频部分与 GSM 相同，但逻辑信道增加了分组数据信道（PDCH），采用了 4 种新的信道编码方式：CS-1（9.05kbit/s）、CS-2（13.4kbit/s）、CS-3（15.6kbit/s）和 CS-4（21.4kbit/s），并能支持多时隙的传输方式，最多可到 8 个时隙。

图 6.52 中的 GPRS 骨干网（GPRS Backbone）是用于将 SGSN、GGSN 等互联起来的 IP 专用网或分组数据网，也可以为一条专用线路。PLMN 的内部骨干网是专用 IP 网，只用于 GPRS 数据和 GPRS 信令。PLMN 内部骨干网通过 Gp 接口，采用边缘网关（BG）和多个 PLMN 互连骨干网连接起来。多个 PLMN 骨干网通过漫游协议进行选择，该协议包括 BG 安全功能。多个 PLMN 骨干网互连可以通过分组数据网，也可以用一条专用线路。

另外，还要说明的是 GPRS 的移动台分为 3 类：A 类 GPRS 手机、B 类 GPRS 手机和 C 类 GPRS 手机。

● A 类 GPRS 手机能同时连接到 GSM 和 GPRS 系统，能在两个系统中同时激活，能同时监听两个系统的信息，并能同时启用，同时提供 GPRS 和 GSM 的业务。A 类 GPRS 手机用户能在两种业务上同时发起和/或接收呼叫，自动进行业务切换。比如，当 A 类 GPRS 手机传送分组业务期间，用普通手机拨打 A 类手机，A 类手机可呼叫并能应答，通话时继续保持数据的传输。

● B 类 GPRS 手机能同时连接到 GSM 和 GPRS 系统，可用于 GPRS 分组业务和 GSM 电路交换业务，但不能同时工作，即在某一时刻只能使用一种业务。B 类手机也能自动进行业务切换。当 B 类手机传送分组业务时，普通手机也可拨打 B 类手机，B 类手机会有相应的提示，应答后就自动切换到语音业务，但分组数据业务被悬置，待语音业务结束后，又切换回分组数据业务。

- C 类 GPRS 手机只能轮流使用 GSM 业务和 GPRS 业务。如果要同时支持两种业务必须人工进行切换，无法同时进行两种操作。

2. GPRS 协议栈

图 6.54 所示为 GPRS 的协议栈。

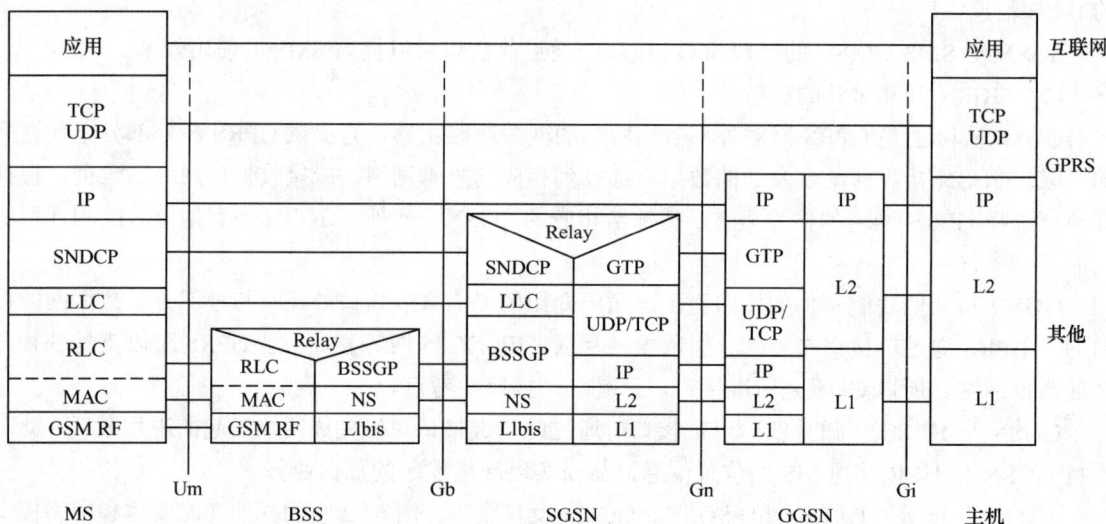

图 6.54　GPRS 协议栈

在上述 GPRS 协议栈中，有以下几点需要说明。

- RLC/MAC 为无线链路控制/媒体接入层。这一层包括以下两个功能。

√ 无线链路控制功能，提供与无线解决方案有关的可靠的链路。

√ 媒体接入控制功能，控制无线信道的接入信令过程（请求和允许）以及将 LLC（链路控制）帧映射为 GSM 的物理信道。

- LLC 为逻辑链路控制层。这一层可以在 MS 与 SGSN 之间提供安全可靠的逻辑链路，并且独立于低层无线接口协议，以便允许引入其他 GPRS 无线解决方案，而对 NSS 只作最少的改动。

图 6.55 所示为从 LLC PDU 到 RLC 数据单元的分解示例。

SNDCP 为子网汇聚协议，它的主要功能是将若干分组数据协议合路；压缩和解压缩用户数据或协议控制信息，这样可以提高信道的利用率；将网络协议单元（N-PDU）分解成逻辑链路控制协议数据单元（LL-PDU），或反之，将 LL-PDU 组装成 N-PDU。

SNDCP 用于不同分组数据协议合路，如图 6.56 所示。

- 在 Gb 接口有以下几层。

√ NS（网络业务）层是基于帧中继连接基础上的传输 BSSGP 协议数据单元。

√ BSSGP 为基站系统 GPRS 协议层，它的主要功能是在 BSS 和 SGSN 之间传输与路由及 QoS 相关的信息。

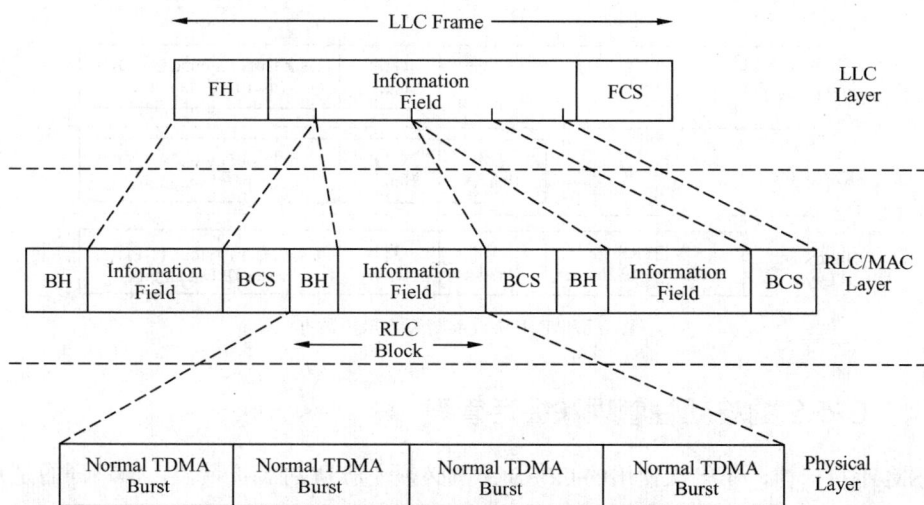

图 6.55　LLC PDU 到 RLC 数据块的分解

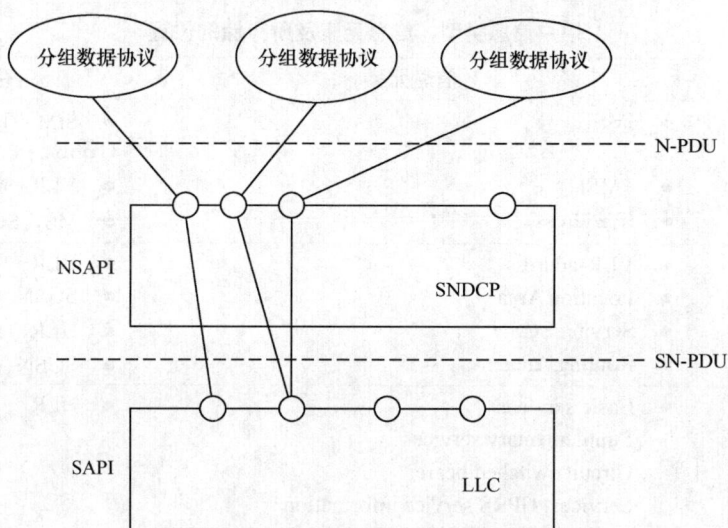

图 6.56　不同分组数据协议的合路

● 在 Gn 接口有以下几层。

√ L1、L2 是基于 OSI 第一、二层协议为 GPRS 骨干网传输 IP 数据的协议层。

√ IP：GPRS 骨干网协议，用于用户数据和控制信令的路由选择。

√ TCP 或 UDP 用于传送 GPRS 骨干网内部的 GTP 分组数据单元。TCP 适用于需要可靠数据链路的协议，如 X.25。UDP 适用于传输不需要可靠数据的链路，如 IP。

√ GTP 为隧道协议。该协议用于在 GPRS 骨干网内部的支持点间传输用户数据和信令。所有点对点的、采用 PDP 的分组数据单元都通过 GPRS 隧道协议进行封装打包，如图 6.57 所示。

用户 IP 数据

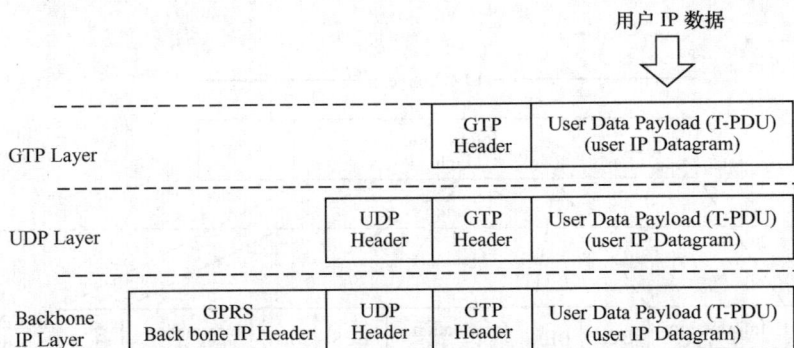

		GTP Header	User Data Payload (T-PDU) (user IP Datagram)

GTP Layer

	UDP Header	GTP Header	User Data Payload (T-PDU) (user IP Datagram)

UDP Layer

GPRS Back bone IP Header	UDP Header	GTP Header	User Data Payload (T-PDU) (user IP Datagram)

Backbone IP Layer

图 6.57　GTP 协议头封装到用户数据

6.7.4　GPRS 的移动性管理和会话管理

像 GSM 手机一样，第一次使用的 GPRS 手机必须注册到 PLMN 网上，所不同的是 GPRS 手机要将位置更新信息存储到 SGSN 中。

分布在 GPRS 不同网络单元的用户信息分为 4 类：认证信息、位置信息、业务信息和鉴权数据。表 6.10 给出了用户信息类型、信息元素及所存储的位置。

表 6.10　　　　　　　　　　用户信息类型、信息元素及所存储的位置

信息类型	信息元素	存储位置
认证	• IMSI • TMSI • IP address	• SIM，HLR，VLR，SGSN，GGSN • VLR，SGSN • MS，SGSN，GGSN
存储位置	• VLR-address • Location Area • Serving SGSN • Routing Area	• HLR • SGSN • HLR，VLR • SGSN
业务	• Basic services 　Supplementary services 　Circuit switched bearer 　Services, GPRS service information • Basic services, 　Supplementary services 　CS bearer services • GPRS service information	• HLR • VLR • SGSN
鉴权数据	• Ki，algorithms • Triplets	• SIM，AuC • VLR，SGSN

一般说来，GPRS 手机类似于一台 PC，它不仅要有一个识别码，而且还要有一个连接到数据网的地址。当前最常用的、大多数 GPRS 网络运营商所支持的地址为 IP 地址。

一个新的 GPRS 手机用户首先要注册到网络，网络则要为这一用户分配一个 IP 地址。其注册过程类似 GSM 的位置更新，这一过程称为 GPRS 的附着过程。网络为移动台分配 IP 地址，使其

成为外部 IP 网络的一部分，这一过程称为 PDP 移动关联激活。

GPRS 手机连接到网络需要如下两个阶段。

● 连接到 GPRS 网络（GPRS 附着）

GPRS 手机开机后，要向网络发送附着消息。SGSN 从 HLR 收集用户数据，对用户进行鉴权，然后与 GPRS 手机附着。

● 连接到 IP 网络（PDP 关联）

GPRS 手机与网络附着后，向网络请求一个 IP 地址（比如：155.133.33.55）。一个用户可能有的 IP 地址为以下两种。

√ 静态 IP 地址：分配给用户固定的 IP 地址。

√ 动态 IP 地址：每次会话都分配给用户一个新的 IP 地址。

从业务管理角度来说，GPRS 网络有两个管理过程。一个是 GPRS 的移动性管理过程（GMM），另一个是 GPRS 的会话管理过程（SM）。

GPRS 的移动性管理过程的主要功能是支持 GPRS 用户的移动性，如将用户的当前位置通知网络等。

GPRS 的会话的管理功能是指支持移动用户对 PDP 关联的处理，也就是说 GPRS 移动台连接到外部数据网络的处理过程。

下面分别对这两个管理功能做一简单描述。

1. GPRS 的移动性管理

（1）路由区

路由区（RA）由一个或多个小区组成，最大的路由区为一个 GSM 网定义的位置区 LA，一个路由区不能跨越多个位置区。定义路由区的目的是为了更有效地寻呼 GPRS 用户。一个路由区只能由一个 SGSN 提供服务。路由区是由路由区识别 RAI 来标识的，RAI 的结构为

$$RAI = MCC + LAC + RAC$$

其中，MCC 为移动国家号码，LAC 为位置区代码，RAC 为路由区代码。

RAI 是由运营商确定的。RAI 作为系统信息进行广播，移动台监视 RAI，以确定是否穿越了路由区边界。如果确实穿越了边界，移动台将启动路由区域更新过程。

（2）移动性管理状态

与 GSM 一样，GPRS 移动性管理的主要作用就是确定 GPRS 移动台的位置，为此 GPRS 定义了以下 3 种移动性管理状态。

√ 空闲状态

在此状态下，移动用户没有附着 GPRS 网，即没有附着 GPRS 的移动性管理。移动台和 SGSN 均未保留有效的用户位置或路由信息，并且不执行与用户有关的移动性管理过程。

√ 守候状态

在守候状态下，用户与 GPRS 移动性管理建立连接，移动台和 SGSN 已经为用户的 IMSI 建立了移动性管理关联。移动台可以接收点对多点的业务数据，并且可以接收点对点或点对多点群呼业务数据的寻呼或对信令消息传递的寻呼。通过 SGSN 也可以接收电路交换业务的寻呼，但在此状态下不能进行 PTP 数据的接收和传送。另外，移动台可以激活或清除 PDP 移动关联。

√ 就绪状态

处于就绪状态，移动台与 GPRS 移动性管理建立关联，移动台可以接收发送的数据，也可以激活或清除 PDP 移动关联，向外部 IP 网发送数据。另外，网络不会发起对就绪状态的移动台寻呼，其他业务的寻呼可以通过 SGSN 进行。在任何时候，只要没有寻呼 SGSN 就可以向移动台发送数据，移动台也可以向 SGSN 发送数据。就绪状态由一个定时器控制，如果定时器超时，MM 关联就会从就绪状态变为守候状态。

另外，从 SGSN 存储的位置区域来说，在守候状态的 SGSN 存储的位置信息是路由区（RA），在就绪状态的 SGSN 存储的位置信息是小区（cell）。

上述 3 种移动性管理状态在一定条件是要进行状态转化的，图 6.58 所示为其状态转换关系。

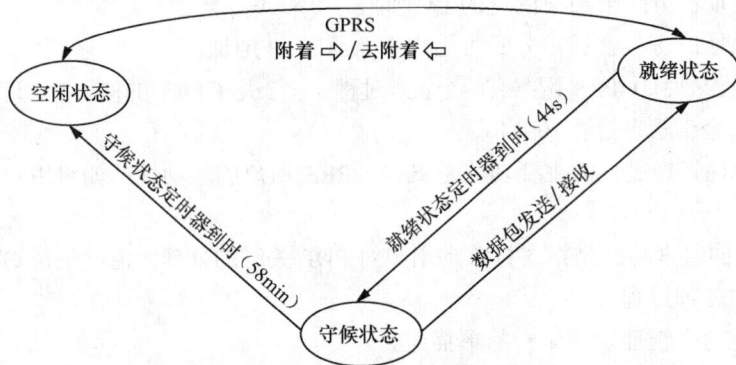

图 6.58　状态转换关系

（3）GPRS 附着和去附着

√ GPRS 附着

附着就是 GPRS 手机建立与 GPRS 网络的连接，MS 请求接入，并发起与 SGSN 的连接，在移动台和 SGSN 间建立 MM 移动关联。

√ GPRS 去附着

去附着就是 GPRS 手机结束与 GPRS 网络的连接，MS 从就绪状态变为空闲状态，结束与 SGSN 建立的 MM 移动关联的连接。

（4）GPRS 的位置区域管理

所谓 GPRS 的位置区域管理就是移动台位置移动的管理，比如，当移动台从一个位置小区或一个路由区移动到另外的位置小区或路由区时网络是如何进行管理的。

大概有如下几种位置更新过程。

√ 当 MS 处于就绪状态，在路由区内从一个小区移动到另一个小区时，MS 要进行小区的位置更新（cell update）。

√ 当 MS 从一个路由区移动到另一个路由区时，MS 要执行路由区的位置更新（Routing Area Update）。这种更新还分两种：一个是在 SGSN 内的路由区的位置更新（Intra-SGSN Routing Area Update）；另一个是 SGSN 之间的路由区的位置更新（Inter-SGSN Routing Area Update）。

√ 当 SGSN 与 MSC/VLR 建立关联后，还有一种叫做 SGSN 间的 RA/LA 联合更新过程（Combined Inter SGSN RA/LA Update）。

以上这些位置更新过程比较复杂，这里不做进一步的论述。

2．GPRS 的会话管理

GPRS 的会话管理（session management）是指 GPRS 移动台连接到外部数据网络的处理过程，其主要功能是支持用户终端对 PDP 移动关联的处理。

所谓 PDP 移动关联是指 GPRS 系统提供一组将移动台与一个 PDP 地址（通常是 IP 地址）相关联和释放相关联的功能。通常移动台附着到网络后，应激活所有需要与外部网络进行数据传输的地址，当数据传输结束后，再解除这些地址。移动台只有在守候或就绪状态下，才能使用 PDP 移动关联的功能。

PDP 地址一般是指 IP 地址，移动台通常被分配以下 3 种 PDP 地址。

√ 静态 PDP 地址：归属 PLMN（HPLMN）运营商永久地给移动台分配的 PDP 地址。

√ 动态 HPLMN PDP 地址：激活 PDP 移动关联时，HPLMN 给移动台分配的 PDP 地址。

√ 动态 VPLMN PDP 地址：激活 PDP 移动关联时，VPLMN 给移动台分配的 PDP 地址。

VPLMN 是指访问 PLMN。使用动态 HPLMN PDP 还是使用动态 VPLMN PDP 地址，由 HPLMN 运营商与用户签约时规定。使用动态地址时，由 GGSN 分配和释放动态 PDP 地址。若 PDP 移动关联的激活是网络请求的，则只能使用静态 PDP 地址。

具体会话过程此处不做介绍。

6.7.5　GPRS 的空中接口

与 GSM 一样，GPRS 的空中接口是整个 GPRS 系统的关键技术之一，内容十分丰富。这里只能简单用图的形式介绍一下 GPRS 的信道，其他概念比如信道编码、吞吐量、信道分配以及物理层、媒体接入/无线链路层等相关概念不做介绍，读者可参阅有关 GPRS 更详细的文献和参考书。

图 6.59 所示为 GPRS 所包含的逻辑信道。

在 GPRS 系统中，分组逻辑信道分为以下几种类型：分组广播控制信道（PBCCH）、分组公共控制信道（PCCCH）和分组专用控制信道（PACCH）。

1．分组广播控制信道

分组广播控制信道广播与分组数据相关的系统信息。如果 PLMN 中没有分配 PBCCH，则与分组相关的系统信息在 BCCH 上广播。它属于下行链路。

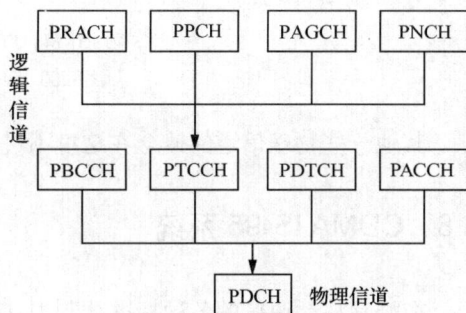

图 6.59　GPRS 的逻辑信道

2．分组公共控制信道

分组公共控制信道由下面的逻辑信道组成。

● 分组寻呼信道（PPCH）（下行链路）：用于寻呼分组或电路交换业务。

● 分组随机接入信道（PRACH）（上行链路）：MS 使用此信道发起上行链路传送，发送数据或信令信息。

● 分组接入允许信道（PAGCH）（下行链路）：用于在分组建立阶段，向 MS 发送无线资源分配信息。

● 分组通知信道（PNCH）：用于向一组 MS 发送 PTM-M 通知信息，它发生在 PTM-M 分组传送之前。

3．分组专用控制信道

分组专用控制信道由下面的逻辑信道组成。

● 分组随路控制信道（PACCH）：用于传送某个已知移动台的信令信息，包括确认、功率控制等信息。

● 分组数据业务信道（PDTCH）：用于传送用户的分组数据。

● 分组定时提前量控制信道（PTCCH）：分为两种，上行 PTCCH/U 用于传送随机接入突发（bursts）；下行 PTCCH/D 用于向多个 MS 传送定时提前量信息。

GPRS 的物理信道称为分组数据信道（PDCH），在 GPRS 的 PDCH 中 GPRS 的逻辑信道也采用的是复用方式，图 6.60 所示为 GPRS 分组数据信道的复帧结构。

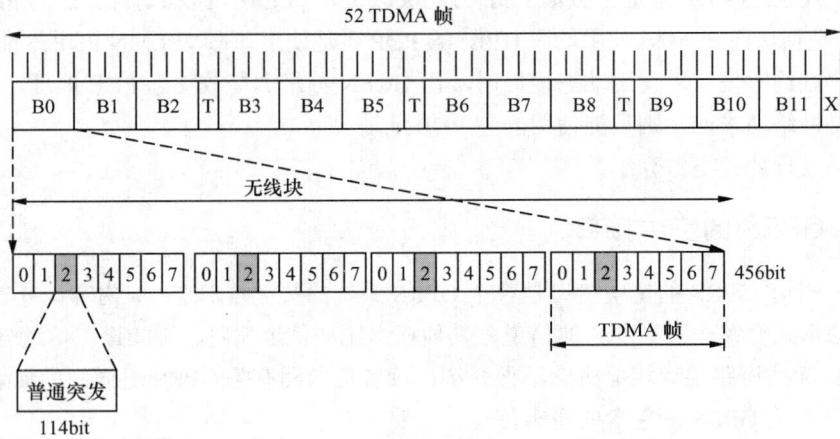

X：为空闲帧；T：为 PTCCH 帧；B0~B11 为：无线块

图 6.60　GPRS 分组数据信道的复帧结构

其他一些物理信道的概念在这里不进行详细介绍。

6.8　CDMA IS-95 系统

在蜂窝移动通信的各种标准体制中，CDMA 技术占有非常重要的地位，基于 CDMA 的 CDMA IS-95 标准是第二代移动通信系统中的两大技术标准体制之一。而第三代移动通信系统的主流标准则全部基于 CDMA 技术。

CDMA 蜂窝系统最早由美国的 Qualcomm（高通）公司成功开发，并且很快由美国电信工业协会于 1993 年形成标准，即为 CDMA IS-95 标准，这也是最早的 CDMA 系统的空中接口标准。它采用 1.25MHz 的系统带宽，提供语音业务和简单的数据业务。随着技术的不断发展，在随后几年中，该标准经过不断的修改，又逐渐形成了 CDMA IS-95A、CDMA IS-95B 等一系列标准。

为了促进和推广 CDMA 技术的发展，1994 年成立了 CDMA 发展组织（CDMA Development Group，CDG）。到 20 世纪 90 年代末，CDMA IS-95 已经在美国、韩国等多个国家和地区投入商用。

人们将基于 CDMA IS-95 的一系列标准和产品统称为 cdmaOne，它包括更多的相关标准，如：

CDMA IS-95、CDMA IS-95A、TSB-74、J-STD-008 以及 CDMA IS-95B。同时，cdmaOne 也是 CDG 的一个品牌名称。但是在工作中，人们通常将 cdmaOne 系统称为 CDMA IS-95 系统，而很少使用 cdmaOne。为了与第三代采用 5MHz 带宽的 CDMA 系统相区分，人们又将 CDMA IS-95 系统称为 N-CDMA（窄带 CDMA）系统。

由于 CDMA IS-95A 是第一个商用化标准，为此这里主要介绍 CDMA IS-95A 的一些基本概念。

CDMA IS-95A 系统的工作频段是 800MHz，采用频分双工的模式，采用码片速率为 1.228 8Mchip/s 的 PN 码进行扩频，系统带宽为 1.25MHz。CDMA IS-95A 系统中，所有小区可以采用相同的频率，即频率复用因子为 1，频谱使用效率为 GSM 系统的 3～5 倍。CDMA IS-95A 系统承载的业务主要为语音业务，语音速率为速率集 1（Rate Set 1，RS1），也称为 8k 速率集；RS1 的语音速率有 4 种，9.6kbit/s、4.8kbit/s、2.4kbit/s 和 1.2kbit/s，具体的语音速率是在进行码激励线性预测（CELP）编码时，根据语音当时的属性由声码器做出判断的。CDMA IS-95A 系统也支持基于电路方式的有限速率数据业务，最大可达到 9.6kbit/s。

CDMA IS-95A 系统主要采用了如下关键技术。

● 功率控制

在 CDMA 系统中，必须采用功率控制技术，以克服远近效应的影响，使得系统既能保证通信质量，又能减少不必要的干扰。

● 软切换

所谓软切换是指移动台处于小区边缘需要进行切换时，先与新的基站建立通信链路，然后再与原基站切断联系，即"先通后断"。CDMA 系统中所有的小区采用同一频率，这使得软切换技术得以实现。在软切换的过程中，移动台会与多个基站同时通信，这样可以有效地提高切换的成功率，大大减少切换造成的掉话。同时，软切换提供分集功能，从而提高了通信的质量。

● 多种形式的分集技术（频率分集、时间分集、空间分集）

对于 CDMA IS-95 系统，系统带宽为 1.25MHz，CDMA 的宽带传输本身就实现了频率分集。CDMA 系统采用 RAKE 接收机，实现了时间分集；采用多个天线来发射和接收信号，实现了空间分集。CDMA 系统综合利用频率分集、时间分集和空间分集来克服衰落对信号的影响，保证了较高的通信质量。

6.8.1　CDMA IS-95 工作频段和系统时间

1. CDMA IS-95 的工作频段

CDMA IS-95 采用频分双工（FDD）的通信方式。对于蜂窝频段（0 类频段），前向链路使用 869～894MHz；反向链路使用 824～849MHz。前反向链路可以使用的传输频段均为 25MHz，双工收发频差为 45MHz。

2. CDMA IS-95 的系统时间

CDMA 蜂窝系统中，全网必须有统一的时间基准，以保证整个系统有条不紊地进行信息的传输、处理和交换，对系统各种设备进行管理、控制和操作，这种统一而精确的时间基准对 CDMA 系统尤为重要。

CDMA IS-95 系统中，所有的基站、基站控制器、移动交换中心等都采用一个公共的 CDMA

基准时间，即 CDMA 系统时间。这个基准时间是基于全球定位系统（Global Positioning System，GPS）提供的时间，并与国际协调时间（Universal Coordinate Time，UCT）保持同步。GPS 与 UCT 相差整数秒，GPS 的时间为 UCT 时间加上从 1980 年 1 月 6 日以来的跳秒校准值。CDMA 系统时间的起始时刻为 UCT 时间的 1980 年 1 月 6 日 0 点 0 分 0 秒，和 GPS 的起始时间保持一致。该系统时间一直跟踪 UCT 跳秒的修正，但并不使用该修正值对系统时钟进行物理调整。

CDMA 系统时间以帧为单位。如果系统时间为 s 秒，则以帧为单位的 CDMA 系统时间 t 应是帧长（20ms）的整数倍，即：$t = [s/0.02]$。

CDMA IS-95 系统中，各个基站都配有 GPS 接收机，保证各个基站有统一的时间基准，小区内所有移动台均以基站的时间基准作为自己的时间基准，从而保证全网的同步。

CDMA IS-95 系统中，每个基站的标准时基与 CDMA 系统的时钟对准，它驱动导频信道的 PN 序列、帧以及 Walsh 函数的定时。当 CDMA 系统的外部时钟丢失时，系统应能使基站发射的定时误差保持在容限之内。全部基站应在 CDMA 系统时钟的 $\pm 10\mu s$ 内发送导频 PN 序列，基站发送的所有 CDMA 信道相互之间的定时误差应在 $\pm 1\mu s$ 之内。定时校正的改变率，在每 200ms 内不应超过 1/8 PN chip（即 101.725ns）。导频 PN 序列与 0 号 Walsh 函数序列间的时间误差应小于 ± 50ns，导频信道射频载波与同一前向链路中的任何其他信道射频载波间的相位差不应超过 0.05rad（弧度）。

CDMA IS-95 系统中，不同的基站信号通过短 PN 码的不同相位偏置来区分，而不同的移动台则通过长 PN 码的不同相位偏置来区分。因此，CDMA 系统在工作时，需要使收发双方的定时同步，这是通过收发双方的长码和短码严格同步来实现的。

CDMA 系统时间的起始时刻，即 1980 年 1 月 6 日 0 点 0 分 0 秒，对应着长码和短码序列的初始零相位，换句话说，这一时刻对应着长码序列中连续 41 个"0"之后的那个时刻，也对应着短码序列中连续 15 个"0"之后的那个时刻。此后，长码序列以 $(2^{42}-1)$ 个码片为周期循环，短码序列以 2^{15} 个码片为周期循环，码片速率均为 1.228 8Mchip/s，再次出现两者零相位对齐的情况将和定时的起始时间相隔 3700 年以上。当移动台捕获了某个基站的导频信道，并对同步信道的消息进行处理之后，就可以获得定时同步。

6.8.2　CDMA IS-95 前向链路

由于篇幅有限，这里只介绍链路结构，具体技术操作可参考有关协议和资料。

前向链路指由基站发往移动台的无线通信链路，也称为下行链路。CDMA IS-95 系统前向链路最多可以有 64 个同时传输的信道，它们是在 PN 序列上再采用正交的 Walsh 码进行区分的信道，采用同一个射频载波发射。而来自不同基站的前向链路信号则是通过 PN 短码的不同偏置来区分。

前向链路的码分物理信道采用的正交码为 64 阶的 Walsh 函数，即生成的 Walsh 序列长度为 64 个码片。正交信号共有 64 个 Walsh 码型，记作 W^{64}_0，W^{64}_1，W^{64}_2，…，W^{64}_{63}。因此，可提供的码分物理信道共 64 个，即 $W^{64}_0 \sim W^{64}_{63}$。

利用码分物理信道可以传送不同功能的信息，按照所传送信息功能的不同而分类的信道称为逻辑信道。前向链路中的逻辑信道包括以下几种。

● 导频信道（Pilot Channel）

导频信道用于发送导频信息，供移动台识别基站并提取相干载波以进行相干解调。

● 同步信道（Synchronizing Channel）

同步信道用于发送同步信息，供移动台建立与系统之间的同步。

● 寻呼信道（Paging Channel）

寻呼信道供基站在呼叫建立阶段发送相关的控制信息。

● 前向业务信道（Forward Traffic Channel）

该信道用于发送用户业务数据，同时也传送信令信息。前向业务信道包含有业务数据和功率控制子信道，前者传送用户信息和信令信息，后者用于传送功率控制信息。

前向链路中包括 1 个导频信道、1 个同步信道、最多 7 个寻呼信道以及多个前向业务信道，共计 64 个，其结构如图 6.61 所示。逻辑信道与码分物理信道的对应关系为：W^{64}_0 用作导频信道；W^{64}_{32} 用作同步信道；$W^{64}_1 \sim W^{64}_7$ 用作寻呼信道，寻呼信道至多有 7 个；$W^{64}_8 \sim W^{64}_{31}$ 以及 $W^{64}_{33} \sim W^{64}_{63}$ 用作前向业务信道，共 55 个。当用户数过多，业务信道数目不够时，某几个寻呼信道可以临时用作业务信道；极端情况下，7 个寻呼信道和 1 个同步信道都可用作业务信道，即前向链路有 1 个导频信道和 63 个业务信道。

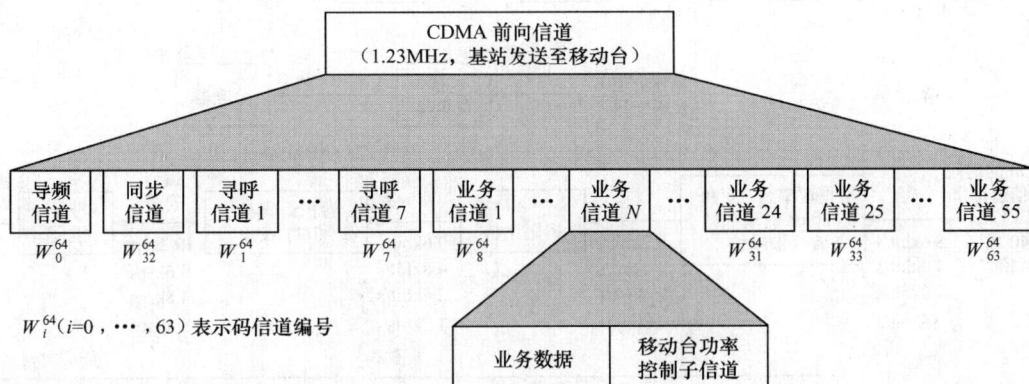

图 6.61　CDMA IS-95 前向链路信道结构

CDMA IS-95 系统前向链路各个信道的处理过程如图 6.62 所示，图中详细给出了各个信道的产生过程以及主要的处理参数。

由图 6.62 可见，对于每一个逻辑信道，对输入的数据都进行信道编码（采用编码速率为 1/2、约束长度为 9 的卷积编码）、块交织（导频信道除外，其数据为全"0"，无须编码和交织）。再用相应的 Walsh 码扩展频谱，图中 A 点之后即为经过 Walsh 码正交化后的信号，然后再经过 QPSK 正交调制后发送出去。该基站的前向链路信号，则是通过 I 支路和 Q 支路 PN 短码的偏置相位来识别。

6.8.3　CDMA IS-95 反向链路

反向链路指由移动台发往基站的无线通信链路，也称作上行链路。

CDMA IS-95 系统中，反向链路的码分物理信道是由长度为 $2^{42}-1$ 的 PN 长码构成的，使用长码的不同相位偏置来区分不同的用户。

反向链路的逻辑信道包括以下两种。

● 接入信道（Access Channel）

接入信道与前向链路的寻呼信道相对应，其作用是在移动台没有占用业务信道之前，提供移动台至基站的传输通路。接入信道供移动台发起呼叫或者对基站的寻呼进行响应，以及向基站发送登记注册消息等。

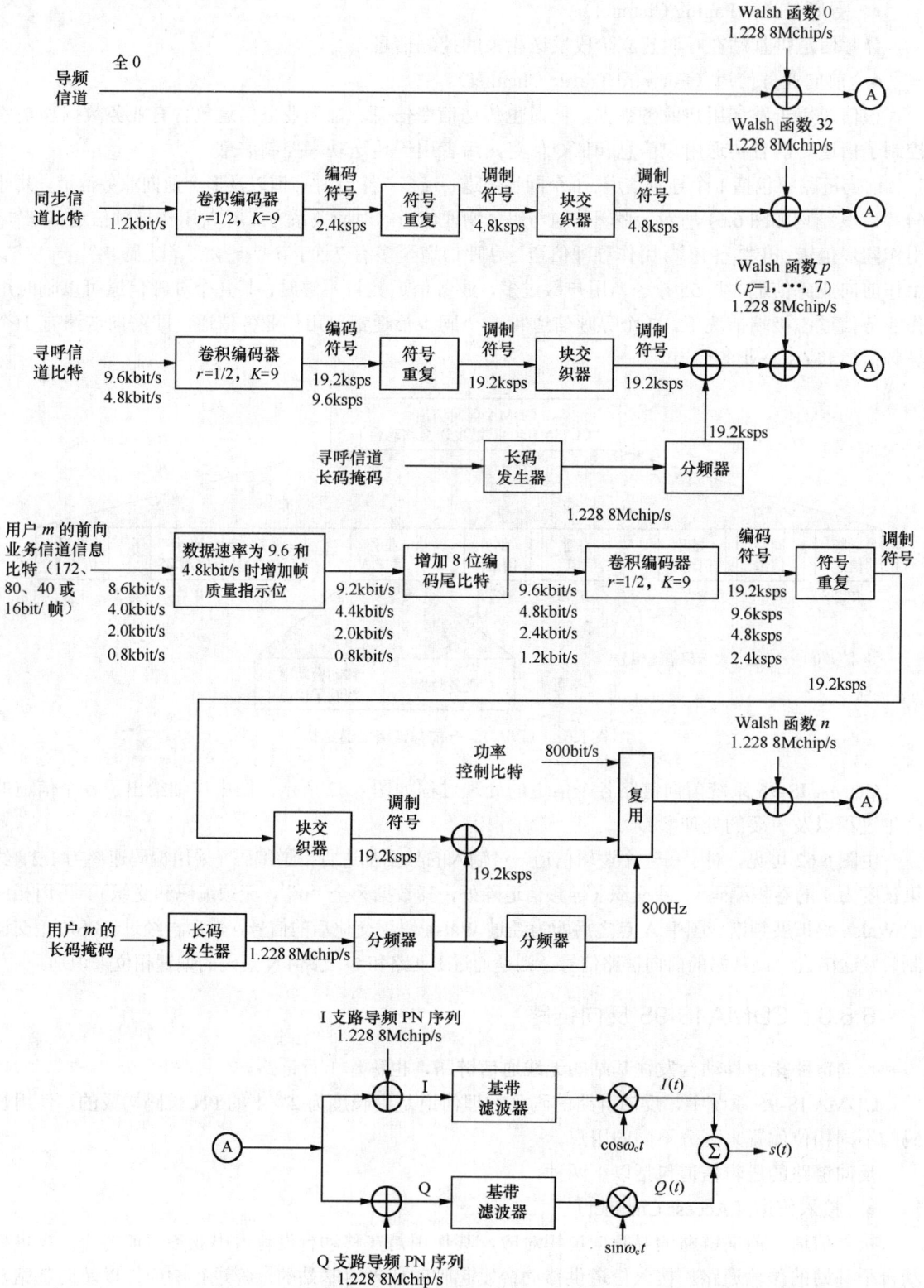

图 6.62　CDMA IS-95 前向链路信道处理

● 反向业务信道（Reverse Traffic Channel）

与前向业务信道一样，用于传送用户业务数据，同时也传送信令信息。

每个移动台或者使用接入信道，或者使用业务信道，但是不能同时发送两个信道。反向链路的信道结构如图 6.63 所示。

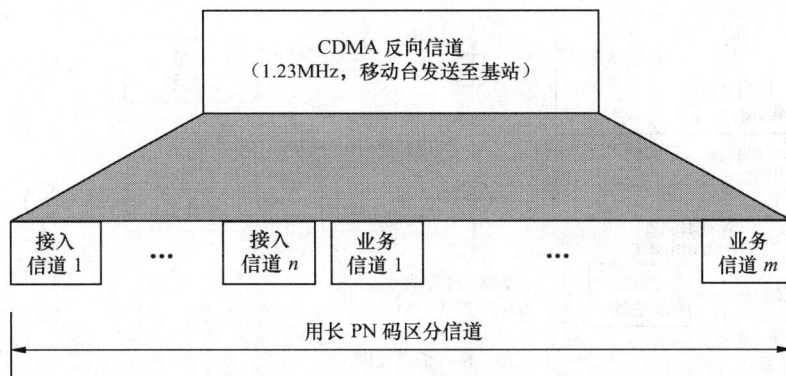

图 6.63　反向链路信道结构

在反向链路上，长码 PN_A 和 PN_T 分别为接入信道和反向业务信道提供码分物理信道。最多可设置的接入信道数 $n=32$，对应的物理信道为 $PN_{A1}\sim PN_{An}$；最多可设置的反向业务信道数 $m=64$，对应的物理信道为 $PN_{T1}\sim PN_{Tm}$。PN_{An} 和 PN_{Tm} 由不同的 42 位长码掩码来确定。

反向链路没有导频信道，因此，基站接收反向链路的信号时，只能使用非相干解调。

CDMA IS-95 系统反向链路的接入信道和业务信道的处理过程如图 6.64 所示，图中详细给出了其处理过程以及主要的处理参数。

由图 6.64 可见，接入信道的数据速率固定为 4.8kbit/s，反向业务信道的数据速率为 9.6kbit/s、4.8kbit/s、2.4kbit/s、1.2kbit/s，帧长为 20ms。

对于反向链路信道，对输入的数据要进行信道编码（采用编码速率为 1/3、约束长度为 9 的卷积编码）、块交织，然后进行 64 阶正交调制，之后用 PN 长码进行扩频，送入 OQPSK（偏移四相相移键控）调制器。

6.8.4　CDMA IS-95 中的功率控制技术

CDMA 系统是一个自干扰系统，主要体现在 CDMA 技术的多址干扰（MAI）。干扰的增加会导致系统容量的降低，通信质量的下降。克服多址干扰的方法之一就是功率控制，即根据无线信道的变化状况和链路质量按照一定的规则调节发射信号的电平。因此功率控制的总体目标就是，在保证链路质量目标的前提下使发射信号的功率最小，以减少多址干扰。

从通信链路的角度，功率控制可分为前向功率控制和反向功率控制；从功率控制方法的角度，功率控制可分为开环（Open Loop）功率控制和闭环（Closed Loop）功率控制。

（1）反向功率控制

反向功率控制就是在反向链路进行的功率控制，用于调整移动台的发射功率，使信号到达基站接收机时，信号电平刚刚达到保证通信质量的最小信噪比门限，从而克服远近效应，降低干扰，保证系统容量。反向功率控制可以将移动台的发射功率调整至最合理的电平，从而延长电池的寿

接入信道
信息比待 → 增加 8 位编 → 卷积编码器 → 编码 → 符号 → 编码 → 块交 → 编码
（88bit/ 帧） 4.4kbit/s 码尾比特 4.8kbit/s $r=1/3$，$K=9$ 14.4ksps 重复 28.8ksps 织器 符号

28.8 ksps

I 支路 PN 序列
1.228 8Mchip/s

64 阶正 → 调制符号 I → 基带 $I(t)$ → Σ → $s(t)$
交调制 （Walsh 码片） 滤波器
4.8ksps 1/2 PN 码片 $\cos\omega_c t$
（307.2kchip/s） 延迟 =406.9ns D Q → 基带 $Q(t)$
滤波器
PN 码片 $\sin\omega_c t$
1.228 8Mchip/s
长码掩码 → 长码 Q 支路 PN 序列
发生器 1.228 8Mchip/s

（a）接入信道处理

反向业务信
道信息比特 → 数据速率为 9.6 和 → 增加 8 位编 → 卷积编码器 → 编码
（172、80、 4.8kbit/s 时增加帧 码尾比特 $r=1/3$，$K=9$ 符号
40 或 16bit/ 帧） 8.6kbit/s 质量指示位 9.2kbit/s 9.6kbit/s 28.8ksps
4.0kbit/s 4.4kbit/s 4.8kbit/s 14.4ksps
2.0kbit/s 2.0kbit/s 2.4kbit/s 7.2ksps
0.8kbit/s 0.8kbit/s 1.2kbit/s 3.6ksps

符号 → 编码 → 块交 → 编码 → 64 阶正 → 调制符号 → 数据突发
重复 符号 织器 符号 交调制 （Walsh 码片） 随机化器
28.8ksps 28.8ksps 4.8ksps
（307.2kchip/s）
PN 码片
1.228 8Mchip/s
长码掩码 → 长码
发生器

I 支路 PN 序列
1.228 8Mchip/s

I → 基带 $I(t)$ → Σ → $s(t)$
滤波器
1/2 PN 码片 $\cos\omega_c t$
延迟 =406.9ns D Q → 基带 $Q(t)$
滤波器
$\sin\omega_c t$
Q 支路 PN 序列
1.228 8Mchip/s

（b）反向业务信道处理

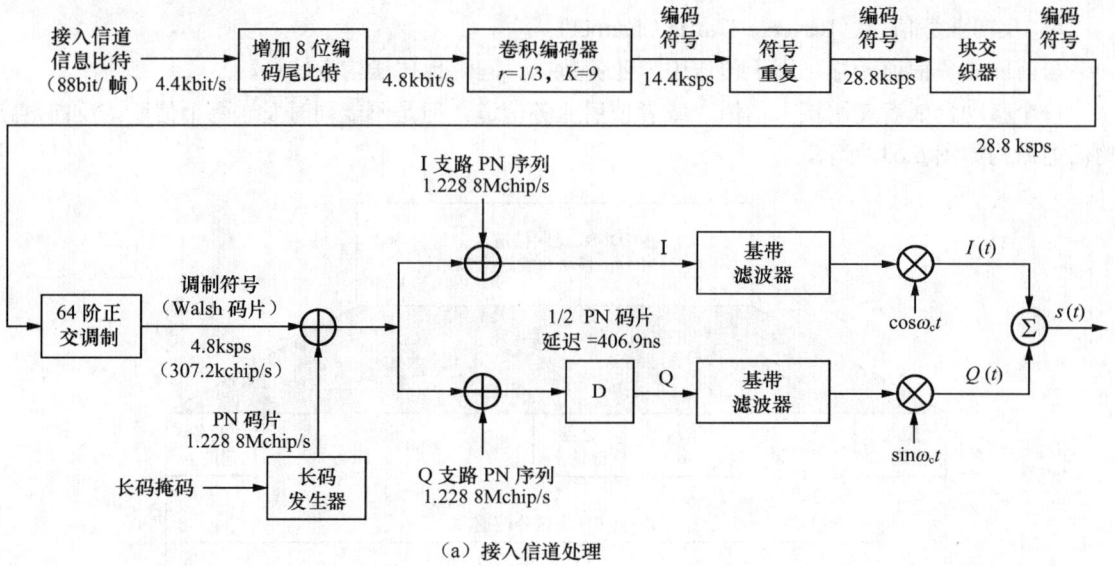

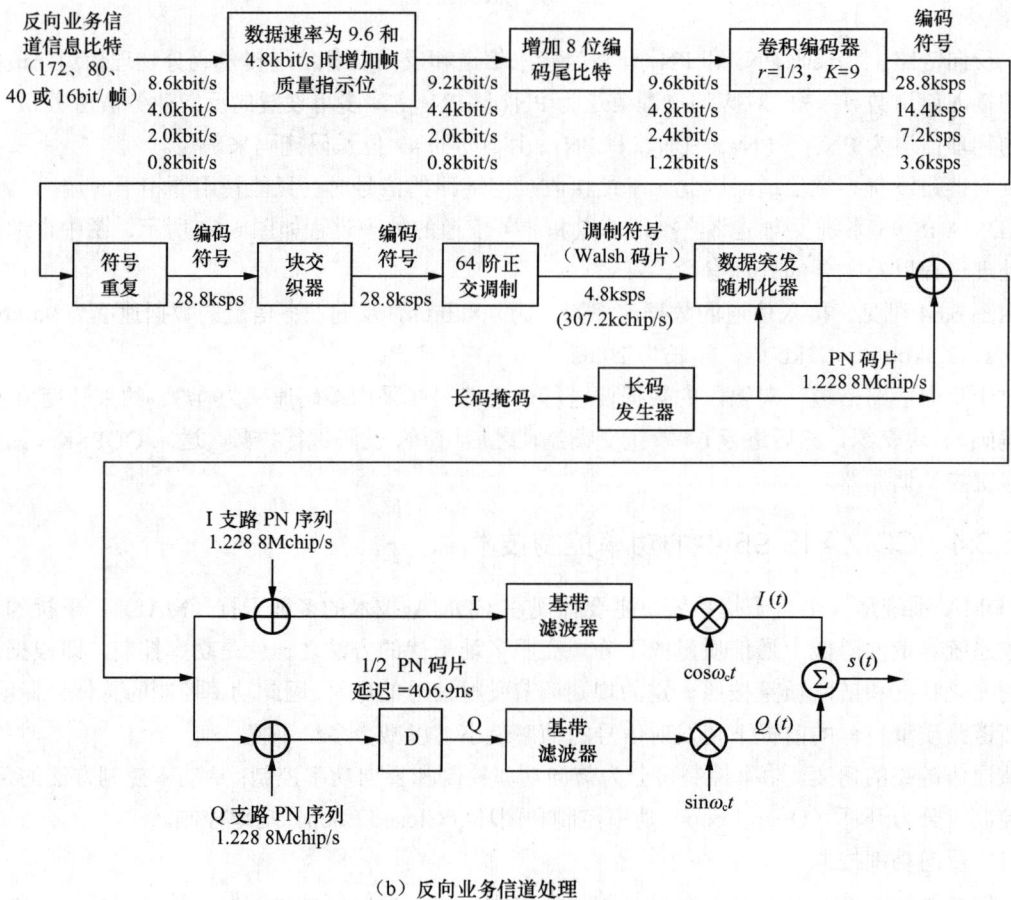

图 6.64 反向链路信道结构

命；用于用户的移动性，不同的移动台到基站的距离不同，这导致不同用户之间的路径损耗差别

很大，甚至可能相差 80dB，而且不同用户的信号所经历的无线信道环境也有很大的不同。因此反向链路必须采用大动态范围的功率控制方法，快速补偿迅速变化的信道条件。

（2）前向功率控制

前向功率控制用来调整基站对每个移动台的发射功率，对信道衰落小和解调信噪比较高的移动台分配相对较小的前向发射功率，而对那些衰落较大和解调信噪比低的移动台分配较大的前向发射功率。使信号到达移动台接收机时，信号电平刚刚达到保证通信质量的最小信噪比门限。前向功率控制可以降低基站的平均发射功率，减小相邻小区之间的干扰。

在前向链路中的所有信道同步发射，而且对于某个移动台来说，前向链路的所有信道所经历的无线环境是相同的。在理想情况下，移动台解调时，本小区内其他用户的干扰可以通过 Walsh 码的正交性完全除去。但是由于多径的影响，使得 Walsh 码的正交性受到影响。因此，在前向链路的解调中，干扰主要是相邻小区的干扰和多径引入的干扰。此外，移动台可以利用基站的导频信道进行相干解调。因此，前向链路的质量要远好于反向链路。与反向链路相比，前向链路对功率控制的要求相对比较低。

（3）开环功率控制

开环功率控制指移动台（或基站）根据接收到的前向（或反向）链路信号的功率大小来调整自己的发射功率。开环功率控制用于补偿信道中的平均路径损耗及慢衰落，所以它有一个很大的动态范围。

开环功率控制的前提条件是假设前向和反向链路的衰落情况是一致的。以反向链路为例，移动台接收并测量前向链路的信号强度，并估计前向链路的传播损耗，然后根据这种估计，调整其发射功率。即接收信号较强时，表明信道环境较好，将降低发射功率；接收信号较弱时，表明信道环境较差，将增加发射功率。

反向开环功率控制是在移动台主动发起呼叫或响应基站的呼叫时开始工作的，要先于反向闭环功率控制。它的目标是使所有移动台发出的信号到达基站时可以有相同的功率值。因为基站是一直在发射导频信号的，且功率保持不变，如果移动台检测接收到的基站导频信号功率小，说明此时前向链路的衰耗大，并由此认为反向链路的衰耗也大，因此移动台应该增大发射功率，以补偿所预测到的衰落。反之，认为信道环境较差，降低发射功率。

开环功率控制的优点是简单易行，不需要在基站和移动台之间交互信息，可调范围大，控制速度快。开环功率控制对于降低慢衰落的影响是比较有效的。但是，在频分双工的 CDMA 系统中，前反向链路所占用的频段相差 45MHz 以上，远远大于信号的相关带宽，因此前反向链路的快衰落是完全独立和不相关的，这会导致在某些时刻出现较大误差。这使得开环功率控制的精度受到影响，只能起到粗控的作用。对于慢衰落，它受信道不对称的影响相对小一些，因此开环功率控制仍在系统中采用。由于无线信道的快衰落特性，开环功率控制还需要更快速精确的校正，这由闭环功率控制来完成。

（4）闭环功率控制

闭环功率控制建立在开环功率控制的基础之上，对开环功率控制进行校正。

以反向链路为例，基站根据反向链路上移动台的信号强弱，产生功率控制指令，并通过前向链路将功控指令发送给移动台，然后移动台根据此命令，在开环功率控制所选择发射功率的基础上，快速校正自己的发射功率。可以看出，在这个过程中，形成了控制环路，因此称这种方式为闭环功率控制。闭环功率控制可以部分降低信道快衰落的影响。

闭环功率控制的主要优点是控制精度高，用于通信过程中发射功率的精细调整。但是从功率控制指令的发出到执行，存在一定的时延，当时延上升时，功率控制的性能将严重下降。

闭环功率控制又可以分为两部分：内环（Inner Loop）功率控制和外环（Outer Loop）功率控制。

以反向链路为例，内环功率控制指将基站测量接收到的移动台信号（通常是信噪比）与某个门限值（下面称为"内环门限"）相比较，如果高于该门限，就向移动台发送"降低发射功率"的功率控制指令；否则发送"增加发射功率"的功率控制指令，以使接收到的信号强度接近于门限值。

外环功率控制的作用是对内环门限进行调整，这种调整是根据接收信号质量指标（如误帧率FER）的变化来进行的。通过测量误帧率，并定时地根据目标误帧率来调节内环门限，将其调大或调小以维持恒定的目标误帧率。当实际接收的 FER 高于目标值时，则提高内环门限；反之，当实际接收的 FER 低于目标值时，则适当降低内环门限。

可以看出外环功率控制是为了适应无线信道的变化，动态调整内环功率控制中的信噪比门限。这就使得功率控制直接与通信质量相联系，而不仅仅是体现在对信噪比的改善上。

在这几种机制的共同作用下，基站能够在保证一定接收质量的前提下，让移动台以尽可能低的功率发射，减小对其他用户的干扰，提高容量。

1. 反向链路功率控制

反向功率控制包括反向开环功率控制和反向闭环功率控制。

（1）反向开环功率控制

反向开环功率控制有两个主要的功能：第一个是调整移动台初始接入时的发射功率；第二个是弥补由于路径损耗而造成的衰减的变化。

移动台在接入状态时，还没有分配到前向业务信道（该信道中包含功率控制比特），移动台只能独自进行开环功率控制，来估计移动台初始接入时的发射功率，整个过程中移动台不需要进行任何前向链路的解调。

在开环功率控制中，移动台根据整个频段内接收到的前向链路总功率，然后结合已知的一些接入参数，采用一定算法计算得出接入时的发射功率大小。其基本原则是如果接收功率高，则移动台降低发射功率；反之，则提高发射功率。关键是要使移动台的发射功率与接收功率成反比。

由于开环功率控制是为了补偿平均路径损耗以及慢衰落，所以它必须要有一个很大的动态范围。根据空中接口的标准，它至少应该达到 $\pm 32\text{dB}$ 的动态范围。

（2）反向闭环功率控制

反向闭环功率控制是指基站根据测量到的反向信道的质量，来调整移动台的发射功率。其基本原则是，如果测量到的反向信道质量低于一定的门限，命令移动台增加发射功率；反之命令移动台降低发射功率。反向闭环功率控制是对反向开环功率控制的不准确性进行弥补的一种有效手段，需要基站和移动台的共同参与。反向闭环功率控制在开环功率控制的基础上，能够提供 $\pm 24\text{dB}$ 的动态范围。

反向闭环功率控制包括两部分：内环功率控制和外环功率控制，如图 6.65 所示。

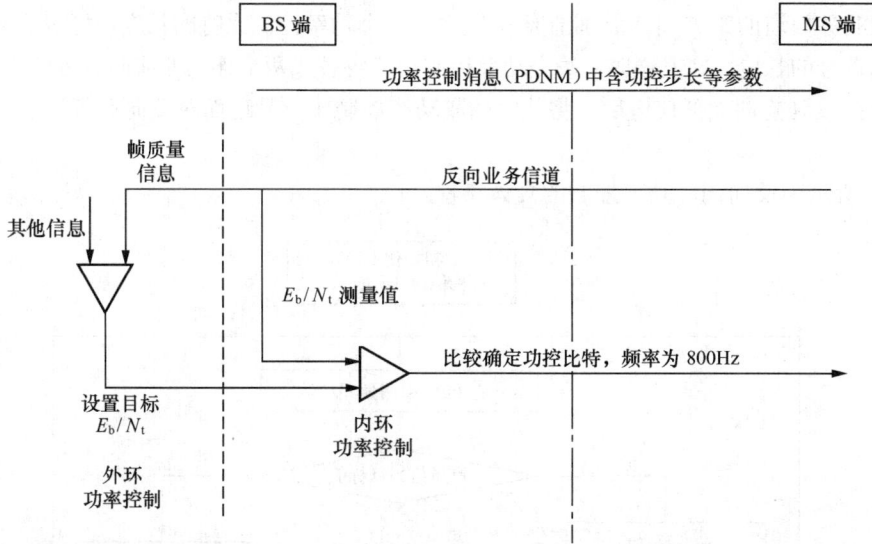

图 6.65　反向闭环功率控制

内环功率控制的目的是使移动台业务信道的信噪比 E_b/N_t（E_b 是每个比特的能量，N_t 是噪声的功率谱密度）能够尽可能地接近目标值，而外环功率控制则对指定的移动台调整其 E_b/N_t 的目标值。

内环功率控制测量反向业务信道的 E_b/N_t，将测量的结果与目标 E_b/N_t 相比较。如果实测的 E_b/N_t 小于目标值，则说明反向信道质量不好，因此命令移动台增加功率；如果实测的 E_b/N_t 大于目标值，则说明反向信道质量较好，因此命令移动台降低功率，以减小干扰。

外环功率控制测量反向信道的误帧率（FER），将测量的结果与目标 FER 相比较。如果实测的 FER 超过目标值，说明反向信道质量不好，命令提高内环功率控制的 E_b/N_t 目标值；否则命令降低内环功率控制的 E_b/N_t 目标值。

外环功率控制通过动态地调整内环功率控制中信噪比的目标值，来维持恒定的目标误帧率，以适应无线环境的变化，保证一定的通信质量。

同时使用外环功控和内环功控，可以保证有足够的信号能量，使接收机能在容许的错误概率情况下解调信号，又可以将对其他用户的干扰降至最低。

在对反向业务信道进行闭环功率控制时，移动台将根据在前向业务信道上收到的有效功率控制比特（在功率控制子信道上）来调整其平均输出功率。功率控制子信道不断在前向业务信道上发送，其速率为 800bit/s，即每 1.25ms 发送一个功率控制比特。"0"指示移动台增加平均输出功率，"1"指示移动台减少平均输出功率。CDMA 系统中，每个功率控制比特使移动台增加或减少功率的大小，即功控步长为 1dB。

CDMA IS-95 系统中，业务信道的帧长为 20ms。每帧被分为 16 个时隙，每个时隙也称为一个功率控制组（Power Control Group，PCG）。

基站测量所有移动台反向业务信道的 E_b/N_t，测量周期为 1.25ms，即在一个 PCG 内进行。基站将测量结果与 E_b/N_t 目标值相比较，分别确定对各个移动台的功率控制比特的取值，然后基站在相应的前向业务信道上将功率控制比特发送出去。基站发送的功率控制比特比反向业务信道延迟 $2\times$ 1.25ms。举例来说，基站收到反向业务信道中第 5 个功率控制组的信号，则其对应的功率控制比特将在前向业务信道的第 7 个功率控制组中发送。一个功率控制比特的长度正好等于前向业务信道两个调制符号的长度。在发送时，每个功率控制比特将替代两个连续的前向业务信道调制符号。

移动台接收到前向业务信道后，将从中抽取功率控制比特，进而对反向业务信道的发射功率进行调整。

图 6.66 所示为反向闭环功率控制的具体流程。

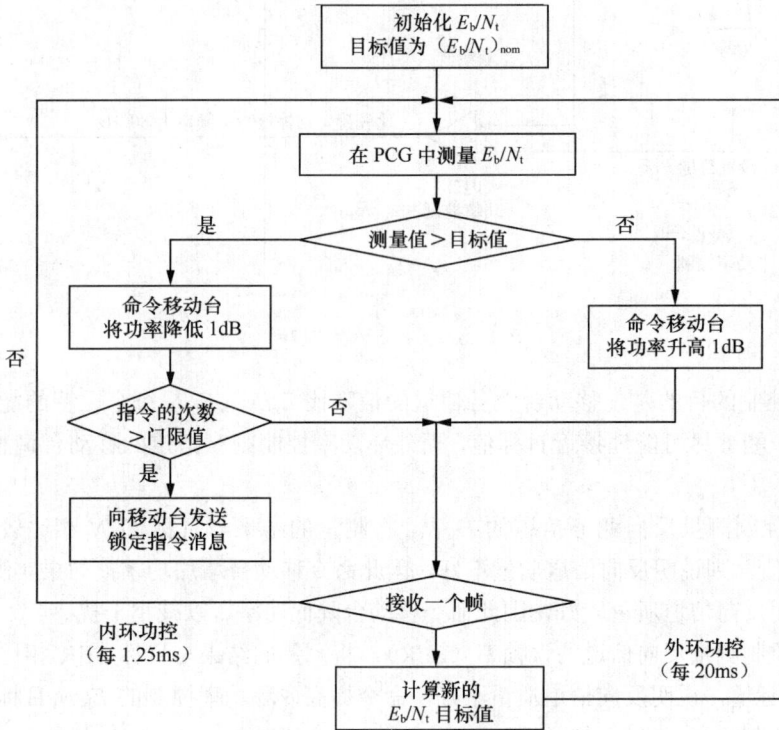

图 6.66　反向闭环功率控制流程

图 6.66 中给出了内环功率控制和外环功率控制的过程。此外，还显示了将移动台禁用的情况。其目的是为了检测那些无法对功率控制做出响应并可能对其他用户造成严重干扰的移动台，这种检测是由内环功率控制完成的。基站会计算连续发送功率降低指令的次数，如果数目超过了规定的门限值，则基站会给移动台发送一个重新开机之前进行锁定的指令消息（Lock Until Power Cycled Order），该消息使移动台处于禁用状态，直到用户关机并重新开机为止。

2. 前向链路功率控制

CDMA IS-95 系统中，前向功率控制是基站根据移动台提供的测量结果，调整对每个移动台的发射功率。其目的是对衰落小的移动台分配相对较小的前向发射功率，而对衰落比较大的移动台分配较大的前向发射功率，在保证一定通信质量的前提下，尽量减少业务信道的发射功率，从而降低干扰。基站根据移动台提供的前向链路误帧率的反馈报告，来决定是增加还是减少对该移动台的前向发射功率。从这个意义上说，前向功率控制采用的也是闭环的形式。

在前向链路中，由于小区内各个信道之间是同步的，并且移动台可以根据前向导频信道进行相干解调，这使得前向链路的质量远好于反向链路。前向链路对功率控制动态范围的要求也比较低。在 CDMA IS-95 前向链路中，采用的是一种基于信令消息的慢速功率控制，这样就可以很好地控制每个信道的发送功率。

6.8.5　CDMA IS-95 中的软切换技术

软切换是 CDMA 系统特有的关键技术之一，也是网络优化的重点，软切换算法和相关参数的设置对系统容量和服务质量有重要影响。

这里给出 CDMA IS-95 系统中软切换的工作过程。

CDMA 的切换是移动台辅助切换，它是以移动台向基站报告的导频强度测量消息为切换的依据，基站分析导频强度测量消息并按一定的算法决定是否进行切换。

通常切换的过程可以分为如下 3 个阶段。

● 链路监视和测量

监测的参数通常是接收到的信号强度，也可以是信噪比、误比特率等参数。在监测阶段，由移动台完成对前向链路的测量，包括信号质量、本小区和相邻小区的信号强度；而反向链路的信号质量则由基站测量，测量结果发送给相邻的网络单元、移动台、BSC 以及 MSC。

● 目标小区的确定和切换触发

这一阶段也称为切换决策。在这一阶段，将测量结果与预先定义的门限值进行比较，确定切换的目标小区，决定是否启动切换过程。

切换策略必须指定合适的门限值，以保证切换的顺利完成，并减少不必要的越区切换，降低切换时延。

在决定是否启动切换时，很重要的一点是要保证检测到的信号强度下降不是因为瞬时的衰减，而是由于移动台正在离开当前服务的基站。为了保证这一点，通常的做法是在准备切换之前，先对信号监视一段时间。

● 切换执行

在执行阶段，移动台通过增加一条新的无线链路或者释放一条旧的无线链路完成切换过程。

（1）导频集合

在 CDMA 系统中，当基站的导频信道使用同一个频率时，则它们只能由 PN 序列的不同相位来区分，相位偏移是 64 个码片的整数倍。移动台将系统中的导频分为 4 个导频集合，在每个导频集合中，所有的导频都有相同的频率，但是其 PN 码的相位不同。这 4 个导频集合如下。

● 激活集

激活集包括与分配给移动台的前向业务信道相对应的导频，激活集中的基站与移动台之间已经建立了通信链路。激活集也称为有效集。

● 候选集

候选集中包含的导频目前不在激活集中。但是，这些导频已经有足够的强度，表明与该导频相对应的前向业务信道可以被成功解调。

● 相邻集

相邻集是当前不在激活集和候选集中，但是有可能进入候选集的导频集合。

● 剩余集

除了包含在激活集、候选集和相邻集中的所有导频之外，在当前系统中、当前的频率配置下，所有可能的导频组成的集合即剩余集。

（2）导频的搜索与测量

切换的前提是能够识别新的基站并了解各个基站发射信号到达移动台处的强度。因此，移动台需要对各个基站的导频信道不断地进行搜索和测量，并将结果报告基站，以及时发现基站信号强度的变化。

由于移动台和基站之间的传播时延未知，这会使移动台接收到的信号的 PN 码相位有未知的偏差。同时，由于存在多径传播，信号的多径部分比直接到达部分要晚几个码片。为了克服这些因素的影响，基站对以上各种导频集合分别规定了相应的搜索窗口（PN 码相位偏移范围），移动台在搜索窗口范围内搜索导频所有的可用多径分量（可用多径分量是指信号具有足够强的分量，可以被追踪，并且解调时不会引起很高的误帧率）。搜索窗口的尺寸应该足够大，使得移动台能够捕获基站所有的可用多径分量；同时又应该尽可能地小，以提高搜索速度，使搜索器的性能最佳化。

搜索窗口有如下 3 种，用以跟踪导频信号。

● SRCH_WIN_A

该窗口用于跟踪激活集和候选集中的导频。对于激活集和候选集，移动台的搜索过程是一样的。移动台将这两个导频集中每个导频的搜索窗口的中心设在接收到的第一个多径分量的附近。其具体的尺寸应该根据预测的传播环境来设置。

● SRCH_WIN_N

该窗口是用来监测相邻集导频的搜索窗口。移动台将该窗口的中心设在导频 PN 序列的相位偏移处，其尺寸通常要比 SRCH_WIN_A 大。该窗口的大小要根据服务基站与相邻基站之间的距离来设置。

● SRCH_WIN_R

该窗口是用于跟踪剩余集导频的搜索窗口。移动台将该窗口的中心设在导频 PN 序列的相位偏移处。此外，在剩余集中，移动台仅仅搜索那些 PN 序列偏置为 PILOT_INC 整数倍的导频。其尺寸至少应该与 SRCH_WIN_N 一样大。

以上这 3 个参数都在寻呼信道的系统参数消息中发送。这几个窗口大小的设置是网络优化的重要内容，这里不再赘述。

移动台在给定的搜索窗口内，合并计算导频所有可用多径分量的 Ec/Io，Ec 指一个码片（chip）的能量，Io 指接收信号总的功率谱密度（包括有用信号、噪声以及干扰），并以 Ec/Io 的值作为该导频的信号强度。对于每一个导频信号，移动台测量它的到达时间 T，并把结果报告给基站。导频的到达时间是指该导频最早可用多径分量到达移动台天线连接器的时间，其单位为 chip，并与移动台的时间参考有关。

对于不同的导频集，其所需要的测量频率是不同的。激活集中的基站与移动台正在通信之中，因此所需的测量最为频繁，而剩余集的测量最不频繁。图 6.67 所示为导频搜索的顺序。

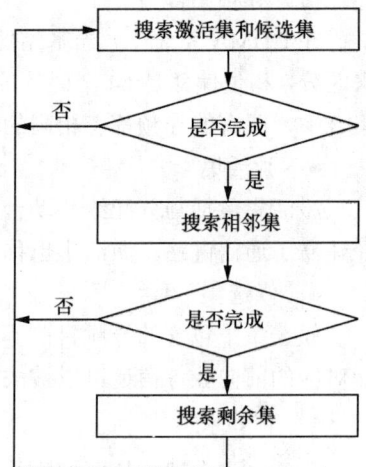

图 6.67　导频搜索顺序

（3）切换参数与消息

软切换过程中主要会用到以下控制参数。

- T_ADD[1]

导频检测门限。该参数是向候选集和激活集中加入导频的门限。T_ADD 的值不能设置太低，否则会使软切换的比例过高，从而造成资源的浪费；T_ADD 也不能设置太高，以避免建立切换之前语音质量太差。

- T_DROP

导频去掉门限。该参数是从候选集和激活集中删除导频的门限。设置 T_DROP 时要考虑既要及时去掉不可用的导频，又不能很快地删除有用的导频。此外，还需要注意的是如果 T_ADD 和 T_DROP 值相差太小，并且 T_TDROP 的值太小，则会造成信令的频繁发送。

- T_COMP

候选集导频与激活集导频的比较门限。当候选集导频与激活集导频相比，超过该门限时，会触发导频强度测量消息。设置 T_COMP 时要注意，如果该值设置太小，激活集和候选集导频一系列的强度变化会引发移动台不断地发送导频强度测量消息。然而，如果设置得太大，会对切换引入很大的时延。

- T_TDROP

切换去掉计时器。移动台的激活集和候选导频集中的每一个导频都有一个对应的切换去掉计时器。当该导频的强度降至 T_DROP 以下时，对应的计时器启动；如果导频强度回至 T_DROP 以上，则计时器复位。T_TDROP 的下限值是建立软切换所需要的时间，以防止由信号的抖动所产生的频繁切换（"乒乓效应"）。

在处理软切换过程中，移动台和网络之间会有频繁的信令交互。这主要涉及以下切换消息。

- 导频强度测量消息

移动台通过导频强度测量消息（Pilot Strength Measurement Message，PSMM）向正在服务的基站报告它现在所检测到的导频。当移动台发现某一个导频足够强但却并未解调与该导频相对应的前向业务信道，或者当移动台正在解调的某一个前向业务信道所对应的导频信号强度已经低于某一个门限的时候，移动台将向基站发送导频强度测量消息。

该消息中包含以下信息：导频信号的 E_c/I_0、导频信号的到达时间、切换去掉计时器信息等。

- 切换指示消息

当基站收到移动台的导频强度测量消息后，基站为移动台分配一个与该导频信道对应的前向业务信道，并且向移动台发送切换指示消息（Handoff Direction Message，HDM），指示移动台进行切换，让移动台解调指定的一组前向业务信道。对于软切换来说，在切换指示消息列出的多个前向业务信道中，有一些是正在被移动台所解调的；对于硬切换，切换指示消息所列出的一个或多个前向业务信道中，没有一个是正在被移动台所解调的。

该消息中包含以下信息：激活集信息（旧的导频和新导频的 PN 偏置）、与激活集中每一个导

---

[1] 在实际系统中，T_ADD、T_DROP、T_COMP 这 3 个参数的取值均为正整数，其单位分别是 -0.5dB、-0.5dB 和 0.5dB。举例来说，如果 T_ADD=24，则表示导频检测门限为 -12dB。

但是在本节中，对于 T_ADD 和 T_DROP，我们认为其代表的是实际的门限值。例如，某个导频强度超过 T_ADD，意即该导频的 E_c/I_0 大于 -12dB。

对于 T_COMP，我们认为其代表的是实际系统参数的取值。例如，某两个导频相比，超过了比较门限，即表示这两个导频的强度之差大于 T_COMP×0.5dB。

频对应的 Walsh 码信息、发送导频强度测量消息的参数（T_ADD、T_DROP、T_TDROP、T_COMP）以及有关 CDMA 到 CDMA 硬切换的参数等。

CDMA IS-95B 中，增加了扩展切换指示消息（EHDM），其功能与 HDM 基本相同。

● 切换完成消息

在执行完切换指示消息之后，移动台在新的反向业务信道上面发送切换完成消息（Handoff Completion Message，HCM）给基站。这个消息实际上是确认消息，告诉基站移动台已经成功地获得了新的前向业务信道。该消息中包含激活集中每个导频的 PN 偏置信息。

（4）CDMA IS-95 系统中的软切换流程

在进行软切换时，移动台首先搜索所有导频并测量它们的强度 E_c/I_o。当某个导频的强度超过导频检测门限 T_ADD 时，移动台认为此导频的强度已经足够大，能够对其进行正确解调。此时如果移动台与该导频对应的基站之间没有业务信道连接时，它就向原基站发送一条导频强度测量消息，报告这种情况；原基站再将移动台的报告送往移动交换中心（MSC），MSC 则让新的基站安排一个前向业务信道给移动台，并且原基站向移动台发送切换指示消息，指示移动台开始切换。

收到来自基站的软切换指示消息后，移动台将新基站的导频转入激活集，开始对新基站和原基站的前向业务信道同时进行解调。之后，移动台会向基站发送一条切换完成消息，通知基站自己已经根据命令开始对两个基站同时解调了。

接下来，随着移动台的移动，当该导频的强度低于导频去掉门限 T_DROP 时，移动台启动切换去掉计时器 T_TDROP。当计时器期满时（在此期间，该导频的强度应该始终低于 T_DROP），移动台发送导频强度测量信息。两个基站接收到导频强度测量信息后，将此信息送至 MSC；MSC 再返回相应的切换指示消息。然后基站将切换指示消息发送给移动台，移动台将切换去掉计时器到期的导频从激活集中去掉，转移至相邻集。此时移动台只与目前激活集中导频所代表的基站保持通信，同时会发一条切换完成消息给基站，表示切换已经完成。如果在切换去掉计时器尚未期满时，该导频的强度又超过 T_DROP，移动台要对计时器进行复位操作并关掉计时器。整个软切换的过程如图 6.68 所示。

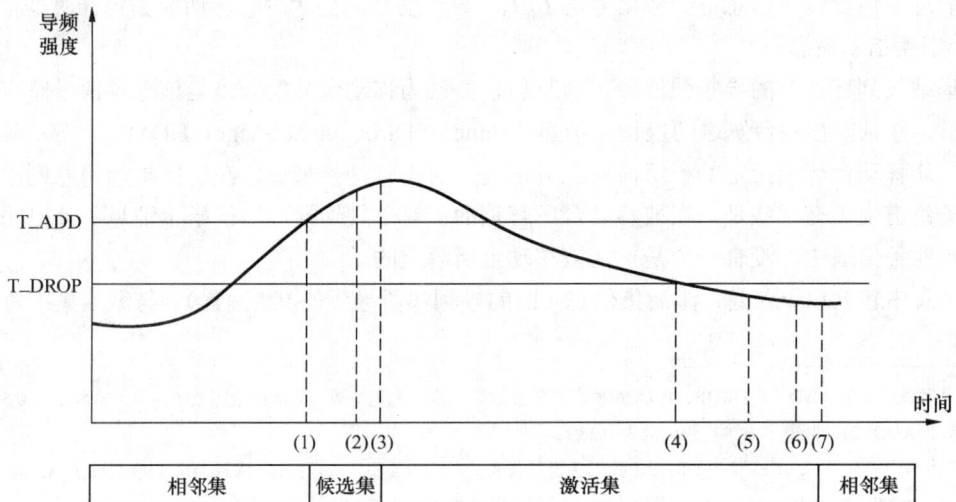

图 6.68　CDMA IS-95 软切换过程

图 6.68 中各个时刻所对应的消息交互如下。

- 相邻集中某个导频强度超过 T_ADD,移动台向基站发送导频强度测量消息（PSMM）,并将该导频转入候选集。
- 基站向移动台发送切换指示消息（HDM）,指示移动台将该导频加入激活集。
- 移动台接收到 HDM,将该导频加入激活集,建立新的业务信道,并向基站发送切换完成消息（HCM）。
- 导频强度低于 T_DROP 时,移动台启动相对应的切换去掉计时器（T_TDROP）。
- 切换去掉计时器到时,移动台向基站发送导频强度测量消息。
- 基站向移动台发送切换指示消息（HDM）。
- 移动台将该导频从激活集移至相邻集,并且向基站发送切换完成消息（HCM）。

除了上面所提及的控制参数 T_ADD、T_DROP 以及 T_TDROP 之外,在切换过程中,还要用到比较门限参数 T_COMP,用以控制导频强度测量消息的发送。只有当候选集中的某个导频的强度超过激活集中导频 T_COMP×0.5dB 时,移动台才会向基站发送导频强度测量消息。这样可以防止激活集和候选集中导频强度的顺序发生小的变化时,移动台频繁发送导频强度测量消息。该参数触发导频强度测量消息的过程如图 6.69 所示。

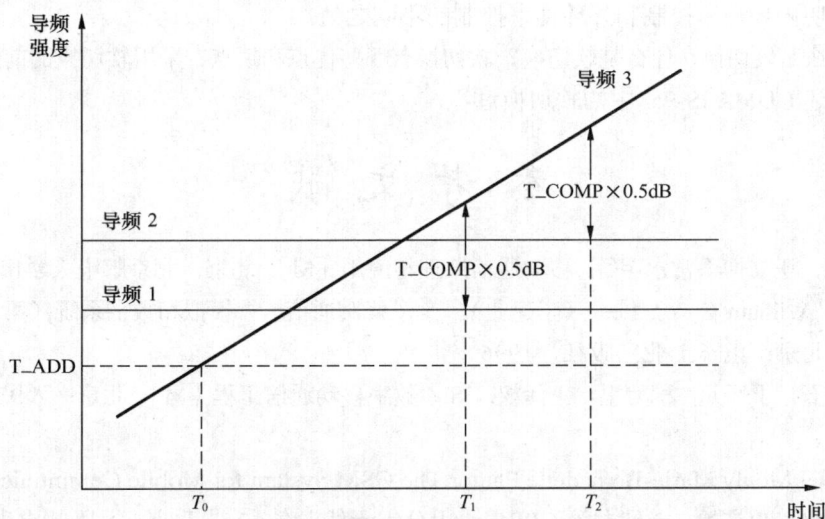

图 6.69 T_COMP 触发的导频强度测量消息（CDMA IS-95）

图 6.69 中,导频 1 和导频 2 为激活集中的导频,导频 3 为候选集中的导频。导频 1、导频 2、导频 3 的强度分别用 P_1、P_2、P_3（单位为 dB）来表示。各个时刻发送的消息如下。

T_0: $P_3 >$ T_ADD,移动台发送 PSMM。

T_0: $P_3 > P_1 +$ T_COMP $\times 0.5_{(dB)}$,移动台发送 PSMM。

T_2: $P_3 > P_2 +$ T_COMP $\times 0.5_{(dB)}$,移动台发送 PSMM。

习题与思考题

6.1 说明 GSM 系统的业务分类。

6.2 画出 GSM 系统的总体结构图。

6.3 说明 GSM 系统专用和公共逻辑信道的作用,画出逻辑信道示意图。

6.4 简述移动用户主呼（移动用户呼叫固定用户）的主要过程。

6.5 GSM 系统中，突发脉冲序列共有哪几种？普通突发脉冲序列携带哪些信息？

6.6 简述 GSM 系统的鉴权中心（AuC）产生鉴权三参数的原理以及鉴权原理。

6.7 画出 GSM 系统第一物理信道的示意图。

6.8 画出 GSM 系统语音处理的一般框图。

6.9 GSM 系统的越区切换有几种类型？简述越区切换的主要过程。

6.10 画出 GSM 系统的协议模型图。

6.11 SIM 卡由哪几部分组成？其主要功能是什么？

6.12 简述 GSM 系统中的第一次位置登记的过程。

6.13 简述 GPRS 网络所提供的两种业务。

6.14 说明 GPRS 的业务质量种类。

6.15 描述 SGSN、GGSN 的功能和作用。

6.16 画出 GPRS 的协议栈。

6.17 说明开环功率控制和闭环功率控制不同之处。

6.18 说明内环功率控制和外环功率控制的不同之处。

6.19 什么是硬切换？什么是软切换？软切换有哪些优点和缺点？采用软切换的前提是什么？

6.20 简述 CDMA IS-95 中的软切换过程。

参 考 文 献

［1］啜钢，王文博，常永宇等. 移动通信原理与应用［M］. 北京：北京邮电大学出版社，2002.

［2］［美］William C .Y . Lee（李建业）. 移动蜂窝通信——模拟和数字系统（第二版）［M］. 伊浩等译. 北京：电子工业出版社，1996.

［3］孙孺石，丁怀元，穆万里，王泽权. GSM 数字移动通信工程［M］. 北京：人民邮电出版社，1996.

［4］Michel Mouly,Marie-Bernadette Pauter.The GSM System for Mobile Communications.1992

［5］钟章队，蒋文怡，李红君等.GPRS 通用分组无线业务［M］.北京：人民邮电出版社，2001.

［6］［美］Theodore S.Rappaport. Wireless communications principles and practice（影印版）. 北京：电子工业出版社，1998.

［7］啜钢，王文博，常永宇等. 移动通信原理与系统［M］. 北京：北京邮电大学出版社，2005.

［8］吴伟陵，牛凯. 移动通信原理［M］. 电子工业出版社，2005.

［9］Ericsson. EDGE Intrduction of high-speed data in GSM/GPRS network［M］. EDGE white paper, 2002.

［10］李瑞，刘志权. 从调制编码技术看 EDGE 与 GSM/GPRS 及 WCDMA/HSDPA［M］. 邮电设计技术，2006 年，第 07 期.

［11］3GPP TS43.051.GSM/EDGE Radio Access Network; over all deseription-stage2（Release5）. 2001.

［12］TIA/EIA/CDMA IS-95.Interrim Standard, Mobile station-base Station Compatibility for Dual-mode Wideband Spread Spectrum Cellular System. Telecommunication Industry Association, July 1993.

第 7 章　cdma2000 1x、WCDMA 和 TD-SCDMA 系统

学习重点和要求

主流的第三代移动通信体系包括 cdma 1x、WCDMA 和 TDD 系统。本章对这 3 个系统做简要的讨论。讨论的内容包括体系结构、空中接口、功率控制与切换技术、网络技术以及其不同版本的演进等。

要求

- 掌握 cdma2000 的体系结构。
- 掌握 cdma2000 1x 空中接口物理层的信道结构、信道编码以及扩频调制等。
- 了解 cdma2000 1x MAC 层、LAC 层的功能与结构。
- 了解 cdma2000 1x 空中接口第三层的信令协议以及移动台工作状态的转移流程。
- 掌握 cdma2000 1x 系统中的功率控制方法以及与 CDMA IS–95 系统的异同。
- 了解 cdma2000 1x 系统中的切换方式。
- 掌握 cdma2000 1x 系统电路域和分组域的基本网络结构。
- 了解简单的 IP 与移动 IP 技术。
- 掌握 WCDMA 系统的基本概念及其标准体系。
- 掌握 WCDMA 系统的信道结构。
- 掌握 WCDMA 系统中的链路，包括信道化码和扩频码的概念。
- 熟悉并掌握 WCDMA 中的信道编码、功率控制和切换的基本概念。
- 了解 WCDMA 系统的网络结构。
- 了解 TDD 系统的基本概念。

7.1　cdma2000 1x 系统

7.1.1　概述

cdma2000 是第三代移动通信系统的主流技术标准之一，最初由美国的 TIA 所制定，并提交给 ITU 通过，其后的标准化工作由 3GPP2 完成。cdma2000 系统与 CDMA IS-95 后向兼容，同时

又能满足 ITU 关于 3G 系统基本的性能要求，即在快速移动环境、步行环境和固定位置环境下，最高数据传输速率分别达到 144kbit/s、384kbit/s 和 2Mbit/s，并能够提供语音以及多种分组数据业务。

cdma2000 是在 CDMA IS-95 基础上的进一步发展，它对现有 CDMA IS-95 系统具有后向兼容性，即 cdma2000 系统能够支持 CDMA IS-95 的移动台，同时 cdma2000 的移动台也能够在 CDMA IS-95 系统中工作。当然，这种情况下，用户无法使用 cdma2000 系统提供的新的分组数据业务。cdma2000 系统与现存的 CDMA IS-95 系统具有无缝的互操作性和切换能力，可以从 CDMA IS-95 系统平滑演进升级。

cdma2000 的空中接口保持了许多 CDMA IS-95 空中接口的特征，当然，为了支持高速数据业务，它又采用了很多新技术以及性能更优异的信号处理方式。

cdma2000 系统的核心网以 ANSI-41 核心网为基础，与 CDMA IS-95 系统兼容。在此基础之上，为了支持分组数据业务，增加了支持分组交换的部分，并逐步向全 IP 的核心网过渡。此外，无线接口上还定义了与 GSM MAP 核心网相兼容的协议。

由此可见，无论是空中接口还是核心网方面，cdma2000 都可以从 CDMA IS-95 系统平滑演进，并且与第二代的 CDMA 系统相比，cdma2000 系统的性能有了很大的提升。

目前的 cdma2000 系统中，仅支持信道带宽为 1.25MHz 和 3.75MHz 这两种情况，分别称为 cdma2000 1x 和 cdma2000 3x，其中 cdma2000 1x 是研究和开发的重点。本节主要介绍 cdma2000 1x 系统，包括其空中接口、核心网的结构以及采用的相应技术。

7.1.2 cdma2000 体系结构

cdma2000 系统是分模块的，各个模块通常按照自己的发展道路演进，尽可能地避免依赖于其他模块。在大多数情况下，组成系统的各个部分技术发展速度是不一样的。当某个部分有重大技术进步时，可以仅修改相关部分，而其他部分尽量保持不变。cdma2000 技术正是利用了这个原则，确保了它的平滑演进。

此外，cdma2000 经常利用现有的成熟技术，而不是另外制定一个全新的标准。cdma2000 分组域核心网是一个非常经典的例子。3GPP2 分组域核心网的标准仅仅 80 多页，主要内容是引用文件（RFC 文件）及其这些文件在无线系统中的使用方式，与 3GPP 的系列标准比较起来要简单得多。

1. 总体结构

图 7.1 所示为 cdma2000 简化的系统结构。

从图中可以看出，cdma2000 系统主要涉及以下几个功能实体和重要的接口。

- 移动台。
- 空中接口。
- 无线接入网。
- A 接口。
- 核心网，包括电路域核心网和分组域核心网。

此外，还包括相关的语音和数据业务平台（图中没有给出），主要有以下几个部分。

- 智能网部分。

● 短消息业务部分。
● WAP 业务部分。

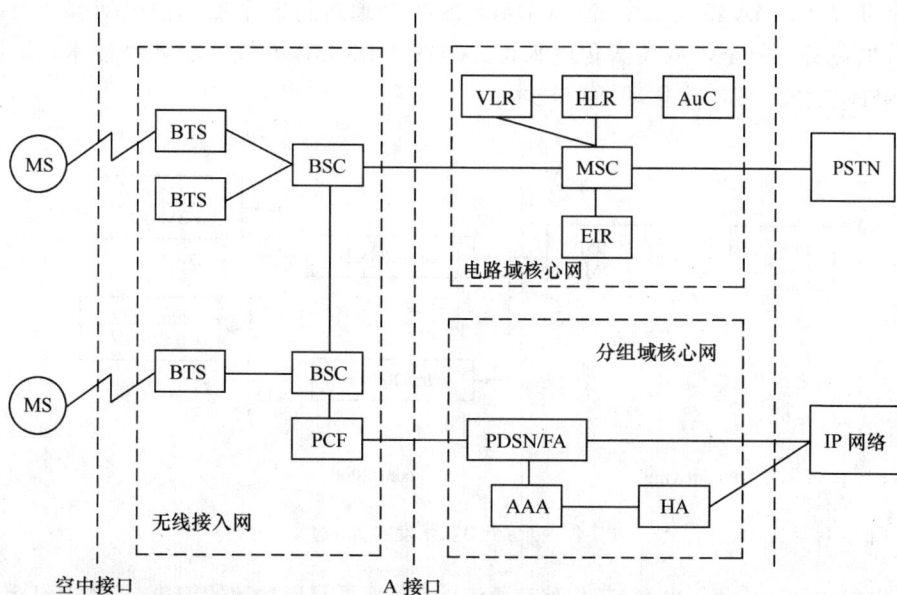

图 7.1 cdma2000 简化的系统结构

● 定位业务部分。

下面简要介绍以上各个部分和接口，对于业务平台部分，这里不做讲述。

2．移动台

移动台（MS）是为用户提供服务的设备，它通过空中接口（Um），给用户提供接入移动网络的物理能力，来实现具体的服务。移动台由移动设备（ME）和用户识别模块（UIM）两部分组成。

移动设备用于完成语音或数据信号在空中的接收和发送；用户识别模块记录着与用户业务有关的数据，用于识别唯一的移动台使用者。

在设计之初，CDMA 系统的移动台是机卡一体化的，即移动设备和用户识别模块一体化。目前，已经实现了机卡分离。

3．空中接口

空中接口（Um）是移动通信系统中最重要的一个接口，它是移动台与无线接入网之间的接口，对应于移动通信系统所采用的无线传输技术。

cdma2000 的空中接口基于宽带的 CDMA 技术，同时保持与 CDMA IS-95 的后向兼容。cdma2000 的空中接口标准最初由 TIA 制定，称为 IS-2000，对应于 3GPP2 中的 Release 0 版本。目前，cdma2000 的协议版本共有 5 个。

cdma2000 空中接口技术仍在不断地发展中，图 7.2 所示为其发展演进的过程。

CDMA IS-95A 是第一个商用的 **CDMA** 系统。从技术角度来说，**CDMA IS-95A** 技术完全是一种第二代移动通信技术，它主要支持语音业务。

CDMA IS-95A 商用几年以后，市场对数据业务的需求逐渐显现出来。在这种条件下，美国的 TIA 制定了 CDMA IS-95B 标准，CDMA IS-95B 通过将多个低速信道捆绑在一起来提供中高速的数据业务。但是，从技术角度来说，CDMA IS-95B 并没有引入新技术，所以通常将 CDMA IS-95B 也作为第二代移动通信技术。

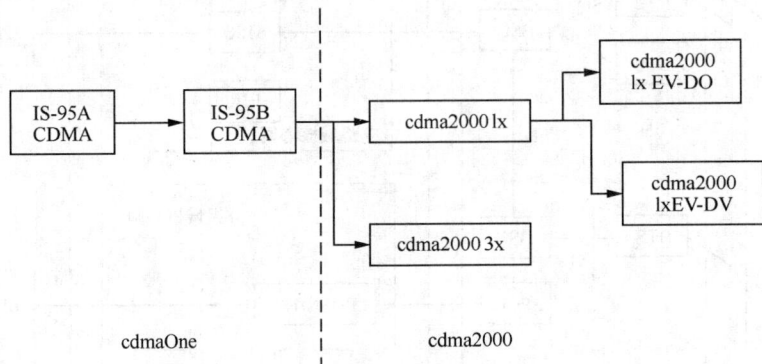

图 7.2   cdma2000 技术发展演进过程

在二十世纪的最后一两年里，第三代移动通信技术的发展呈现加速的趋势，这其中包括 cdma2000 技术。按照使用的带宽划分，cdma2000 技术有多种工作方式。其中独立使用一个 1.25MHz 载波的方式叫做 cdma2000 1x；将 3 个 1.25MHz 载波捆绑在一起使用的方式叫做 cdma2000 3x。

目前，国际上商用的 cdma2000 系统都采用 cdma2000 1x 技术。虽然理论上存在 cdma2000 3x 系统，但在这个领域开展的研究非常少。目前国际上的研究重点是 1x EV 系统，即在 cdma2000 1x 基础上的演进系统。1x EV 系统分为两个阶段，即 1x EV-DO 和 1x EV-DV。

4．无线接入网

cdma2000 是由 CDMA IS-95 系统发展而来，所以其无线接入网的结构与 CDMA IS-95 系统非常类似，同时，为了支持分组数据业务而增加了新的功能实体。

cdma2000 的无线接入网包括以下几个部分。

● 基站收发信机

基站收发信机（Base Station Transceiver，BST）主要负责收发空中接口的无线信号。

● 基站控制器

基站控制器（Base Station Controller，BSC）负责对其所管辖的多个 BST 进行管理，将语音和数据分别转发给 MSC 和 PCF，也接收分别来自 MSC 和 PCF 的语音和数据。

● 分组控制功能

分组控制功能（Packet Control Function，PCF）主要负责与分组数据业务有关的无线资源的控制。它是 cdma2000 系统中为了支持分组数据而新增加的部分，因此，它也可以看作分组域的一个组成部分。但大多数厂商在开发产品的时候，将它与 BSC 做在一起，所以，这里将它放在无线接入网中。

在电路域系统中（如 CDMA IS-95），也将 BTS 与 BSC 组成的无线接入网称为基站子系统。BSC 需要支持与 BTS 之间的 Abis 接口，该接口为设备制造商的私有接口。此外，PCF 与 BSC

之间，以及两个 BSC 之间的接口通常是作为 A 接口的一部分，因此在随后的 A 接口部分中再对其加以介绍。

5．A 接口

A 接口是无线接入网与核心网间的接口。在第二代移动通信系统中，A 接口仅仅是 MSC 和 BSC 间的接口。在第三代移动通信系统中，由于增加了分组数据业务，A 接口还增加了相应的部分。

图 7.3 所示为 A 接口的网络参考模型，它包括 4 个部分。

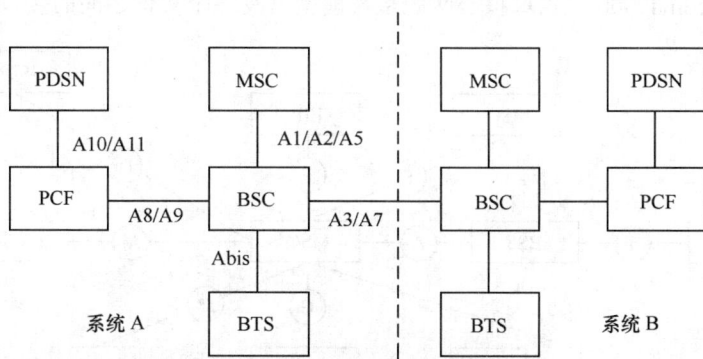

图 7.3　A 接口的网络参考模型

- A1/A2/A5

这是 BSC 和 MSC 间的接口。其中 A1 是控制信令部分，它使用七号信令中的 MTP 和 SCCP 作为承载。A2 是语音部分，采用 64k PCM 电路。A5 是电路型数据，它在 64k PCM 电路的基础上定义了一个简单的协议，用来传输数据。在这个接口中，cdma2000 在 CDMA IS-95 的基础上增加了相关的控制信令，从而保证 cdma2000 平滑过渡。

- A3/A7

该接口是两个 BSC 间的接口，以支持两个 BSC 间的软切换。其中 A3 接口传递业务信息，而 A7 接口传递控制信令信息。

- A8/A9

这是 BSC 和 PCF 间的接口，大多数厂商都将 PCF 和 BSC 做在一个物理实体中，所以这里不详细讨论这个接口。

- A10/A11

这是 PCF 和 PDSN 间的接口。实际上，这个接口是 cdma2000 系统中无线部分和分组部分的连接点，所以这个接口也被称为 R-P 接口。在这个接口中，A10 负责传递业务，而 A11 负责传递信令。

3GPP2 负责 CDMA 和 cdma2000 所有标准的制定工作。但另外一个组织，CDMA 发展组织（CDMA Development Group，CDG）依然在这方面开展工作，CDG 和 3GPP2 分别发布的两个标准保持一致。

IOS4 系列标准是支持 cdma2000 1x 无线接口的。其中 IOS4.0 对应于 3GPP2 A.S0001，IOS4.1 对应于 3GPP2 A.S0001A，IOS4.2 对应于 3GPP2 A.S0011 到 3GPP2 A.S0017。

IOS5 系列是支持 1x EV-DV 无线接口的。对应的 3GPP2 标准应当是 3GPP2 A.S0011A 到 3GPP2

A.S0017A。1x EV-DO 系统的 A 接口由 3GPP2 的 A.S0007 支持。

6．电路域核心网

电路域核心网主要承载语音业务。第一代和第二代移动通信系统仅仅支持语音业务，所以，第一代和第二代移动通信系统的核心网就是电路交换部分。从 CDMA IS-95 发展到 cdma2000，核心网主要的技术改进在分组数据部分。但对核心网电路部分来说，没有大的技术进步，所以，电路部分对 CDMA IS-95 和 cdma2000 来说是基本相同的。

图 7.4 所示为 cdma2000 电路域核心网的参考模型以及各个实体之间的接口名称。

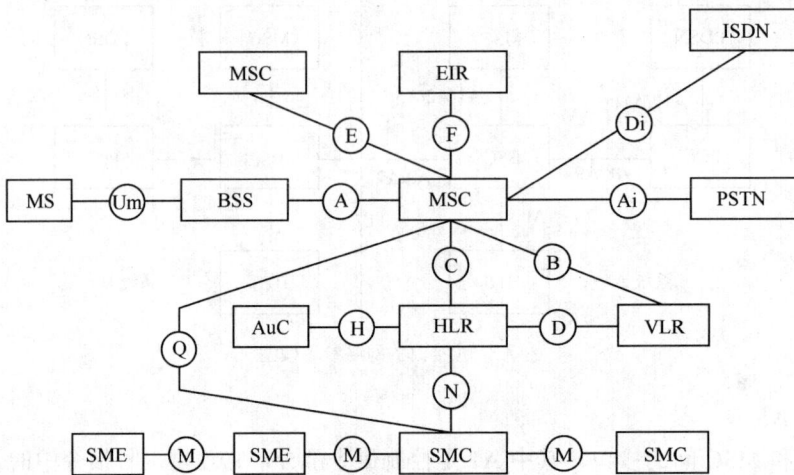

图 7.4　电路域核心网的参考模型

电路域核心网主要包括 MSC、VLR、HLR、EIR 以及 AuC，其中 MSC 是电路域核心网的核心部分。MSC 通过 A 接口与 BSS 连接。MSC 还通过 Ai/ Di 接口与外部的 PSTN 网或 ISDN 网连接。各个组件的功能请参见第 6 章的相关内容，这里不再重复。

通常也把与短消息相关的短消息中心（SMC）以及短消息实体划归到电路域核心网中，如图 7.4 所示。

此外，从网络组织的角度来说，智能网与 MSC 也是密切相关的，其中智能网中的业务交换点（SSP）通常就与 MSC 合设在一起。

cdma2000 电路交换部分的标准是以 ANSI-41 D 为核心的一个标准系列。这个标准系列负责定义移动通信网中 HLR、VLR、EIR、MSC、AuC 和 MC 间的接口。主要功能包括以下几个方面。

（1）移动台登记

（2）管理移动台的状态

（3）管理用户业务信息

（4）交换机间的切换

（5）用户接入网络的鉴权和认证

（6）移动台的语音业务的主叫和被叫

（7）各种语音业务的补充业务和传输短消息等

7．分组域核心网

cdma2000 系统的分组数据网是建立在 IP 技术基础上的。cdma2000 系统本着"尽可能地利用通信领域已经取得的成果"的原则，大量地利用 IP 技术，构造自己的分组数据网络，并逐渐向全 IP 的核心网过渡。

图 7.5 所示为 cdma2000 分组域核心网的参考模型。

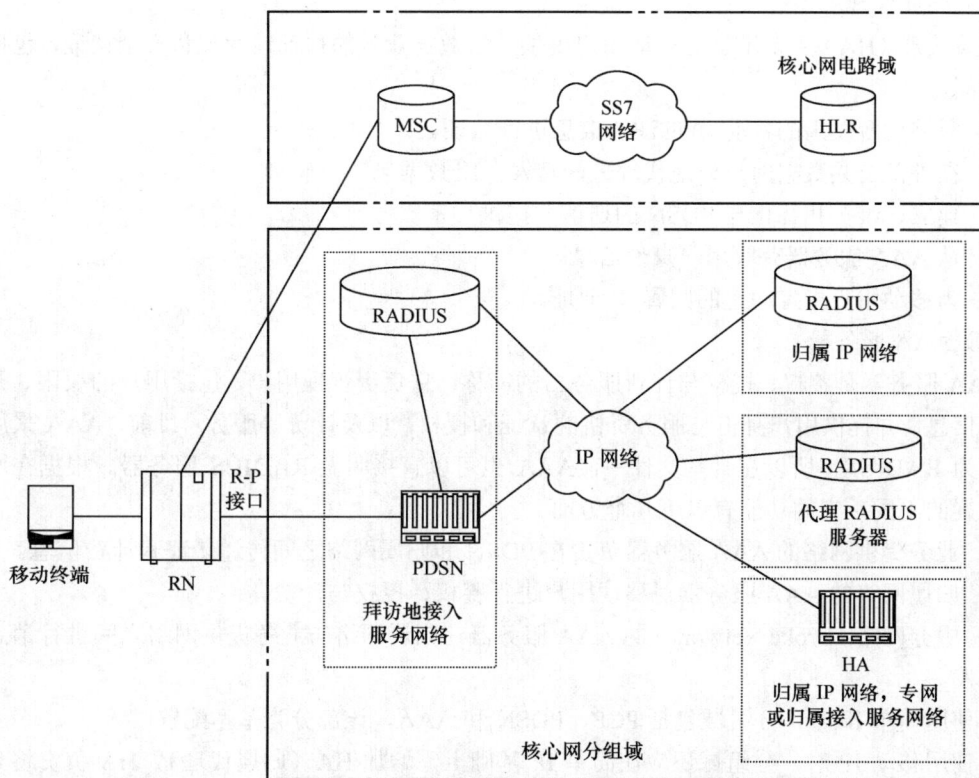

图 7.5　cdma2000 分组域核心网的网络参考模型

按照采用的协议的不同，分组网的网络结构可以分为简单 IP 和移动 IP 两种。

简单 IP 的特点是 IP 地址由漫游地的接入服务器分配。所以，使用简单 IP 的移动台只能在当前接入服务器的服务范围内连续获得服务。当用户漫游到另外一个接入服务器的服务范围时，必须重新发起呼叫，以便获得新的 IP 地址。

与简单 IP 相对应的是移动 IP。使用移动 IP 技术时，移动台的 IP 地址由归属地负责分配。这样，无论用户漫游到什么地方，都可以保持数据业务的连续性。如果归属地采用固定 IP 地址，还可以实现由网络发起的业务。

cdma2000 分组域核心网包括以下功能单元，以提供分组数据业务所必需的路由选择、用户数据管理、移动性管理等功能。

（1）分组数据服务节点

分组数据服务节点（PDSN）为移动用户提供分组数据业务的管理与控制功能，它至少要连接到一个基站系统，同时连接到外部公共数据网络。PDSN 主要有以下功能。

- 建立、维护与终止与移动台的 PPP 连接。
- 为简单 IP 用户指定 IP 地址。
- 为移动 IP 业务提供外地代理的功能。
- 与鉴权、授权、计费（AAA）服务器通信，为移动用户提供不同等级的服务，并将服务信息通知 AAA 服务器。
- 与靠近基站侧的分组控制功能（PCF）共同建立、维护及终止第二层的连接。

（2）归属代理

归属代理（HA）主要用于为移动用户提供分组数据业务的移动性管理和安全认证，包括以下几个方面。

- 对移动台发出的移动 IP 的注册信息进行认证。
- 在外部公共数据网与外地代理之间转发分组数据包。
- 建立、维护和终止与 PDSN 的通信并提供加密服务。
- 从 AAA 服务器获取用户身份信息。
- 为移动用户指定动态的归属 IP 地址。

（3）AAA 服务器

AAA 服务器是鉴权、授权与计费服务器的简称，它负责管理用户，包括用户的权限、开通的业务等信息，并提供用户身份与服务资格的认证和授权，以及计费等服务。目前，AAA 采用的主要协议为 RADIUS，所以在某些文件中，AAA 也可以直接叫做 RADIUS 服务器。根据在网络中所处位置的不同，它的功能有以下几个方面。

- 业务提供网络的 AAA 服务器负责在 PDSN 和归属网络之间传递认证和计费信息。
- 归属网络的 AAA 服务器对移动用户进行鉴权、授权与计费。
- 中介网络（Broke Network）的 AAA 服务器在归属网络与业务提供网络之间进行消息的传递与转发。

当使用简单 IP 时，分组域包括 PCF、PDSN 和 AAA，该部分为基本配置。

当使用移动 IP 时，分组域还应在简单 IP 基础上，增加 HA（归属代理），HA 负责将分组数据通过隧道技术发送给移动用户，并实现 PDSN 之间的宏移动管理。同时，PDSN 还应增加 FA（外地代理）功能，负责提供隧道出口，并将数据解封装后发往移动台。

7.1.3　cdma2000 空中接口概述

cdma2000 的空中接口是在 CDMA IS-95 的基础上发展而来，同时又采用了很多新技术，从而使 cdma2000 的系统性能有了很大的提升，以满足 IMT-2000 系统对无线传输技术的要求。接下来，将简要介绍 cdma2000 空中接口的协议结构、cdma2000 工作的系统频段与系统时间以及几个基本的概念。

1. cdma2000 空中接口协议结构

cdma2000 的空中接口采用分层的协议结构，不同层次执行不同的功能，并形成不同的技术标准。空中接口协议的分层化是 cdma2000 较之 CDMA IS-95 标准进步的一个主要方面。协议的分层化使各层标准能够专注于相应的功能，使协议结构更加清晰，更加有利于理解与实现。cdma2000 空中接口协议结构如图 7.6 所示。

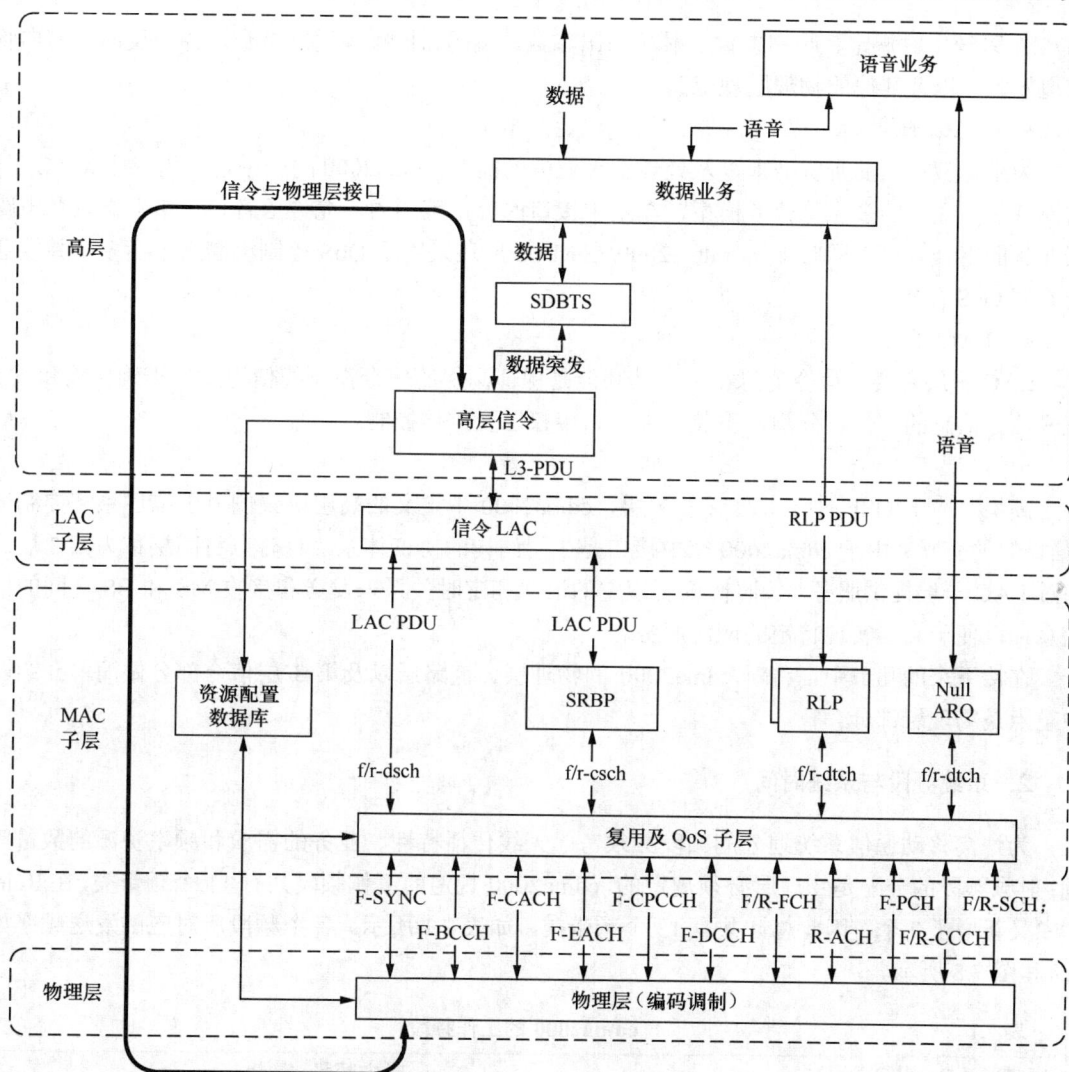

图 7.6　cdma2000 空中接口协议结构

cdma2000 空中接口协议结构中包括：物理层、链路层以及高层。物理层和链路层分别对应于 ISO/OSI 参考模型的底下两层，即物理层对应于第 1 层，链路层对应于第 2 层，其中链路层又分为媒体接入控制（MAC）子层和链路接入控制（LAC）子层；高层则对应于 OSI 的第 3 层～第 7 层。

以上各层的主要功能简述如下。

● 物理层

物理层处于 cdma2000 空中接口协议体系的最底层，它通过各种物理信道完成高层信息与空中无线信号之间的相互转换。cdma2000 几乎所有的特点和优点都通过它来保证并体现，它是这种无线通信系统的基础。为了满足 3G 业务的需求，并实现从现有 2G 的 CDMA 技术的平滑演进，cdma2000 相对于 CDMA IS-95 提出了更多种类的物理信道，对于它们的应用可以非常灵活，当然也增加了复杂度。

物理层的协议详细定义了 cdma2000 移动台和基站的各种无线空中接口参数，主要包括

CDMA 系统定时规定、频率参数、射频输出参数、编码、扩频等调制参数，各种反向和前向物理信道规范，以及其他的物理层规范。

- MAC 子层

为了适应更大的带宽需求以及处理多种业务的需要，cdma2000 的空中接口引入了 MAC 子层。它支持一个通用的多媒体业务模型，在空中接口的容量范围内，允许语音、分组数据以及电路数据业务的组合且可以同时工作。cdma2000 在 MAC 层还采用了 QoS 控制机制来平衡多个并发业务的不同 QoS 需求。

- LAC 子层

LAC 子层主要与信令消息相关，其功能是保证高层的信令在无线信道上的正确传输和发送，完成信令信息的打包、分割、重装、寻址、鉴权以及重传控制。

- 高层

高层对应于 OSI 的第 3 层~第 7 层，cdma2000 中定义的高层协议侧重于描述系统控制消息（信令）的交互。由于 cdma2000 空中接口是 3 层结构的协议体系，有时也将高层称为第 3 层。它通过 LAC 子层提供服务，按照协议所规定的语法和定时关系来发送和接收 MS 和 BS 之间的信令消息，以便于高层实现特定的应用服务。

在接下来的几节中，将对 cdma2000 的物理层、链路层以及第 3 层信令部分做简单介绍，其中重点是物理层部分。

2．系统频段与系统时间

为蜂窝移动通信系统划分的频段必须考虑无线传播特性、业务的需求和频率资源的数量等问题；射频频段的分配是物理层必须规定的。cdma2000 规定的工作频段共有 11 个频带类，在 Release C 中又新增了 2 个，因此总计共有 13 个频带类，如表 7.1 所示。各个频段所对应的发送频率如图 7.7 和图 7.8 所示。

表 7.1   cdma2000 的工作频段

频带类（Band Class）	对应频段
0	800MHz 频段，属于北美蜂窝频段
1	1 900MHz 频段，属于北美 PCS 频段
2	900MHz 频段，属于 TACS 频段
3	800MHz 频段，属于 JTACS 频段
4	1 800MHz 频段，属于韩国 PCS 频段
5	450MHz 频段，属于 NMT-450 频段
6	2GHz 频段，属于 IMT-2000 频段
7	700MHz 频段，属于北美 700MHz 蜂窝频段
8	1 800MHz 频段
9	900MHz 频段
10	第二个 800MHz 频段
11	400MHz 频段，属于欧洲 PAMR 频段

| 12 | 800MHz 频段，属于欧洲 PAMR 频段 |

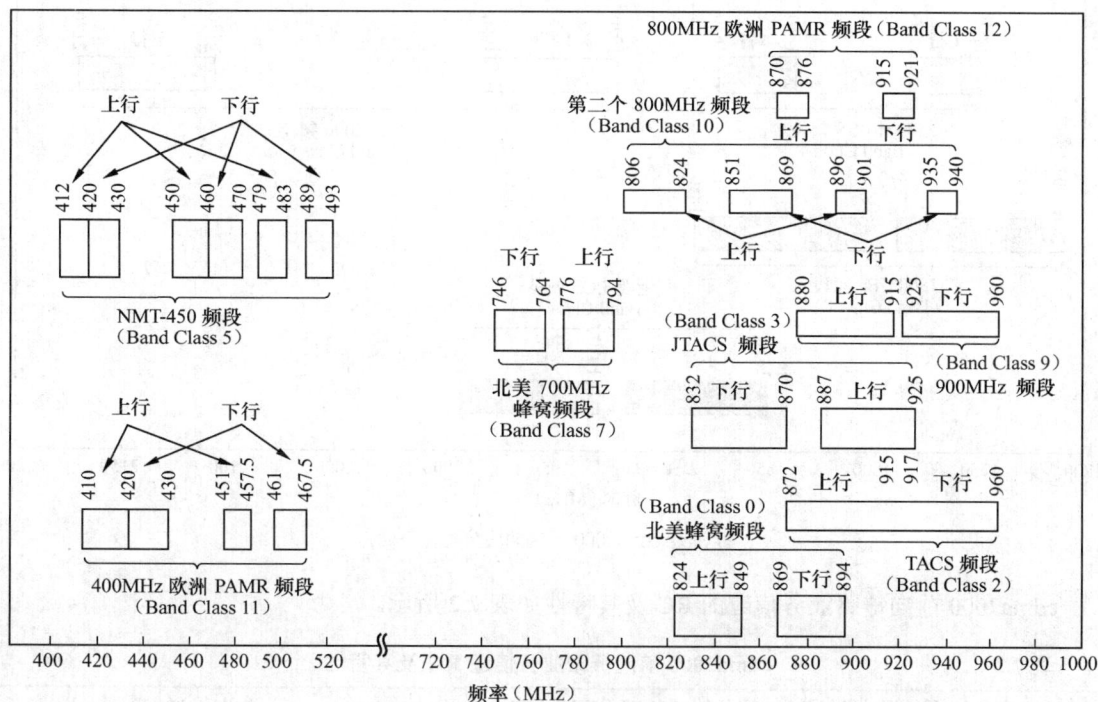

图 7.7　cdma2000 发送频段分配（2-1）

cdma2000 的标准规定，cdma2000 系统中所有的基站、基站控制器、移动交换中心等都与一个共同的 CDMA 系统时钟同步，这个时钟使用的是 GPS（全球定位系统）的定时信息。GPS 跟踪并与国际协调时间（UCT）同步，二者之间相差若干整数秒。GPS 的时间为 UCT 时间加上自从 1980 年 1 月 6 日开始的跳秒校正数。CDMA 系统时间的起始定时为 UCT 时间的 1980 年 1 月 6 日 00∶00∶00，和 GPS 的起始时间一致。系统时间一直跟踪 UCT 跳秒的修正，但并不使用其修正值对系统时钟进行物理调整。需要注意的是，能够提供 UCT 时间的不止 GPS 一种系统。从以上可以看出，在系统定时要求方面，cdma2000 和 CDMA IS-95 没什么差别。

3. 空中接口相关的几个基本概念

接下来介绍几个基本的概念：扩频速率、无线配置、物理信道和逻辑信道。这几个概念与物理层的关系非常密切。

（1）无线配置

无线配置（Radio Configuration，RC）是指一系列前向或反向业务信道的工作模式，是根据前向和反向业务信道不同的物理层传输特性而进行的分类。每种 RC 支持一套数据速率，其差别在于物理信道的各种参数，包括差错控制编码、调制特性、扩频速率等。

cdma2000 的前向业务信道支持 RC1～RC9；反向业务信道支持 RC1～RC6。其中 RC1 和 RC2 用于后向兼容 CDMA IS-95 系统。RC1 对应于 CDMA IS-95 B 的速率集 1（Rate Set 1，RS1，即 9.6kbit/s 速率系列），RC2 对应于 CDMA IS-95 B 的速率集 2（Rate Set 2，RS2，即 14.4kbit/s 速率系列）。随着标准的不断发展，还会增加新的 RC。

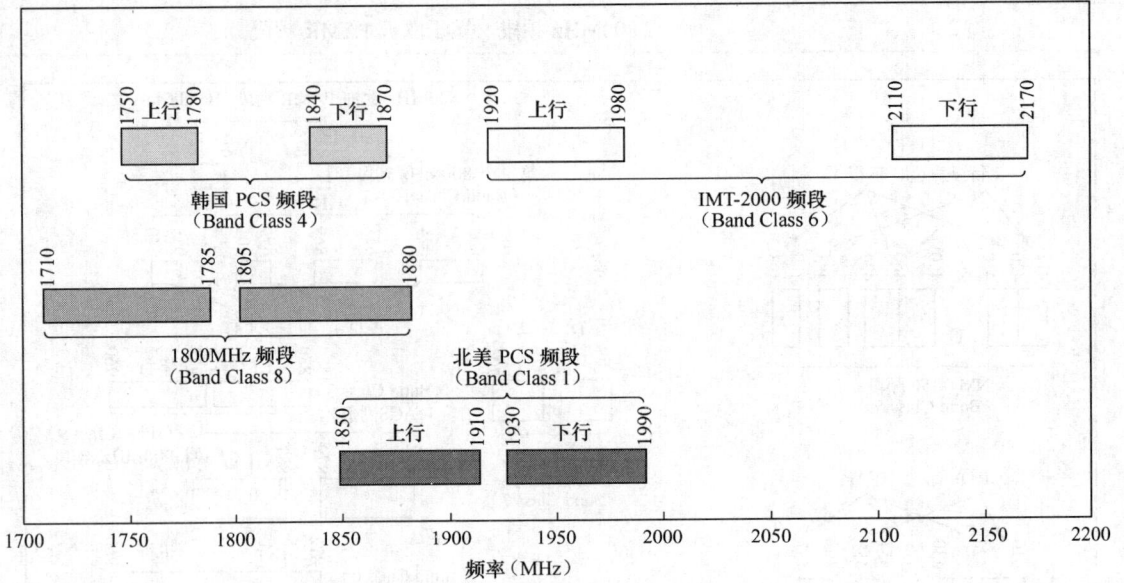

图 7.8 cdma2000 发送频段分配（2-2）

cdma2000 前向链路业务信道的 RC 及其特性如表 7.2 所示。

表 7.2　　　　　　　　　　　　cdma2000 前向链路业务信道 RC 及其特性

RC	SR	最大数据速率（bit/s）	前向纠错编码（FEC）速率（帧长）	FEC 方式	允许发送分集（TD）	调制方式
1	1	9 600	1/2	卷积码	否	BPSK
2	1	14 400	1/2	卷积码	否	BPSK
3	1	153 600	1/4	卷积/Turbo 码	是	QPSK
4	1	307 200	1/2	卷积/Turbo 码	是	QPSK
5	1	230 400	1/4	卷积/Turbo 码	是	QPSK
6	3	307 200	1/6	卷积/Turbo 码	是	QPSK
7	3	614 400	1/3	卷积/Turbo 码	是	QPSK
8	3	460 800	1/4(20ms)或 1/3(5ms)	卷积/Turbo 码	是	QPSK
9	3	1 036 800	1/2(20ms)或 1/3(5ms)	卷积/Turbo 码	是	QPSK

对于 FL 的 RC 而言，BS 必须支持在 RC1、RC3 或 RC7 中的操作，这 3 种 RC 是最基本的 RC。BS 还可以支持在 RC2、RC4、RC5、RC6、RC8 或 RC9 中的操作。支持 RC2 的 BS 必须支持 RC1；支持 RC4 或 RC5 的 BS 必须支持 RC3；支持 RC6、RC8 或 RC9 的 BS 必须支持 RC7。BS 不能在 FL 业务信道上使用 RC1 或 RC2 的同时，使用 RC3、RC4 或 RC5。

cdma2000 反向链路业务信道的 RC 及其特性如表 7.3 所示。

表 7.3　　　　　　　　　　　　　**cdma2000 反向链路业务信道 RC 及其特性**

RC	SR	最大数据速率 （kbit/s）	前向纠错编码（FEC） 速率	FEC 方式	允许发送 分集（TD）	调制方式
1	1	9 600	1/3	卷积码	否	64 阶正交
2	1	14 400	1/2	卷积码	否	64 阶正交
3	1	153 600 (307 200)	1/4 (1/2)	卷积/Turbo 码	是	BPSK ＋ 1 导频
4	1	230 400	1/4	卷积/Turbo 码	是	BPSK ＋ 1 导频
5	3	153 600 (614 400)	1/4 (1/3)	卷积/Turbo 码	是	BPSK ＋ 1 导频
6	3	460 800 (1 036 800)	1/4 (1/2)	卷积/Turbo 码	是	BPSK ＋ 1 导频

对于 RL 的 RC 而言，MS 必须支持在 RC1、RC3 或 RC5 中的操作，这 3 种 RC 是最基本的 RC。MS 还可以支持在 RC2、RC4 或 RC6 中的操作。支持 RC2 的 MS 必须支持 RC1；支持 RC4 的 MS 必须支持 RC3；支持 RC6 的 MS 必须支持 RC5。MS 不能在 RL 业务信道上使用 RC1 或 RC2 的同时使用 RC3 或 RC4。

（2）物理信道与逻辑信道

物理信道描述的是 BS 与 MS 之间无线链路的通信路径，用大写字母的缩写表示。信道名称的第 1 个字母表示信道的方向（F/R，表示前向/反向），之后紧跟一个连字符，随后为信道的名称缩写，如前向补充信道的名称为 F-SCH（Forward Supplemental Channel）。

在物理层之上，为了更好地定义和控制各种业务，引入了逻辑信道的概念，描述的是 MS 与 BS 之间协议层的通信路径。根据所传输信息的方向（前向/反向）、内容（信令/用户数据）以及是对单个用户还是多个用户（公共/专用），可以对逻辑信道进行分类。逻辑信道用小写字母的缩写表示，如 f-csch 表示前向公共信令信道。

MAC 层和 LAC 层都在逻辑信道上传送信令与数据，逻辑信道的信息最终要在一个或者多个物理信道上承载。这种逻辑信道与物理信道之间的对应关系称为映射。映射可以是永久性的，也可以只在一个呼叫期间内进行定义。例如，f-csch 携带的信息最终可以映射到 F-SYNCH（前向同步信道）、F-PCH（前向寻呼信道）以及 F-BCCH（前向广播控制信道）上。

7.1.4　cdma2000 1x 空中接口物理层

这一小节主要讲述 cdma2000 1x 物理层的有关内容。它对应于扩频速率为 1 的情况，使用一个带宽为 1.25MHz 的载波，前向链路和反向链路均采用 1.228 8Mchip/s 序列扩频的单载波来实现，并与 CDMA IS-95 系列标准后向兼容。对于与 CDMA IS-95 相同的部分，本小节不做过多描述。

1．cdma2000 1x 物理层的主要特性

为了支持高速数据业务，cdma2000 1x 物理层引入了许多新的技术，它的一些主要特点如下。

● 支持新的无线配置

cdma2000 1x 前向链路中支持新的无线配置 RC3～RC5，反向链路中支持新的无线配置 RC3 和 RC4。RC1 和 RC2 用于兼容 CDMA IS-95 系统。

● 前向链路引入辅助导频
● 采用变长的 Walsh 码
● 引入准正交函数
● 支持 Turbo 编码
● 前向链路的发射分集
● 前向链路采用快速功率控制
● 增加了反向导频信道（R-PICH）
● 反向链路信道码分复用
● 反向链路连续的波形
● 引入前向快速寻呼信道（F-QPCH）
● 增加了反向增强接入信道（R-EACH）
● 采用新的扩频调制方式
● 支持可变的帧长

2. cdma2000 1x 前向链路信道组成

cdma2000 1x 前向链路（FL）所包括的物理信道如图 7.9 所示。cdma2000 1x 前向链路使用的无线配置为 RC1～RC5。前向链路物理信道由适当的 Walsh 函数或准正交函数（Quasi-Orthogonal Function，QOF）进行扩频。Walsh 函数用于 RC1 或 RC2；Walsh 函数或 QOF 用于 RC3～RC5。

各个物理信道的名称如表 7.4 所示，该表还给出了前向链路上基站能够发送的每种信道的最大数量。

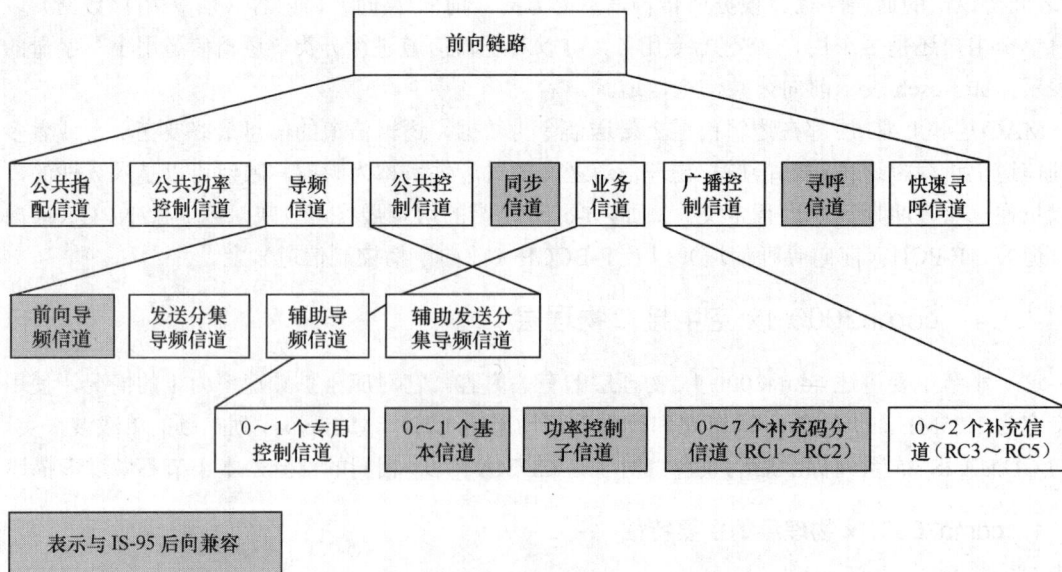

图 7.9　cdma2000 1x 前向链路物理信道划分

表 7.4　　　　　　　　　　　　　　　**cdma2000 1x 前向链路物理信道**

	信道名称	物理信道类型	最大数目
前向链路 公共物理信道 （F-CPHCH）	F-PICH	前向导频信道	1
	F-TDPICH	发送分集导频信道	1
	F-APICH	辅助导频信道	未指定
	F-ATDPICH	辅助发送分集导频信道	未指定
	F-SYNC	同步信道	1
	F-PCH	寻呼信道	7
	F-CCCH	前向公共控制信道	7
	F-BCCH	广播控制信道	8
	F-QPCH	快速寻呼信道	3
	F-CPCCH	公共功率控制信道	15
	F-CACH	公共指配信道	7
前向链路 专用物理信道 （F-DPHCH）	F-APICH	前向专用辅助导频信道	未指定
	F-DCCH	前向专用控制信道	1/每个前向业务信道
	F-FCH	前向基本信道	1/每个前向业务信道
	F-SCCH	前向补充码分信道 （仅 RC1 和 RC2）	7/每个前向业务信道
	F-SCH	前向补充信道 （仅 RC3～RC5）	2/每个前向业务信道

前向链路的物理信道可以划分为两大类：前向链路公共物理信道和前向链路专用物理信道。

● 前向链路公共物理信道

前向链路公共物理信道包括：导频信道、同步信道、寻呼信道、广播控制信道、快速寻呼信道、公共功率控制信道、公共指配信道、和公共控制信道。其中，前 3 种与 CDMA IS-95 系统相兼容，后几种则是 cdma2000 新定义的信道。

FL 中的导频信道有多种，包括：F-PICH、F-TDPICH、F-APICH 和 F-ATDPICH。它们都是未经调制的扩频信号。BS 发射它们的目的是使在其覆盖范围内的 MS 能够获得基本的同步信息，也就是各 BS 的 PN 短码相位的信息，MS 可根据它们进行信道估计和相干解调。如果 BS 在 FL 上使用了发送分集方式，则它必须发送相应的 F-TDPICH。如果 BS 在 FL 上应用了智能天线或波束赋形，则可以在一个 CDMA 信道上产生一个或多个（专用）辅助导频（F-APICH），用来提高容量或满足覆盖上的特殊要求（如定向发射）。当使用了 F-APICH 的 CDMA 信道采用了分集发送方式时，BS 应发送相应的 F-ATDPICH。

同步信道（F-SYNCH）用于传送同步信息，在基站覆盖的范围内，各移动台可利用这种信息进行同步捕获。在基站的覆盖区中开机状态的移动台利用它来获得初始的时间同步。由于 F-SYNCH 上使用的导频 PN 序列偏置与同一前向信道的 F-PICH 上使用的序列相同，一旦移动台通过捕获 F-PICH 获得同步时，F-SYNCH 也就同步上了，这时就可以对 F-SYNCH 进行解调。

当 MS 解调 F-SYNCH 之后，便可以根据需要解调寻呼信道（F-PCH）了，MS 可以通过它获得系统参数、接入参数、邻区列表等系统配置参数，这些属于公共开销信息。当业务信道尚未建立时，MS 还可以通过 F-PCH 收到诸如寻呼消息等针对特定 MS 的专用消息。F-PCH 是和 CDMA IS-95 兼容的信道，在 cdma2000 中，它的功能可以被 F-BCCH、F-QPCH 和 F-CCCH 取代并得到增强。基本上，F-BCCH 发送公共系统开销消息；F-QPCH 和 F-CCCH 联合起来发送针对 MS 的专用消息，提高了寻呼的成功率，同时降低了 MS 的功耗。

FL 公共功率控制信道（F-CPCCH）的目的是对多个 R-CCCH 和 R-EACH 进行功控。BS 可以支持一个或多个 F-CPCCH，每个 F-CPCCH 又分为多个功控子信道（每个子信道一个比特，相互间时分复用），每个功控子信道控制一个 R-CCCH 或 R-EACH。公共功控子信道用于控制 R-CCCH 还是 R-EACH 取决于工作模式。当工作在功率受控接入模式（Power Controlled Access Mode）时，MS 可以利用指定的 F-CPCCH 上的子信道控制 R-EACH 的发射功率。当工作在预留接入模式（Reservation Access Mode）时，MS 利用指定的 F-CPCCH 上的子信道控制 R-CCCH 的发射功率。

FL 公共指配信道（F-CACH）专门用来发送对 RL 信道快速响应的指配信息，提供对 RL 上随机接入分组传输的支持。F-CACH 在预留接入模式中控制分配 R-CCCH 和相关的 F-CPCCH 子信道，并且在功率受控接入模式下提供快速的确认响应，此外还有拥塞控制的功能。BS 也可以不用 F-CACH，而是选择（F-BCCH）来通知 MS。F-CACH 可以在 BS 的控制下工作在非连续方式。

FL 公共控制信道（F-CCCH）用来发送给指定 MS 的消息，如寻呼消息。它的功能虽然和 CDMA IS-95 中寻呼信道的功能有些相似，但它的数据速率更高，也更可靠。

- 前向链路专用物理信道

专用物理信道从功能上来说，等效于 CDMA IS-95 中的业务信道。由于 3G 要求支持多媒体业务，不同的业务类型（语音、分组数据和电路数据等）带来了不同的需求，这就需要业务信道可以灵活地适应这些不同的要求，甚至同时支持多个并发的业务。cdma2000 中新定义的专用信道就是为了满足这样的要求。

FL 专用物理信道主要包括：专用控制信道、基本信道、补充信道和补充码分信道，它们用来在 BS 和某一特定的 MS 之间建立业务连接。其中，基本信道的 RC1 和 RC2，以及补充码分信道是和 CDMA IS-95 系统中的业务信道兼容的，其他的信道则是 cdma2000 新定义的 FL 专用信道。

FL 专用控制信道（F-DCCH）和 FL 基本信道（F-FCH）用来在通话过程中向特定的 MS 传送用户信息和信令信息。F-FCH 是缺省的业务信道，可以单独构成业务信道，用来传送缺省的语音业务；一般只有在 F-FCH 的容量不够时，才会增加其他的专用信道。

F-DCCH 基本上不会单独构成业务信道，与 F-FCH 相比，它虽然也可传送用户信息，但它主要的用途是传送信令信息；因为数据业务的引入使得信令流量增加（如动态分配信道的信令），为了使信令在 F-FCH 繁忙时仍能可靠地传送，就采用了 F-DCCH。在不影响信令传送的前提下，F-DCCH 上也可以传送突发的数据业务。

每个 FL 业务信道中，可以包括最多 1 个 F-DCCH 和最多 1 个 F-FCH。F-DCCH 必须支持非连续的发送方式。在 F-DCCH 上，允许附带一个 FL 功控子信道。在 F-FCH 上，允许附带一个 FL 功控子信道。

FL 补充信道（F-SCH）和补充码分信道（F-SCCH）都是用来在通话（可包括数据业务）过程中向特定的 MS 传送用户信息，进一步讲，主要是支持（突发/电路）数据业务。F-SCH 只适用于 RC3～RC5，F-SCCH 只适用于 RC1 和 RC2。每个 FL 业务信道可以包括最多 2 个 F-SCH，或包括最多 7 个 F-SCCH；F-SCH 和 F-SCCH 都可以动态地灵活分配，并支持信道的捆绑以提供很高的数据速率。

　　cdma2000 1x 系统中，对前向链路各个物理信道的数据速率都有具体的规定，如表 7.5 所示。

表 7.5　cdma2000 1x 前向链路物理信道的数据速率

信道类型		数据速率（bit/s）
前向同步信道		1 200
前向寻呼信道		9 600 或 4 800
前向广播控制信道		19 200（40 ms 时隙长） 9 600（80 ms 时隙长） 4 800（160 ms 时隙长）
前向快速寻呼信道		4 800 或 2 400
前向公共功率控制信道		19 200（9 600/每 I 和 Q 支路）
前向公共指配信道		9 600
前向公共控制信道		38 400（5, 10 或 20 ms 帧长） 19 200（10 或 20 ms 帧长） 9 600（20 ms 帧长）
前向专用控制信道	RC3 或 RC4	9 600
	RC5	14 400（20 ms 帧长）或 9 600（5 ms 帧长）
前向基本信道	RC1	9 600, 4 800, 2400 或 1 200
	RC2	14 400, 7 200, 3 600 或 1 800
	RC3 或 RC4	9 600, 4 800, 2 700 或 1 500（20 ms 帧长）或 9 600（5 ms 帧长）
	RC5	14 400, 7 200, 3 600 或 1 800（20 ms 帧长）或 9 600（5 ms 帧长）
前向补充码分信道	RC1	9 600
	RC2	14 400
前向补充信道	RC3	153 600, 76 800, 38 400, 19 200, 9 600, 4 800, 2 700 或 1 500（20 ms 帧长） 76 800, 38 400, 19 200, 9 600, 4 800, 2 400 或 1 350 （40 ms 帧长） 38 400, 19 200, 9 600, 4 800, 2 400 或 1 200（80 ms 帧长）
	RC4	307 200, 153 600, 76 800, 38 400, 19 200, 9 600, 4 800, 2 700 或 1500（20 ms 帧长） 153 600, 76 800, 38 400, 19 200, 9 600, 4 800, 2 400 或 1 350（40 ms 帧长） 76 800, 38 400, 19 200, 9 600, 4 800, 2 400 或 1 200（80 ms 帧长）
	RC5	230 400, 115 200, 57 600, 28 800, 14 400, 7 200, 3 600 或 1 800（20 ms 帧长） 115 200, 57 600, 28 800, 14 400, 7 200, 3 600 或 1 800（40 ms 帧长） 57 600, 28 800, 14 400, 7 200, 3 600 或 1 800（80 ms 帧长）

3. cdma2000 1x 前向链路的差错控制技术

为了保证信息数据的可靠传输，cdma2000 系统针对不同数据速率的业务需求，采用了多种差错控制技术，主要包括循环冗余校验编码（Cyclic Redundancy Code, CRC）、前向纠错编码（Forward Error Correction, FEC）以及交织编码。其中 FEC 包括卷积编码和 Turbo 编码。

循环冗余校验编码主要用于生成数据帧的帧质量指示符。帧质量指示符对于接收端来说有两种作用，首先，通过检测帧质量指示符可以判决当前帧是否错误；其次，帧质量指示符可以辅助确定当前的数据速率。帧质量指示符由一帧的所有比特（除 CRC 自身、保留位和编码器尾比特外）计算而得到。不同的信道以及不同的数据速率一般采用不同比特数目的帧质量指示符。

cdma2000 1x 中，前向纠错编码采用卷积编码和 Turbo 编码。卷积编码用于低速率业务，当数据速率大于或等于 19.2kbit/s 时，一般采用 Turbo 编码。cdma2000 1x 前向链路各个信道对前向纠错编码的要求如表 7.6 所示。

表 7.6　　　　　　　　cdma2000 1x 前向链路对 FEC 的要求

信道类型	FEC	编码速率 R
同步信道	卷积码	1/2
寻呼信道	卷积码	1/2
广播信道	卷积码	1/4 或 1/2
快速寻呼信道	无	—
公共功率控制信道	无	—
公共指配信道	卷积码	1/4 或 1/2
前向公共控制信道	卷积码	1/4 或 1/2
前向专用控制信道	卷积码	1/4 (RC3 或 RC5) 1/2 (RC4)
前向基本信道	卷积码	1/2 (RC1, RC2 或 RC4) 1/4 (RC3 或 RC5)
前向补充码分信道	卷积码	1/2 (RC1 或 RC2)
前向补充信道	卷积码 或 Turbo 码 ($N \geqslant 360$)	1/2 (RC4) 1/4 (RC3 或 RC5)

注：N 是每帧的信息比特数。

4. cdma2000 1x 前向链路中的扩频码

cdma2000 1x 中采用的码字有 PN 短码、PN 长码、Walsh 码以及准正交函数。其中 PN 短码、PN 长码的结构与 CDMA IS-95 相同。这里着重介绍用来区分信道的 Walsh 码和准正交函数。

（1）Walsh 码

cdma2000 1x 系统中，使用的 Walsh 码的最大长度为 128。为了提供高速数据业务，同时保持前向链路中恒定的码片速率，需要使用变长的 Walsh 码，即对较高数据速率的信道使用长度较短的 Walsh 码。但是，占用了某个长度较短的 Walsh 码后，就不能使用由这个 Walsh 码生成的任何长度的 Walsh 码。因此，高速率业务信道减少了可用的业务信道的数量。此外，系统一些公共的控制信道还要占用一定数量的 Walsh 码。

（2）准正交函数

cdma2000 系统中，除利用 Walsh 码作为正交码外，还采用了准正交函数（QOF），以弥补 Walsh 码数量不足的情况。应用准正交函数进行正交扩频过程如图 7.10 所示。

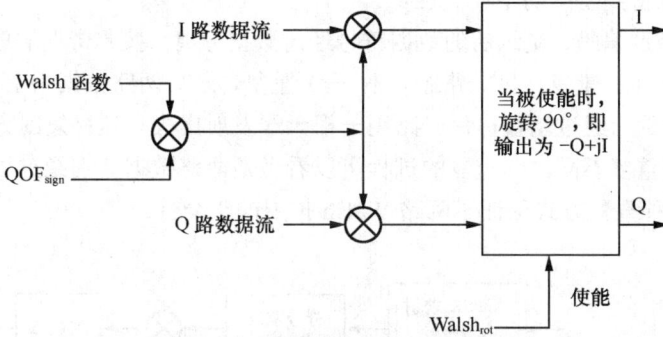

图 7.10 应用 QOF 进行正交扩频

QOF 由一个非零 QOF 掩码（QOF_{sign}）和一个非零旋转使能 Walsh 函数（$Walsh_{rot}$）相乘而得。用 QOF 进行正交扩频的过程是：首先，由适当的 Walsh 函数与双极性符号的掩码相乘（该掩码由 QOF_{sign} 经 $0 \rightarrow +1$、$1 \rightarrow -1$ 的符号映射后得到），之后所得的序列分别与 I、Q 支路的数据流相乘；然后，两条支路的数据流再与 $Walsh_{rot}$ 经复映射后得到的序列相乘。复映射将 0 映射为 1，而把 1 映射为 j（j 是表示 90° 相移的一个复数）。

图 7.10 中，Walsh 函数是经过了 $0 \rightarrow +1$、$1 \rightarrow -1$ 符号映射的函数，而 $Walsh_{rot}$ 是 90° 旋转使能函数，$Walsh_{rot}=0$ 时不旋转，$Walsh_{rot}=1$ 时旋转 90°。

由以上可知，准正交函数的掩码有两个：一个是 QOF_{sign}，另一个是与之相应的 $Walsh_{rot}$，cdma2000 1x 中使用的这两个掩码函数如表 7.7 所示，生成的 QOF 的长度为 256。

表 7.7　　　　　　　　　　　cdma2000 1x 中 QOF 的掩码函数

函数	掩码函数	
	QOF_{sign} 的 16 进制表示形式	$Walsh_{rot}$
0	00000000000000000000000000000000 00000000000000000000000000000000	W_0^{256}
1	7d72141bd7d8beb1727de4eb2728b1be 8d7de414d828b1417d8deb1bd72741b1	W_{10}^{256}
2	7d27e4be82d8e4bed87dbe1bd87d41e4 4eebd7724eeb288d144e7228ebb17228	W_{213}^{256}
3	7822dd8777d2d2774beeee4bbbe11e44 1e44bbe111b4b411d27777d2227887dd	W_{111}^{256}

5．cdma2000 1x 前向链路发射分集

为了克服信道衰落，提高系统容量，cdma2000 允许采用多种分集发射方式，包括：多载波发射分集、正交发射分集（Orthogonal Transmission Diversity，OTD）和空时扩展分集（Space Time Spreading，STS）3 种。对于 cdma2000 1x，其前向链路上支持正交发射分集模式或空时

扩展模式。

（1）正交发射分集

正交发射分集结构如图 7.11 所示，这是一种开环分集方式。采用 OTD 的发射分集方式，其中一个天线采用公共导频，另一个天线需要应用发射分集导频，并且两个天线的间距一般要大于 10 个波长的距离，以得到空间的不相关性。

OTD 方式中，经过编码、交织后的数据符号经过数据分离，按照奇偶顺序分离为两路，经过映射后，一路经（＋ ＋）重复，另一路经（＋ －）重复，之后两路数据乘上 Walsh 码，再由 PN 码序列进行复扩频，然后经过增益，每一路用一根天线发射出去。这种发射方式与普通方式基本上是相同的，只是码重复不同。码重复的过程可以看做是两路数据分别经过了一个构造高一阶的 Walsh 码的过程，这种重复方式保证了两路 Walsh 扩展的正交性。

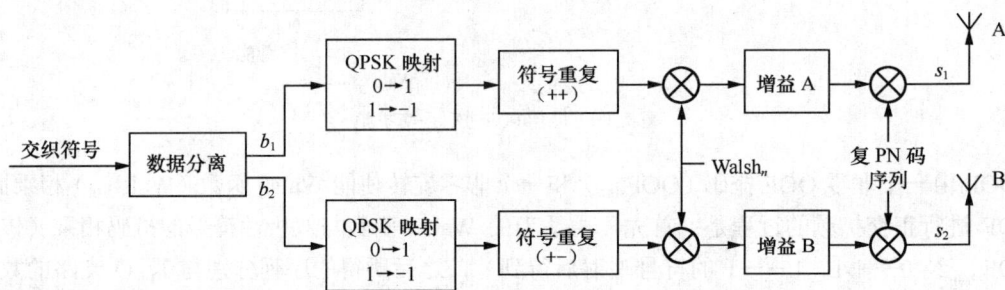

图 7.11　正交发射分集结构

原始数据进行数据分离，然后经过符号重复和 Walsh 扩频后的输出为

$$s_1 = x_e W_1$$
$$s_2 = x_0 W_2 \tag{7.1}$$

式中，W_1 和 W_2 分别表示两个 Walsh 码。

由于发射分集中，信号在时间域和频率域内没有冗余，这样发射分集不会降低频谱利用率，因而有利于高速数据传输。但是由于采用了多天线，在空间域引入了冗余，并且两个天线发射的信号到达移动台不相关，这样使得传输的性能得到了提高。

（2）空时扩展分集

空时扩展分集是另外一种开环发射分集方式，结构如图 7.12 所示。在这种方式下，编码、交织符号采用多个 Walsh 码进行扩频，STS 方式是空时码中空时块码的一种实现方式。

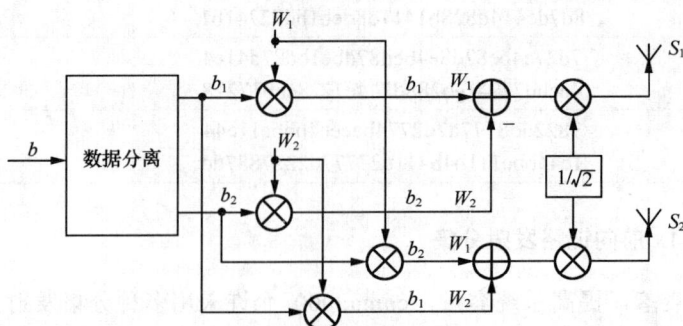

图 7.12　空时扩展分集结构

图 7.12 中，发射的符号可以表示为

$$S_1 = \frac{b_1 W_1 - b_2 W_2}{\sqrt{2}}$$

$$S_2 = \frac{b_1 W_1 + b_2 W_2}{\sqrt{2}} \qquad (7.2)$$

其中，W_1 和 W_2 为两个正交的 Walsh 码。

STS 发射分集方式在移动台接收端的解扩基于 Walsh 码的积分，空时块码的构造和译码比较简单，而且当一根天线失效时仍能工作。与 OTD 发射分集方式相比，由于 STS 扩展扩频比的加倍，每个符号的能量在总能量不变的条件下与普通的模式是相同的，而且每个符号经历的独立衰落信道数目是 OTD 方式的一倍，因此 STS 分集性能要高于 OTD 方式。

6. cdma2000 1x 反向链路信道组成

cdma2000 1x 反向链路（RL）所包括的物理信道如图 7.13 所示。cdma2000 1x 反向链路中采用的无线配置为 RC1～RC4。在反向链路上，不同的用户仍然用 PN 长码来区分，一个用户的不同信道则是用 Walsh 码来区分。

反向链路上各个物理信道的名称如表 7.8 所示，该表还给出了移动台能够发送的每种信道的最大数量。

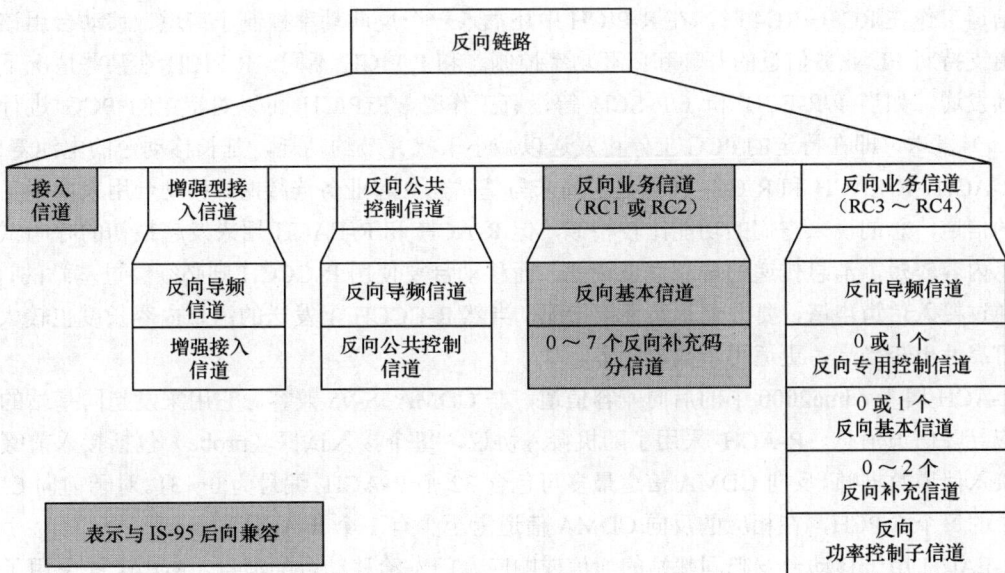

图 7.13　cdma2000 1x 反向链路物理信道划分

表 7.8　　　　　　　　　　cdma2000 1x 反向链路物理信道

	信道名称	物理信道类型	最大数目
反向链路公共物理信道（R-CPHCH）	R-ACH	反向接入信道	1
	R-CCCH	反向公共控制信道	1
	R-EACH	反向增强接入信道	1

续表

	信道名称	物理信道类型	最大数目
反向链路 专用物理信道 （R-DPHCH）	R-PICH	反向导频信道	1
	R-FCH	反向基本信道	1
	R-DCCH	反向专用控制信道	1
	R-SCH	反向补充信道	2
	R-SCCH	反向补充码分信道	7

反向链路的物理信道也可以划分为公共物理信道和专用物理信道两大类。

● 反向链路公共物理信道

反向链路公共物理信道包括：接入信道、增强接入信道和反向公共控制信道，这些信道是多个移动台共享使用的。cdma2000 提供了相应的随机接入机制，以进行冲突控制。与前向不同，反向的导频信道在同一移动台的信道中是公用的，而各个移动台的导频信道之间是不同的，即在局部上也可以说反向导频信道是公共信道。

cdma2000 采用了 RL 导频信道（R-PICH）以提高 RL 的性能，R-PICH 是未经调制的扩频信号。基站利用 R-PICH 来实现反向链路的相干解调；其功能和 FL 的导频功能类似。当使用 R-EACH、R-CCCH 或 RC3～RC4 的 RL 业务信道时，应该发送 R-PICH。当发送 R-EACH 前缀（preamble）、R-CCCH 前缀或 RL 业务信道前缀时，也应该发送 R-PICH。另外，当移动台的 RL 业务信道工作在 RC3～RC4 时，在 R-PICH 中还插入一个反向功率控制子信道。移动台用该功控子信道支持对 FL 业务信道的开环和闭环功率控制。和 F-PICH 不同，R-PICH 在某些情况下可以非连续发送，如当 F/R-FCH 和 F/R-SCH 等没有工作时，R-PICH 可以对特定的 PCG 进行门控（Gating）发送，即在特定的 PCG 上停止发送以减小干扰并节约功耗，延长移动台的电池寿命。

R-ACH、R-EACH 和 R-CCCH 都是在尚未与基站建立起业务连接时，移动台用来向基站发送信息的信道，总的说来它们的功能比较相似，但 R-ACH 和 R-EACH 用来发起最初的呼叫试探，其消息内容较短，消息传递的可靠性也较低。而移动台要使用 R-CCCH 则必须经过基站的许可，要么通过接入信道申请，要么由基站直接指配，当然 R-CCCH 上发送的消息内容长度也较大，传递的可靠性也相当高，更适用于数据业务。

R-ACH 属于 cdma2000 中的后向兼容信道，与 CDMA IS-95 兼容。它用来发起同基站的通信或响应寻呼信道消息。R-ACH 采用了随机接入协议，每个接入试探（probe）包括接入前缀和后面的接入信道数据帧。反向 CDMA 信道最多可包含 32 个 R-ACH，编号为 0～31。对于前向 CDMA 信道中的每个 F-PCH，在相应的反向 CDMA 信道上至少有 1 个 R-ACH。

R-EACH 用于移动台发起同基站的通信或响应专门发给移动台的消息。R-EACH 采用了随机接入协议。R-EACH 可用于 2 种接入模式，即基本接入模式和预留接入模式中。由于通常接入时没有 FL 业务信道发送，因此与 R-EACH 相关联的 R-PICH 不包含反向功控子信道。

R-CCCH 用于在没有使用反向业务信道时向基站发送用户和信令信息。R-CCCH 可用于两种接入模式，即预留接入模式和指定接入模式中，它们的发射功率受控于基站并且可以进行软切换。

● 反向链路专用物理信道

反向专用物理信道和前向专用物理信道种类基本相同并相互对应，包括：反向专用控制信道、基本信道、补充信道和补充码分信道，它们用来在某一特定的 MS 和 BS 之间建立业务连接。其中，R-FCH 中的 RC1 和 RC2 两种分别和 CDMA IS-95A 和 CDMA IS-95B 系统中的反向业务信道兼容，其他的信道则是新定义的反向专用信道。

R-DCCH 和 F-DCCH 的功能相似，用于在通话中向 BS 发送用户和信令信息。反向业务信道中可包括最多 1 个 R-DCCH，可非连续发送。

R-FCH 和 F-FCH 的功能相似，用于在通话中向 BS 发送用户和信令信息。反向业务信道中可包括最多 1 个 R-FCH。

R-SCH 的功能与 F-SCH 相似，用于在通话中向 BS 发送用户信息，它只适用于反向 RC3～RC4。反向业务信道中可包括最多两个 R-SCH。

R-SCCH 的功能与 F-SCCH 相似，用于在通话中向 BS 发送用户信息，它只适用于 RC1 和 RC2。反向业务信道中可包括最多 7 个 R-SCCH。

cdma2000 1x 系统中，反向链路各个物理信道的数据速率如表 7.9 所示。

表 7.9　　　　　　　　　　**cdma2000 1x 反向链路物理信道数据速率**

信道类别		数据速率（bit/s）
反向接入信道		4 800
反向增强型接入信道	报头	9 600
	数据	38 400 (5, 10 或 20 ms 帧长), 19 200 (10 或 20 ms 帧长), 9 600 (20 ms 帧长)
反向公共控制信道		38 400 (5, 10 或 20 ms 帧长), 19 200 (10 或 20 ms 帧长), 9 600 (20 ms 帧长)
反向专用控制信道	RC3	9 600
	RC4	14 400 (20 ms 帧长), 9 600 (5 ms 帧长)
反向基本信道	RC1	9 600, 4 800, 2 400 或 1 200
	RC2	14 400, 7 200, 3 600 或 1 800
	RC3	9 600, 4 800, 2 700, 1 500 (20 ms 帧长) 9 600 (5 ms 帧长)
	RC4	14 400, 7 200, 3 600, 1 800 (20 ms 帧长) 9 600 (5 ms 帧长)
反向补充码分信道	RC1	9 600
	RC2	14 400
反向补充信道	RC3	307 200, 153 600, 76 800, 38 400, 19 200, 9 600, 4 800, 2 700, 1 500 (20 ms 帧长) 153 600, 76 800, 38 400, 19 200, 9 600, 4 800, 2 400, 1 350 (40 ms 帧长) 76 800, 38 400, 19 200, 9 600, 4 800, 2 400 或 1 200 (80 ms 帧长)
	RC4	230 400, 115 200, 57 600, 28 800, 14 400, 7 200, 3 600, 1 800 (20 ms 帧长) 115 200, 57 600, 28 800, 14 400, 7 200, 3 600, 1 800 (40 ms 帧长) 57 600, 28 800, 14 400, 7 200, 3 600, 1 800 (80 ms 帧长)

7. cdma2000 1x 反向链路中的差错控制

反向链路中，所采用的循环冗余校验编码与前向链路相同。反向链路各个信道对前向纠错编码的要求如表 7.10 所示。

表 7.10　　　　　　　　　　　　cdma2000 1x 反向链路对 FEC 的要求

信道类别	FEC	编码速率 R
接入信道	卷积码	1/3
增强型接入信道	卷积码	1/4
反向公共控制信道	卷积码	1/4
反向专用控制信道	卷积码	1/4
反向基本信道	卷积码	1/3 (RC1) 1/2 (RC2) 1/4 (RC3 和 RC4)
反向补充码分信道	卷积码	1/3 (RC1) 1/2 (RC2)
反向补充信道	卷积码或 Turbo 码 $(N \geqslant 360)$	1/4 (RC3, $N<6120$) 1/2 (RC3, $N=6120$) 1/4 (RC4)

注：N 是每帧的信息比特数。

Turbo 码用于高速数据业务信道，结构与前向链路相同。

在反向链路中，除了导频信道外，接入信道、增强接入信道、反向公共控制信道和反向业务信道的数据流都要经过交织编码。对于配置为 RC1 和 RC2 的反向业务信道，其交织算法与 CDMA IS-95 中的算法相同。

对于接入信道、增强接入信道、反向公共控制信道和无线配置为 RC3~RC4 的反向业务信道，其交织算法与 RC1、RC2 的前向 CDMA 业务信道交织算法相同。

8. cdma2000 1x 反向链路中的扩频码

cdma2000 1x 系统的反向链路中，在 RC1 和 RC2 接入信道和业务信道要使用 Walsh 码进行 64 阶正交调制。对于 RC3 和 RC4，移动台在反向导频信道、增强接入信道、反向公共控制信道以及反向业务信道上，使用 Walsh 码进行正交扩频，以区分同一个移动台的不同信道。反向链路上 Walsh 码的使用如表 7.11 所示。

表 7.11　　　　　　　　　　反向链路 Walsh 码的使用（RC3 和 RC4）

信道类型	Walsh 函数
R-PICH	W_0^{32}
R-EACH	W_2^8
R-CCCH	W_2^8
R-DCCH	W_8^{16}
R-FCH	W_4^{16}
R-SCH 1	W_1^2 或 W_2^4
R-SCH 2	W_2^4 或 W_6^8

7.1.5　cdma2000 1x 空中接口第 2 层

cdma2000 空中接口的第 2 层，也即链路层，是第 3 层信令应用与物理层无线链路之间的桥梁，实现了高层信令与业务向物理信道的映射与复用。同时，链路层为信令和业务数据提供了一定的服务质量保证机制，并且完成信令信息的寻址、鉴权等功能。

为实现对包括高速多媒体业务在内的电路和分组型业务的支持，cdma2000 的第 2 层协议设计体现了如下的需求。

- 支持广泛的高层业务的要求。
- 为数据业务在宽范围（1.2kbit/s 到 2Mbit/s 以上）内提供高效率及低时延的服务。
- 支持电路和分组交换数据业务的不同 QoS 的传递能力。
- 需要支持多种同时发生的多媒体业务（每种业务都有不同的 QoS 需求）。

cdma2000 空中接口的第 2 层协议结构如图 7.6 所示，从图中可以看出第 2 层协议包括两个协议层次：媒体接入控制子层（MAC）和链路接入控制子层（LAC）。其中，MAC 子层完成信令和业务数据的复用和 QoS 控制，LAC 子层则完成信令信息的打包、分割、重装、寻址、鉴权以及重传控制。

1．MAC 子层

cdma2000 中，MAC 子层有以下两个重要的功能。

- 尽力传送（Best Effort Delivery）：由无线链路协议（RLP）"尽力而为"的保证传输的可靠性，在无线链路上实现适度可靠的传输。
- 复用（Mux）和 QoS 控制：通过协调由竞争业务产生的冲突请求以及为接入请求安排合适的优先级来确保实施协商好的 QoS 级别。

此外，MAC 子层还要控制到物理层的接入，以及执行逻辑信道到物理信道的映射等功能。

由图 7.6 可知，MAC 子层包含 3 个主要部分：信令无线突发协议（SRBP）子层、无线链路协议（RLP）子层以及复用与 QoS 子层。其中 SRBP 和 RLP 两个子层分别完成信令信息和业务信息的"尽力传送"功能，保证信令和业务的传送，复用与 QoS 子层则完成上述的第 2 项功能。

发送时，复用子层从信令或相连的业务或逻辑信道得到信息比特，将其转换成数据块。然后它将一个或多个数据块复用成一个 MuxPDU，一个或多个 MuxPDU 再合成物理层的 SDU，并由物理层形成物理层的帧，随后发送出去。

复用子层的工作全部都围绕 MuxPDU 展开。根据复用子层的工作模式、对应的物理信道、MuxPDU 中数据块的大小、以及 SCH SDU 中 MuxPDU 的个数的不同，MuxPDU 有 6 种类型。每种类型的 MuxPDU 有特定的格式，相同类型的具体格式根据信道速率及复用方式的不同等也不相同，由不同的复用选项来定义。

关于 QoS 机制的实现，在 cdma2000 系统的标准中并没有规定。它主要与各种业务优先级的设置有关，优先级高的业务优先发送，以保证各种业务合理有效的共享系统资源。

2．LAC 子层

LAC 子层位于 MAC 子层之上，主要与信令消息有关，其功能是为第 3 层协议提供在物理层无线信道上可靠传输的机制。LAC 子层为信令信息在不同的物理信道上传输提供了信令信息的打包、分割与重装、鉴权与寻址，以及重传控制等功能。

为实现这一目的，LAC 子层包括 5 个子分层，包括：鉴权子层、ARQ 子层、寻址子层、功用子层和分割与重装子层，其结构如图 7.14 所示。

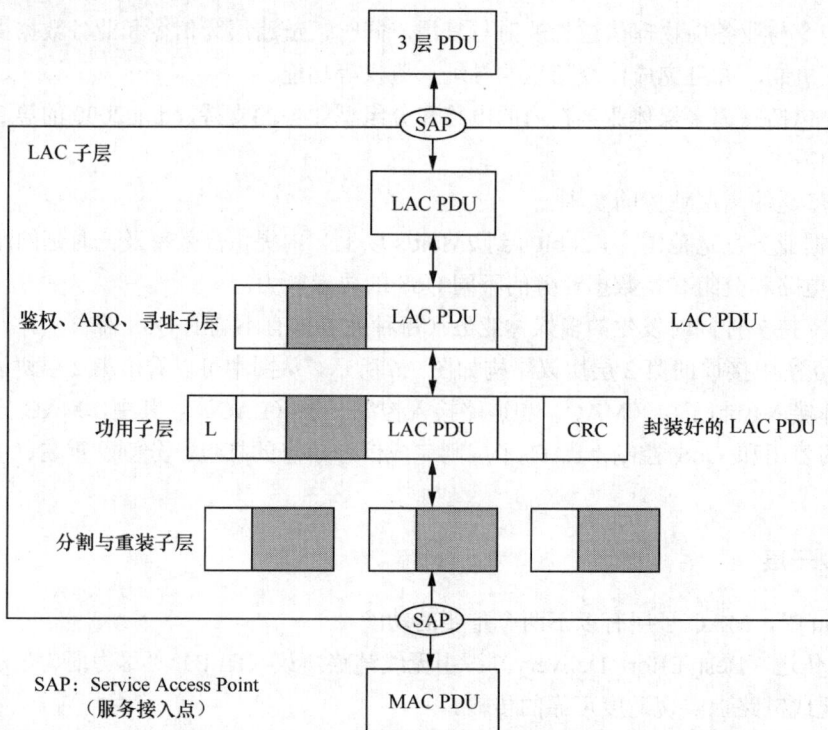

图 7.14 LAC 子层结构

LAC 子层接收来自高层的 LAC 业务数据单元（LAC SDU），然后通过鉴权子层、ARQ 子层和寻址子层，加上鉴权字段、ARQ 字段和地址字段，构成 LAC 协议数据单元（LAC PDU）。其中鉴权字段只在反向公共信道上起作用。

LAC PDU 通过功用子层，加上分类和 CRC 字段，构成封装的 LAC PDU；然后经过分割和重装子层，分成 MAC 层要求的分段并加上分段标志，形成 MAC SDU。

LAC 子层的主要功能是保证系统控制信令信息的正确传输，其服务对象是系统的 3 层信令信息。系统中不同的类型的信令或不同通信链路状态下的信令，是经过不同的物理链路进行传输的。所以，对于在不同物理信道上传输的高层信令信息，当其穿过 LAC 子层时，涉及的 LAC 子分层也不相同。

LAC 子层中的 ARQ 协议采用基于肯定应答（ACK）的选择重传协议。对于不同的质量保证要求、不同的逻辑信道、不同的 PDU 格式，LAC 子层的 ARQ 协议将采用不同的控制参数，其主要区别在于接收窗口的大小、最大重传次数等参数的不同。

7.1.6　cdma2000 1x 空中接口第 3 层

如图 7.6 所示，cdma2000 空中接口的第 3 层是信令业务层，位于 LAC 子层之上，用于处理基站与移动台之间所有的交互消息，主要是信令消息。

cdma2000 第 3 层信令协议与 CDMA IS-95 中的已有部分是基本一致的，保持了后向兼容。为了满足 3G 的需求，cdma2000 中增加了一些新的信令业务（如优先接入指配业务），同时为支持多业务并发，其业务选择与业务协商部分也有所改动。

第 3 层信令协议主要包括以下内容。

- 第 3 层的信令结构以及与第 2 层的接口
- 安全和认证规范
- 第 3 层信令的控制及应用

包括呼叫处理、鉴权与加密、登记、切换等，是第 3 层协议的主要部分。

- 消息及消息的格式（PDU 格式）

第 3 层协议是一个很复杂的体系，本小节只对其做一个简单介绍，更详细的内容请参考相关的标准（C.S.0005）。

1. 信令结构及层间接口

cdma2000 中，第 3 层信令的结构包括对两个模块的处理。第 1 个模块的任务是组成第 3 层的协议数据单元（PDU），然后将其封装传送给第 2 层处理；或者反过来接收第 2 层的业务数据单元（SDU），然后解封装在第 3 层进行处理。第 2 个模块的任务是对服务接入点（SAP）的处理。

cdma2000 中，信令的一般结构如图 7.15 所示。

由图 7.15 可知，第 3 层与第 2 层间的接口是服务接入点（SAP）。cdma2000 的空中接口中，引入了数据平面与控制平面的结构，明晰了信令二三层间的接口关系。在数据平面中定义了 SAP 和相关的原语，在 SAP 上的第 2 层与第 3 层通过原语交换 SDU 和按消息控制与状态块（MCSB）形式说明的协议控制信息。

MCSB 是一个为原语而定义的参数块，它包含与第 3 层 PDU 相关的信息，包括 SDU 类型、PDU 长度、是否需要第 2 层确认、是否需要鉴权、消息地址标识、是否需要发送通知等，以及指明消息应怎样被第 2 层处理的指令。

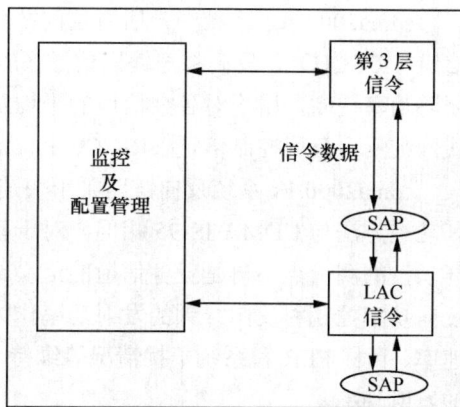

SAP: Service Access Point，服务接入点。

图 7.15　cdma2000 的信令结构

第 3 层使用第 2 层提供的业务传送和接收 PDU。在传送时，第 3 层将在 MCSB 中指明执行确认模式还是非确认模式，对于确认模式，第 3 层可指定是否需要往回发送证实或确认（ACK）。第 2 层保证所收到的第 3 层确认模式 PDU 的可靠发送，如果不能则发回失败指示以便第 3 层作出处理；第 2 层不保证所收到的第 3 层非确认模式 PDU 的可靠发送，但第 3 层可以请求第 2 层在接收方重复性检测允许范围内多次重发 PDU，以增加发送成功的概率。

2. 三层信令消息流程

cdma2000 第 3 层的协议涉及众多的信令消息，限于篇幅不再介绍。过程中的信令交互以及信令消息的参数和格式，请参考相关的标准与文献。

7.1.7　cdma2000 1x 中的功率控制与系统切换

1. cdma2000 1x 中的功率控制技术

cdma2000 1x 中，RC1 和 RC2 与 CDMA IS-95 系统中的功率控制方式是相同的。反向功率控制是将反向导频的发射功率作为参考值，并维持专用信道与导频信道之间的功率比例，通过调整反向导频信道功率来进行的。对于前向功率控制，cdma2000 1x 采用了基于功控控制指令的快速功率控制，这与 CDMA IS-95 系统中采用的基于信令消息的慢速功控有很大差别。

（1）反向开环功率控制

开环功率控制在反向接入信道（R-ACH）和反向增强接入信道（R-EACH）上使用。如果移动台工作在预留接入模式，则开环和闭环功率控制都可以在反向公用控制信道（R-CCCH）上使用。

在 R-ACH 中，cdma2000 的开环功控与 CDMA IS-95 相兼容。在 R-EACH 和 R-CCCH 上，cdma2000 引入了新的接入方式，包括基本接入模式和预留接入模式，使得这两个信道上的开环估计有所不同。

（2）反向闭环功率控制

cdma2000 1x 系统中，所有反向链路上的专用信道，如反向基本信道（R-FCH）、反向补充信道（R-SCH）、反向补充编码信道（R-SCCH）和反向专用控制信道（R-DCCH），都需要进行闭环功率控制，用于对各个信道的平均发射功率进行精确的调整。如果移动台工作在预留接入模式，则反向公用控制信道（R-CCCH）上也可以使用闭环功控。

cdma2000 1x 系统反向链路采用快速的闭环功率控制，功控速率为 800Hz。对于 RC1 和 RC2，其功控方法与 CDMA IS-95 相同。对于新增的无线配置，其方法与 CDMA IS-95 类似，但是其内环功控的测量点不再是业务信道的信噪比 E_b/N_t，而是反向导频信道的强度 E_c/I_o，如图 7.16 所示。反向功率控制将反向导频的发射功率作为参考值，通过调整反向导频信道功率，同时根据信道的速率、目标 FER 和系统干扰情况等维持专用信道与导频信道之间的功率比例，从而调整各个信道的发射功率。

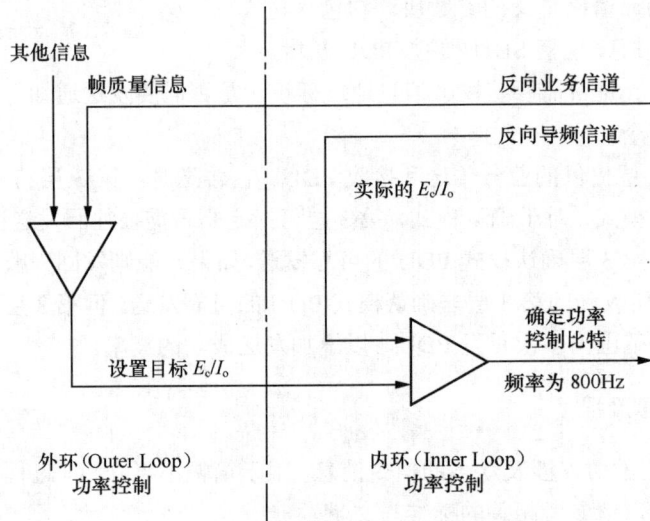

图 7.16 cdma2000 1x 的反向闭环功率控制

当移动台接收到 F-CPCCH 上的功率控制比特时，它将调节 R-EACH 和 R-CCCH 的平均输出功率；当收到 F-FCH 或 F-DCCH 上的功率控制比特时，将调节反向专用信道的平均输出功率。功控比特为"0"时，表示要增加发射功率；功控比特为"1"时，表示要降低发射功率。

反向链路对专用信道的功率进行调节时，将 R-PICH 的发射功率作为参考值，然后给反向专用信道引入一个功率偏置，并根据信道配置参数如数据速率、帧大小等调节发射功率。

（3）前向快速功率控制

cdma2000 系统中，对前向链路的功率控制做了很大的改进。改进后的前向功率控制和反向功率控制一样，最高可达 800Hz 的控制速率，能够跟踪补偿更快的衰落。cdma2000 系统的语音容量理论上是 CDMA IS-95 系统的两倍，其中前向功率控制的改进做出了很大的贡献。

前向快速功控的原理与反向闭环功率控制相似，它在移动台增加了一个功率控制环，用于保持一个确定的 E_b/N_t 目标值。前向内环功率控制测量点是 E_b/N_t，外环功率控制测量点是 FER。移动台测量前向信道的 E_b/N_t，并将其与目标值比较，如果大于目标值，则命令基站降低发射功率；反之命令基站增加发射功率。外环功控在移动台进行，如果 FER 的测量值大于目标 FER，则提高 E_b/N_t 的目标值；反之，则降低 E_b/N_t 的目标值。功控的原理如图 7.17 所示。

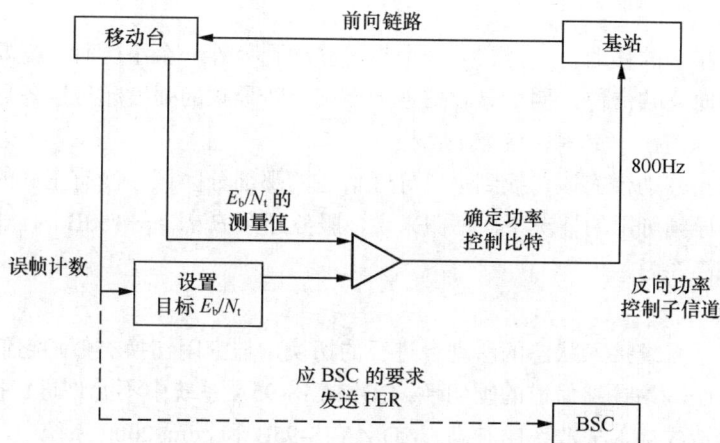

图 7.17 cdma2000 1x 的前向功率控制原理

2. cdma2000 1x 中的系统切换

cdma2000 1x 系统中支持多种切换方式，包括硬切换、软切换、更软切换等。此外还支持移动台处于空闲状态和系统接入状态时的切换。

（1）软切换

cdma2000 1x 系统中的软切换策略与 CDMA IS-95A 和 CDMA IS-95B 是相同的。由于增加了新的物理信道，这些信道的切换方式主要如下。

● 对于 F-FCH，其软切换方式与 CDMA IS-95A 和 CDMA IS-95B 系统是相同的。

● 对于 F-SCH，考虑到其对基站功率以及 Walsh 码资源占用较多，因此一般不推荐采用软切换，特别对是那些速率较高的信道。

● 支持 F-CCCH 和 F-QPCH 上的软切换功能。而在 F-BCCH 和 F-PCH 上不允许软切换，因为这两个信道上消息的内容和基站特定的自身属性相关联，软切换时无法合并。

● 在接入状态时，增加了预留接入模式的软切换功能。

（2）硬切换

cdma2000 1x 系统中，常见的硬切换有以下几种情况。

● CDMA IS-95 系统与 cdma2000 1x 系统之间的切换。

- CDMA 系统到采用其他无线技术系统的切换包括从 CDMA 系统到 AMPS、GSM、WCDMA 等系统的切换。
- 不同 CDMA 系统之间的切换指不同运营商的 CDMA 系统之间的切换。
- 不同载频之间的硬切换可能发生在一个基站的不同载频之间，也可能发生在不同基站的不同载频之间。
- 不同帧偏置引起的硬切换。

为了平均地分配负载，业务信道帧与系统时间存在偏置，这个偏置是单位为 1.25 ms 的一个增量（取值范围为 0~15）。为不同业务信道分配不同的帧偏置，可以降低不同信道在同时发送时的突发干扰。要支持软切换，目标基站必须和服务基站使用相同的帧偏置。如果相同的帧偏置是不可用的，则需要执行硬切换。

（3）空闲切换

对于处于空闲状态的移动台，当它从一个小区移动到另外一个小区时，需要执行空闲切换，以监听新小区的前向公共信道，例如寻呼信道。当某个新导频的强度超过服务导频强度 3dB 时，移动台自动执行空闲切换，空闲切换为硬切换。

空闲切换区域指移动台应该切换到另一寻呼信道的那部分区域，没有正式的定义。在空闲切换区域中，在服务导频可用的情况下（举例来说，服务导频 E_c/I_o > −15dB），非服务导频的强度至少应比服务导频高 3dB。

（4）接入切换

接入切换指处于系统接入状态的移动台进行的切换，与空闲切换类似，它们都是从当前寻呼信道转移到另外一个基站寻呼信道的硬切换。CDMA IS-95A 系统中不允许进行接入切换，以简化接入过程，但是会造成接入失败率的升高。CDMA IS-95B 和 cdma2000 系统中，允许进行接入切换，以提升系统性能。

接入切换有以下几种形式。

① 接入登录切换。接入登录切换发生在移动台发送接入探测之前，它是空闲切换的一个特殊形式。当需要进行接入时，在移动台进入更新开销信息子状态之前，移动台可以执行接入登录切换，切换到最好的基站。接入登录切换可以使用扩展系统参数消息中的参数进行控制。

② 接入试探切换。在接入尝试的过程中，将在接入信道上持续发送接入试探序列，直至移动台接收到基站给任何一个接入试探的确认信息（或者已经达到接入试探序列的最大数量）。在进行接入尝试的时候，一个新的导频可能变得足够强，移动台就会切换到新的导频上。之后，移动台将向新的基站发送接入试探。在接入尝试过程中进行的切换称为接入试探切换。

接入试探切换仅在始呼和寻呼响应子状态时允许进行。接入试探切换可以使用扩展系统参数消息中的参数进行控制。

③ 接入切换。移动台接收到对接入试探的确认消息后，接入尝试完成。此时如果移动台检测到更强的导频，则会切换到该导频上，接收新的寻呼信道，为进一步操作做准备，例如等待业务信道分配消息。这个过程叫做接入切换。

与接入试探切换类似，接入切换仅在始呼和寻呼响应子状态时允许进行，可以使用扩展系统参数消息中的参数进行控制。

7.1.8　cdma2000 1x 网络技术概述

如图 7.1 所示，cdma2000 的网络结构可以分为 3 部分：无线接入网、电路域核心网和分组域核心网。

本节主要对分组域核心网做简单介绍。

cdma2000 分组域核心网的设计中大量使用了现有的 IP 技术，以便充分利用已有的标准资源，减少需要全新定义的协议内容，加快分组域系列标准为市场接受的速度。

为支持最新引入的高速分组数据业务，3GPP2 为无线网络的分组域技术设定了如下的设计目标。

- 支持大范围的地址配置，包括动态和静态归属地址配置。
- 提供无缝漫游服务。
- 提供可靠的认证与授权服务。
- 提供 QoS 服务，以支持不同等级的业务。
- 提供计费服务，支持根据 QoS 信息的计费，支持对漫游用户的计费等。

cdma2000 分组域的功能模型如图 7.18 所示。

图中无线资源控制（RRC）的主要功能包括：建立、维护与终止为分组用户提供的无线资源，以及管理无线资源和记录无线资源状态。其他几个功能模型如 PCF、PDSN、HA 以及 AAA 的功能在 7.1.2 小节中已经讲述，这里不再重复。

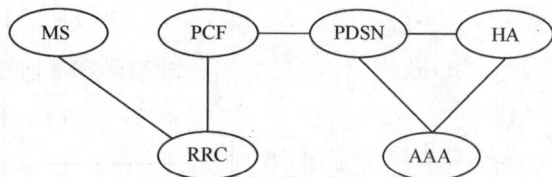

图 7.18　cdma2000 1x 分组域功能模型

cdma2000 的分组网可以分为简单 IP 和移动 IP 两大类。其中，简单 IP 是 cdma2000 网络中最基本的分组数据业务模式，类似于我们所熟悉的拨号业务。移动 IP 则为移动数据业务用户提供了更加完善的移动性服务，移动数据用户可以在无线网络内获得无缝服务。下面分别对其进行简单的介绍。

1. 简单 IP

简单 IP 是 cdma2000 分组网最基本的业务模式。在简单 IP 下，当用户要享受数据服务时，需要采用类似拨号的方式和 PDSN 建立 PPP 连接，由 PDSN 负责数据的收发。每次连接时都采用动态 IP 地址分配，因此用户每次连接得到的 IP 地址可能不一样。

简单 IP 不能保证用户移动时的业务持续性。如果该用户一直处在同一 PDSN 所覆盖的网络中，它可以保持所分配的 IP 地址不变。但当用户移动出上述 PDSN 所覆盖的网络时，网络将中断用户当前的连接。如果用户要继续数据服务，必须重新拨号连接，网络将分配新的 IP 地址。

由于用户每次连接得到的 IP 地址可能不同，所以简单 IP 只能提供用户主动发起的业务，如 Internet 浏览、E-mail 收发等（这类业务被称为"Get"业务），而不能提供网络侧主动发起的业务，如信息定制等（这类业务被称为"Push"业务）。

简单 IP 的网络体系结构和协议参考模型分别如图 7.19 和图 7.20 所示。

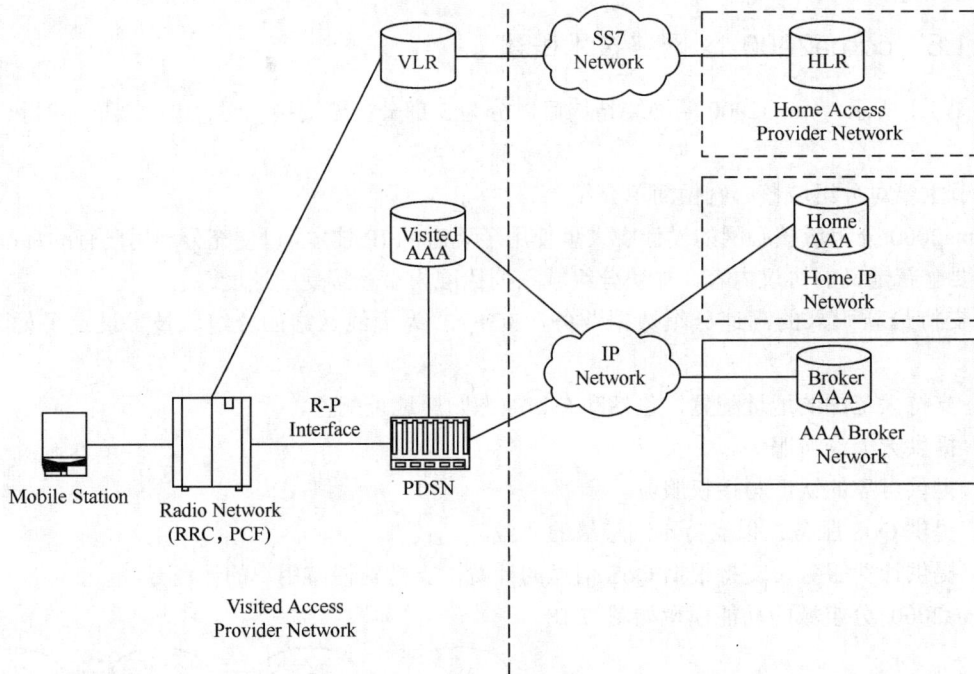

图 7.19　简单 IP 的网络体系结构

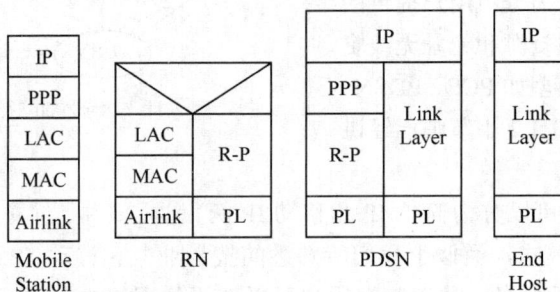

图 7.20　简单 IP 的协议参考模型

简单 IP 的呼叫流程描述如下。

① 移动台首先与无线网络建立空中接口链路。

② PCF 向 PDSN 发出 REQ 请求消息。

③ PDSN 收到该消息后，发出响应消息，并开始与移动台建立链路控制协议（Link Control Protocol，LCP）。

④ PDSN 向 AAA 发送接入请求消息（Access Request），启动认证过程。

⑤ AAA 完成认证过程后，向 PDSN 发送接入接受消息（Access Accept）。

⑥ PDSN 开始与移动台建立 IP 控制协议（IP Control Protocol，IPCP）。

⑦ 完成 IPCP 的建立后，进一步完成移动台与 PDSN 之间的 PPP 连接。

⑧ PPP 连接建立移动用户就已经连接至业务提供网络，可以开始分组数据的传输。

2．移动 IP

移动 IP 是 cdma2000 分组网的另一种业务模式。在移动 IP 中，当用户接入时可以使用静态

IP 地址，也可以使用动态 IP 地址。用户在移动时，IP 地址保持不变。因此，移动 IP 不仅能提供简单 IP 所能提供的所有业务，还可以实现由网络发起的业务。

移动 IP 的网络体系结构如图 7.21 所示。与简单 IP 相比，移动 IP 网络中增加了归属代理服务器（HA），负责向用户分配 IP 地址，将分组数据通过隧道技术发送给移动用户，并实现 PDSN 之间的移动管理。同时 PDSN 还增加了 FA（外部代理）的功能，负责提供隧道出口，并将数据解封装后发往移动台。HA 与 PDSN 之间通过移动 IP 进行通信，HA 与 AAA 之间接口则按照 AAA 协议，采用客户机—服务器的方式建立。

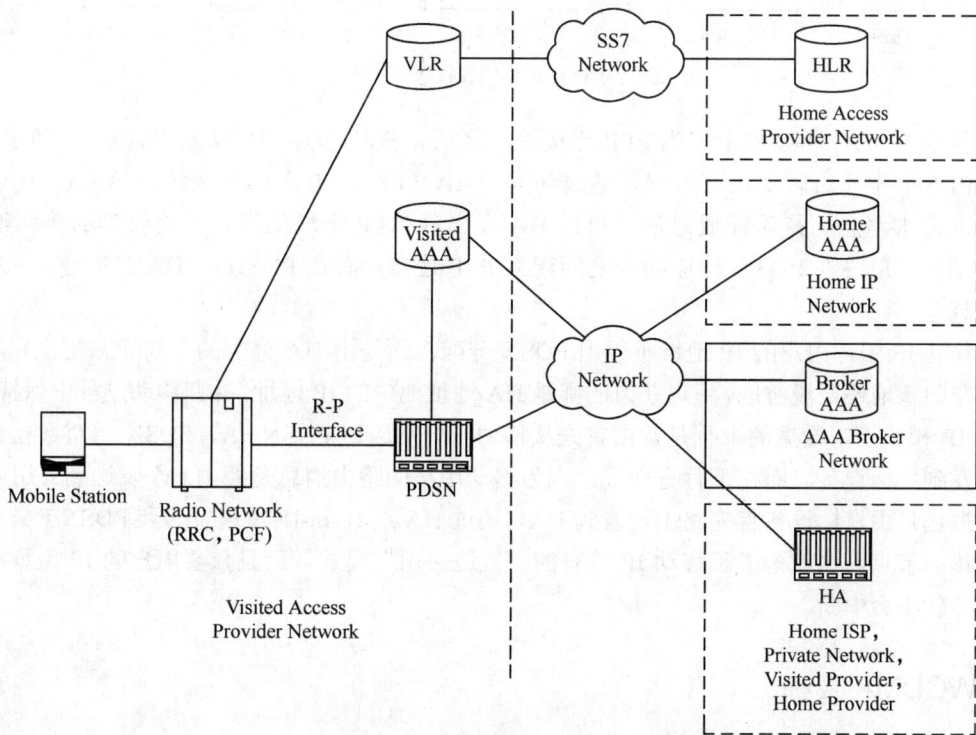

图 7.21 移动 IP 的网络体系结构

移动 IP 的网络协议参考模型包括控制平面和数据平面两部分，分别如图 7.22 和图 7.23 所示。

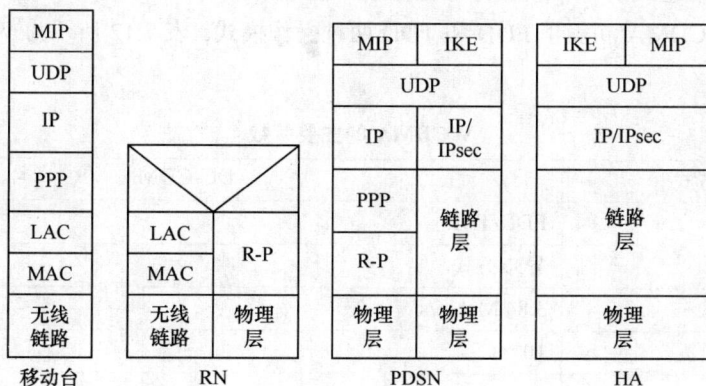

图 7.22 移动 IP 网络协议控制平面参考模型

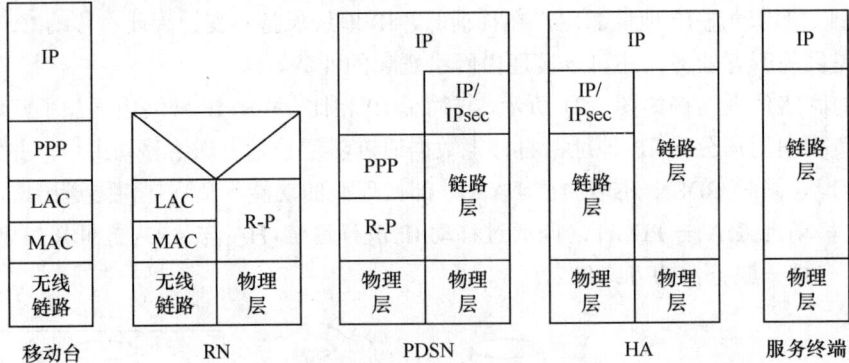

图 7.23　移动 Ip 网络协议数据平面参考模型

　　在移动 IP 的呼叫过程中，当 PPP 连接建立之后，移动台向 PDSN 发出移动 IP 请求消息。之后，PDSN 才开始启动认证过程，通过访问 AAA（FAAA）向归属系统的 AAA（HAAA）发出接入请求消息。待认证通过后，再向 HA 发出移动 IP 请求消息，并将收到的响应消息转发给移动台。最终在 PDSN 与移动台之间建立 PPP 连接，而在 PDSN 与 HA 之间建立 IP-in-IP 的隧道连接。

　　在移动 IP 中，用户的 IP 地址不再由 PDSN 分配，而是由 HA 分配的（或静态配置），无论用户是在归属地还是漫游地，用户获得的都是 HA 地址池中的 IP 地址，并在移动过程中保持不变。在移动 IP 模式下，数据的上行是数据首先从移动用户发送到 PDSN/FA，PDSN 再将数据包直接路由转发到目标设备。而在下行方向上，因为移动用户的路由消息是经由 HA 发送到公用 IP 网，因此数据包是由目标设备首先路由转发到 HA，通过 HA 经 IP-in-IP 隧道发送到 PDSN/FA，FA 再转发给移动节点。这就构成了移动 IP 特有的"三边路由"模式，而且只要用户的 IP 地址不变，用户服务就不会中断。

7.2　WCDMA 系统

　　目前，WCDMA（Wideband Code Division Multiple Access）技术已经成为被广泛采纳的第三代空中接口标准之一，其规范已经在 3GPP 中制定，3GPP 是由来自中国、欧洲几国、美国、韩国和日本的标准化组织组成的一个联合标准化计划。在 3GPP 中，WCDMA 可以分为 UTRA FDD 和 UTRA TDD，WCDMA 涵盖了 FDD 和 TDD 两种操作模式。表 7.12 所示为 WCDMA 空中接口的主要参数。

表 7.12　　　　　　　　　　　　　　　WCDMA 的主要参数

多址接入方式	DC-CDMA
双工方式	FDD/TDD
基站同步	异步方式
码片速率	3.84 Mchip/s
帧长	10 ms
载波带宽	5 Mchip/s
多速率	可变的扩频因子和多码

多址接入方式	DC-CDMA
检测	使用导频符号或公共导频进行相关检测
多用户检测、智能天线	标准支持，应用时可选
业务复用	具有不同服务质量要求的业务复用到同一个连接中

WCDMA 是一个宽带直扩码分多址（DS-CDMA）系统，即通过用户数据与由 CDMA 扩频码得来的伪随机比特（称为码片）相乘，从而把用户信息比特扩展到更宽的带宽上去。为支持高比特速率（最高可达 2 Mbit/s），采用了可变的扩频因子和多码连接。

使用 3.84 Mchip/s 的码片速率需要大约 5 MHz 的载波带宽。带宽约为 1 MHz 的 DS-CDMA 系统，如 CDMA IS-95，通常称为窄带 CDMA 系统。WCDMA 所固有的较宽的载波带宽使其能支持较高的用户数据速率，而且也具有某些方面的性能优势，如增加了多径分集。网络运营商可以遵照其运营执照，以分等级的小区分层形式，使用多个这样的 5MHz 载波来增加容量。实际的载波间距要根据载波间的干扰情况，以 200 kHz 为一个基本单位，在 4.4～5MHz 范围内选择。

WCDMA 支持各种可变的用户数据速率，换句话说，它可以很好地支持带宽需求（BoD）的概念。给每个用户都分配一些 10 ms 的帧，在每个 10 ms 期间，用户数据速率是恒定的。然而这些用户之间的数据容量从帧到帧是可变的，这种快速的无线容量分配一般是由网络来控制，以达到分组数据业务的最佳吞吐量。

WCDMA 支持两种基本的工作方式：频分双工和时分双工。在 FDD 模式下，上行链路和下行链路分别使用两个独立的 5MHz 的载波；在 TDD 模式下只用一个 5MHz 的载波，在上下链路间分时共享。上行链路是移动台到基站的连接，下行链路是基站到移动台的连接。TDD 模式在很大程度上是基于 FDD 模式的概念和思想，加入它是为了弥补基本 WCDMA 系统的不足，也是为了能使用 ITU 为 IMT-2000 分配的那些不成对的频谱。

WCDMA 支持异步基站操作，这样就不用像同步的 CDMA IS-95 系统那样需要使用一个全局的时间参考量，如 GPS。因为不需要接受 GPS 信号，室内小区和微小区基站的布站就变得简单了。

WCDMA 在上行和下行链路中采用了基于导频符号或公共导频的相干检测。虽然 CDMA IS-95 在下行链路使用了相干检测，但是在公众 CDMA 系统中上行链路使用的相干检测是一种新技术，这将全面增加上行链路的覆盖和容量。

WCDMA 空中接口包括一些先进的 CDMA 接收机理念，如多用户检测和自适应智能天线，运营商可以开发和使用这些先进技术作为提高系统容量和/或扩大覆盖的选择方案。在大多数第二代系统中，并没有提出这些先进的接收机概念，它们要么根本不可能应用，要么只能在一些苛刻的条件下才能应用，因此在性能方面的提高很有限。

WCDMA 能与 GSM 协同工作，因此，WCDMA 支持与 GSM 之间的切换，这样就能够在引入 WCDMA 后达到增加 GSM 覆盖的目的。

7.2.1　WCDMA 的标准体系

IMT-2000 中的 WCDMA 无线空中接口标准主要以欧洲通用移动通信系统（UMTS）的陆地无线接入技术（UTRA）为基础，并通过 3GPP 将日本、韩国等提出的类似标准融合而成的。

3GPP 的第 1 个标准是 WCDMA 系统的 R99 版本，从 1999 年 12 月开始每 3 个月更新一次，到 2001 年 6 月，WCDMA 系统的 R99 版本已经基本完善并且稳定。此外，目前 3GPP 中还有 WCDMA 系统的 R4、R5 和 R6 这 3 个版本在同时进行。

R99 版本采用全新的 WCDMA 无线空中接口标准，支持 2Mbit/s 的传输速率；核心网的电路域部分采用演进的 GSM 网络，支持语音等电路业务；核心网的分组域部分提供了移动网与 Internet 的连接，采用演进的 GPRS 网络。R4 版本于 2001 年 3 月完成，其中最重要的一部分是完成了中国提出的 TD-SCDMA 标准化工作，同时将电路域的控制与业务分离，向全 IP 核心网的结构过渡。

R5 版本于 2002 年 3 月完成第一稿，将 IP 从核心网扩展到无线接入网，形成全 IP 的网络结构；将控制与业务分离，同时在无线传输中引入 HSDPA，支持高达 10 Mbit/s 的下行分组数据传输。

R6 版本计划于 2002 年下半年推出，将引入多媒体广播和组播业务、无线资源优化，实现 3G 与 WLAN 互连等。几个版本的比较如表 7.13 所示。

表 7.13　　　　　　　　　　　　　　　WCDMA 标准的版本演进

版本	完成时间	RAN	CN
R99	1999 年 12 月	无线接口标准采用 UTRA 的 3.84Mchip/s FDD 和 TDD 模式：Iu 系列接口采用 AIM 承载	基于演进的 GSM MSC 和 GPRS GSN，开放的业务架构
R4	2001 年 3 月	TDD 无线接口采用 1.28Mchip/s 的 LCR 模式，即 TD-SCDMA	电路域的控制与业务分离
R5	2002 年 3 月	基于 IP 的 RAN 结构，HSDPA 支持 10Mbit/s 速率	全 IP 网络结构

WCDMA 系统分为核心网和接入网两个部分，在 R99 版本中核心网是基于演进的 GSM/ GPRS 网络，其无线接入网部分则是采用全新的 WCDMA 技术。基于蜂窝网络结构的特点，WCDMA 无线通信协议栈可划分为接入层（Access Stratum）和非接入层（Non-Access Stratum）两类。

WCDMA 无线接入部分标准主要覆盖了 OSI 模型的低三层，分别是：物理层（L1）、数据链路层（L2）和网络层（L3）。物理层是由一系列的上、下行物理信道组成，提供信息传输的通道。链路层可以细化为 4 个子层：媒体接入控制子层（MAC）、无线链路控制子层（RLC）、分组数据汇聚子层（PDCP）和广播/组播控制子层（BMC），其基本功能是对物理层的资源进行管理和控制，并根据所配置的参数通过 ARQ 等方式对上层提供有不同服务质量（QoS）要求的服务。与 OSI 模型相对应，3G 协议栈的网络层（L3）集中了 OSI 模型的网络层功能，同时兼顾了传输层、会话层、表示层和应用层的功能，它负责各种业务的呼叫信令处理，以及语音、数据等业务的控制和处理。

WCDMA 系统的协议栈分为用户平面和控制平面。物理层、MAC 子层和 RLC 子层为控制平面和用户平面所共用，L3 层中处理信令的部分归类于控制平面，PDCP、BMC 和应用层的用户数据部分则归类于用户平面。

3G 与以往的移动通信系统相比，最明显的特征就是它对多媒体业务的支持，即能够同时支持多种有不同服务质量要求的业务。3G 的协议栈具有的强大的功能、高度的灵活性主要得益于它的 RRC 子层、RLC 子层和 MAC 子层。RRC 子层提供无线资源的配置功能，建立、配置或释放一个无线承载；RLC 子层能够提供透明模式（TM）、非确认模式（UM）和确认模式（AM）3 种数据传输模式,以支持有不同 QoS 要求的业务;MAC 子层按照 RRC 的配置实现对无线资源的控制和管理,它能够根据 RLC 实体的缓冲区状况和 RRC 的资源配置实时调整各个数据子流的优先级和传输格式,从而使 WCDMA 协议栈的功能强大而灵活。

7.2.2　WCDMA 的信道结构

物理层处于无线接口协议模型的最底层,它提供物理介质中比特流传输所需要的所有功能。物理层与媒体接入控制层(MAC)及无线资源控制层(RRC)的接口如图 7.24 所示。物理层与 MAC 层实体相连,相互之间的通信是由物理层 PHY 原语来完成的,与 RRC 层的接口相互间的通信是用 CPHY 原语来完成的。

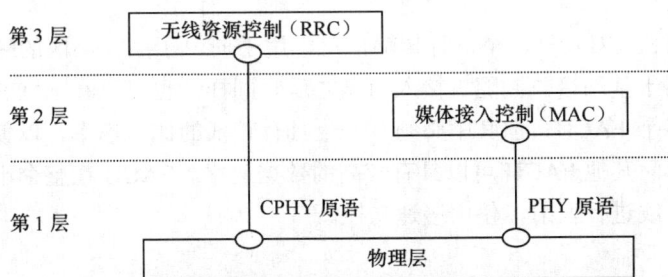

图 7.24　物理层接口

高层数据的发送先经过传输信道,然后在物理层上映射到不同的物理信道,这就要求物理层能够支持可变比特率的传输信道,以提供各种不同带宽需求的业务。

传输信道介于 MAC 和第 1 层之间,逻辑信道介于 MAC 和 RLC 之间,MAC 层完成逻辑信道与传输信道的映射。

传输信道分为公共传输信道和专用传输信道两种类型,公共传输信道包括随机接入信道(RACH)、前向接入信道(FACH)、下行共享信道(DSCH)、公共分组信道(CPCH)、广播信道(BCH)和寻呼信道(PCH),专用传输信道只有专用信道(DCH)一种。

MAC 层在逻辑信道上提供数据传送业务,对于由 MAC 提供的不同的数据传送业务,定义了一整套逻辑信道类型,每个逻辑信道类型由其所传送的信息类型所定义。

控制信道只用于控制平面信息的传送,包括广播控制信道(BCCH)、寻呼控制信道(PCCH)、公共控制信道(CCCH)、专用控制信道(DCCH)和共享信道控制信道(SHCCH)。

业务信道只用于用户平面信息的传送,包括专用业务信道(DTCH)、公共业务信道(CTCH)。

1. 专用传输信道

专用传输信道仅存在一种,即专用信道(DCH),是一个上行或下行传输信道。专用传输信道用于发送特定用户物理层以上的所有信息,其中包括实际业务的数据以及高层的控制信息。由于 DCH 上发送的信息内容对物理层是不可见的,因此对高层控制信息和用户数据采用相同的处理方式。

专用传输信道主要特征包括快速功率控制、逐帧快速数据速率变化,以及通过改变自适应天线系统的天线权值来实现对某小区或扇区的特定部分区域的发射等。专用传输信道还支持软切换。

2. 公共传输信道

公共传输信道共有 6 类：BCH、FACH、PCH、RACH、CPCH 和 DSCH。

（1）广播信道

广播信道（BCH）是一个下行传输信道，用于广播系统或小区内特定的信息。BCH 总是在整个小区内发射，并且有一个单独的传送格式。

每个网络所需的最典型的数据有：小区内可用的随机接入码和接入时隙，该小区内其他信道使用的发射分集方式。如果对广播信道的译码不正确，将导致终端不能进行小区注册。因此，广播信道需要用相对较高的功率进行发射，以使覆盖范围内的所有用户都能接收到该信息。

（2）前向接入信道

前向接入信道（FACH）是一个下行传输信道，用于向位于某一小区的终端发送控制信息，也就是说，该信道用于基站接收到随机接入消息之后。同样，也可以在 FACH 中发送分组数据。一个小区中可以有多个 FACH，但其中必须有一个具有较低的比特速率，以使该小区范围内的所有终端都能接收到；而其他 FACH 可以具有较高的数据速率。FACH 在整个小区或小区内某一部分使用波束赋形的天线进行发射，使用慢速功控。

（3）寻呼信道

寻呼信道（PCH）是一个下行传输信道，用于发送与寻呼过程相关的数据，也就是用于网络与终端进行初始化。最简单的一个例子是向终端发起语音呼叫：网络使用终端所在区域内小区的寻呼信道，向终端发送寻呼消息。同样的寻呼消息可以在单个小区发送，也可以在多个小区内发送。终端必须在整个小区范围内都能接收到寻呼信息，因此寻呼信道的设计影响着终端在待机模式下的功耗：中断调整接收机监听可能的寻呼消息的次数越少，在待机模式下终端电池的持续时间就越长。

（4）随机接入信道

随机接入信道（RACH）是一个上行传输信道，用来发送来自终端的控制信息（如请求建立连接）。它同样可以用来发送终端到网络的少量分组数据。正常系统操作要求随机接入信道能在期望的整个小区覆盖范围内接收到，因此，也就意味着实际数据速率必须足够低，至少对于系统初始化和其他控制过程应该如此。RACH 总是在整个小区内进行接收，RACH 的特性是带有碰撞冒险，使用开环功率控制。

（5）上行链路公共分组信道

上行链路公共分组信道（CPCH）是 RACH 信道的扩展，用来在上行链路方向发送基于分组的用户数据。在下行链路方向上与之成对出现的是 FACH。CPCH 和 RACH 在物理层上的主要区别在于：前者使用快速功率控制，采用基于物理层的碰撞检测机制和 CPCH 状态检测过程，且上行链路 CPCH 的传输可能会持续几个帧；而 RACH 可能只占用一个或者两个帧。CPCH 的特性是带有初始的碰撞冒险和使用内环功率控制。

（6）下行链路共享信道

下行链路共享信道（DSCH）是用来发送专用用户数据和/或控制信息的传输信道，可以由几个 UE 共享。DSCH 在很多方面与前向接入信道（FACH）类似，但共享信道支持使用快速功率控制和逐帧可变比特速率。DSCH 不要求能在整个小区范围接收到，可以采用与之相关的下行链路 DCH 的发送天线分集技术，并且总是与一个或几个下行 DCH 相关联。DSCH 使用波束赋形天线在整个小区内发射，或在一部分小区内发射。

3．传输信道到物理信道的映射

虽然某些传输信道可以由相同的（甚至是同一个）物理信道承载，但还是要经过从传输信道到物理信道的映射。图 7.25 所示为不同传输信道映射到不同物理信道的方式。

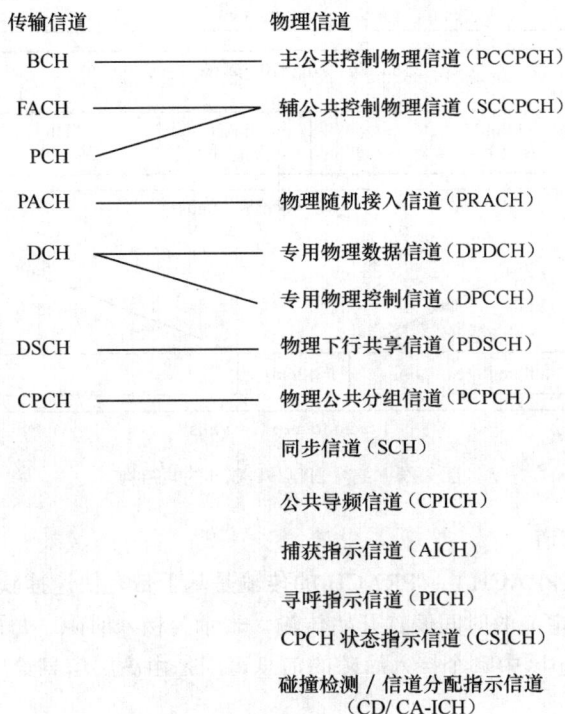

传输信道　　　　　　　　物理信道

BCH —————————— 主公共控制物理信道（PCCPCH）

FACH —————————— 辅公共控制物理信道（SCCPCH）

PCH

PACH —————————— 物理随机接入信道（PRACH）

DCH —————————— 专用物理数据信道（DPDCH）

专用物理控制信道（DPCCH）

DSCH —————————— 物理下行共享信道（PDSCH）

CPCH —————————— 物理公共分组信道（PCPCH）

同步信道（SCH）

公共导频信道（CPICH）

捕获指示信道（AICH）

寻呼指示信道（PICH）

CPCH 状态指示信道（CSICH）

碰撞检测／信道分配指示信道
（CD/ CA-ICH）

图 7.25　传输信道映射到物理信道

4．物理信道

物理信道是由特定的载频、扰码、信道化码、开始和结束时间的持续时间段，以及上行链路中的相对相位来定义的。

持续时间由开始和结束时刻定义，用 chip 的整数倍来测量。在规范中使用的 chip 的倍数有以下几种。

- 无线帧是一个包括 15 个时隙的处理单元，一个无线帧的长度是 38 400chip（10ms）。
- 时隙是由包含一定比特的字段组成的一个单元，时隙的长度是 2 560chip。

一个物理信道默认的持续时间是从它的开始时刻到结束时刻这一段连续的时间，不连续的物理信道则会明确说明。

（1）上行专用物理信道

上行专用物理信道分为上行专用物理数据信道（上行 DPDCH）和上行专用物理控制信道（上行 DPCCH）两种，DPDCH 和 DPCCH 在每个无线帧内是 I/Q 码复用。上行 DPDCH 用于传输专用传输信道（DCH），在每个无线链路中可以有 0 个、1 个或几个上行 DPDCH。上行 DPCCH 用于传输控制信息，包括支持信道估计以进行相干检测的已知导频比特、发射功率控制指令（TPC）、反馈信息（FBI）以及一个可选的传输格式组合指示（TFCI）。TFCI 将复用在上行 DPDCH 上的不同传输信道的瞬时参数通知给接收机，并与同一帧中要发射的数据相对应。

图 7.26 所示为上行专用物理信道的帧结构。每个帧长为 10ms，分成 15 个时隙，每个时隙的长度 $T_{slot}=2\ 560$chip，对应于一个功率控制周期，一个功率控制周期为 10 或 15ms。

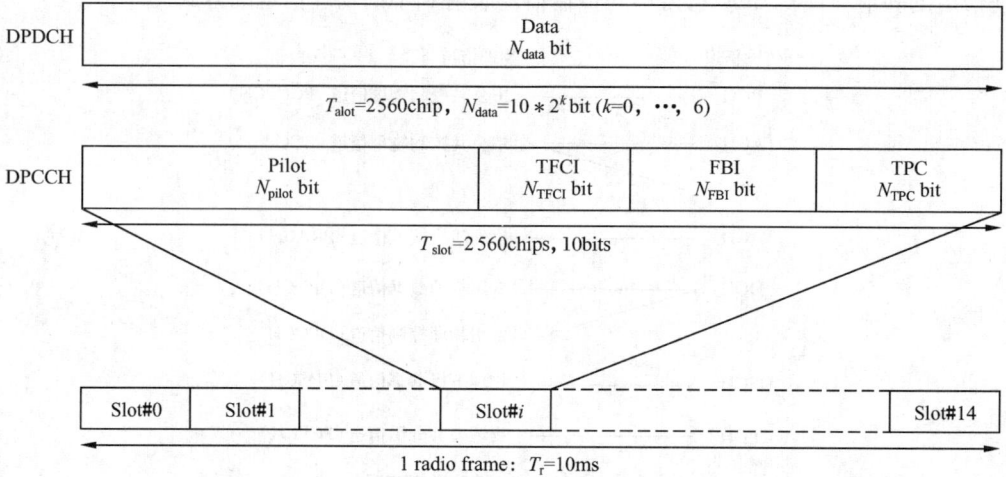

图 7.26 上行 DPDCH/DPCCH 的帧结构

（2）上行公共物理信道

物理随机接入信道（PRACH）：PRACH 的传输是基于带有快速捕获指示的时隙 ALOHA 方式。UE 可以在一个预先定义的时间偏置开始传输，表示为接入时隙。每两帧有 15 个接入时隙，间隔为 5120 chip，当前小区中哪个接入时隙的信息可用是由高层信息给出的。PRACH 分为前缀部分和消息部分。

物理公共分组信道（PCPCH）：PCPCH 的传输是基于带有快速捕获指示的 DSMA-CD（Digital Sense Multiple Access-Collision Detection）方法。UE 可在一些预先定义的与当前小区接收到的 BCH 的帧边界相对的时间偏置处开始传输。接入时隙的定时和结构与 RACH 相同。

（3）下行专用物理信道

下行专用物理信道只有一种类型，即下行 DPCH。在一个下行 DPCH 内，由第 2 层或更高层产生的专用传输信道（DCH）与第 1 层产生的控制信息（包括已知的导频比特，TPC 指令和一个可选的 TFCI）以时间分段复用的方式进行传输发射。图 7.27 所示为下行 DPCH 的帧结构，每个长为 10ms 的帧被分成 15 个时隙，每个时隙长 $T_{slot}=2\ 560$ chip，对应于一个功率控制周期。

（4）下行公共物理信道

公共导频信道 CPICH 为固定速率（30 kbit/s、SF＝256）的下行物理信道，用于传送预定义的比特/符号序列。有两种类型的公共导频信道，主 CPICH 和从 CPICH。

主公共导频信道（P-CPICH）总是使用同一个信道化码，用主扰码进行扰码，每个小区有且仅有一个 CPICH，在整个小区内进行广播，P-CPICH 是 SCH、主 CCPCH、AICH、PICH、AP-AICH、CD/CA-ICH、CSICH 和 PCH 映射的 S-CCPCH 信道的相位基准，P-CPICH 也可以是 FACH 映射的 S-CCPCH 和下行 DPCH 默认相位基准，如果 P-CPICH 不是 FACH 映射的 S-CCPCH 和下行 DPCH 的相位基准，需要高层通知 UE。

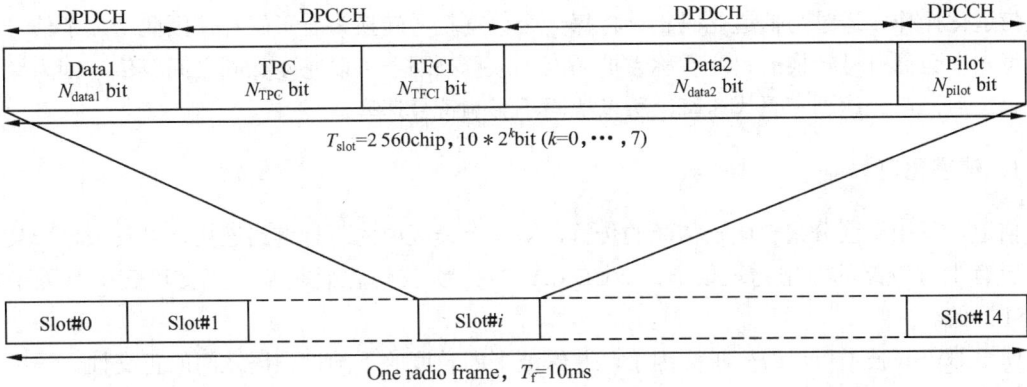

图 7.27　下行 DPCH 的帧结构

公共控制物理信道分为主公共控制物理信道（P-CCPCH）和从公共控制物理信道（S-CCPCH）两种。

P-CCPCH 为一个固定速率（30kbit/s、SF＝256）的下行物理信道，用于传输 BCH。与下行 DPCH 的帧结构的不同之处在于没有 TPC 指令、TFCI、导频比特。在每个时隙的第 1 个 256 chip 内，主 CCPCH 不进行发射，在此段时间内，将发射主 SCH 和从 SCH。

S-CCPCH 用于传送 FACH 和 PCH，有两种类型的从 CCPCH，即包括 TFCI 的和不包括 TFCI 的 CCPCH，是否传输 TFCI 是由 UTRAN 来确定，因此对所有的 UE 来说，是必须支持 TFCI 的使用的。如果 FACH 和 PCH 映射到相同的从 CCPCH，它们可以映射到同一帧。CCPCH 和一个下行专用物理信道的主要区别在于 CCPCH 不是内环功率控制。主、从 CCPCH 的主要的区别在于，主 CCPCH 是一个预先定义的固定速率，而从 CCPCH 可以通过包含 TFCI 来支持可变速率。更进一步讲，主 CCPCH 是在整个小区内连续发射的，而对传送 FACH 的从 CCPCH 采用与专用物理信道相同的方式，以一个窄瓣波束的形式来发射，对于传送 PCH 的 S-CCPCH 是整个小区发射。

同步信道（SCH）是一个用于小区搜索的下行链路信号，分为两个子信道，即主 SCH 和从 SCH。主 SCH 和从 SCH 的 10ms 无线帧分成 15 个时隙，每个长为 2 560 码片。

物理下行共享信道（PDSCH）用于传送下行共享信道（DSCH），一个 PDSCH 对应于一个 PDSCH 根信道码或下面的一个信道码，PDSCH 的分配是在一个无线帧内，基于一个单独的 UE。

寻呼指示信道（PICH）是一个固定速率（SF＝256）的物理信道，用于传输寻呼指示（PI），PICH 总是与一个 S-CCPCH 随路，S-CCPCH 为一个 PCH 传输信道的映射。

7.2.3　WCDMA 的扩频和调制技术

在 WCDMA 系统中，发送端所做的处理除了扩频之外，还包括扰码操作。扰码的目的是为了将不同的终端或基站区分开来。扰码是在扩频之后使用的，因此它不会改变信号的带宽，而只是将来自不同信源的信号区分开来。这样，既使多个发射机使用相同的码字扩频也不会出现问题。图 7.28 所示为经过扩频和扰码后码片速率的关系。第 1

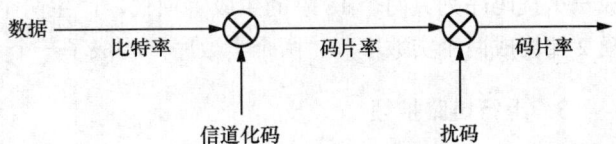

图 7.28　扩频与扰码

步是信道化操作,通过与信道化码相乘将每一个数据符号转换为若干码片,因此增加了信号的带宽。每一个数据符号转换的码片数称为扩频因子,扩频因子可以在 4~256 之间取值。因为经过信道化码之后,已经达到了码片速率,所以扰码不影响符号速率。

1. 信道化码

信道化码用于区分来自同一信源的传输,即一个扇区内的下行链路连接,以及来自于某一终端的所有上行链路的专用物理信道。WCDMA 的扩频/信道化码是基于正交可变扩频因子技术(OVSF)的。

使用 OVSF 技术可以改变扩频因子,并保证不同长度的不同扩频码之间的正交性。码字可以从图 7.29 所示的码树中选取。如果连接中使用了可变扩频因子,可以根据最小扩频因子正确地利用码树来解扩,方法是从最小扩频因子码指示的码树分支中选取信道化码。

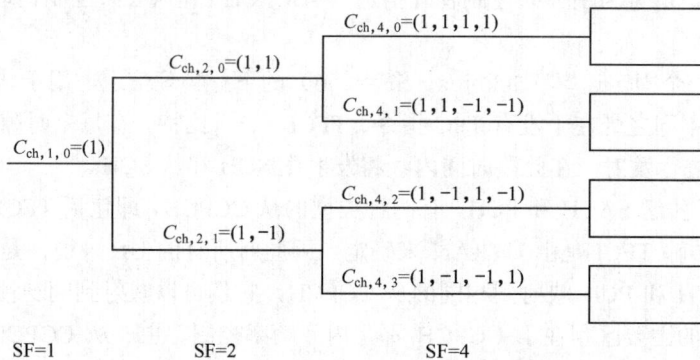

$C_{ch,1,0}=(1)$
$C_{ch,2,0}=(1,1)$
$C_{ch,2,1}=(1,-1)$
$C_{ch,4,0}=(1,1,1,1)$
$C_{ch,4,1}=(1,1,-1,-1)$
$C_{ch,4,2}=(1,-1,1,-1)$
$C_{ch,4,3}=(1,-1,-1,1)$
SF=1   SF=2   SF=4

图 7.29　用于产生正交可变扩频因子码的码树

同一信息源使用的信道化编码有一定的限制。物理信道要采用某个信道化编码必须满足:某码树中的下层分支的所有码都没有被使用,也就是说此码之后的所有高阶扩频因子码都不能被使用。同样,从该分支到树根之间的低阶扩频因子码也不能被使用。网络中通过无线网络控制器(RNC)来对每个基站内的下行链路正交码进行管理。

2. 扰码

扰码序列具有伪随机性,对于上行物理信道可用的扰码分为长扰码和短扰码,共有 2^{24} 个上行长扰码和 2^{24} 个上行短扰码,上行扰码由高层分配。其中长扰码的产生方法如图 7.30 所示,长扰码 $c_{long,1,n}$ 和 $c_{long,2,n}$ 是由两个二进制 m 序列的 38 400 个码片进行模 2 加产生的,二进制 m 序列是由 25 阶生成多项式产生的。x 和 y 代表两个 m 序列,x 序列是由生成多项式 $X^{25}+X^3+1$ 产生,y 序列是由生成多项式 $X^{25}+X^3+X+1$ 产生,两个序列共同构成 Gold 序列。

对于下行物理信道扰码产生方法如图 7.31 所示,通过将两个实数序列合并成一个复数序列构成一个扰码序列。两个 18 阶的生成多项式,产生两个二进制的 m 序列,m 序列的 38 400 个码片模 2 加构成两个实数序列。两个实数序列构成了一个 Gold 序列,扰码每 10 ms 重复一次。

3. 上行链路扩频

上行链路扩频包括 DPDCH/DPCCH、PRACH 和 PCPCH 3 种。

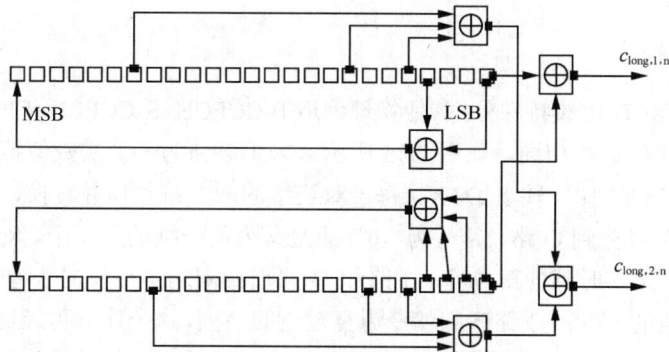

图 7.30　上行扰码序列产生器结构图

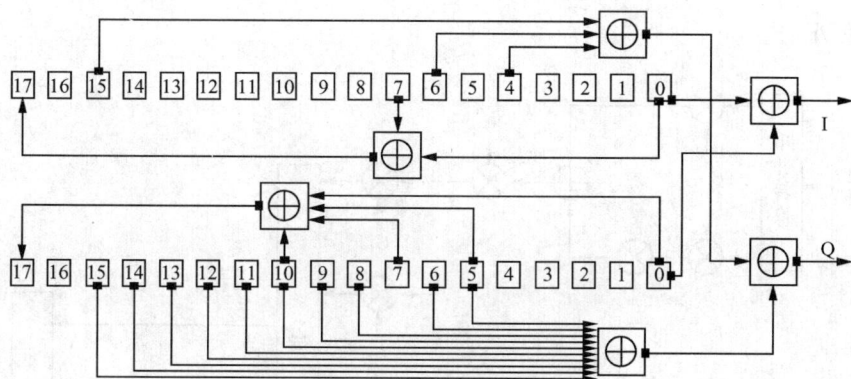

图 7.31　下行链路扰码产生器

上行 DPDCH/DPCCH 的扩频原理如图 7.32 所示,用于扩频的二进制 DPCCH 和 DPDCH 信道用实数序列表示。也就是说二进制的"0"映射为实数"+1",二进制的"1"映射为实数"−1"。DPCCH 信道通过信道码 C_c 扩频到指定的码片速率,信道化之后,实数值的扩频信号进行加权处理,对 DPCCH 信道用增益因子 β_c 进行加权处理,对 DPDCH 信道用增益因子 β_d 进行加权处理。加权处理后,I 路和 Q 路的实数值码流相加成为复数值的码流,复数值的信号再通过复数值的 $S_{dpch,n}$ 码进行扰码,扰码和无线帧对应,也就是说第 1 个扰码对应无线帧的开始。

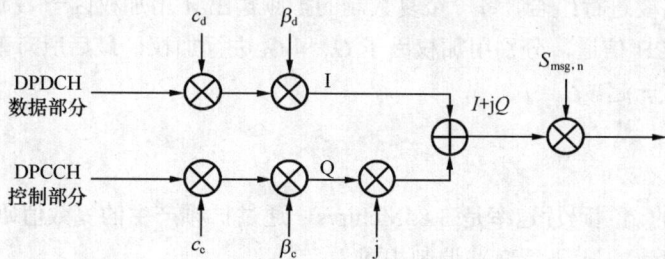

图 7.32　上行链路扩频

PRACH 消息部分和 PCPCH 消息部分的扩频和扰码原理与专用信道相同,包括数据和控制部分,对应专用信道的 DPDCH 和 DPCCH,对于专用信道,一个 DPCCH 信道可以和 6 个并行的 DPDCH 信道同时发射,此时 I 路为 3 个 DPDCH 信道,Q 路为一个 DPCCH 加 3 个 DPDCH 信道。

4．下行链路扩频

下行物理信道除 SCH 比较特殊外，其他物理信道 P-CCPCH、S-CCPCH、CPICH、AICH、PICH、PDSCH 和下行 DPCH 信道均相同，如图 7.33 所示。未扩频前为一个实数值符号序列，符号可以取值+1、−1 和 0，这里"0"代表 DTX。每一对连续的两个符号串并转换，偶数编号的符号分到 I 路，奇数编号的符号分到 Q 路。符号为"0"的定义为每一帧的第 1 个。对 AICH 信道，符号为"0"的定义为每一接入时隙的第 1 个。I 路和 Q 路用相同的实数值的信道码 $C_{ch,SF,m}$ 扩频到指定的码片速率，实数值的 I 路和 Q 路序列就变为复数值的序列，这个序列再经过复数值的扰码 $S_{dl,n}$ 进行扰码处理。对于 P-CCPCH 信道，扩频的 P-CCPCH 帧的第 1 个复数码片和扰码的"0"相乘，扰码与 P-CCPCH 信道的帧边缘对齐。对于其他的下行物理信道，扰码不必与进行扰码的物理信道的帧边缘对齐。

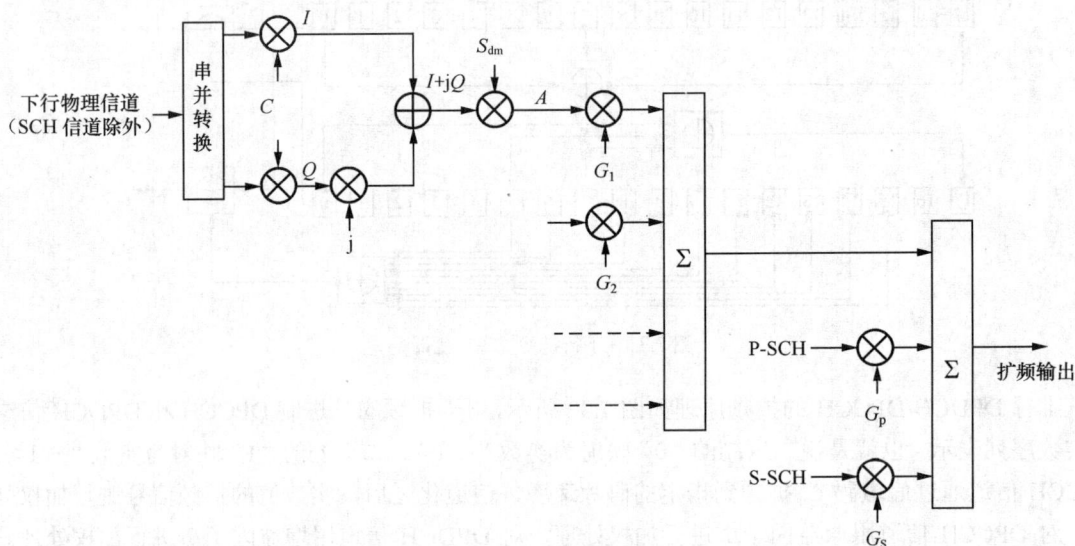

图 7.33　下行物理信道的扩频

不同的下行链路要进行组合，每一个复数制的扩频输出 A 用加权因子 G 进行加权，对于复数制的 P-SCH 和 S-SCH 信道，分别用加权因子 G_p 和 G_s 进行加权，最后所有下行链路物理信道进行复数加运算组合在一起。

5．调制

WCDMA 系统的调制码片速率是 3.84Mchip/s，通过扩频产生的复数值码片用 QPSK 方式进行调制，如图 7.34 所示，上下行链路调制相同。

7.2.4　WCDMA 的信道编码、功率控制和切换

1．WCDMA 的信道编码

WCDMA 的信道编码方案包括以下几部分：纠错编码/译码（包括速率适配），交织/解交织，

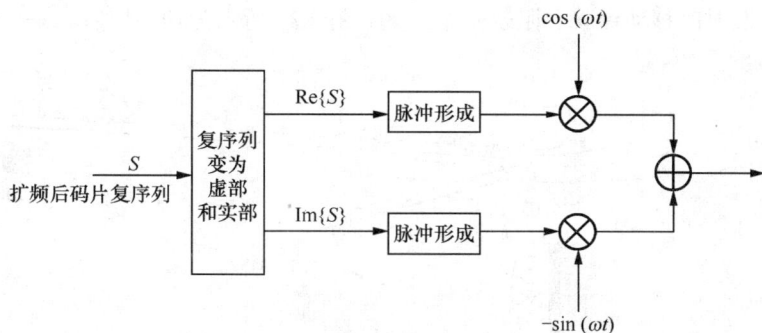

图 7.34　上下行链路调制

传输信道映射至/分离出物理信道。

决定信道编码性能的最基本的问题还是它的差错控制方案。WCDMA 传输信道提供了两类纠错方式：前向纠错（FEC）和自动重发请求（ARQ）。FEC 是无线业务最基本的纠错方式，ARQ 则作为一种补充方式。在早期的 WCDMA 提议中，建议了 4 种前向信道纠错码，它们分别是：卷积码、RS 码与卷积码的串行级联、Turbo 码和业务专用编码。

（1）卷积码

卷积码用于 BER 为 10^{-3} 级别的业务，典型的有传统的语音业务。所用卷积码的码型和编译码方法基本上是对第二代移动通信系统的继承。

（2）RS 码与卷积码的串行级联

这种串行级联码用于 BER 为 $10^{-3} \sim 10^{-6}$ 的业务中。RS 码为 256 进制，码率在 4/5 左右，码长根据业务速率和时延的要求可在一定范围内变化。RS 码与卷积码之间通过交织相联接，交织的范围可在 20～150ms 之间变化，属于帧间交织。

（3）Turbo 码

Turbo 码用于高速率高质量的业务。

（4）业务专用编码

这是在上述标准信道编码方法之外的一种选择。例如，某些类型的语音编解码的不等纠错保护允许业务自带特殊的编码方，而不经上述任何一种编码，这为物理层提供了更大的灵活性。

RS 码与卷积码的串行级联码的优点是结合了 RS 码纠正突发错误的能力和卷积码纠正随机错误的能力，在相对较低的复杂度下取得了较好的纠错性能。它的优点是有系统的编码理论基础，技术成熟。与 Turbo 码相比，它的缺点是硬件复杂，会引入较大的时延，且性能不如 Turbo 码优越。Turbo 码的优点则是性能非常好，接近香农极限，译码复杂度不太高等；缺点是计算量较大，有可能引入较大的时延，另外性能分析主要是建立在仿真的基础上，目前缺乏完整的理论体系。

最初 Turbo 码作为候选方案用于高数据率（32kbit/s 以上）、高质量的业务。但随着 Turbo 码研究的深入、算法的优化和简化，其优点日益凸显，越来越多的组织提案采用 Turbo 码作为高质量、高速率业务的编码方案，用以取代上面的串行级联码。目前，在最新的提案中已经很难看到 RS 码与卷积码的串行级联码的踪影了。

2．功率控制

快速、准确的功率控制是保证 WCDMA 系统性能的基本要求，尤其是在上行链路中。如果没有功控，超功率发射的移动台就会阻塞整个小区。图 7.35 所示为功率控制和采用闭环传输功率控制形式的解决方案。

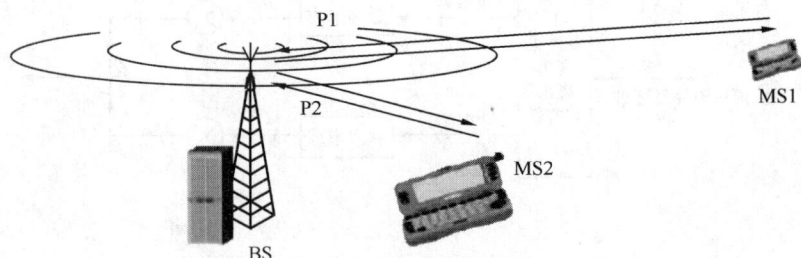

图 7.35　CDMA 中的闭环功率控制

移动台 MS1 和 MS2 工作在同一频率，基站只依靠两者各自的扩频码来区分它们。可能会出现这样的情况：MS1 处于小区边缘，MS2 处于靠近基站的位置，MS1 的路径损耗要比 MS2 高 70dB。如果没有采取某种功率控制机制来使两个移动台到达基站的功率在相同电平上，MS2 的发射功率很容易大于 MS1 的发射功率，进而阻塞小区大部分区域的通信，这就产生了在 CDMA 中被称为"远近效应"的问题。从容量最大化的意义上讲，优化策略是在所有时间内使在基站接收到的所有移动台的比特功率都相等。

在 WCDMA 系统中，无线资源管理包括功率管理、移动性管理、负载管理、信道分配与重配置以及 AMR 模式控制等几个方面。其中，功率管理是一个非常重要的环节。这是因为在WCDMA 系统中，功率是最终的无线资源，所以最有效地使用无线资源的唯一手段就是严格控制功率的使用。

在功率管理部分，一方面，提高针对某用户的发射功率能够改善该用户的服务质量；另一方面，因为 WCDMA 采用宽带扩频技术，所有信号共享相同的频谱，每个移动台的信号能量被分配在整个频带范围内，这样对其他移动台来说就成为宽带噪声，由于 CDMA 系统的自干扰性，这种提高会带来对其他用户接收质量的降低。所以，功率的使用在 CDMA 系统中是矛盾的。

另外，无线电环境中存在阴影、多径衰落和远距离损耗影响，蜂窝式移动台在小区内的位置是随机的且经常变动，所以路径损耗会大幅度变化。特别在多区蜂窝 DS/CDMA 系统中，所有小区均采用相同频率，理论上不同用户分配的地址码是正交的，实际上很难保证，造成各信道间的相互干扰，从而不可避免地引起严重的"远近效应"（发生在上行链路中）和"拐角效应"（发生在下行链路中，当移动台处于小区拐角处，所接收到的干扰是小区附近的 3 倍，当干扰严重时，移动台的通信质量会迅速下降）。

因此，在保证用户要求的 QoS 的前提下，最大程度降低发射功率、减少系统干扰、增加系统容量，是 WCDMA 技术中的关键。WCDMA 系统有前向功率控制（即控制基站发射功率）和反向功率控制（即控制移动台发射功率）两种，其中反向功率控制尤为重要，因为确保系统容量和通信质量，克服衰落和解决"远近效应"等问题，很大程度上都要依靠它。

（1）快速功率控制特性

与 GSM 系统相比，WCDMA 的功控实现方式有很大变化。其中，快速功控是 WCDMA 系统中引入的一个非常重要的概念。

由于无线传播环境的恶劣，在典型的蜂窝移动通信环境中，基站与移动台之间的发射信号往往是经过多次反射、散射和折射才到达各自的接收端的。这样很容易就造成了信号的多径衰落，对于慢速移动的接收机，快衰落会对其接收质量造成很大影响。在 GSM 系统中，手机每 480ms 上报一次测量报告，功控的最快频度不超过每秒 2 次。因此，GSM 系统对抗多径衰落的主要手段是通过系统跳频来实现的。对于 WCDMA 系统，在上行情况下，DPCCH 将 10ms 的无线帧划分为 15 个时隙，每个时隙包含一个功控命令（TPC_cmd），这从图 7.36 的上行 DPCH 复用图中可以看出。由于功控的速度高于快衰落，从而有效地保证了慢速运动时移动台的接收质量。

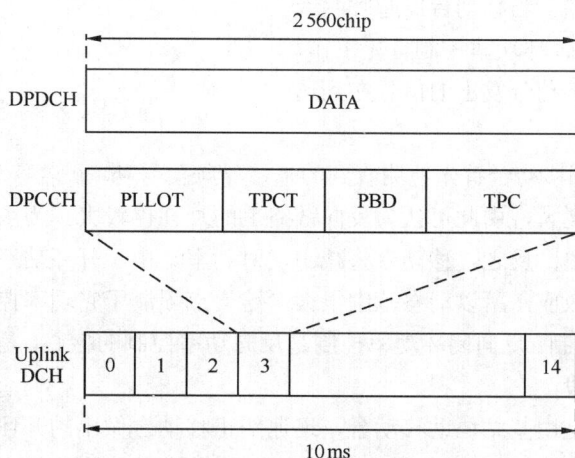

图 7.36　上行 DPCH 复用图

快速功控带来的另外的两个好处是：能够在短时间内迅速调节移动台的功率，从而在很大程度上避免了"远近效应"的产生，同时功率的迅速调整也减少了对其他小区或移动台的干扰。

（2）功率控制实现方式

在 WCDMA 系统中，功控可以分为两大类：内环功控和外环功控。

内环功控的主要作用是通过控制物理信道的发射功率，使接收 SIR 收敛于目标 SIR。WCDMA 系统中是通过估计接收到的 E_b/N_0（比特能量与干扰功率谱密度之比）来发出相应的功率调整命令的，而 E_b/N_0 与 SIR 具有一定的对应关系。如对于 12.2kbit/s 的语音业务，E_b/N_0 的典型值为 5.0dB；在码片速率为 3.84Mchip/s 的情况下，处理增益为 $10\log10(3.84M/12.2k)=25dB$。所以，SIR＝5dB－25dB＝－0dB，即：载干比(C/I)＞－20dB。

外环功控是通过动态地调整内环功控的 SIR 目标值，使通信质量始终满足要求（即达到规定的 FER/BLER/BER 值）。外环功控在 RNC 中进行，由于无线信道的复杂性，仅根据 SIR 值进行功率控制并不能真正反应链路质量。比如，对于静止用户、低速用户（移动速率 3km/h）和高速用户（移动速率 50km/h）来说，在保证相同 FER 的基础上，对 SIR 的要求是不同的。而最终的通信质量是通过 FER/BLER/BER 来衡量，因此有必要根据实际的 FER/BLER 值动态调整 SIR 目标值。

外环功率控制的算法一般为：如果 FER 测量值>FER 目标值，则提高 SIR 目标值一个事先确定的步长；如果 FER 测量值<FER 目标值，则降低 SIR 目标值一个事先确定的步长。

外环功率控制的基本结构如图 7.37 所示。

（3）反向功率控制

反向功率控制又称为上行链路功率控制（Uplink PC），主要是借助实时调整各移动台的发射功率，使本小区内的任一移动台无论离基站多远，在信号到达基站接收机时刚好达到保证通信质量所需的最小信噪比门限，从而保证系统容量。

① 反向开环功率控制。当移动台发起呼叫或响应基站的呼叫时，反向开环功率控制首先工作，它的目的是试图使所有移动台发出的信号在到达基站时有相同的功率值。

图 7.37 外环功率控制的基本结构

在开环功率控制中，移动台首先检测收到的基站导频信号功率，若移动台收到的信号功率小，表明前向链路此刻的衰耗大，由此可认为反向链路上的衰耗也较大。为了补偿信道衰落，移动台将根据预测增大发射功率；反之，移动台将减小发射功率。由于开环功率控制是为了补偿信道中的平均路径损耗和阴影效应，所以动态范围很大，这一点限制了它功率控制的效果。

② 反向闭环功率控制。反向闭环功率控制是反向功率控制的核心，是弥补反向开环功率控制不准确性的一种有效手段。

反向闭环功率控制是由基站协助移动台，迅速纠正移动台做出的开环功率预测，使移动台始终保持最理想的发射功率。基站对解调后反向业务信道信号的信噪比（SNR）每隔一定时间检测一次，然后将其与事先设定的门限比较，若收到的 SNR 高于门限值，基站就在前向信道上送出一个减小移动台发射功率的指令；反之，就送出一个增大移动台发射功率的指令。移动台每次调整发射功率的动态范围称为"功率控制步长"，它和基站功率控制的频率是同时由不同的功率控制算法来决定的。

③ 反向外环功率控制。反向外环功率控制是为了适应无线信道的衰耗变化，动态调整反向闭环功率控制中的信噪比门限。例如，在语音业务中，影响服务质量的是系统误帧率（FER），因此在基站端收到的反向信道的 FER 统计值将作为调整门限信噪比的指标，使功率控制直接与通信质量相联系，而不仅仅体现在改善信噪比上。反向外环功率控制流程如图7.38 所示。

④ 前向功率控制。在前向链路中，小区内的信号发射是同步的。当移动台解调时，可通过扩频码的正交性，除去小区内其他用户的干扰。在前向链路解调中，干扰主要来自邻区干扰和多径引入的干扰；但由于小区内信号的同步性和移动台相干解调带来的增益，使前向链路的质量远好于反向链路。在前向链路中，只需加入一个慢速的功率控制，就能很好地控制每个信道的发送功率。

前向功率控制又称下行功率控制（Downlink PC），是基站根据移动台提供的测量结果，调整对每个移动台的发射功率。其目的是对路径衰落小的移动台分配相对较小的前向发射功率，对那些较远的、解调信噪比低的移动台分配较大的前向发射功率。基站通过移动台对前向解调误帧率的反馈报告，决定对该移动台前向链路功率的增大或减小。

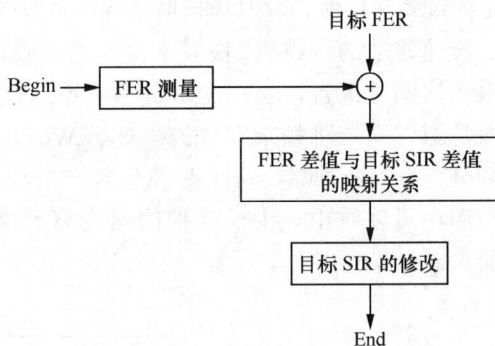

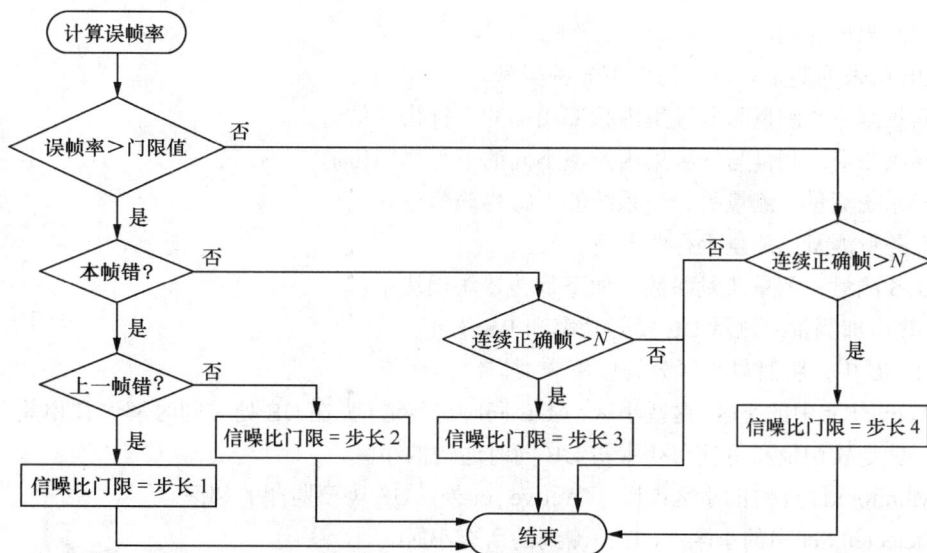

图 7.38 反向外环功率控制流程图

3．切换

当移动台慢慢走出原先的服务小区，将要进入另一个服务小区时，原基站与移动台之间的链路将由新基站与移动台之间的链路来取代，这就是切换的含义。

（1）切换分类

切换的种类按照 MS 与网络之间连接建立以及释放的情况可以分为：更软切换、软切换和硬切换。

软切换指当移动台开始与一个新的基站联系时，并不立即中断与原来基站之间的通信。软切换仅仅能用于具有相同频率的 CDMA 信道之间。

软切换和更软切换的区别在于：更软切换发生在同一 Node B（WCDMA 的基站）里，分集信号在 Node B 做最大增益比合并。而软切换发生在两个 Node B 之间，分集信号在 RNC 内做选择合并。

硬切换包括同频、异频和异系统间切换 3 种情况。要注意的是：软切换是同频之间的切换，但同频之间的切换不都是软切换。如果目标小区与原小区同频，但是属于不同 RNC，而且 RNC 之间不存在 Iur 接口，此时就会发生同频硬切换，另外同一小区内部码字的切换也是硬切换。

异系统硬切换包括 FDD mode 和 TDD mode 之间的切换，在 R99 里，还包括 WCDMA 系统和 GSM 系统间的切换。在 R2000 里还包括 WCDMA 和 cdma2000 之间的切换。

异频硬切换和异系统硬切换需要启动压缩模式进行异频测量和异系统测量。

切换的种类按照切换的目的可以分为：边缘切换、质量差紧急切换、快速电平下降紧急切换、干扰切换、速度敏感性切换、负荷切换、分层分级切换等。

切换典型过程：测量控制→测量报告→切换判决→切换执行→新的测量控制。

在测量控制阶段，网络通过发送测量控制消息告诉 UE 进行测量的参数。在测量报告阶段，UE 给网络发送测量报告消息。在切换判决阶段，网络根据测量报告做出切换的判断。在切换执行阶段，UE 和网络走信令流程，并根据信令做出响应动作。

（2）测量控制

UE 所做的测量可以分为以下 6 种类型。

同频测量：测量与导频集内频率相同的下行物理信道。

异频测量：测量与导频集内频率不同的下行物理信道。

异系统测量：测量另一个系统的下行物理信道。

业务量测量：测量上行业务量。

QoS 测量：测量质量参数，如下行传输块误块率。

UE 内部测量：测量 UE 发射功率和 RSSI。

在 UE 中，将测量小区分为以下 3 类。

Active Set 中的小区：这些小区与 UE 同时进行通信，在 UE 处被同时解调和相关合并，在 FDD 模式，就是软切换和更软切换中与 UE 同时通信的小区。

Monitored Set 中的小区：除了 Active set 外，UE 需要监测的邻区。

Detected Set 中的小区：UE 检测到的所有小区。

（3）切换判决

切换判决算法就是根据测量报告的类型、组合和内容来决定切换类型、切换时机和切换的目标小区。

7.2.5　WCDMA 的网络结构

1．体系结构

WCDMA 的网络结构如图 7.39 所示。

（1）UE

UE（User Equipment）是用户终端设备。它主要包括射频处理单元、基带处理单元、协议栈模块以及应用层软件模块等。UE 通过 Uu 接口与网络设备进行数据交互，为用户提供电路域和分组域内的各种业务功能，包括普通语音数据通信移动多媒体、Internet 应用（如 E-mail、WWW 浏览、FTP 等）。

UE 包括如下两部分。

- ME（Mobile Equipment）：提供应用和服务。
- USIM（UMTS Subscriber Module）：提供用户身份识别。

（2）Node B

UTRAN 即陆地无线接入网，分为基站（Node B）和无线网络控制器（RNC）两部分。

Node B 是 WCDMA 系统的基站，即无线收发信机，包括无线收发信机和基带处理部件，通过标准的 Iub 接口和 RNC 互连，主要完成 Uu 接口物理层协议的处理。它的主要功能是扩频调制信道编码及解扩解调信道解码，还包括基带信号和射频信号的相互转换等。

（3）RNC

RNC（Radio Network Controller）是无线网络控制器，主要完成连接建立和断开切换宏分集，合并无线资源管理控制等。功能具体如下。

- 执行系统信息广播与系统接入控制功能
- 切换和 RNC 迁移等移动性管理功能

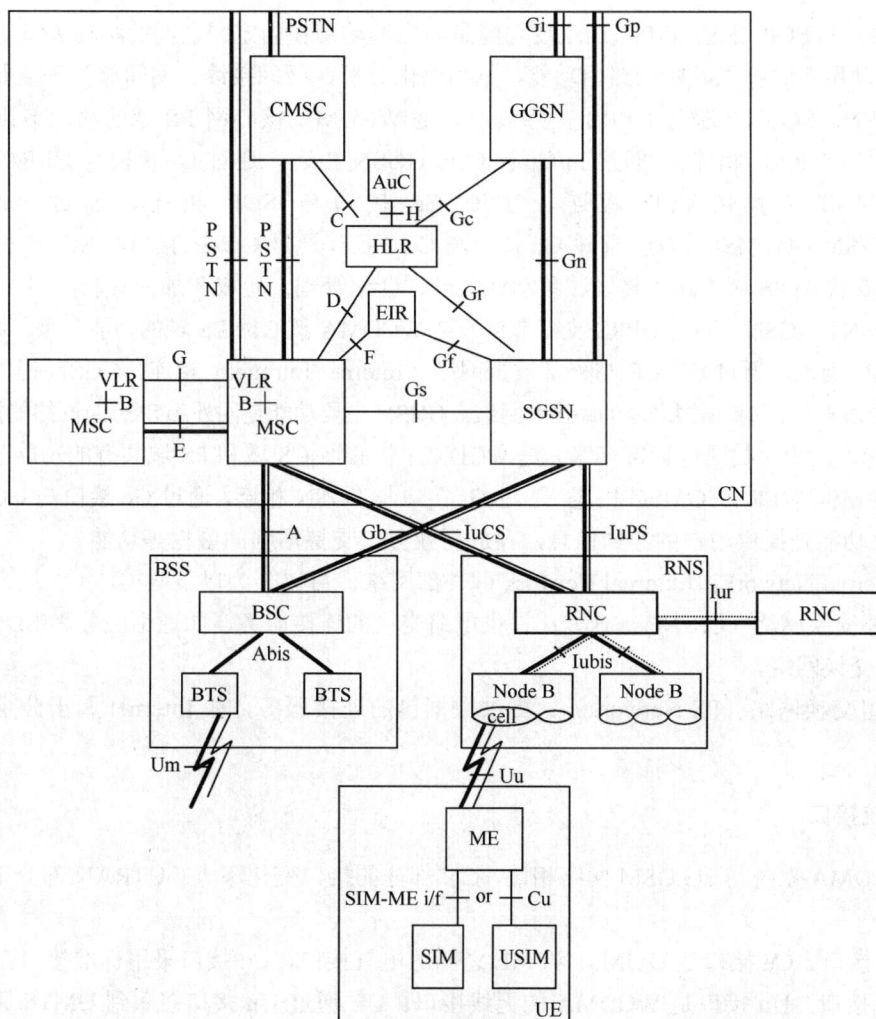

粗线：数据接口

点线：信令接口

图 7.39　WCDMA 网络结构

● 宏分集合并功率控制无线承载分配等无线资源的管理和控制功能

（4）CN

CN（Core Network）即核心网络，CN 负责与其他网络的连接和对 UE 的通信和管理。主要功能实体如下。

● MSC/VLR。MSC/VLR 是 WCDMA 核心网 CS 域的功能节点。它通过 Iu_CS 接口与 UTRAN 相连，通过 PSTN/ISDN 接口与外部网络 PSTN /ISDN 等相连，通过 C/D 接口与 HLR/AuC 相连，通过 E 接口与其他 MSC/VLR、GMSC 或 SMC 相连，通过 CAP 接口与 SCP 相连，通过 Gs 接口与 SGSN 相连。MSC/VLR 的主要功能是提供 CS 域的呼叫控制、移动性管理、鉴权和加密等功能。

● GMSC。GMSC 是 WCDMA 移动网 CS 域与外部网络之间的网关节点，是可选功能节点。它通过 PSTN/ISDN 接口与外部网络 PSTN/ISDN 的其他 PLMN 相连，通过 C 接口与 HLR 相连，通过 CAP 接口与 SCP 相连。GMSC 的主要功能是充当移动网和固定网之间的移动关口，完成 PSTN 用户呼叫移动用户时呼入呼叫的路由功能，承担路由分析、网间接续、网间结算等重要功能。

● SGSN。SGSN（服务 GPRS 支持节点）是 WCDMA 核心网 PS 域的功能节点。它通过 Iu_PS 接口与 UTRAN 相连，通过 Gn/Gp 接口与 GGSN 相连，通过 Gr 接口与 HLR/AuC 相连，通过 Gs 接口与 MSC/VLR 相连，通过 Ge 接口与 SCP 相连，通过 Gd 接口与 SMS-GMSC/SMS-IWMSC 相连，通过 Ga 接口与 CG 相连，通过 Gn/Gp 接口与 SGSN 相连。SGSN 的主要功能是提供 PS 域的路由转发、移动性管理、会话管理、鉴权和加密等功能。

● GGSN。GGSN（网关 GPRS 支持节点）是 WCDMA 核心网 PS 域的功能节点。通过 Gn/Gp 接口与 SGSN 相连，通过 Gi 接口与外部数据网络（Internet/Intranet）相连。GGSN 提供数据包在 WCDMA 移动网和外部数据网之间的路由和封装。GGSN 主要功能是同外部 IP 分组网络的接口功能。

● HLR。HLR（归属位置寄存器）是 WCDMA 核心网 CS 域和 PS 域共有的功能节点。它通过 C 接口与 MSC/VLR 或 GMSC 相连，通过 Gr 接口与 SGSN 相连，通过 Gc 接口与 GGSN 相连。HLR 的主要功能是提供用户的签约信息，存放新业务，支持增强的鉴权等功能。

● External Network。External Network 即外部网络，可以分为以下两类。

■ 电路交换网络（CS Network）：提供电路交换的连接服务，如通话服务、ISDN 和 PSTN 均属于电路交换网络。

■ 分组交换网络（PS Network）：提供数据包的连接服务，如 Internet 属于分组数据交换网络。

2. 系统接口

3G WCDMA 系统与 2G GSM 网络相比，CN 部分的接口变化不大。UTRAN 部分主要有如下接口。

● Cu 接口。Cu 接口是 USIM 卡和 ME 之间的电气接口，Cu 接口采用标准接口。

● Uu 接口。Uu 接口是 WCDMA 的无线接口。UE 通过 Uu 接口接入到 UMTS 系统的固定网络部分，可以说 Uu 接口是 UMTS 系统中最重要的开放接口。

● Iu 接口。Iu 接口是连接 UTRAN 和 CN 的接口，类似于 GSM 系统的 A 接口和 Gb 接口。Iu 接口是一个开放的标准接口，这也使通过 Iu 接口相连接的 UTRAN 与 CN 可以分别由不同的设备制造商提供。

● Iur 接口。Iur 接口是连接 RNC 之间的接口。Iur 接口是 UMTS 系统特有的接口，用于对 RAN 中移动台的移动管理。比如在不同的 RNC 之间进行软切换时，移动台所有数据都是通过 Iur 接口从正在工作的 RNC 传到候选 RNC。Iur 是开放的标准接口。

● Iub 接口。Iub 接口是连接 Node B 和 RNC 的接口。Iub 接口也是一个开放的标准接口，这也使通过 Iub 接口相连接的 RNC 与 Node B 可以分别由不同的设备制造商提供。

7.3 TD-SCDMA 系统

7.3.1 TD-SCDMA 概述

TD-SCDMA（Time Division-Synchronous Code Division Multiple Access）也是一种第三代移动通信系统，与另外两种移动通信系统一起（cdma2000 和 WCDMA）构成 3G 移动通信系统的主流

技术标准。TD-SCDMA 标准规范的实质性工作主要在 3GPP 体系下完成。物理层技术的差别是 TD-SCDMA 与 WCDMA 最主要的差别所在。在核心网方面，TD-SCDMA 与 WCDMA 采用完全相同的标准规范，包括核心网与无线接入网之间采用相同的 Iu 接口；在空中接口高层协议栈上，TD-SCDMA 与 WCDMA 二者也完全相同。

TD-SCDMA 系统采用时分双工（TDD）方式工作，比起 FDD 更适用于上下行不对称的业务环境，是多时隙的 TDMA 与直扩 CDMA、同步 CDMA 技术合成的新技术，同时采用了先进的智能天线技术，充分利用了 TDD 上下行链路在同一频率上工作的优势，这样可大大增加系统容量、降低发射功率，更好地克服无线传播中遇到的多径衰落问题；另外在 TD-SCDMA 中还用到了联合检测、软件无线电、接力切换、同步 CDMA 等技术，这使得系统在性能上有了较大程度的提高，在硬件制造方面则降低了成本。

TD-SCDMA 系统特别适合于在城市人口密集区提供高密度大容量的语音、数据和多媒体业务。系统可以单独运营，也可与其他无线接入技术配合使用。如在城市人口密集区使用 TD-SCDMA 技术，而在其他区域使用 GSM、WCDMA 或卫星通信等来实现大区或全球的覆盖。

TD-SCDMA 系统无线接口的参数和特性如表 7.14 所示。

表 7.14　　　　　　　　　　　　　**TD-SCDMA 系统无线接口的参数和特性**

无线接口参数	参数内容
双工方式	TDD
基本带宽	1.6MHz
码片速率	1.28Mchip/s
扩频方式	DS, SF＝1,2,4,8,16
调制方式	QPSK 和 8PSK
信道编码	卷积码、Turbo 码
交织	10/20/40/80ms
无线帧	10ms（每个 10ms 的无线帧被分为 2 个 5ms 子帧）
多用户检测	使用
时隙数	10（其中 7 个时隙被用作业务时隙）
上行同步	1/8chip
业务特性	对称和非对称
智能天线	在基站端由 8 个天线组成天线阵

7.3.2　TD-SCDMA 系统的关键技术

与第三代移动通信系统的其他技术相比，TD-SCDMA 系统不仅可以提供较高的频谱利用率，还是一种低成本的系统。能够实现高性能和低成本的主要原因是 TD-SCDMA 采用了如下关键技术：智能天线、联合检测、软件无线电、同步 CDMA、接力切换等。

1. 智能天线

智能天线的基本原理是在无线基站端使用天线阵和相干无线收发信机来实现射频信号的接收和发射，同时通过基带数字信号处理器，对各个天线链路上接收到的信号按一定算法进行合并，实现上行波束赋形。由于 TDD 系统上下行链路工作在相同频率，电波传播特性是对称的，故可以将上行波束赋形的结果直接用于下行波束赋形。智能天线可以充分使用多天线分集效果，大大降低多址干扰，增加接收灵敏度和发射的等效全向辐射功率，可以使用低输出功率放大器来大大降低基站的设备成本。

智能天线无法解决的问题是时延超过码片宽度的多径干扰和高速移动多普勒效应造成的信道恶化。因此，在多径干扰严重的高速移动环境下，智能天线必须和其他抗干扰的数字信号处理技术同时使用，才可能达到最佳效果。这些数字信号处理技术包括联合检测、干扰抵消及 Rake 接收等。

2. 联合检测

TD-SCDMA 系统是干扰受限系统，干扰包括多径干扰、小区内多用户干扰和小区间干扰。这些干扰破坏了各个信道的正交性，降低了 CDMA 系统的频谱利用率。传统的 Rake 接收机技术把小区内的多用户干扰当作噪声处理，而没有利用该干扰不同于噪声干扰的独有特性。联合检测技术即多用户干扰抑制技术，是消除和减轻多用户干扰的主要技术，它把所有用户的信号都当作有用信号处理，这样可充分利用用户信号的扩频码、幅度、定时、延迟等信息，从而大幅度降低多径多址干扰，但同时也存在多码道处理过于复杂和无法完全解决多址干扰等问题。

将智能天线技术和联合检测技术相结合，可获得较为理想的效果。同时，TD-SCDMA 系统采用的低码片速率也有利于各种联合检测算法的实现。

3. 软件无线电

软件无线电是利用数字信号处理软件实现传统上由硬件电路来完成的无线功能的技术，通过加载不同的软件，可实现不同的硬件功能。在 TD-SCDMA 系统中，软件无线电可用来实现智能天线、同步检测、载波恢复和各种基带信号处理等功能。

软件无线电技术的主要优点在于，通过软件的方式可灵活地完成原本由硬件完成的功能，减轻网络负担。在重复性和精确性方面具有优势，错误率较小、容错性高；不像硬件方式那样容易老化，对于环境的适应性好；以较少的软件成本实现复杂的硬件功能，降低设备费用。

4. 同步 CDMA

同步 CDMA 指各终端的上行链路信号在基站解调器处完全同步，它通过软件及物理层设计实现，这样可使使用正交扩频码的各个码道在解扩时完全正交，相互间不会产生多址干扰，克服了异步 CDMA 多址技术由于每个移动终端发射的码道信号到达基站的时间不同造成码道非正交所带来的干扰问题，大大提高了 TD-SCDMA 系统的容量和频谱利用率，还可简化硬件电路，降低成本，同时也为实现智能天线打下了基础。

5. 接力切换

接力切换是基于同步码分多址技术和智能天线结合的技术。TD-SCDMA 系统利用天线阵列和同步码分多址技术中码片周期的周密测定，可大致定位用户的方位和距离，根据得到的这些方位和距离信息，进一步判断用户现在是否移动到应该切换的另一基站的邻近区域。如果进入切换区，便可通过无线网络控制器通知另一基站做好切换准备，达到接力切换的目的。接力切换具有较高的准确度和较短的切换时间，避免了软切换中宏分集所占用的大量无线资源及频繁切换，大大提高了系统容量和效率。

7.3.3 TD-SCDMA 系统的网络结构

作为 IMT-2000 移动通信标准的主要成员之一，TD-SCDMA 系统由 3 个主要部分构成：核心网络（CN）、无线接入网（RAN）和用户设备（UE）。其网络结构如图 7.40 所示。

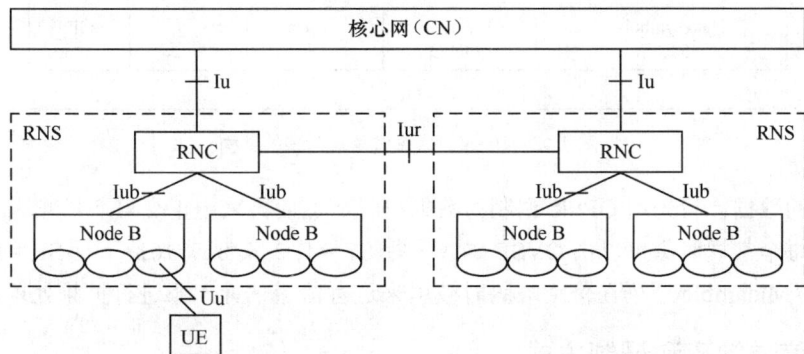

图 7.40 TD-SCDMA 系统的网络结构

RAN 由若干个通过 Iu 接口连接到 CN 的 RNS（无线网络子系统）组成。其中，一个 RNS 包含一个 RNC（无线网络控制器）和一个或多个 Node B，而 Node B 通过 Iub 接口与 RNC 相连，RNC 之间通过 Iur 接口进行信息交互。UE 和 RAN 通过 Uu 接口，即无线接口进行通信。

在 RAN 中，RNC 的主要作用是分配和控制与之相连或相关的 Node B 的无线资源，Node B 则主要完成无线接口与物理层的相关处理，如信道编码、交织、速率匹配、扩频等，同时它还完成一些如内环功率控制等部分无线资源管理功能，它在逻辑上对应于 GSM 网络中的基站。

7.3.4 TD-SCDMA 系统的帧结构

帧结构是决定物理层众多参数和过程的基础，TD-SCDMA 系统为了实现快速功率控制和对智能天线技术的支持，对帧结构进行了优化，将一个 10ms 的无线帧分成两个结构完全相同的子帧，每个子帧的长度为 5ms。

TD-SCDMA 系统子帧的结构如图 7.41 所示。

一个 TD-SCDMA 子帧由 7 个常规时隙（TS0～TS6）和 3 个特殊时隙——下行导频时隙（DwPTS）、上行导频时隙（UpPTS）以及保护时隙（GP）构成。常规时隙用来传送用户数据或控制信息，其中 TS0 总是固定地用作下行时隙来发送系统广播信息，而 TS1 总是固定地用作上行时隙，其他

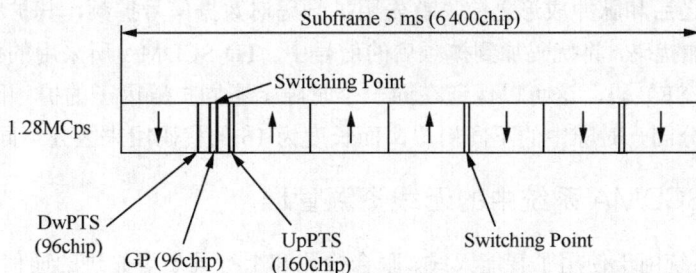

图 7.41 TD-SCDMA 系统子帧的结构

的常规时隙可以根据需要灵活地配置成上行或下行，以实现不对称业务的传输。因此，每个 5ms 的子帧有两个上下行时隙的转换点，第 1 个转换点固定在 TS0 结束处，而第 2 个转换点则取决于小区上、下行时隙的配置，可位于 TS1～TS6 结束处。

常规时隙的结构如图 7.42 所示。每个时隙由前后两个数据域（352chip）、居中的训练序列 Midamble（144chip）以及用作时隙保护的间隔 GP（16chip）构成。

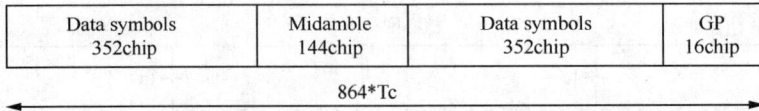

Data symbols 352chip	Midamble 144chip	Data symbols 352chip	GP 16chip

864*Tc

图 7.42　TD-SCDMA 系统常规时隙的结构

数据域中的数据比特先用 QPSK 调制为数据符号，然后再采用正交可变扩频因子码对其进行扩频。这样，每个常规时隙可以由 OVSF 码（上行 SF＝1, 2, 4, 8 或 16；下行 SF＝1 或 16）分为 1～16 个码道。Midamble 序列在信道解码时被用来进行信道估计，不进行扩频处理。

7.3.5　信道编码和调制方式

TD-SCDMA 系统支持以下 3 种信道编码方式。
- 卷积编码，约束长度为 9，编码速率为 1/2，1/3。
- Turbo 编码。
- 无编码。

其详细参数如表 7.15 所示。

表 7.15　　　　　　　　　　　　　　　　　纠错编码参数

传输信道类型	编码方式	编码率
BCH	卷积编码	1/3
PCH RACH	卷积编码	1/3，1/2
DCH, DSCH, FACH, USCH		1/2
	Turbo 编码	1/3
	无编码	

TD-SCDMA 采用 QPSK 和 8PSK，对于 2Mbit/s 的业务，使用 8PSK 调制方式。TD-SCDMA 与其他 3G 技术一样，均采用 CDMA 的多址接入技术，所以扩频是其物理层很重要的一个步骤。扩频操作位于调制之后和脉冲成形之前。首先用扩频码对数据信号扩频，其扩频系数在 1～16 之间。第 2 步操作是加扰码，将扰码加到扩频后的信号中。TD-SCDMA 所采用的扩频码是一种正交可变扩频因子（OVSF）码，这可以保证在同一个时隙上不同扩频因子的扩频码是正交的。扩频码的作用是用来区分同一时隙中的不同用户，而长度为 16 的扰码用来区分不同的小区。

7.3.6　TD-SCDMA 系统中的无线资源管理

TD-SCDMA 系统由于使用了智能天线、联合检测和上行同步等先进的通信技术，使其在系统性能、容量和制造成本上都具有明显的优势，因而受到国内外的普遍关注。而作为具有 CDMA

特征的移动通信系统，可靠和高效的无线资源管理（Radio Resource Management，RRM）策略和方法，则是 CDMA 移动通信系统性能和容量的重要保证。

无线资源管理，从字面意义来看，主要负责对无线通信网络有限而宝贵的空中接口资源进行分配和管理，其核心目标是提高频谱利用率，并在网络负载分布不均匀且无线信道状态波动较为剧烈的状况下，灵活地分配和及时调整可用资源。无线资源管理是无线接入网络架构中 RNC 的重要组成部分，其作用主要包括 3 个方面：确保用户申请业务 QoS，如 BER、BLER、时间延迟、业务等级等；确保系统规划的覆盖区域；充分提高系统容量。这些功能在以 CDMA 为基本接入方式的第三代移动通信系统中是非常重要的。由于系统容量干扰受限，所以无线资源管理算法将直接影响到系统容量和网络覆盖，它是网络优化的重要内容之一，实际上贯穿于网络规划到优化过程的始终。

无线资源管理是由多个相互关联的子功能构成的集合，其主要功能有：计算功能、控制功能和资源配置功能。组成结构包括算法模块、决策模块、资源分配模块、无线资源数据库和对外接口模块，起决定作用的是算法模块。算法模块包括：功率控制、切换控制、接纳控制、负载控制算法等。对于 TDD 系统还增加了动态信道分配，而在以分组数据为主要业务的 HSDPA 系统采用基于链路自适应的速率控制替代传统的功率控制，并通过快速分组调度替代传统的资源分配。

习题与思考题

7.1　什么是 cdma2000 1x 与 cdma2000 3x？

7.2　cdma2000 的空中接口分为哪几层？各层的主要功能都是什么？

7.3　什么是 RC？它的作用是什么？cdma2000 1x 前反向链路各支持哪些 RC？

7.4　画出 cdma2000 1x 前向链路物理信道的组成。

7.5　Turbo 码与卷积码各有什么优缺点？分别适合于哪些应用？

7.6　cdma2000 1x 中使用的 Walsh 码的最大长度是多少？其长度是固定的么？

7.7　什么是 QOF？作用是什么？

7.8　cdma2000 1x 前向链路的发射分集有哪几种形式？

7.9　cdma2000 1x 前向链路采用了什么样的扩频调制方式？

7.10　采用 F-QPCH 的好处是什么？

7.11　画出 cdma2000 1x 反向链路物理信道的组成。

7.12　cdma2000 1x 中反向导频信道的作用是什么？

7.13　cdma2000 1x 反向链路中，Walsh 码的使用与 CDMA IS-95 有什么不同？

7.14　cdma2000 1x 反向链路采用了什么样的扩频调制方式？

7.15　R-EACH 有哪几种工作模式？

7.16　简述 MAC 子层与 LAC 子层的主要功能。

7.17　简述 cdma2000 1x 空中接口第 3 层的主要内容与作用。

7.18　cdma2000 1x 系统中，反向功率控制与 CDMA IS-95 有什么差别？

7.19　cdma2000 1x 系统中前向功率控制与 CDMA IS-95 有什么差别？都有哪几种模式？

7.20　cdma2000 1x 系统中的硬切换有哪些类型？

7.21　cdma2000 1x 系统分组域的功能模型包括哪几部分？解释各部分的主要功能。

7.22　移动 IP 与简单 IP 有哪些主要区别？

7.23　说明 WCDMA 的主要参数。

7.24　简述 WCDMA 的标准体系结构。

7.25　画出 WCDMA 系统从传输信道到物理信道的映射图。

7.26　简述 WCDMA 系统中所使用的信道化码和扰码的特点。

7.27　画出 WCDMA 系统中的扩频调制框图。

7.28　画出 WCDMA 系统的网络结构图，并简述图中各网络单元的功能。

7.29　简述 UMTS 中 TDD 与 FDD 系统的区别。

7.30　简述 TDD 系统的优缺点。

参 考 文 献

［1］啜钢，王文博，常永宇. 移动通信原理与应用［M］. 北京：北京邮电大学出版社，2002.

［2］杨大成等.cdma2000 1x 移动通信系统［M］. 北京：机械工业出版社，2003.

［3］杨大成等.cdma2000 技术［M］. 北京：北京邮电大学出版社，2000.

［4］胡捍英、杨峰义. 第三代移动通信系统［M］. 北京：人民邮电出版社，2001.

［5］Kyoung Il Kim. CDMA 系统设计与优化［M］. 刘晓宇、杜志敏等译. 北京：人民邮电出版社，2001.

［6］啜钢等.CDMA 无线网络规划与优化［M］. 北京：机械工业出版社，2004.

［7］Vijay K.Garg. 第三代移动通信系统原理与工程设计 CDMA IS-95 和 cdma 2000［M］. 于鹏等译. 北京：电子工业出版社，2001.

［8］Raymond Steele, Chin-Chun Lee, Peter Gould. GSM, cdmaOne and 3G Systems［M］. John Wiley & Sons，2001.

［9］3GPP2. C.S0001-B，"cdma2000 - Introduction Release B". 2002.

［10］3GPP2. C.S0002-B，"Physical Layer Standard for cdma2000 Spread Spectrum Systems，Release B". 2002.

［11］3GPP2. C.S0003-B，"Medium Access Control (MAC) Standard for cdma2000 Spread Spectrum Systems, Release B". 2002.

［12］3GPP2. C.S0004-B，"Signaling Link Access Control (LAC) Standard for cdma2000 Spread Spectrum Systems, Release B". 2002.

［13］3GPP2. C.S0005-B，"Upper Layer (Layer 3) Signaling Standard for cdma2000 Spread Spectrum Systems, Release B". 2002.

［14］3GPP Technical Specification 25.211. Physical Channels and Mapping of Transport Channels onto Physical Channels (FDD).

［15］3GPP Technical Specification 25.212. Multiplexing and Channel Coding (FDD).

［16］Pajukoski K., Savusalo J. Wideband CDMA Test System. Proc. IEEE Int. Conf. on Personal Indoor and Mobile Radio Communications, PIMRC' 97, Helsinki, Finland, 1-4 September 1997, pp. 669-672.

［17］Nikula E., Toskala A., Dahlman E., Girard L., Klein,A. FRAMES Multiple Access for UMTS and IMT-2000. IEEE Personal Communications Magazine, April 1998, pp. 16-24.

第 8 章　无线网络规划与优化基础

学习重点和要求

本章重点介绍无线网络规划与优化的必要性与基本内容，以及无线网络规划与优化的基本原理和流程。

要求

- 了解网络规划与优化的基本原理。
- 熟悉无线网络规划与优化的流程。

8.1　无线网络规划与优化的必要性与基本内容

快速增长的移动通信网络容量需求与有限的频率资源之间的矛盾正严重困扰着移动运营商，解决或者说折中这种矛盾的方法之一就是对无线网络的规划与优化，因此无线网络规划和优化日益受到人们的重视。无线网络规划是移动通信网络建设中的重要环节，它对于网络的建设成本和运行质量都存在着很重要的影响。在国外，大多数移动网络营运商对无线网络规划与优化都非常重视，投入了大量的人力、物力和财力。目前，国内各移动通信公司在其移动通信设备招标过程中也把设备供应商的网络规划与优化技术作为一项重要的考核指标，由此可看出网络规划与优化在移动通信网络建设中的重要意义。

对于通信系统来说，"有效性"和"可靠性"总是作为衡量一个通信系统性能的主要标准，而这两者又是一对矛盾体，有时候我们需要牺牲系统的"有效性"来换取需要的"可靠性"，有时则反之。对于无线通信系统来说，有效性主要体现在容量和覆盖上，一个设计合理的移动通信系统，能够在很小的频带上容纳尽量多的用户；而可靠性则主要体现在切换失败、掉话等问题的容忍程度上。无线网络规划与优化主要就是来平衡有效性和可靠性这两者，使其能够达到很好的平衡，实现网络的最优化，这也是网络规划和优化的指导思想。

网络规划的目的是以最低的成本建造符合近期和远期话务需求、具有一定服务等级的移动通信网络，从而为业务的发展提供强大的支撑。

构成一个完整的移动网络系统，首先要根据对服务区的覆盖、容量的需求和质量的要求，服务区域类型与地形、地貌，以及无线传播环境等进行相应的计算和规划，初步确定小区与基站的数量、基站设备配置和大致的工程预算等。其次要完成对移动通信正式运营的网络进行工程设计与拓扑结构的确定。其主要依据为：从覆盖的角度进行设计，确定基站和小区的数目；从容量的角度进行设计，确定基站和小区的数目。再根据小区区域类型及其地形地貌来选择基站的数目与位置，实际勘测地形，根据实际的数据修改基站的位置，再对基站的主要参数进行选择、调整，最后优化。第三步是对工程设计的反复调整与优化。将初步工程设计参数输入专用的仿真软件进行仿真，将结果与初步工程设计预期结果进行比较，并进一步修改设计参数，根据无线资源管理参数及其实测的网络性能，进一步仿真并反复修改工程参数，最后达到初步设计要求，并交付正式运营使用。以上就是网络规划的主要内容。

网络一旦建成以后，由于前期规划与实际用户发展存在一定的偏差，造成忙区资源紧张而闲区资源过剩的情况，以及用户在通话过程当中所碰到的如语音断续、拥塞、无线掉话等诸多现象，这些都不利于业务的发展。针对这些情况，工程师们必须对网络进行优化，在满足广大消费者需求的同时，使现有的网络获得最佳经济效益，它是一项重要而且长期的工作。由于网络优化比规划更加复杂，在这一方面，移动通信运营商特别是从事网络优化的工程师都有深刻的体会与教训，而且网络优化与网络规划密切相关。所以，许多运营商在对已有系统扩容或是新建系统时，都无一例外地把优化与规划两部分作为网络建设的重要环节，在进行设备招标时把它单独列出，由此可见网络优化与网络规划同样重要。

网络优化的目的就是分析系统的实际运行情况，找出现有网络可能存在的问题，确定解决方案，提高网络性能，保证网络稳定、良好运行。首先解决运营网络的覆盖问题、容量和质量问题，然后再进一步挖掘网络的潜力，进一步优化网络结构，改善覆盖、扩大容量、改善质量、提高效率等，这些也就是网络优化的主要内容。

本章将以 CDMA 网络为例讲述网络规划和优化的基本原理。

8.2　无线网络规划与优化的基本原理

一般来说无线网络规划和优化是无线网络设计和维护阶段中两个主要任务。无线网络设计时要考虑拟建网络的无线覆盖和容量，这主要由无线网规划完成。当无线网络建成后为了保证无线网络的良好运行通常需要靠无线网络优化来完成。下面介绍无线网络规划与优化的分工和两者的联系。

8.2.1　规划与优化两者之间的分工

1. 网络规划

网络规划一般是指在初始阶段对移动通信中网络工程的粗略估计与布局的考虑，根据网络建设的整体要求，设计无线覆盖目标，以及为实现该目标所进行的基站位置和配置的设计。规划阶段所需要解决的问题是对移动网络工程的规模和投资进行初步估计，即根据对服务区的覆盖范围与业务质量需求，初步估算服务区内基站站点数目、基站配置粗略估计、总体经营投资概算。

2. 网络优化

网络规划一般是在正式建网之前完成，而网络优化则主要是在正式建网以后，并经过了一段运营之后才进行的。网络优化是针对网络运营之后的性能反馈进行的一些优化处理。网络优化是一项复杂的系统工程，它涉及单小区无线传输、多小区以及整个网络的优化，以及根据业务需求的扩容等问题。

网络优化必须建立在对网络实测数据与统计报表的基础之上，并且需要有专门用于数据分析与网络优化的软件支持系统以及训练有素的优化技术人才。

网络优化主要是由运营商来完成，主要的目标就是进一步提高容量，改进通信质量，完善覆盖性能，挖掘系统潜力，提高运行效率等。

网络规划与优化的总体功能性框图如图 8.1 所示。

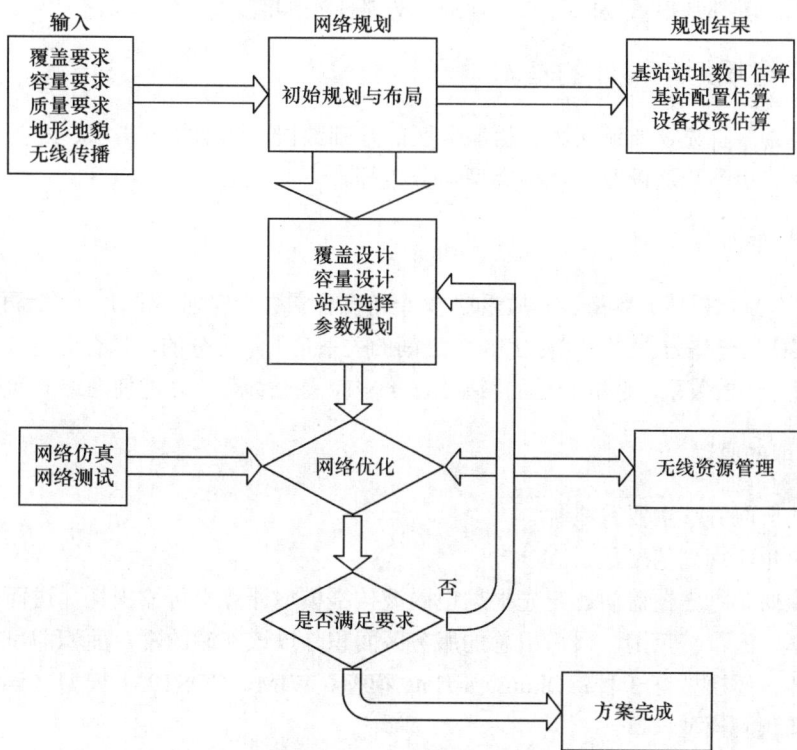

图 8.1　网络规划与优化的总体功能性框图

如图 8.1 所示，"输入"为系统所要达到的要求，其中包括覆盖要求、容量要求、质量要求等，然后根据这些基本要求结合地形地貌及其无线传播环境进行网络规划与布局，经过网络规划就可以粗略地估算出基站数目等。在完成规划之后需要对现实网络性能进行评估，经过网络仿真、实际网络测试得到实际网络数据及其报表数据分析网络性能，如果没有达到要求，则需要对网络继续进行优化直到达到需求为止，使网络性能最优化。

3. 两者的关系

在经过网络规划并已经完成建网工程后的网络优化是对工程质量和通信效果的检验，是衡量工程是否达到设计要求的一个重要手段，通过网络优化对工程中的不合理的部分进行修正，使工程达到预期的效果。其实网络优化是对网络规划的补充与完善，网络优化有时需要对网络规划部分进行修改，甚至需要重新规划。

网络优化贯穿于整个网络运营时期，要针对用户分布、城市建设引起的电波传播变化不断地进行评估，以便及时对网络参数和网络资源进行调整。网络优化人员要对全网资源（容量、覆盖、传输等）了如指掌，可以对整个网络规划、设计提出准确的建议，并对其进行修正。因此网络规划与设计期间，规划人员要采纳优化人员的建议，以便网络规划更加合理。所以网络优化可以作为网络规划前期调研的一部分，对网络规划起补充作用。

如果把一个精品网络比作一个高大精美的大楼，那么网络规划可以看做这个大楼的主体、躯干，网络优化则是对这个大楼的精美装潢，再高大的楼房如果没有装潢也只能成为烂尾楼；如果没有一个坚实的网络规划，那网络优化再好也只是对空中楼阁的装潢。所以要建设一个精品网络，网络规划与优化二者都是很重要的环节，任何一方都不得偏废。

8.2.2 网络规划与设计的基本原理

进行网络规划，首先需要调研和分析服务区的基础数据，比如业务需求、业务分布、人口与面积、地形地貌、道路交通以及干扰源类型与分布等。

1．网络规划的原理

从原理上可分别从覆盖、容量、和质量这 3 个角度独立进行规划与设计，然后再根据实际环境因地制宜选取其中之一作为主体。实际上 3 者之间的关系是密不可分的，只有对这 3 者进行充分的规划，协调 3 者之间的关系，选取合适的网络拓扑结构和基站参数，才能使网络的利用率最大化。

2．基站选取的原理

基站数目的选取方法主要有 3 种。

（1）从覆盖角度规划基站数目 N

这种方法主要是考虑覆盖问题，先根据电磁波传播模型计算出传输损耗，进而代入无线链路方程中得到该基站的覆盖范围，最后用总的服务区面积除以该基站的覆盖面积即可得到所需的基站数目。经典的传播模型有 3 种：Okumura-Hata 模型、WIM、COST231 模型，详细介绍见无线传播环境与传播预测模型一章。

（2）从容量角度规划基站数目 N

这种方法从容量的角度确定基站的数目，需要的参数有服务区总的话务量和小区业务量，两者之商即为基站的数目。这两参数主要与服务区的人口密度，手机普及率以及个体业务量成正比，确定基站数目之前需要作大量数据采集，并要进行一些必要的计算对业务容量进行预测，最后通过仿真进一步进行验证。

（3）从质量角度规划基站数目 N

这种方法从质量的角度确定基站数目，是在满足一定的 QoS 下进行的网络规划，因为对 QoS 提出了严格要求，这必然对覆盖、掉话率、切换等提出了更高要求，所以质量必然对覆盖面积产生影响，也就是需要用覆盖来换取质量。这种方法将这个小区在质量准则要求下的覆盖除以规划区域总面积即可得到基站数。

但是，在网络规划的过程中不可能孤立地应用这 3 个方法，而往往要 3 者统筹兼顾，综合考虑，如图 8.2 所示。在实际的工程中，总是将质量要求融入到覆盖和容量中，仅对容量和覆盖进行规划这

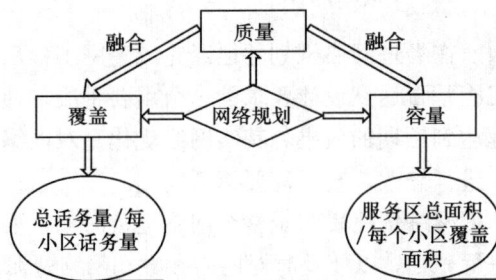

图 8.2　网络规划 3 种方法关系图

两方面进行求解。

8.3　无线网络规划

移动通信网络规划是一个复杂的系统工程，需要进行大量复杂的计算、数据分析处理以及系统反复调整等。其复杂度体现在以下 3 个方面：（1）技术密集；（2）计算度密集；（3）经验密集。在网络建设时期也要考虑覆盖、容量与质量等方面的问题，并且要求网络具有可扩展性，保持后向兼容。

如图 8.3 所示，网络规划由网络规模预测、传输系统规划设计、核心网络规划设计、电源配套规划设计和无线系统规划设计几大部分组成。无线网络规划是移动通信系统规划最为关键的部分。无线子系统的投资通常能占到网络总投资的 2/3 以上，其设计成败关系着整个移动通信网络建设的成败。从本节开始，我们将围绕无线网络规划的主要问题及其解决方法，进行系统而详尽的介绍。本节主要阐述无线网络规划的内涵，提出 CDMA 无线网络规划应当解决的独特问题，并概括描述无线网络规划的总流程。

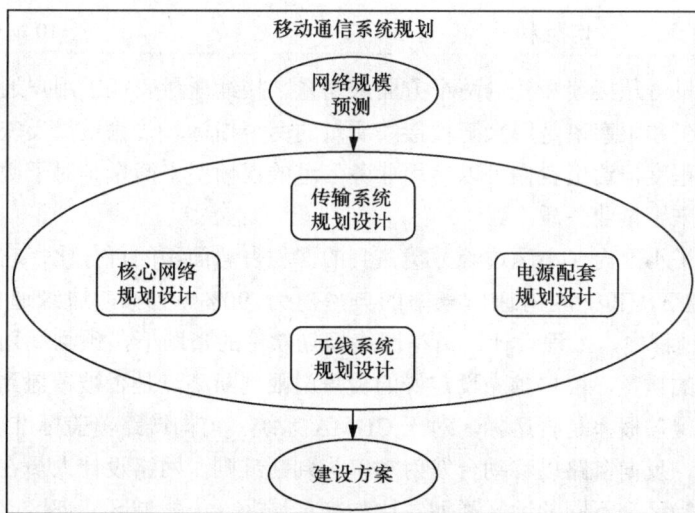

图 8.3　移动通信系统规划

8.3.1　无线网络规划的内涵

无线网络规划指的是根据网络建设的整体要求，包括容量、覆盖、质量及其他要求，并结合服务区域的地形地貌特征、用户密度、人口密度等设计出合理可行的无线网络布局，以最小的投资来满足需求的过程。

建设一个完整可靠的无线蜂窝网是一个比较复杂、比较系统的过程，其中主要包括：（1）前期调研，主要是针对覆盖区域的一些数据统计，为将来的网络规划做准备；（2）网络规划，这个阶段是整个建网过程的中心环节，网络规划基本上决定了网络拓扑结构、覆盖范围、网络投资等，合理的网络规划可以节约大量的前期投资和运营成本，并且可以减少后期的网络优化成本；（3）网络优化，主要是对前期网络规划出现的问题进行优化，进一步提高网络资源利用率，扩大网路覆盖，提高服务质量等，是对网络规划阶段的补充与优化。

1．设计目标

无线设计目标包含覆盖目标、容量目标、成本目标这 3 个方面内容。

（1）覆盖目标

用于描述覆盖目标的指标主要有业务质量、通信概率、软切换率，如表 8.1 所示。

表 8.1　　　　　　　　　　　　　　　　　覆盖目标

设计指标		典型值
业务质量	数据吞吐量	——
	业务信道误帧率	1%（语音） 5%（数据）
	阻 塞 率	2%～5%（语音）
	语音接续时延	< 4 s
通信概率	区内覆盖概率	90%～95%
	边缘覆盖概率	75%～80%
软切换率		10 %～30%

语音业务的质量可从接续和传输两个方面来衡量。接续质量表征了用户通话被接续的速度和难易程度，接续时延和阻塞率是用来衡量接续质量的两个指标。传输质量反映了用户接收到的语音信号的清晰逼真程度，这里我们可以使用业务信道的误帧率来衡量。对于数据业务，目前通常采用吞吐量和时延来衡量业务质量。

通信概率描述了小区内（小区边缘）覆盖到的面积占总面积的百分比，它又可分为区内通信概率和边缘通信概率，其中区内通信概率的典型值为 90%～95%，边缘通信概率的典型值为 75%～80%。规划过程中，工程设计人员在网络规划软件的帮助下，预测规划区内的每点接收到的信号和发送信号的质量，根据预先设定好的覆盖门限判断某点是否被覆盖到，然后对整个规划区进行统计，确定覆盖概率是否达标。对于 CDMA 系统，前向链路覆盖标准以 E_c/I_o 为主，手机接收信号电平为辅，反向链路以移动台发射功率为判断准则。网络设计人员在制定相应的覆盖门限判断标准时，应当区分不同的地区类型，比如密集城区、一般城区、郊区、铁路、公路，对相应地区制定相应的标准，表 8.2 是一种描述 CDMA 系统覆盖门限的典型形式，表内所列参数值均为网络设计的典型取值，读者可以参考。

表 8.2　　　　　　　　　　　　　　　　　覆盖门限

地区类型	反向手机发射功率（≤dBm）			前向手机接收功率（≤dBm）			E_c/I_o(dB)
	特大城市	大型城市	中等城市	特大城市	大型城市	中等城市	
密集城区	≤−5	≤0	≤0	≥−70	≥−75	≥−75	≥−12
一般城区	≤0	≤5	≤5	≥−75	≥−80	≥−80	≥−12
郊区	≤5	≤10	≤10	≥−80	≥−85	≥−85	≥−12
公路		≤15			≥−90		≥−12
铁路		≤15			≥−90		≥−12

软切换率描述了小区内处于软切换的面积占总面积的百分比。配置网络资源的时候会根据设计的软切换率预留一定的信道板资源供软切换时使用。软切换是 CDMA 移动通信系统的重要特征，它提高了系统的切换成功率，但是过高的软切换比例会造成对系统资源的浪费。典型的情况是，市区的软切换比例一般较高，为 35% 左右；县城和郊区较低，一般为 10%～20%；非连续覆盖的区域，软切换比例为 0。

（2）容量目标

容量目标描述的是在系统建成后所能满足的语音用户数和数据用户数，该指标主要结合网络规模预测所提出的网络建设要求做出。

（3）成本目标

在保证满足覆盖和容量目标的基础上降低建设成本，节约开支是网络建设的重要目标之一。设定合理的成本目标并在设计实施过程中实现，网络设计人员和工程实施人员需要为之不断努力。本书主要介绍无线网络规划优化的方法，成本设计的方法不在本书的讨论之内，请读者参考其他资料。

2．设计方案

设计方案应包含的内容有：基站布局方案，基站设备配置方案。基站的配置方案需要确定选用的每个基站类型以及每个基站的参数信息，这些参数包含：扇区数目、信道板数目、载频参数、功率参数、天线参数、导频参数、软切换参数、馈线和连接器损耗、接收机噪声系数等，表 8.3 中分类列出了主要的基站参数。

表 8.3　　　　　　　　　　　　　　　　基站配置参数

	参数名		参数名
导频参数	导频偏置指数 PN	其他参数	接收机噪声系数
	激活集搜索窗系数		馈线接头损耗
	邻集搜索窗系数		载频
	剩余集搜索窗系数		扇区数
切换参数	软切换加入门限	功率参数	信道单元数
	软切换去掉门限		发射机最大功率
	软切换比较门限		导频信道功率比例
天线参数	天线增益		其他公共信道开销功率比例
	天线方向角		单个业务信道最小发射功率
	天线下倾角		单个业务信道最大发射功率

3．设计内容

从网络建设的阶段来分，规划可以分为新建网络规划和网络扩容规划两种。然而无论是新建网络的规划还是扩容的规划，无线网络规划的最终目的都是得到新增基站站址和基站配置的设计方案。

围绕着站址的选择和配置参数的确定，网络设计人员需要对链路所允许的最大路径损耗、小区容量、小区覆盖、天线、软切换比例、功率、导频、载波等进行仔细的分析和合理的设计，并通过对上述方面的综合考虑得到无线网络的设计方案，如图 8.4 所示。

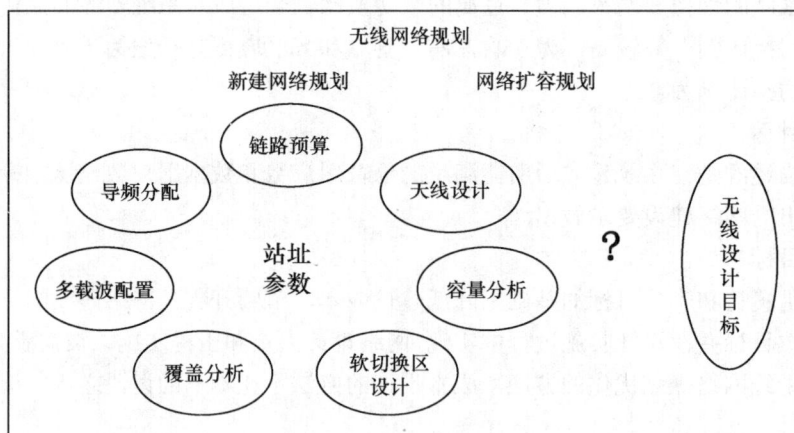

图 8.4 无线网络规划

8.3.2 网络规划原则和应该注意的问题

在长期的实际建网过程中，工程人员逐渐形成了一定的网络规划原则，这些原则可以指导工程人员更加合理、高效、正确地进行网络规划，减少由于前期的疏忽而导致的工程质量、成本和其他问题。

1. 合理利用已有网络数据

在我国，GSM 系统相对比较成熟，所以在进行 CDMA 系统规划时可以将 GSM 网络覆盖作为参考目标，这样可以节省大量规划成本。但是也要注意 CDMA 系统与 GSM 系统的不同，充分发挥 CDMA 系统的优势，提高网络覆盖。在基站数量和位置选取上，要充分利用现有网络数据预测话务负荷、话务密度以及用户密度等，避免规划不足或重复建设，最终在现有网络资源的基础上使规划达到最优化。

2. 考虑网络后向兼容性及其对新技术和新业务的可扩展性

首先要形成一个能满足长期业务发展的网络结构，通过合理的网络规划，减少以后大规模基站址的调整，考虑网络规模和技术手段的未来发展方向，尽量避免后续工程中对无线网络结构和基站整体布局发生巨大变动。网络调整是影响网络质量的一个主要因素，尤其随着话务量的逐渐增大，基站就会出现过负荷现象，出现这种现象时我们应该首先通过增加载频的方法来解决问题，这种方法比较简单并且不会对网络拓扑产生影响。如果还是达不到要求，再选择增加基站来分担话务负荷，这种方法比较直接，但对网络拓扑会产生影响。在高话务量区域，提高基站负荷指标，增加载频数目，充分利用交换设备的终局能力，适当地增加设备的富余度，为以后扩容做好准备。

其次，在网络规划中还要考虑到新技术新业务的发展，考虑终端技术的发展（终端接受灵敏度、终端功率、终端智能化）；考虑网络技术的发展（移动 IP、EV/DO、EV/DV、NGN 等），尤其是移动蜂窝网与 Internet 的逐渐融合等；考虑新业务的不断发展，尤其是数据业务的飞速不断发展对网络规划提出的更高的要求。

3．协调覆盖、容量、质量及其投资之间的关系

无线覆盖的广度应该根据经济水平、基础设施状况和网络资源等进行综合考虑，在无线覆盖的深度上应达到较高的覆盖水平和较高的服务质量。充分考虑 3 者之间的关系，在合理的投资限度内求最大范围覆盖和最大容量，并保证业务质量。减少网络频繁调整，保证网络质量，对网络规划时要考虑到以后的优化问题，选择正确的切换区域，保证切换成功率，规划参数因地制宜，提高网络服务质量。

4．覆盖区域重点考虑差异性

对不用的区域覆盖重点程度要根据实际用户的敏感程度和用户类型来决定，结合重要的点，比如城市重要区域、旅游景点、奥运会场馆等；线，主要的交通干线；面，城区、开发区、居民小区等覆盖目标，最终达到完善的覆盖效果。要重视室内覆盖，在话务量比较大的地方要保证覆盖与容量。

8.3.3　无线网络规划流程及其系统设计与调整

1．无线网络规划流程

如图 8.5 所示，无线网络规划是一个不断设计、修改、再设计、再修改的迭代过程，概括地说，可分为数据准备、系统设计和方案验证 3 大步骤。

前期设计要求主要是针对前面所讲的容量要求、覆盖要求和成本要求，需要对这三者进行综合考虑。后期的规划流程必须以设计要求作为前提；数据准备主要是为系统设计进行数据准备；系统设计是网络规划的核心；方案验证是对系统设计的肯定，需要进行一定的系统仿真来验证设计的合理性以及设计是否达到了设计要求，如果没有达到要求需要修改设计或者重新设计。

（1）数据准备

数据准备是整个网络设计的基础。规划实质上就是数据分析、处理和决策的过程，翔实、准确的基础数据是设计一个优秀方案的根本。在数据准备这一阶段中，网络设计人员应当收集的数据信息有以下几种。

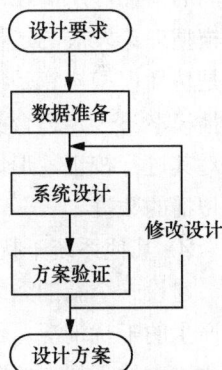

图 8.5　无线网络规划总流程

- 地理数据
- 业务密度分布
- 无线传播模型
- 其他系统干扰

图 8.6 所述描述了数据准备各个部分之间的相互关系和流程。

① 地理数据

地理数据指的是规划区内道路、

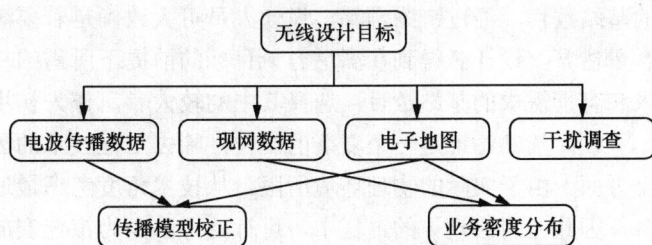

图 8.6　数据准备

建筑、地形地貌等基本情况。无线网络规划需要建立数字化的地理信息数据库——电子地图，它是进行基站选址的基础，也是进行业务密度预测，网络模拟和传播模型校正的必备数据。

一般常见的电子地图精度有 5m、20m、50m 和 100m，当然，电子地图的精度越高能反映的地理信息越详尽，相应根据其进行分析所得到的结果也会越详尽。但是电子地图精度越高，同样的范围内所含的数据量就越大，相应的，进行分析时运算量就越大。权衡运算量和规划的不同需求，在城区等建筑物密集的地方进行微蜂窝规划的时候，使用精度较高的地图，而在郊区等开阔的地区，采用精度较低的地图。

从数据内容来说，电子地图是由反映地形高度的 DEM 数据、反映地面覆盖种类的 DOM 数据、反映地面线状的 LDM 数据及反映建筑群高度的 BDM 数据等构成。对覆盖区进行传播预测时，DEM 和 BDM 数据主要用于计算发射天线、接收天线的高度，用于判断是否发生反射、衍射；DOM 数据可用于计算地物校正因子。数据内容越详细准确，对于规划结果的准确性帮助越大，因此我们应尽量丰富地图的数据内容。

电子地图的格式有很多种，网络设计人员应根据所使用的网络规划软件支持的地图格式选择适合的电子地图。

② 业务密度分布

业务密度分布反映了业务（语音业务、数据业务）在规划区域内分布疏密的情况，是选择基站站址最重要的根据。

③ 无线传播模型

我们都知道移动通信系统的传播环境是相当复杂的，在规划中对于无线链路损耗，我们通常采用经验公式的方法进行估计。通过这种估计方法，我们可以得到规划区内某点同它的服务基站之间的损耗，从而在网络模拟阶段计算出规划区内每点发送和接收信号的强度以及其他信息。传播模型理论发展的过程中，业界积累了一些经典的传播模型，在移动通信规划过程中广泛使用。但是传播模型毕竟是经验模型，每个不同的规划区由于各具特征的地形地貌，适用于一个地区的传播模型不一定适合另外的地区。因此，对于特殊的规划区，我们需要选择适当的经典传播模型并对其进行校正，形成适合目标规划区使用的模型。进行传播模型的校正，需要采集大量无线电波传播的数据。

④ 其他系统干扰

建设一个新的系统，或者对已有系统进行扩容规划时，应当仔细调查已有系统对新建系统可能产生的干扰情况，保证新系统的正常运行。同时，在设计过程中尽量避免新建系统对已有系统造成过大的干扰，影响原系统的正常运营。

（2）系统设计与调整

建设一个新的网络，网络设计人员应首先对网络进行初步的建设维护工作，以确定所需使用的基站数目。经过链路预算，设计人员可大致确定若要满足覆盖目标所需的基站数目，同时经过容量估算，设计者得到在满足容量目标的前提下所需的基站数目。进而，设计者比较满足覆盖需求和容量需求的基站数目，选择其中的较大者，作为初步布站的数目。

设计基站站址是一个复杂的工作，除去工程技术的因素，站址选择的可行性也是很重要的一个方面。由于实际的物理环境所限，从技术角度考虑最适宜建站的地方并不一定能够安放基站设备，因此在网络设计的过程中，可行的方法是为拟定安放的基站设定基站搜索圈，然后通过实地勘察，在基站搜索圈中确定基站站址，安放基站设备。

　　站址的实地勘察耗时耗力，应尽量减少。在进行实地勘察前，设计人员应当根据初选的基站站址和初步的基站设计参数，对网络的总体性能进行模拟。设计人员通过对模拟结果的分析，判断设计方案是否满足设计要求。若不符合，设计者对方案进行修改，并重新进行网络模拟。如果符合，该设计可以作为初步的可行性方案提交。此后设计人员需要实地勘察设计方案中的基站站址是否都切实可行。若不可行，需要重新在已选定的基站搜索圈中选择新的基站站址，并重复上述的网络模拟和调整过程，保证所选基站站址和设计参数可以实现设计目标。

　　经过上述的步骤完成站址设计和基站参数设计以后，设计人员再进行导频相位的规划，进一步完善整个设计方案。图 8.7 所示描述了上述系统设计与调整的整体流程。

　　① 链路预算

　　链路预算是进行网络预设计最重要的手段。进行链路预算时，网络设计人员全面考虑信号从发送端到接收端所可能经历的增益和损耗，根据所采用的无线技术对接收信号大小的要求，确定出前反向链路可以忍受的最大链路损耗。

　　以最大的链路损耗为限制条件，根据已进行过校正的传播模型，以及为保证一定的通信可靠性的要求所预留出的链路余量，设计人员确定出小区半径和目标规划区所需的小区数目。

　　② 容量估算

　　容量估算通过对单小区所能满足的语音和数据用户数目的估算，估计实现系统容量目标所需要的基站数目。与采用 TDMA 和 FDMA 方式的移动通信系统不同，CDMA 系统容量计算相对复杂，也难以精确地计算得出。

　　③ 性能分析

　　在设计方案用于工程实施之前，使用计算机进行网络模拟、网络性能分析来保证设计方案可用的最好手段。计算机辅助的网络模拟引入到移动通信规划中来，大大降低了网络建设的成本，降低了网络规划对设计人员经验的依赖。

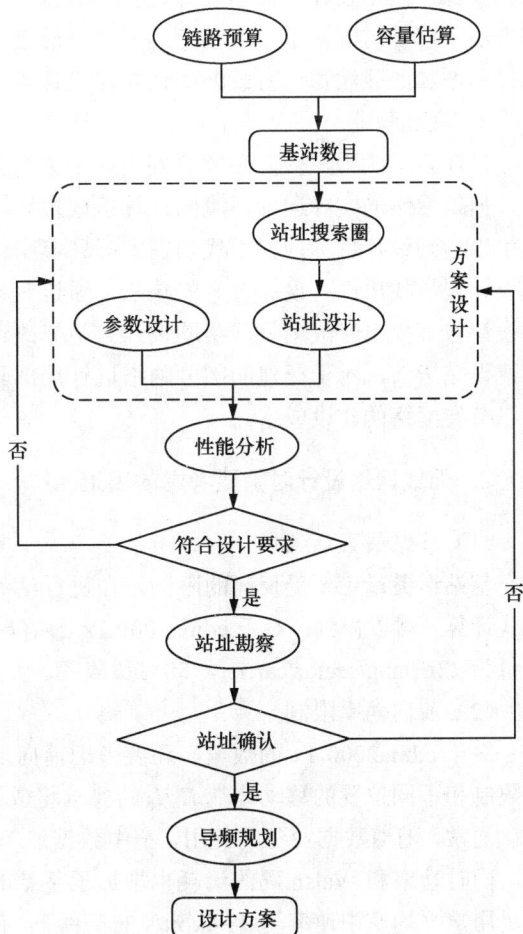

图 8.7　系统设计与调整

　　我们可以通过静态仿真或者动态仿真的手段，对网络实际建成以后的运行性能进行预测，从而评价一个设计方案是否达到了预期的设计要求。

　　性能分析以规划区的业务密度分布图、电子地图为基础信息，根据设计方案提供的站址信息、基站参数信息、系统参数信息，建立无线网络模型，进行网络模拟，得到规划区域内每点的移动台发射功率、接收功率，各点最强的 E_c/I_o、合并导频强度、超过覆盖门限的导频数，每小区的软切换区、软切换比例、每小区负载等性能参数，用以分析现有设计方案是否满足覆盖目标和容量目标。

④ 导频规划

这里说的导频规划主要是指导频的相位分配，工程上经常提到的导频污染问题在性能分析过程中加以解决，不列为导频规划的范畴。

导频从本质而言是一个特殊的码字，我们用它的不同相位，即相对于标准参考点的偏移来标识不同的基站。

⑤ 扩容规划

链路预算、容量估算、性能分析以及导频规划是建设一个新网络、进行参数设计最重要的方法和步骤，网络设计人员需要通过扩容解决网络能力和用户需求间的矛盾时，同样也要应用到这些方法。但是扩容基于一个已有的网络基础之上，它必然面临很多不同的问题，譬如扩容时机的选择、增加的载波与已有载波间切换，设计人员需要应对这些特殊的问题进行单独的考虑。

⑥ 规划验证

设计方案优秀与否，必须拿到实际中去检验。尽管通过网络模拟，设计人员会对方案做出评价，但是网络的实际运行环境同计算机模拟环境的差异可能是巨大的，网络模拟结果表明设计方案可以达到设计目标，并不代表在实际环境中该方案不存在问题。优秀的规划验证方法，可以帮助设计人员找出已有设计方案的缺陷，通过对设计方案实施结果和设计方案预期效果的对比，可对设计方案提出修改意见，帮助设计人员修改设计方法，提升日后设计的准确性。如果我们在工程建设完毕前，对于已建的部分网络进行局部验证，发现设计方案的问题并及时地进行调整，还可以节省网络的建设成本。

2．无线网络设计时需要考虑的因素

（1）基站最大话务量

基站话务量主要受反向的限制，在进行话务量分析时必须以反向干扰因素为依据，通过容量公式计算，可以得到：对于 cdma2000 1x 的语音，30 个用户/sector/carrier，呼损为 2%，即最大话务量为 22Erlang/sector/carrier，50%负载率。

（2）前向功率限制

对于 cdma2000 1x 的数据，还要考虑前向功率的限制，因为数据速率的提高，扇区辐射功率的限制和不同位置的移动终端 E_b/I_o 的要求将成为主要的瓶颈。

通常，随着数据业务的使用，空中数据速率明显增加，将会抵消部分 CDMA 扩频所带来的增益，同时功率和 Walsh 码的消耗也增加了基站的干扰，从而导致无线容量呈下降趋势。例如，在满足用户平均空中速率为 38.4kbit/s 的条件下，最大支持 7 用户/sector/carrier，当语音用户接入时，基站数据容量将会减少。

（3）数据业务速率

在 cdma2000 1x 系统中，用户能达到的数据业务速率一般与下面几个因素相关。

① 用户位置与无线环境：距离基站越近的用户可以享受越高的数据业务速率。

② 发射功率：总功率中分配给业务信道的比例必须综合考虑各基站所需承载的语音用户数及数据用户数。

③ SCH：每个前向 SCH 可以支持 9.6kbit/s 的数据业务，每个反向 SCH 可以支持 19.2kbit/s 的数据业务。

④ 可提供的 Walsh 码数量。

⑤ 小区负荷：当用户负载低于设计负载时，随着数据用户的增加，平均用户速率会降低，用户总吞吐量则会增加；当数据用户的增加超过设计负载时，用户总吞吐量和平均用户速率则会降低。

8.3.4　CDMA 规划所遇到的问题

采用 CDMA 技术的无线系统，相对于 GSM 技术具有众多优势，尤其表现在容量方面，若配给相同的频率资源，前者容量常常可达到后者的 3～5 倍。然而新的技术也带来了一系列新的问题。尽管采用 CDMA 技术，各个蜂窝小区可以使用相同的频率，无须像 GSM 网络一样进行复杂的频率规划，但是容量与覆盖之间特殊的相关性、软切换对系统性能的影响、导频偏置的选择都给无线网络规划增添了新的研究课题。

● 变化的网络负载与规划

CDMA 是一个干扰受限的系统，干扰水平的增大直接影响着系统容量，影响着系统提供服务的质量。研究表明，若要保持系统性能稳定，负载为 60%～80%。当负载超过这个值时，用户受到的干扰将急剧增大，服务质量会下降得很快，小区覆盖范围收缩，从而产生覆盖盲点。因此，如何合理地布置基站，选择基站参数，使得用户需求在各个基站之间均匀承担，成为 CDMA 无线规划需要解决的重要问题。

● 软切换与规划

软切换是 CDMA 系统的独到之处，采用软切换技术能保证小区边缘用户的服务质量。但是，处于软切换中的用户比普通用户多占用系统资源（信道板资源、功率资源等），过高的软切换比例会带来系统资源的浪费，使得网络中可得到服务的总用户数下降。如何选择站址，如何配置导频功率使得每小区内软切换率保持适当的水平，在规划过程中，网络设计人员尤其应当注意。

● 导频与规划

导频对 CDMA 系统至关重要。移动台使用导频区分基站，如果同导频相位的复用距离不恰当，或者相邻导频的距离不恰当，移动台可能把来自不同基站的导频信号误认为同一基站的导频；如果导频搜索窗口的大小设置不合理，一方面移动台可能将不同的导频误认为相同的导频，另一方面处于小区边缘的移动台也可能搜索不到可用的导频信号；此外，对于前向链路，导频干扰比基本上决定了其覆盖范围，导频的功率大小直接影响小区负载大小和软切换比例。如果导频发射功率偏小，会使下行覆盖出现盲点；若偏大，则又会出现多个基站覆盖同一个地区，产生导频污染。因此，合理的导频偏置规划，是构筑精品 CDMA 网络的关键。

● 新业务与规划

CDMA 网络巨大的技术优势使得构筑更加丰富的移动业务成为可能，这些丰富的业务为人们的生活带来便利，同时也为移动通信运营商和相关行业带来了新的利润增长点。然而新业务的引入，同样也为无线网络的规划提出了新的研究课题。不同的业务特点，对于系统资源不同的需求，应该如何规划，如何设计基站参数，如何分配系统资源使得我们可以以最经济的方式满足各种业务不同的 QoS 要求，都是网络规划人员需要考虑的问题。

8.4　无线网络优化

在网络建成投入运营后，由于用户数量的增加，业务种类的多样化，以及城市建设等引起的电波传播条件的变化，都需要对网络持续不断的进行优化，以排除网络中不断出现的各种故障，优化网络资源配置，改善网络运行性能，提高服务质量，从而使网络始终处于最佳的运行状态。网络优化工作涉及移动通信网络的无线、交换和传输等各个方面，贯穿于网络规划、工程建设以及日常维护等各项工作中。网络优化过程需要反复进行网络测试和相关数据采集，并依此对网络运行质量和性能进行分析，然后制定调整方案并实施。

本节针对 CDMA 无线网络的优化介绍了一些网络故障分析和优化方法，并提出了一些优化调整措施和参数配置建议；概括介绍了 CDMA 无线网络优化方法和流程，以及对 CDMA 无线网络优化时需要进行的数据采集；最后介绍了 CDMA 无线网络故障分析方法以及相应的优化调整措施。

8.4.1 无线网络优化的内涵

网络优化就是根据无线网络系统的实际表现和性能与预期效果的对比差距，对系统进行分析，找出问题系统出现的问题和出现问题的根源，通过对系统参数的调整和其他优化方法，逐渐改善系统性能，达到现有系统配置下的最优服务质量。

网络优化的宗旨，就是使用户获得的价值最大化，达到覆盖、容量、价值的最佳组合。也就是说，通过网络优化使用户提高收益率并且节约成本。

网络优化的目的就是通过对投入运行的无线网络进行参数采集、数据分析，找出影响网络质量的原因，通过技术手段或参数调整使网络达到最佳运行状态的方法，使网络资源获得最佳效益，同时了解、判断网络的发展趋势，为进一步发展扩容等提供技术依据和计划建议。网络优化的内涵如图 8.8 所示。

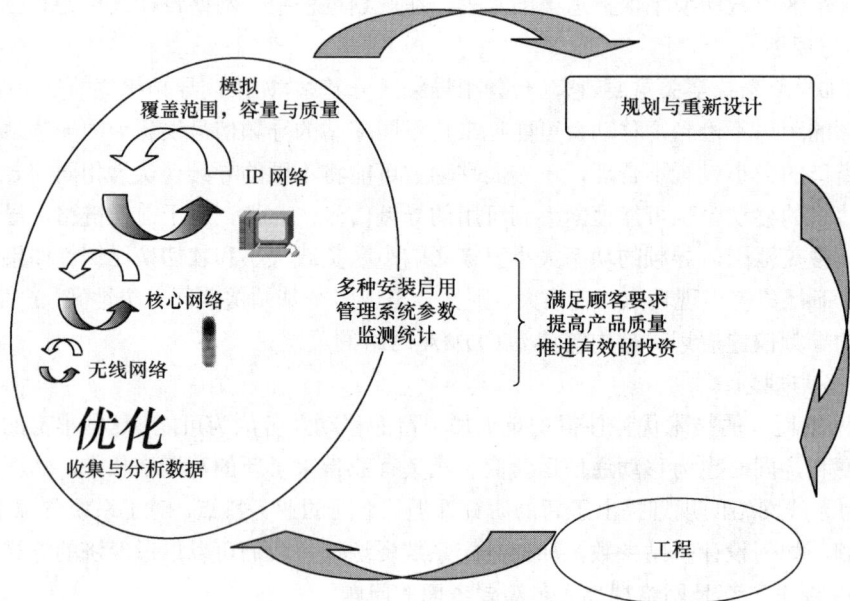

图 8.8　无线网络优化

移动通信网络优化是一个新兴的高新技术高度密集的工程技术服务领域，技术难度相当大，涉及的技术面极其广泛，从 GSM、CDMA 等 2G 的移动通信技术到 WCDMA、cdma2000 EV-DO、

TD-SCDMA 等 3G（第三代）移动通信系统，具体到交换网络技术、无线参数、频率配置、切换、信令和设备技术等方面；技术复杂度也在不断提高，对网络优化人员的技术要求也越来越高，需要不断更新的技术手段和相关产品，以降低技术的复杂度，提高工作效率。

网络优化工作是一项技术含量较高的日常维护工作，要求优化人员不仅有精深的理论知识，还需要丰富的网络维护实践经验。就是在不断监视网络的各项技术数据、路测的条件下，根据发现的问题，通过对设备、参数的调整，使网络的性能指标达到最佳状态，最大限度地发挥网络能力，提高网络的平均服务质量。网络优化是一个长期的过程，它贯穿于运营商的网络发展的全过程中。只有不断提高网络的质量，才能满足移动用户的需求，吸引和发展更多的用户。

1. 网络优化目标

所谓网络优化，一方面是要解决网络运行中存在的诸如覆盖不好、语音质量差、掉话、网络拥塞、切换成功率低和数据业务性能不佳等质量问题，使网络达到最佳运行状态；另一方面，还要通过优化资源配置，对整个网络资源进行合理调配和运用，以适应需求和发展的情况，最大限度地发挥设备潜能，从而获得最大的投资效益。所以，网络优化的主要目的就是通过对投入运行的无线网络进行数据采集和分析，找出影响网络质量或资源利用率不高的原因，然后通过技术手段或者参数调整使网络达到最佳运行状态，使网络资源获得最佳效益；同时了解网络的增长趋势，为扩容提供依据。因此，网络优化是移动通信系统实际运营过程中的一项重要内容。

由于移动通信网是一个不断变化的网络，网络结构、无线环境、用户分布和使用行为都是不断变化的。同时，网络规模的扩张、网络覆盖规划规模的复杂化、网络话务模型和业务模型的改变都会导致网络当前的性能和运行情况偏离最初的设计要求，这些都需要通过网络优化来持续不断地对网络进行调整以适应各种变化。所以网络优化工作是一项长期的持续性的系统工程，需要不断探索，积累经验。只有解决好网络中出现的各种问题，优化网络资源配置，改善网络的运行环境，提高网络的运行质量，才能使网络运行在最佳状态，为移动通信业务的迅猛发展提供有力的技术支持与网络支撑。

因此，网络优化的意义就在于，提高网络的投资效益、网络的运行质量以及网络的服务质量。在原网络的基础上、在不再大规模投资的前提下，充分提高网络质量与容量。

2. 网络优化内容

网络优化是一项贯穿于整个网络发展全过程的长期工程，同时它也是一项系统工程，包含一系列优化方式，包括覆盖优化、话务量优化、设备优化、干扰信号分析和资金的优化使用等。网络优化要解决的是改善硬件环境和软件环境的问题。"硬件优化"主要包括天线优化和设备故障优化等工作。"软件优化"主要指频率优化、无线参数调整和配置参数核查等内容。

CDMA 网络优化的内容主要包括以下几个方面。

（1）硬件系统优化。包括：天馈系统优化，主要指优化天馈系统的性能，如天线的方向、架高、下倾角和方向角以及周围障碍物的情况等方面的优化；传输系统优化，主要指传输方式、错误连接和差错率等方面的优化；设备故障优化，主要指各类告警和时钟偏移等方面的优化。

（2）参数优化。包括：BSS 参数优化，主要指小区参数、切换参数、接入参数、功率控制参数和各类定时器等参数的优化；MSC 参数优化，主要指路由数据、定时器、切换参数、功能选用数据和录音通知数据等参数的优化。

（3）网络结构优化。包括：多层、多频网络使用策略，网络容量均衡策略和位置区划分等方面的优化。

（4）PN 优化。包括导频 PN 污染分析和外部干扰源处理等方面的优化。

（5）邻区优化。包括：邻集列表优化、控制合理邻区数量以及结合实际情况调整邻区参数等方面的优化。

（6）容量优化。包括合理控制系统负荷和结合阻塞率等指标调整资源配置等方面的优化。

除以上几方面外，网络优化还包括直放站和室内分布系统的优化等。

8.4.2　无线网络优化流程

网络优化的关键工作流程大体可分为以下 4 个步骤。

第 1 步：现网情况调查。

现网情况调查的主要工作内容是收集网络设计目标和能反映现网总体运行和工程情况的系统数据，并经过比较和分析，迅速定位需要优化的对象，为下一步更具体的数据采集、深入分析和问题定位做好准备。

第 2 步：数据采集。

数据采集是网络优化的重要步骤，也是进行网络质量评估的重要手段。无论是网络故障的排除、日常的网络优化工作还是大范围的网络质量评估，都需要采集网络测试数据和收集系统数据。在对这些数据进行综合分析之后，才能得出结论并提出相应的优化方案和调整措施。因此，系统数据和网络测试数据的采集是网络优化的基础，其准确性和全面性对优化工作的效率和效果影响很大。

1．网络测试数据

（1）DT（Drive Test）：通常也称作路测，是在行驶中的测试车上借助专门的采集设备来对移动台的通信状态、收发信令和各项性能参数进行记录的一种测试方法；是进行网络性能评估、网络故障定位和网络优化时必不可少的测试手段。

对 CDMA 系统而言，DT 的主要内容包括：移动台 RAKE 接收机接收到的每径（finger）和各径合并的 E_c/I_o 强度，移动台的接收功率电平、发射功率电平和发射功率调整值，前向接收误帧率（FER），用于解调的各导频集和 PN 偏置值，分组数据业务物理层、RLP 层和 TCP 层各自的传输速率，软切换状态，移动台收发的第三层信令消息，各种呼叫事件（掉话、起呼、开始通话、接入失败等）发生的时间和地点。通过特殊的导频扫描设备（PN Scanner）还可对每个测试点处接收到的所有不同 PN 偏置导频的 E_c/I_o 进行测量。

另外，借助路测后台分析软件对路测数据进行分析处理，还可以得出一些统计结果，例如接入失败率、掉话率、软切换比例和覆盖质量统计等。同时，在路测过程中还会采集到大量的 GPS 位置和时间信息。

（2）CQT（Call Quality Test）通常也称为拨打测试，是通过人工拨打电话并对通话的结果和主观感受进行记录和统计的一种测试方法。测试的主要内容包括：接通率、掉话率、单方通话率、语音断续率、回声率、背景噪声率和串话率等。测试中还应记录下发生掉话、接入失败等通话失败事件的位置，以便进行后续的分析。CQT 主要用于测试一些重要场所的网络覆盖和语音质量等情况。

（3）OMC 话务统计数据采集是指在 OMC 设备采集全网的话务统计数据，主要包括：长途来话接通率、语音接通率、信道可用率、掉话率、拥塞率、切换成功率和话务量等。

（4）信令采集等其他数据的采集，包括各接口的信令仪表跟踪测试数据等。

（5）用户投诉记录。

其中，DT 数据和 OMC 话务统计数据是网络优化工程师日常优化工作依据的重点。通过对采集到的这些数据进行综合分析，可以定性、定量、定位地测出网络无线下行的覆盖、切换和指令等状况，从而进一步找出网络干扰、覆盖盲区、掉话和切换失败的地段。

2．系统数据

除测试数据外，进行 CDMA 网络优化还需要大量系统数据的支持，主要包括以下参数。

（1）基站工程参数：基站名称、编号、位置、站型、设备型号、工程情况和机房配置等。

（2）基站技术参数：PN 分配、邻区列表、信道分配、功率分配、注册参数、接入和寻呼参数、切换参数、搜索窗参数、功率控制参数和各定时器等。

（3）天线参数：天线型号、挂高、增益、方位角、下倾角（电子或机械）、驻波比、水平和垂直方向增益图、馈线型号和长度以及接头类型等。

（4）其他系统运维数据：如故障告警信息等。

这些系统数据主要用于为网络故障准确定位和制定网络优化措施提供参考，因而也是十分重要的。在工程建设和初期调测过程中就应该加强系统数据的收集和验证工作，网络运营者对收集来的这些数据应建立数据库进行保存维护，并在网络优化调整前后和新增基站时及时进行更新。

第 3 步：制定优化方案。

这一步的工作主要是通过对采集来的系统数据和网络测试数据进行深入系统的分析，结合现网的运行和工程情况制定出适宜的优化调整方案。

第 4 步：优化方案实施和测试。

在完成了前 3 步之后，就需要对制定的优化方案进行具体实施了。调整完毕之后，需要重新进行网络测试，并与优化前的测试结果进行比较，以验证优化的效果。

以上过程是一个不断循环反复的过程，在优化方案实施之后，需要重新进行数据采集和分析以验证优化措施的有效性，对于未能解决的网络问题或由于调整不当带来的新问题需要重新优化调整，如此不断循环，才能使网络质量不断提高，以保持最佳运行状态。

无线网络优化是网络优化工作中最重要的内容。如果要对全网进行无线网络优化，则需要经过单站优化、小区簇级优化和系统级优化 3 个阶段完成，每一阶段都大致需要完成上述 4 步，具体实施步骤可以进一步细化，如图 8.9 所示。通常，15～20 个小区可以组成一个小区簇。

如图 8.9 所示，小区簇级优化阶段和系统级优化阶段内的具体步骤与单站优化阶段相似，都需要经过测试和分析、制定优化方案、优化实施、完成优化报告和优化结果考核等几步，在图上没有再详细画出。

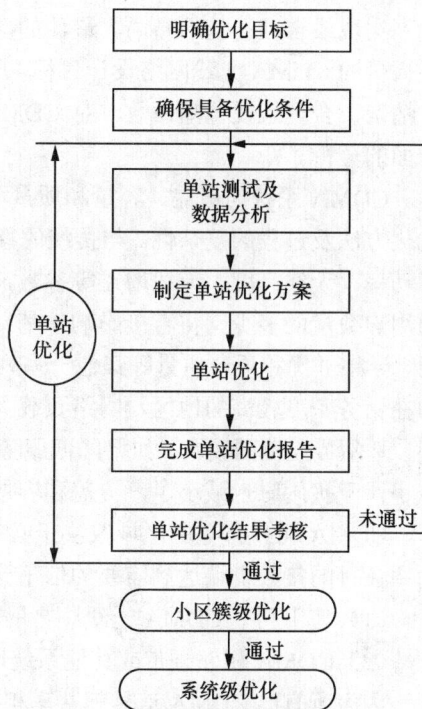

图 8.9 CDMA 无线网络优化实施步骤

"确保具备优化条件"是指需要确保：设备按照设计安装完毕，能完成基本呼叫且系统稳定，需要收集的系统数据资料收集齐备以及优化需要用到的软硬件工具已经具备等条件。

每一阶段的优化工作都需要分别进行空载优化和加载优化，空载优化的主要目的是对网络设备的基本运行参数和邻小区问题进行优化，而加载优化的主要目的是对覆盖盲区和导频污染等系统性能问题进行优化。在网络投入运行一段时间之后，进行空载优化的难度比较大，可以只进行加载优化，但对于网络开通初期和新加基站，进行空载优化是十分必要的。

图 8.9 表示的是对全网性能进行优化的全过程。对于网络局部存在故障或质量问题的情况，可以按照前面所讲的 4 步来完成。也就是说，在存在问题的网络局部，需要进行图 8.9 中每一阶段内部的各优化步骤。

网络优化工作是一项技术含量较高的日常维护工作，要求优化人员不仅有精深的移动通信理论知识，还要有丰富的网络维护实践经验；要不断监视网络的各项技术数据，并反复多次进行路测，通过对数据进行全面分析来发现问题。最终通过对设备参数等的调整使网络的性能指标达到最佳状态，最大限度的发挥网络能力，提高网络的平均服务质量。

8.4.3　CDMA 网络优化措施

由于 CDMA 移动通信网络进入我国的时间还比较短，而 CDMA 网络优化涉及的技术和因素涵盖面又非常广，因此需要技术人员在长期的网络维护和优化过程中不断摸索，积累经验。本小节仅侧重 CDMA 无线网络优化方面，提出一些优化措施方面的经验总结，希望对读者有所帮助。

1．覆盖优化

网络覆盖是衡量一个网络优劣的关键。为了全面提升网络的覆盖水平，达到在最少的投资条件下实现最合理的基站布局、最佳的参数设置、最大的网络容量、最小的干扰水平以及最高的网络质量的 CDMA 无线网络设计目标，应进行完善的覆盖规划设计和优化，认真考虑系统的用户分布情况，合理地设置基站数，对 CDMA 网络的前反向覆盖、导频 E_c/I_o 和切换状态等多方面进行全面的分析。

CDMA 系统的覆盖、容量和质量不是孤立的，而是相互制约的关系，从而导致了网络规划、优化方法及过程的复杂性。与传统的移动通信系统不同，CDMA 无线网络覆盖不是简单取决于发射功率、天线高度、天线增益等参数，而是与网络内实际的话务分布等因素相关。基站覆盖范围内用户数量的多少，将直接影响该基站的覆盖范围，同时覆盖范围的变化又影响到系统的切换性能、导频干扰和语音质量等其他一系列性能。这也就导致了所谓的 CDMA 软覆盖特性，具体表现为在话务密度较高的地区，网络负载大，基站覆盖范围较小；在话务密度较低的地区，网络负载小，基站覆盖范围较大。如果降低服务质量，也就是降低 E_b/N_t 的要求，每个用户分配的功率相应减小，干扰同时也减小了，覆盖和容量可以得以改善。

CDMA 可以覆盖的区域取决于必须克服的干扰电平，一个 CDMA 的业务信号必须有足够的功率在目的接收机端达到需要的信干比。CDMA 是自干扰系统，干扰来自以下两个方面。

（1）使用同一 CDMA 无线频带的移动台和基站造成的干扰，称为自干扰。

（2）CDMA 相邻频带或其他系统造成的干扰。

因为所有的 CDMA 信号都共享相同的载波，工作在同一 CDMA 频带的单元造成的干扰影响最大，所以干扰主要是系统自己产生的，并且依赖于主小区和相邻小区的业务情况。

CDMA 系统覆盖面积的范围同样也依赖于接收机和干扰源之间的距离，以及发射机与接收机之间的路径损耗。同时，3G 系统支持的业务比较广泛，且业务速率变化范围较大，因此系统对不同速率业务的覆盖性能也有较大的区别。比特速率越高，小区覆盖范围越小，反之亦然。

考虑 CDMA 系统的覆盖，必须综合考虑小区的大小和系统的前、反向链路情况。如果前向链路功率很大，会对其他小区的移动台产生干扰；如果反向链路功率很大，将会牺牲系统容量。因此，系统最好是前、反向链路平衡（即半径相同）。

在反向链路，小区大小是由小区实际负载系数和移动台最大发射功率决定的，小区的实际负载越轻（用户数越少），反向链路半径就越大，移动台最大发射功率越大，也使小区半径加大，但 CDMA 系统并不建议通过过度增大移动台的发射功率来增加小区的覆盖；在前向链路，小区大小主要是由分配给导频信道的功率百分比决定的，导频信道功率占总功率的比值越大，前向小区半径就越大。

通常，乡村、公路沿线等低话务密度地区为覆盖受限，由于移动台的发射功率有限，网络覆盖范围受限于上行链路手机的最大发射功率；市区等高话务密度地区为容量受限，基站的覆盖主要受限于基站所能承载的最大容量，系统容量取决于下行链路的可分配功率，通过分配不同的导频功率，可以控制下行链路的覆盖范围。

目前在 CDMA 系统中,确定覆盖区采用的质量评估指标主要是看接收信号的信干比是否大于给定门限。前向覆盖预测主要考察导频信号的 E_c/I_o，反向覆盖预测主要考察业务信道的 E_b/N_t。

CDMA 网络优化过程中遇见的常见问题主要有无线覆盖空洞、导频污染、导频突现（瞬间出现的强导频干扰）、边缘扇区（网络边缘覆盖及切换问题）、邻小区列表问题、潜在的天线问题、高话务问题和扇区呼吸的问题等。下面对与网络覆盖相关的问题及解决方法分别进行了阐述，主要的方法是通过调整天线参数、邻集列表、切换参数等来优化无线网络覆盖。

进行无线覆盖优化时主要参考的指标有：前向 FER（前向误帧率）、E_c/I_o（导频信噪比）、T_x（移动台发射功率）和 R_x（移动台接收功率）。

2. 容量优化

（1）优化目标

随着网络内用户的不断增加，系统内不可避免地会出现话务量不均衡的现象，某些局部地区可能会频繁发生话务拥塞。容量优化的目的就是解决网络内的话务量不均衡的问题，使得整个网络内的业务负荷保持均匀。尤其在一些人口密集的商业区，要考虑人口的流动特点；而在一些大型活动场所又会在某些时段出现突发性的话务量。

（2）优化措施

进行容量优化需要对基站的话务统计数据进行仔细分析。对于既存在容量问题又存在覆盖问题的地区，可以通过增加微蜂窝或基站的方法来解决。

如果网络内的某个基站话务负荷很重，经常出现话务拥塞，而周围基站的话务量又相对较低，就说明存在话务量明显不均衡的现象，这时需要进一步查看该基站的软切换比例统计数据。如果软切换比例很高，这时就需要解决由于软切换对系统信道资源的浪费问题，通过调整软切换参数（如提高 T_ADD，提高 T_DROP 等）降低软切换比例。如果软切换比例并不高，那么就需要通过调整天线的下倾角和方向角，使该基站的话务量能够分担到周围其他话务量较低的基站上。在调整时要特别注意兼顾对覆盖的影响，需要反复进行测试→调整→测试→调整的循环过程。

3. 导频污染和干扰优化

（1）概述

导频污染可分为导频相位污染和导频强度污染两种情况。导频相位污染是指一个小区的导频相位偏移经过传输延时后落入当前移动台激活集内某导频的搜索窗口内，且该导频超过一定强度致使移动台误认为是服务导频，从而对解调形成干扰的情况，这种情况在实际中比较少见。

实际网络中比较多见的情况是导频强度污染，它是指当移动台收到超过 3 个以上的 E_c/I_o 强度大于 T_ADD 的导频，而由于移动台的 RAKE 接收机最多可以解调 3 径（finger）信号，所以多余的强导频就对移动台的信号解调形成干扰，工程上所说的导频污染通常是指这一种情况。导频污染可以认为是来自 CDMA 系统内的下行干扰，会严重影响移动台对下行信号的解调，情况严重时常常会引起掉话，因此导频污染是 CDMA 无线网络优化需要解决的重要问题之一。

除导频污染这种来自 CDMA 系统内的干扰外，有可能还存在一些来自系统外的干扰（比如微波站等），在网络优化过程中需要通过反复测试，对干扰源仔细查找定位并且排除。

（2）优化措施

发生导频污染或者系统外前向干扰的一个显著特点是，移动台的接收功率比较高而主导频 E_c/I_o 强度和前向误帧率指标却比较差。如果某区域由 4 个以上来自不同小区的超过 T_ADD 的导频服务，而手机只能同时解调其中的 3 个，那么第 4、5、6 个导频作为干扰源，就会造成 E_c/I_o 和前向 FER 的显著恶化。来自 CDMA 系统外的干扰同样会造成主导频 E_c/I_o 强度的下降和前向误帧率的升高。

这时，各指标显示通常为：前向 FER 高（>5%）；E_c/I_o 比较低；T_x 较低（<+15dB）；R_x 较高（>−95dBm）；由于过多导频的 E_c/I_o 大于 T_ADD，无线环境变化无常，因此路测数据中频繁出现 PSMM 消息。

导频污染问题的解决方法如下。

① 以路测数据为依据来优化系统运行以减少导频的数目，或在导频污染区域调出一个主导频来。这可以通过以下一种或几种方式的组合来实现。

a. 通过降低周围小区基站的发射功率来调节导频信号的强度，以获得最佳的导频发射功率。

b. 下倾周围小区基站的天线，或改变天线的方位角，这可以减少导频重叠的数目。

c. 调节周围小区的系统切换门限 T_ADD、T_DROP、T_TDROP、T_COMP。这可以减少相关小区间不必要的切换，通过在导频污染区域减少导频切换的次数来改善掉话率。

当移去不需要的导频后，可在所有导频污染区域产生主导频。

② 对于导频相位污染的情况，可以通过改善 PN 偏置分配，如选择合适的 PILOT_INC 和有效集搜索窗口大小，以及将相同偏置指数的导频置于尽可能远的位置，以使干扰导频位于有效集中的导频搜索窗口之外。但是，PILOT_INC 和站址在网络开通投入运营后通常不会再变更，所以应在网络规划设计阶段更多地考虑对导频相位污染的避免。

在发生导频污染的区域，移动台在进行切换时会由于某个导频突然变强而它又不在移动台的激活集里而经常发生掉话，这个较强导频就成了潜在的干扰源（导频污染）。对于潜在的导频污染问题，可以在网络规划设计阶段采取一些预防性的措施，比如通过精确的 RF 设计和规划来避免导频污染。

4．切换性能优化

（1）优化目标

切换性能优化的主要目标是解决切换失败所导致的网络故障，并且对软切换比例过高等性能不佳的状况进行优化。

（2）优化措施

在对软切换失败故障进行优化时，首先应先对造成软切换失败的故障原因进行分析。如果是由于覆盖问题和导频污染造成的，那么应进行优化。如果不是这两方面的问题，那么切换失败多半与软切换参数（T_ADD、T_DROP 和 T_TDROP 等）的设置、邻集列表的设置以及搜索窗（SERACH_WIN_A、SEARCH_WIN_N 和 SEARCH_WIN_R）的大小有关。对软切换参数的调整和软切换性能的优化，应根据网络负载变化情况周期性地进行。

这时应首先对邻集列表进行优化，从导频强度和地理位置远近两个角度综合考虑来设置邻集列表。在进行邻集列表优化之后，可以考虑对软切换参数和搜索窗参数进行调整，以保证强导频能够很快被移动台搜索到，同时软切换比例又不会很高而造成对系统资源的浪费。例如，可以将剩余集的搜索窗口设置为一个较小的值，因为经过邻集列表优化之后，处于剩余集中的导频信号发生软切换的概率非常小，减小搜索窗口可以更有效地提高导频搜索速度。

5．分组业务性能优化

CDMA IS-95 系统升级到 cdma2000 1x 之后，除语音容量增加了将近一倍以外，另一个显著特点就是引入了高速分组数据业务，可以作为无线接入 Internet 的分组数据承载平台。这样一来，cdma2000 1x 网络不仅能提供更加可靠且容量更大的传统型语音业务，而且能提供端对端分组传输模式的数据业务。对于分组数据业务，用户最关心的是数据传输速率和网络时延两个指标，所以网络优化的最主要工作也应围绕这两个指标开展。

（1）cdma2000 网络单元模型

在设计分组数据网时，cdma2000 系统充分考虑到了系统平滑演进的需要，它大量地利用了现有的 IP 技术，从而保证了系统升级的稳定性。

图 8.10 所示为 cdma2000 系统提供数据业务时所涉及的基本网络单元。同 CDMA IS-95 相比，cdma2000 新增了几个关键节点，即 PDSN（分组数据服务节点）、AAA（认证授权与计费）和 PCF（分组控制功能）。以下简要介绍这 3 个关键节点及相互间的接口。

PDSN：cdma2000 1x 同 Internet 之间的接口模块。具体功能有：负责和移动终端之间 PPP 的建立、保持和拆除，同时完成用户数据格式的转换；负责移动终端与 Internet 之间的路由功能；采集用户的使用详情记录 UDR，同时作为 AAA 的客户端，向 AAA 服务器发送 UDR；为简单 IP 用户分配 IP 地址；在移动 IP 应用中，作为 Foreign Agent 和 Home Agent 建立移动 IP 隧道。

AAA：负责用户身份认证、网络鉴权及计费的功能，因其通常采用远程鉴权拨号用户业务（RADIUS）协议而又被称为 RADIUS 服务器。其具体功能有：业务提供网络的 AAA 负责在 PDSN 和归属网络之间传递认证和计费信息；归属网络的 AAA 对移动用户进行认证、授权与计费；中介网络（Broke Network）的 AAA 在归属网络与业务提供网络之间进行消息的传递与转发。

PCF：负责与 BSC（基站控制器）配合，转发无线子系统和 PDSN 之间的消息，完成与分组数据有关的无线信道控制功能。具体功能有：建立、维护与终止和 PDSN 的第二层链路连接；与

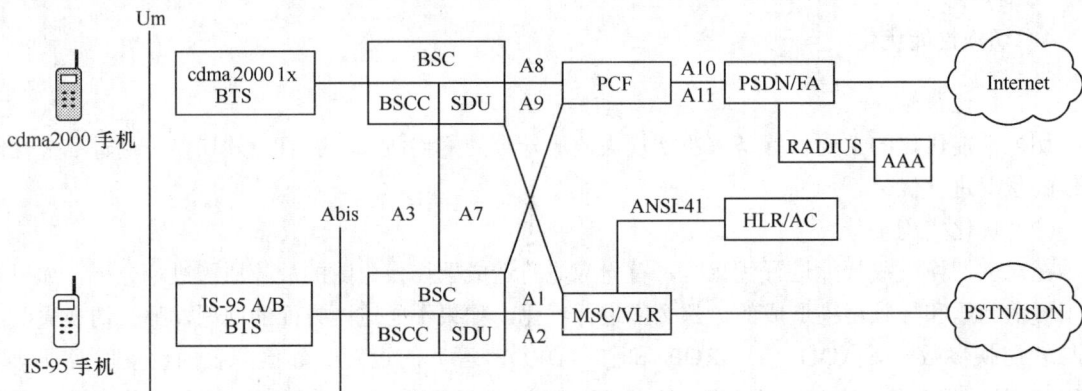

图 8.10　cdma2000 网络的简要单元模型

PDSN 交互以便支持休眠切换（Dormant Handoff）；收集与无线链路有关的计费信息，并通知 PDSN。

A8 和 A10 分别负责传输 BSC 与 PCF、PCF 与 PDSN 之间的用户业务，A9 和 A11 则分别负责传输相应的信令信息。其中，A10 和 A11 是无线接入网与分组核心网之间的开放接口。

（2）cdma2000 1x 网络选型优化

考虑到分组域核心设备（PDSN、AAA、PCF）在优化数据业务服务质量中的决定作用，运营商在进行设备选型以前，有必要对其性能指标及相互关系进行详细分析。

"木桶效应"告诉我们，单独考虑某一项核心设备，是很难使整个 cdma2000 1x 分组域网络达到最佳运行状态的。为了提高整个网络性能、减少网络瓶颈，在考虑核心设备性能的同时，也要考虑其他配套设备的性能匹配。

① PCF 和 PDSN 的性能匹配

PDSN 与用户之间的数据需要 PCF 来承载，所以 PCF 的能力需要和 PDSN 的能力相匹配。在网络建设中，需要从以下指标来匹配 PCF 和 PDSN 的能力：同时支持的 A10/A11 接口总数，同时支持的激活 A10/A11 接口数，每秒钟新建的 A10/A11 接口数以及吞吐量。

在目前的协议版本中，每个 PPP 都需要一个 A10/A11 接口来承载，所以 PCF 对 A10/A11 接口的支持等同于 PDSN 对 PPP 的支持。为了使 PCF 不成为整个网络的瓶颈，PCF 对 A10/A11 接口的支持能力必须大于或等于 PDSN 对 PPP 的支持能力。

② PDSN 和 AAA 的性能匹配

一个 PPP 从建立到释放，PDSN 至少要产生 1 个认证消息和 2 个计费消息，所以 AAA 每秒钟对认证、计费消息的处理能力至少要等于 PDSN 的 CAPS 值的 3 倍。

③ 其他性能的考虑

一个网络要提供高质量的业务，不能只考虑那些可测量的性能指标，还要考虑那些无法在实验室测量的指标。例如以下两个指标。

● 稳定性。稳定性是衡量设备性能的基础指标，它决定了设备在实际网络中的可用性。有的设备能够达到很高的实验室性能，但时好时坏、不稳定，这种设备不适于在商用网络中实际使用；有的设备在某些特定环境下经过仔细的参数调整后，可能会有较高的性能指标，但如果环境稍有变化，又要调整很多参数才能工作正常，这种产品对环境的适应能力差，也不建议大量使用。

● 可扩展性。网络的发展总是循序渐进的，设备的能力要随着用户的增加而逐步增加，设备的可扩展性决定了网络扩容的难易程度，也决定了网络扩容的成本，在网络建设初期需要加以考虑。

（3）分组数据业务重要指标的优化

要成功部署一个分组数据网，仅了解其中涉及的网络单元是不够的，还必须分析影响用户使用的因素，使得系统中尽可能多的技术设计参数都有利于改善用户的体验。

的确有一些"客观指标"可以用来衡量数据应用/业务的质量，但是毕竟用户才是服务质量的最终评判者，因而用户的主观感受以及相应用来"隐藏真实网络质量"的方法也是不容忽视的。

用户体验的影响因素有以下几个方面。

① 客观因素

a. 时延

无论是用哪种业务，用户所能忍受的时延总是在一定范围内的。时延最小或是通过在后台进行网络操作来掩饰时延的业务会让用户感觉良好。分组数据业务的关键是怎样以最快的速度响应用户的请求（例如网页浏览、WAP 浏览等）。对宽带 Internet 接入（DSL，电缆 MODEM）的需求表明用户希望减少时延，习惯了快速有线 Internet 接入的用户会期待无线数据网提供同样的服务。

与无线部分有关的"总时延"包括：建立无线业务信道及呼叫处理；链路层协议初始化；传输时延；相关服务器的响应。另外，Internet 部分的通信量、服务器的响应时间以及用户终端上内容提交的时延也是构成"总时延"的重要部分。

时延和吞吐量是分组数据业务的两个重要指标，也是无线网络规划与优化中应当着重考虑的主要因素。以下将详细介绍这两个指标的有关情况。

呼叫建立时延的优化建议

在设备允许的情况下，尽可能地降低各部分的时延，是运营商应当追求的目标。表 8.4 所示为高通公司对各部分时延的建议值。

表 8.4　　　　　　　　　　　　可接受的呼叫建立时延

呼叫建立过程	信道分配＋业务连接	RLP 同步	PPP 协商和建立
最大可接受时延（s）	1.5	0.4	1.4

但对现网的测试发现，有些城市数据业务的呼叫建立时延约为 10s 左右，这说明网络配置还存在一些待改善的环节。以下是两点优化建议。

- RLP 初始化时，基站不能丢弃 LCP 数据包。
- 用 RLP_BLOB 避免 RLP 同步交换过程。

网络传输时延的优化建议

- PDSN 与移动台之间的往返传输时延应最小化。网络中每一产生时延的组成部分（例如 L 或 R-P 接口）都要经过仔细分析，以确保时延的最小化。
- PDSN 与因特网之间或与其他 PDSN 之间中继干线的时延应最小化。

b. 峰值速率和吞吐量

峰值速率和吞吐量都是衡量移动通信系统提供数据业务能力的重要指标。峰值速率虽然表达的仅仅是系统提供应用的最大系统能力，但将峰值速率同系统的理论速率相比较，就可以看出系统实现情况的好坏。吞吐量跟时延有着很强的依赖关系，吞吐量太小，交互式应用就会表现出较大的时延；当程序交换大量数据时这种关系更加明显，吞吐量决定了会话式和流式应用的服务质量。

用户享用的服务能力应该用系统的吞吐量而不是峰值速率。因为，二者中间还有一重发次数的问题。

c．语音与数据

一般认为，语音质量不应受数据业务影响而降低，即与数据应用相比，语音应用的优先级较高。

② 主观感受

a．无间断在线

能否"感到"自己时刻在线，对用户来讲相当重要。cdma2000 中的休眠状态提供了移动台与网络之间的不间断连接，恰当配置相关参数即可在节约资源的情况下，保证用户的"无间断在线"。

b．内容与应用

高效无线分组数据网的意义在于能给用户提供精彩纷呈、日新月异的内容和应用。在某种程度上，运营商可以试图预测用户的需要，并依此进行开发。但是，如果没有第 3 方的应用和内容，用户很难会满意网络质量。

c．其他因素

还有一些因素虽然跟运营商关系不大，但它们直接影响着用户的主观感受，也往往是用户评价移动通信系统的一个出发点。这些因素有：移动台电池的使用寿命；用户界面的设计；支持可由用户升级的固件；配置简单直接，使用标准软件（例如网页浏览）等。

8.4.4　CDMA 系统中存在的最优化配置问题

本小节介绍了 cdma2000 1x 业务中一些系统参数最佳配置方面的内容，主要描述了 CDMA 系统中存在的最优化配置问题，cdma2000 系统中功率分配问题，以及最佳 Walsh 码配置问题。

1．CDMA 系统中最优化配置问题

要保证 CDMA 系统稳定良好的运行，系统参数的正确选择和优化配置是必不可少的条件。通常在 CDMA 系统中的最优化问题有以下几个方面。

- 导频信道 PN 码偏移的选择
- 前向链路功率的分配
- 前向链路衰落余量的选择
- 前反向链路容量平衡
- Walsh 码的配置问题

2．cdma2000 1x 系统中功率分配问题

由于 CDMA IS-95 和 cdma2000 1x 前向业务信道采用了基于前向导频信道的相干解调机制，提高了导频信道的发射功率，有利于业务信道的信号捕捉，从而可以减少相应的业务信道发射功率。

cdma2000 1x 系统的前向链路信道由导频信道、业务信道、开销信道组成。其中导频信道只考虑前向导频信道（F-PICH），因为发送分集导频信道和辅助导频信道只与发射分集技术和智能

天线技术有关，不一定总是存在；业务信道只考虑 RC3 下通常存在的前向基本信道（F-FCH）、前向补充信道（F-SCH）；开销信道只考虑前向同步信道（F-SYNC）和前向寻呼信道（F-PCH），而其他信道通常只在短时间内存在。

（1）最佳导频信道信噪比

CDMA 系统是自干扰系统，因此保证每个信道的误帧率一定的条件下，减少基站发射功率可以提高前向系统容量。前向信道需要满足

$$E_i/N_0 \geqslant \rho_i \tag{8.1}$$

其中，i 为不同信道，对应 Pilot（导频信道）、Sync（同步信道）、Page（寻呼信道）、FCH（基本业务信道）和 SCH（补充业务信道）。E_i 表示每比特（对导频信道是每码片）接收信号能量；ρ_i 为在给定误帧率条件下每个信道要求的 E_i/N_0 最小值；N_0 表示总的噪声功率谱密度，包括热噪声和总干扰功率谱密度，可以表示为

$$N_0 = k_f I_0 + \eta_0 = k_f \frac{S}{W} + \eta_0 \tag{8.2}$$

其中，k_f 是干扰因子；I_0 是无干扰时接收到的本小区前向链路总的功率谱密度；η_0 是移动台接收机的热噪声功率谱密度；W 是扩频带宽；S 是无干扰时接收到的本小区前向链路总功率，在只有语音业务情况下，可表示成

$$S = R_{pilot}E_{pilot} + R_{sync}E_{sync} + NR_{page}E_{page} + Mk_{pc}\alpha R_{FCH}E_{FCH} \tag{8.3}$$

其中，R_i 表示各个信道的数据速率，N 为寻呼信道数目（可取 1~7），M 为业务信道数目，α 是平均语音激活因子，k_{pc} 是功率控制因子。

假设小区边缘处各个信道的接收信噪比恰好等于满足 FER 要求的最低信噪比，可得

$$E_i^* = \rho_i N_0 = \frac{\rho_i \eta_0}{D} \tag{8.4}$$

其中 $D = 1 - k_f \left(\dfrac{\rho_{pilot}}{G_{pilot}} + \dfrac{\rho_{sync}}{G_{sync}} + N\dfrac{\rho_{page}}{G_{page}} + Mk_{pc}\alpha\dfrac{\rho_{FCH}}{G_{FCH}} \right)$，$G_i = \dfrac{W}{R_i}$ 为各个信道的处理增益。

用 P_i 和 S_i 表示每个信道的发射功率和接收功率，它们之间的关系为

$$P_i = S_i L_T(d) \tag{8.5}$$

其中，$L_T(d)$ 是包括非传输损耗和各种增益在内的基站发射机与距离 d 处的移动台接收机之间的路径损耗，将 E_i^* 的结果代入，并假定小区半径为 R，$N_m = \eta_0 W$ 为移动台的热噪声功率，可得

$$P_i = E_i^* R_i L_T(R) = \frac{\rho_i N_m L_T(R)/G_i}{D} \tag{8.6}$$

将上式中的 i 替换为各个信道标记，并代入 D 的表达式，可得到各个信道的发射功率表达式，最后可以得到基站的总发射功率为

$$P_{total} = P_{pilot} + P_{sync} + NP_{page} + Mk_f\alpha P_{FCH}$$

$$= \frac{N_m L_T(R)\left(\dfrac{\rho_{pilot}}{G_{pilot}} + \dfrac{\rho_{sync}}{G_{sync}} + N\dfrac{\rho_{page}}{G_{page}} + Mk_{pc}\alpha\dfrac{\rho_{FCH}}{G_{FCH}} \right)}{1 - k_f\left(\dfrac{\rho_{pilot}}{G_{pilot}} + \dfrac{\rho_{sync}}{G_{sync}} + N\dfrac{\rho_{page}}{G_{page}} + Mk_{pc}\alpha\dfrac{\rho_{FCH}}{G_{FCH}} \right)} \tag{8.7}$$

由上式可见，前向信道发射功率可根据寻呼信道和激活用户数进行动态调整。上式的限制条件为

$$P_{total} \leqslant P_{max}, \quad 1 - k_f \left(\frac{\rho_{pilot}}{G_{pilot}} + \frac{\rho_{sync}}{G_{sync}} + N \frac{\rho_{page}}{G_{page}} + M k_{pc} \alpha \frac{\rho_{FCH}}{G_{FCH}} \right) > 0 \text{。若} \rho_{sync} \text{和} \rho_{page} \text{为常数，当} \rho_{pilot} \text{和} \rho_{FCH}$$

取定时，导频信道和业务信道的功率分配也就确定了。由仿真实验可知，ρ_{pilot} 和 ρ_{FCH} 存在函数关系，ρ_{pilot} 的选择影响 ρ_{FCH} 的选择，进而影响功率的分配方案。图 8.11 所示为二者的关系曲线。

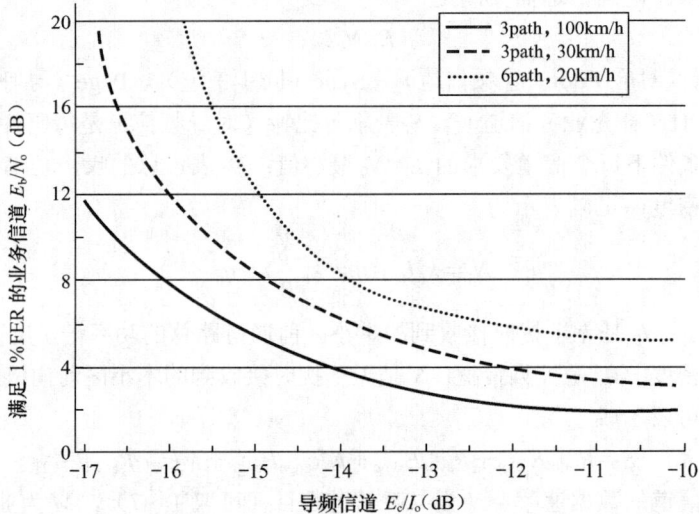

图 8.11　前向链路中满足 1%FER 时的业务 E_b/N_0 和导频 E_c/I_0

图 8.11 中 3 条曲线的共同点是，导频信道 E_c/I_0 越高，业务信道所要求的 E_b/N_0 就越小。当导频信道 E_c/I_0 超过 -14dB 后，业务信道 E_b/N_0 下降趋于平缓。

进一步，由图 8.11 和基站总发射功率表达式并代入典型参数值，可以得到前向链路总发射功率与导频信道 E_c/I_0 之间的关系曲线，如图 8.12 所示。

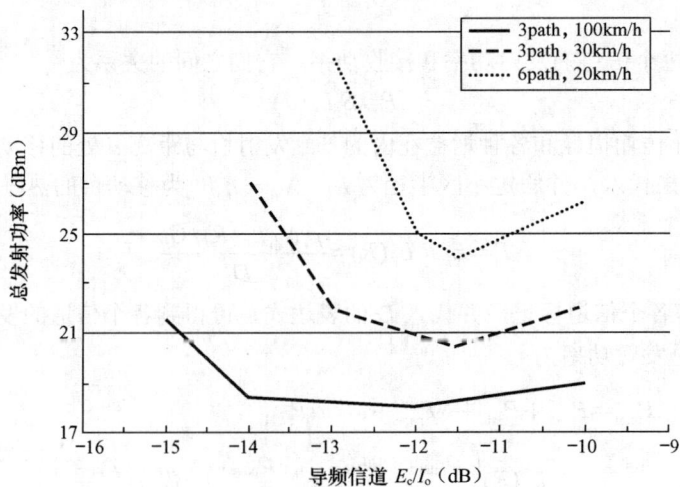

图 8.12　前向链路总发射功率和导频信道 E_c/I_0

由图 8.12 可以看出，总发射功率先随着导频信道 E_c/I_0 的增加而下降，后又随着导频信道的增

加而增加。对于每一种移动环境，都存在一个使总发射功率最小的导频信道 E_c/I_o 值，取该值为该移动环境的最佳导频信道信噪比。从图 8.12 中可以看出，对移动速度为 30km/h 的用户，最佳导频信道信噪比是 −11dB 左右。

（2）F-SCH 信道对功率分配的影响

cdma2000 1x 系统中，前向补充信道（F-SCH）用来支持高速下载数据业务。以 RC3 为例，假设所有用户处于小区边缘，其中 1 个用户使用补充信道，其数据速率为 16x，即 153.6kbit/s，其余用户速率为 1x，即 9.6kbit/s。用户 1 的处理增益大小是

$$G_{\text{SCH}}=\frac{1.2288\text{Mchip/s}}{153.6\text{kbit/s}}=8 \tag{8.8}$$

通常数据业务是连续传送的，因此用户的激活因子取 1。为了简化分析，这里假定补充信道的目标信噪比要求与基本信道一致，即 $\rho_{\text{FCH}}=\rho_{\text{SCH}}$。运用前面的分析，可以得出

$$D=1-k_{\text{f}}\left(\frac{\rho_{\text{pilot}}}{G_{\text{pilot}}}+\frac{\rho_{\text{sync}}}{G_{\text{sync}}}+N\frac{\rho_{\text{page}}}{G_{\text{page}}}+k_{\text{pc}}\frac{\rho_{\text{SCH}}}{G_{\text{SCH}}}+Mk_{\text{pc}}\alpha\frac{\rho_{\text{FCH}}}{G_{\text{FCH}}}\right)>0 \tag{8.9}$$

代入（8.6）式，可得各个信道分配的功率大小，其中基本信道和补充信道的发射功率为

$$P_{\text{FCH}i}=\frac{\rho_{\text{FCH}}N_mL_{\text{T}}(R)/G_{\text{FCH}}}{1-k_{\text{f}}\left(\dfrac{\rho_{\text{pilot}}}{G_{\text{pilot}}}+\dfrac{\rho_{\text{sync}}}{G_{\text{sync}}}+N\dfrac{\rho_{\text{page}}}{G_{\text{page}}}+k_{\text{pc}}\dfrac{\rho_{\text{SCH}}}{G_{\text{SCH}}}+Mk_{\text{pc}}\alpha\dfrac{\rho_{\text{FCH}}}{G_{\text{FCH}}}\right)} \tag{8.10}$$

$$P_{\text{SCH}i}=\frac{\rho_{\text{SCH}}N_mL_{\text{T}}(R)/G_{\text{SCH}}}{1-k_{\text{f}}\left(\dfrac{\rho_{\text{pilot}}}{G_{\text{pilot}}}+\dfrac{\rho_{\text{sync}}}{G_{\text{sync}}}+N\dfrac{\rho_{\text{page}}}{G_{\text{page}}}+k_{\text{pc}}\dfrac{\rho_{\text{SCH}}}{G_{\text{SCH}}}+Mk_{\text{pc}}\alpha\dfrac{\rho_{\text{FCH}}}{G_{\text{FCH}}}\right)} \tag{8.11}$$

由式（8.10）和式（8.11），可得 $\dfrac{P_{\text{SCH}i}}{P_{\text{FCH}i}}=\dfrac{\rho_{\text{FCH}}/G_{\text{FCH}}}{\rho_{\text{SCH}}/G_{\text{SCH}}}$，由假设条件，以及两种信道的处理增益，可得 $\dfrac{P_{\text{SCH}i}}{P_{\text{FCH}i}}=16$，即高速补充信道所要求的发射功率大约是基本信道的 16 倍。可见，业务信道的数据速率对业务信道发射功率的影响很大。高速补充信道的使用会增加业务信道的发射功率，从而使得前向链路低速信道的容量减少。

习题与思考题

8.1　在建网之前为什么要进行网络规划，它有什么必要性？

8.2　在网络运营期间为什么要进行网络优化，它有什么必要性？

8.3　网络规划与网络优化两者有什么不同？两者有何联系关系？

8.4　简述网络规划与网络优化的意义及其流程。

8.5　简述网络规划与网络优化的基本原理及其分工。

8.6　CDMA 网络规划应该注意哪些问题？

8.7　什么是覆盖优化与容量优化？两者之间有何联系？

参 考 文 献

［1］啜钢等.CDMA 无线网络规划与优化［M］.北京：机械工业出版社，2005.

［2］Kyoung Il Kim. CDMA 系统设计与优化［M］.刘晓宇、杜志敏译.北京：人民邮电出版社，2000.

［3］Jaana Laiho, Achim Wacker, Tomas Novosad . Radio Network Planning and Optimisation for UMTS.

［4］李怡滨.cdma20001x 网络优化与规划［M］.北京：人民邮电出版社，

［5］中兴通讯.CDMA 网络规划与优化［M］.北京：电子工业出版社，2005.2.

［6］华为技术有限公司.cdma2000 1x 无线网络规划与优化［M］.北京：人民邮电出版社，2005.

［7］彭木根，王文博.3G 无线资源管理与网络规划优化［M］.北京：人民邮电出版社，2006.

第 **9** 章　无线移动通信未来发展

学习重点和要求

本章主要介绍继第三代移动通信系统 IMT-2000 之后的新一代移动通信系统的发展状况。主要内容包括各种 IMT-2000 增强系统，如 3GPP LTE。然后介绍了第四代移动通信系统 IMT-Advanced 的发展现状。

要求

- 掌握第三代移动通信各种增强系统的特性。
- 了解未来无线移动通信技术的发展趋势。

9.1　IMT-2000 增强系统

9.1.1　概述

近年来移动用户对高速率数据业务如网页浏览、视频传输等需求的提高，促使了移动通信系统的高速发展。第三代移动通信系统 IMT-2000 的出现使得这些需求在一定程度上得到满足，例如可以提供相比 2G 更大容量、更高质量的通信服务，并支持一定的多媒体应用。但是随着移动通信业务和需求的迅猛发展，以码分多址（CDMA）技术为核心的传统 3G 系统将无法满足需求。数字信号处理技术的飞速发展使得正交频分复用（OFDM）技术逐渐得以实用，并受到广泛关注。3GPP 于 2004 年底启动了长期演进（Long Term Evolution，LTE）项目，以确保其 UMTS（Universal Mobile Telecommunication System）系统的长期竞争力。3GPP2 随后跟进，于 2005 年初启动了空中接口演进（Air Interface Evolution，AIE）项目。可以将 3GPP LTE 和 3GPP2 AIE 项目统称为演进型 3G 技术，它通过引入 OFDM、MIMO 等无线通信新技术，对 3G 核心技术进行了大规模革新。

目前看来，第三代移动通信系统 IMT-2000 的后续演进路线主要有 3 个，如图 9.1 所示：一是 3GPP 的 WCDMA 和 TD-SCDMA，均从 HSPA 演进至 HSPA＋，进而到 LTE；二是 3GPP2 的 cdma2000 由 EV-DO Rev.0/Rev.A/Rev.B，最终到 UMB；三是 IEEE 的 WiMAX，由 802.16e 演进到 802.16m。这其中 LTE 拥有最多的支持者，WiMAX 次之，UMB 则支持者很少。在 2008 年移动世界大会（MWC）上 LTE 略胜一筹，基本确立了其在向 4G 发展中的核心地位。

本节将对 LTE 系统及其关键技术、网络结构等进行介绍，然后对这些演进系统中应用的核心技术如 OFDM、MIMO、自适应技术等进行简要介绍。

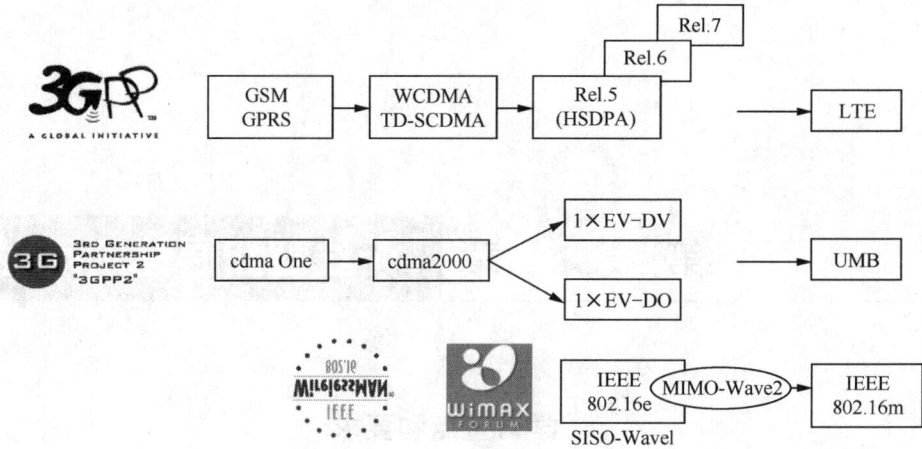

图 9.1　3G 系统后续演进路线

9.1.2　LTE 系统

按照 3GPP 传统工作流程，整个 3G LTE 标准化项目分为两个阶段：2004 年 12 月到 2006 年 9 月份的 Study Item（简称 SI）阶段，进行技术可行性研究，并提交各种技术研究报告；在完成技术可行性研究的基础上，2006 年 9 月到 2007 年 9 月的 Work Item（简称 WI）阶段，进行系统技术标准的具体制定和编写，并提交具体的技术规范。

3G LTE 重点考虑的方面包括降低传输时延、提高用户数据速率、增大系统容量和覆盖范围以及降低运营成本等。其需求指标主要包括[1]以下几个方面。

- 灵活支持 1.25～20MHz 可变带宽。
- 峰值数据率达到上行 50Mbit/s，下行 100Mbit/s，频谱效率达到 3GPP R6 的 2～4 倍。
- 提高小区边缘用户的数据传输速率。
- 用户面延迟（单向）小于 5ms，控制面延迟小于 100ms；支持与现有 3GPP 和非 3GPP 系统的互操作。
- 支持增强型的多媒体广播和组播业务（MBMS）。
- 降低建网成本，实现低成本演进。
- 实现合理的终端复杂度、成本和耗电。
- 支持增强的 IMS 和核心网；追求后向兼容，并考虑性能改进和后向兼容之间的平衡。
- 取消 CS（电路交换）域，CS 域业务在 PS（分组交换）域实现，如采用 VoIP。
- 优化低速移动用户性能，同时支持高速移动；以尽可能相似的技术支持成对和非成对频段。
- 尽可能支持简单的邻频共存。

3G LTE 的研究工作主要集中在物理层、空中接口协议和网络架构几个方面，其中网络架构方面的工作和 3GPP 系统架构演进（SAE）项目密切相关。在这里首先简单介绍 3G LTE 物理层方面的研究进展，并给出空中接口和网络架构方面的基本知识。

1. LTE 物理层技术

（1）双工方式和帧结构

3G LTE 物理层技术的研究是基于 FDD 和 TDD 两种双工方式而展开的。LTE 在数据传输延迟方面的要求很高，即单向延迟要小于 5ms。这一指标要求 3G LTE 系统必须采用很小的传输时间间隔（Transmission Time Interval，TTI）。对于 FDD 系统的设计，如图 9.2 所示，每个无线帧的长度为 10ms，包含 20 个时隙，每个时隙长为 0.5ms，同时每两个连续的时隙构成一个子帧。这种子帧长度和 UMTS 中已有的两种 TDD 技术的时隙长度不匹配，例如 TD-SCDMA 的时隙长度为 0.675ms。时隙无法对齐将导致 TDD 和 FDD 两种系统难以实现"临频同址"共存。针对此问题，在 3GPP Rel-8 版本[2]中将 LTE-TDD 和 LTE-FDD 的帧结构进行融合，将 LTE-TDD 的帧结构修改成基本和 LTE-FDD 相兼容的形式。具体如图 9.3 所示，每个无线帧长度为 10ms，与 LTE-FDD 帧相同，同时分为 2 个半帧，每个为 5ms 长。同时每个半帧包含 5 个子帧，长为 1ms。这两种双工方式在物理层帧结构上的融合将有利于作为 TD-SCDMA 演进系统的 LTE-TDD 的未来发展。

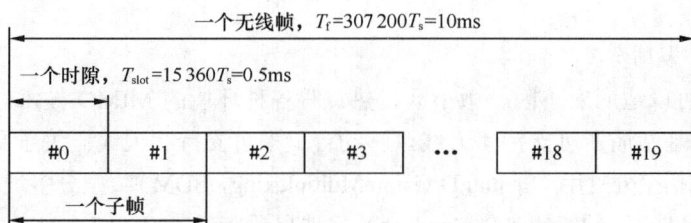

图 9.2 LTE-FDD 模式帧结构

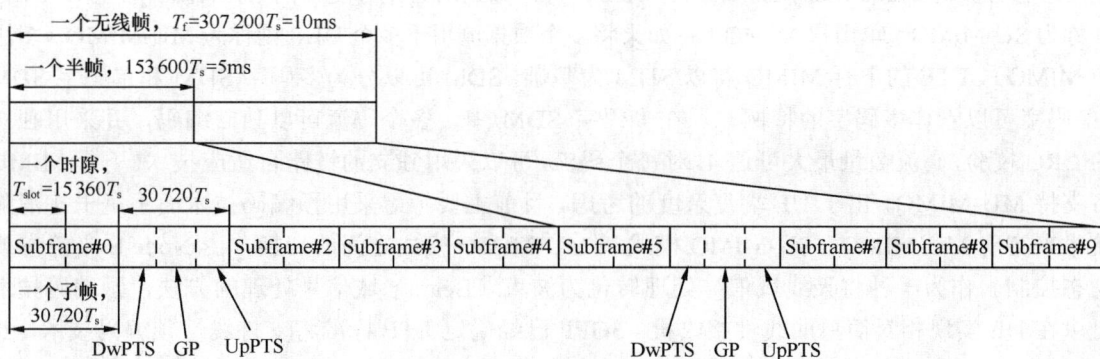

图 9.3 LTE-TDD 模式帧结构

（2）多址技术的选择

关于多址技术的选择，3GPP 已不再沿用 CDMA 技术，而是采用可以取得更高的频谱效率的 OFDM/FDMA 技术，但在上下行多址方式的选择上又有所不同。对于下行链路采用 OFDM 技术。对于上行多址技术，考虑到应用 OFDM 时带来的较高的峰均比（Peak Average Power Rate，PAPR）将影响手持终端的功放成本和电池寿命，因而采用具有较低 PAPR 的单载波 OFDM 技术[3]。最终多址方案确定为，下行采用 OFDM，上行采用 SC-FDMA（单载波频分复用）。

（3）调制和编码

多载波调制 OFDM 技术是 LTE 系统的技术基础，OFDM 系统参数设定对整个系统的性能会产生决定性的影响，其中载波间隔确定为 15kHz，上下行的最小资源块为 375kHz，也就是 25 个子载波宽度，数据到资源块的映射方式可采用集中（localized）方式或离散（distributed）方式。循环前缀（Cyclic Prefix，CP）的长度决定了 OFDM 系统的抗多径能力和覆盖能力。长 CP 利于克服多径干扰，支持大范围覆盖，但系统开销也会相应增加，导致数据传输能力下降。为了达到小区半径 100km 的覆盖要求，LTE 系统采用长短两套循环前缀方案，根据具体场景进行选择：短 CP 方案为基本选项，长 CP 方案用于支持 LTE 大范围小区覆盖和多小区广播业务。

LTE 下行主要采用 QPSK、16QAM、64QAM 这 3 种调制方式。上行主要采用位移 BPSK（π/2-shift BPSK，用于进一步降低 DFT-S-OFDM 的 PAPR）、QPSK、8PSK 和 16QAM。在信道编码方面，LTE 主要考虑 Turbo 码[6]。但如果能获得明显的增益，也将考虑其他编码方式，如低密度校验码（Low Density Parity Check，LDPC）[7]。另外，为了实现更高的处理增益，还可以考虑重复编码。

（4）多天线技术

① 下行 MIMO 和发射分集

LTE 系统将设计可以适应宏小区、微小区、热点等各种环境的 MIMO 技术。基本 MIMO 模型是 2×2 天线配置，基站最多可支持 4 天线，移动台最多可支持 2 天线。关于具体的 MIMO 技术，LTE 考虑的方案包括空分复用（Spatial Division Multiplexing，SDM）、空分多址（Spatial Division Multiple Access，SDMA）、预编码（Pre-coding）、秩自适应（Rank Adaptation）、智能天线以及开环发射分集（主要用于控制信令的传输，包括空时块码（Space-Time Block Code，STBC）和循环位移分集（Cyclic Delay Diversity，CDD）等。如果所有空分复用的数据流都用于一个 UE，则称为 SU-MIMO（单用户 MIMO）；如果将多个数据流用于多个 UE，则称为 MU-MIMO（多用户 MIMO）。LTE 的下行 MIMO 将以 SDM 为基础，SDM 可以分为多码字 SDM 和单码字 SDM（单码字可以看作多码字的特例）。在多码字 SDM 中，多个码流可以独立编码，并采用独立的 CRC 校验，码流数量最大可达 4。对每个码流，可以采用独立的链路自适应技术。下行 MIMO 可支持 MU-MIMO，出于 UE 端复杂度的考虑，目前主要考虑采用预编码技术而不是干扰消除技术来实现 MU-MIMO。SU-MIMO 模式和 MU-MIMO 模式之间的切换，由 Node B 半静态或动态控制。作为一种将天线域信号处理转化为波束（Beam）域信号处理的方法，预编码技术可以在 UE 实现相对简单的线性接收机。3GPP 已经确定 LTE 标准将支持线性预编码技术，并采用码本（Codebook）反馈方式[2]。需要指出的是，在目前的 LTE 研究工作中，智能天线技术也被看做预编码技术的一种特例。开环发射分集将作为闭环 SDM 技术的有效补充，采用循环位移分集技术的开环发射分集方案。

② 上行 MIMO 和发射分集

上行 MIMO 的基本配置是 2×2 天线，考虑采用的 MIMO 方案包括发射分集（CDD 和空时/频块码）、SDM 和预编码等。上行 MIMO 还将采用一种特殊的 MU-MIMO（SDMA）技术，即上行的 MU-MIMO。此项技术可以动态地将两个单天线发送的 UE 配对，进行虚拟的 MIMO 发送，这样 2 个具有较好正交性信道的 UE 可以共享相同的时/频资源，从而提高上行系统的容量。

（5）链路自适应

由于 MIMO 和 OFDM 技术的引入，在 LTE 系统中存在对时、频、空 3 个维度的信号处理，因而也为链路自适应方案带来了更多的灵活性。在 LTE 中链路自适应的核心技术是自适应调制编码（AMC）和混合自动重传请求（HARQ）[8]。AMC 根据信道的质量情况，选择最合适的调制和编码方式，能够提供粗略的数据速率的选择；而 HARQ 基于信道条件提供精确的编码速率调节，可自动适应瞬时信道条件，且对延迟和误差不敏感。

① 自适应调制编码（AMC）

在 LTE 系统中，数据流的处理结构是空域优先的，即先在空域上进行资源分配，然后再分别对每根天线上进行频域的资源分配，这一结构被称为每天线速率控制（Per Antenna Rate Control，PARC）。然后综合考虑系统性能和复杂度等因素，对于每根天线上的资源分配，采用公共调制—公共编码（CMC）结构，即对于频域资源块采用相同的调制编码方式（MCS）。简而言之，对每用户的单个数据流，在一个 TTI 内，每个来自第二层的协议数据单元（Protocol Data Unit，PDU）只能采用一种 MCS 组合，但对于不同 MIMO 流之间则可以采用不同的 MCS 组合。

② 混合自动重传请求（HARQ）

HARQ 技术有效地结合前向纠错编码（FEC）和自动重传请求（ARQ）两种基本的差错控制方法，提供了比单独的 FEC 方法更高的可靠性和比单独的 ARQ 方法更高的传输速率。HARQ 从重传内容上分主要有 3 种机制，Chase 合并、完全增量冗余和部分增量冗余。进一步讲，如果 HARQ 每次重传的时刻和所采用的发射参数，如调制编码方式及资源分配等都是预先定义好的，称为同步非自适应 HARQ。而所谓的异步 HARQ 即重传可以根据需要随时发起，自适应 HARQ 每次重传的发射参数可以动态调整。因此异步 HARQ 和自适应 HARQ 与一般的同步非自适应 HARQ 相比可以取得一定增益，但同时需要额外的信令开销。在 LTE 系统中，采用的是增量冗余（IR）HARQ 机制，并且在下行链路系统中采用异步自适应的 HARQ 技术，在上行链路采用同步非自适应 HARQ 技术[9]。

（6）功率控制

由于在小区内不存在 CDMA 系统中的"用户间干扰"，3G LTE 系统可以在每个子频带内分别进行"慢功控"。但在上行，如果对小区边缘用户进行完全的功控，可能导致增加小区间干扰的问题。考虑对边缘用户只"部分"补偿路径损耗和阴影衰落，从而避免产生较强的小区干扰，以获得的更大的系统容量。

（7）小区搜索

用于小区搜索的信道包括同步信道（Synchronization Channel，SCH）和广播信道（Broadcast Channel，BCH），SCH 用来取得下行系统时钟和频率同步，而 BCH 则用来取得小区的特定信息。此外，参考信号也可能被用于一部分小区搜索过程。总的来说，UE 在小区搜索过程中需要获得的信息包括：符号时钟和频率信息、小区带宽、小区识别号（ID）、帧时钟信息、小区多天线配置、BCH 带宽以及 SCH 和 BCH 所在子帧的 CP 长度。其中，小区 ID 可以通过直接检测或 ID 组检测获得，直接检测即通过 SCH 直接映射到小区 ID；而 ID 组检测即通过 SCH 确定 ID 组，然后再通过参考符号和 BCH 确定具体的小区 ID。BCH 带宽则可以由小区带宽直接映射，或由 UE 通过盲检测获得。

（8）多媒体组播和广播业务（MBMS）

MBMS 是指无线网络中一个数据源向多个用户发送数据的点到多点（p-t-m）业务，在不改变网络结构的基础上实现组播和广播业务与一般通信业务网络资源共享，包括移动核心网和接入网资源共享，尤其是空中接口的资源，从而提高无线资源的利用率。

LTE 的 MBMS 系统可以采用两种方法实现：多小区发送和单小区发送。对于单小区发送，MBMS 业务信道（MBMS Traffic Channel，MTC）映射到下行共享信道（DL Shared Data Channel，DL-SCH）；对于多小区发送，MTCH 可能映射到另一个单独的传输信道。多小区发送 MBMS 系统的核心是基于单频网（Single Frequency Network，SFN）的下行宏分集软合并技术。为此，小区间要取得同步以使 UE 能合并多小区的信号。用于多小区发送 MBMS 的参考符号在小区间需要保持一致。但对单小区 MBMS，需要考虑对各小区采用不同的参考信号。

（9）同步

除了考虑基本的 UE 和 Node B 之间的同步外，基于 OFDM/FDMA 的 LTE 系统还需要考虑另外两种同步操作：一是上行同步（又称时间控制），即为了保证上行多用户之间的正交性，要求各用户的信号同时到达 Node B，误差在 CP 以内，因此需要根据用户距 Node B 的远近调整它们的发射时间；另一个是 Node B 之间的同步，保持 Node B 之间的正交性可以使基于 OFDM/FDMA 的 LTE 系统获得更好的性能（例如对于 MBMS 系统），但 3GPP 系统传统上不像 3GPP2 系统那样依靠外部时钟（如 GPS）取得同步，考虑的解决方法是 Node B 借助小区内各 UE 的报告和相邻 Node B 作同步校准，使全系统逐步和参考基站取得同步。

（10）切换

LTE 最终确定在上行和下行都没有采用宏分集合并技术，这意味着 LTE 将不采用软切换，而将采用快速小区选择（即快速硬切换）方法。除了系统内的切换，LTE 也考虑了不同频率之间和不同系统（如其他 3GPP 系统、WLAN 系统等）的切换。

（11）小区间干扰抑制

LTE 提高小区边缘数据率的目标将通过小区间干扰抑制技术来实现。具体方案包括干扰随机化、干扰协调、干扰消除和慢功控等。

所谓干扰协调技术，即在小区中心采用 1 的频率复用，而在小区边缘采用大于 1 的频率复用，从而避免强干扰。该技术又称为部分频率复用（Fractional Frequency Reuse，FFR）或软频率复用（Soft Frequency Reuse，SFR）。干扰协调的缺点是可用于小区边缘的频率资源变得有限，这限制了小区边缘的峰值速率和系统容量。

干扰消除技术可以将干扰小区的信号解调、解码，然后复制、减去来自该小区的干扰。以基于 IDMA（Interleaved Division Multiple Access）的干扰消除技术为例[10]，通过伪随机交织器产生不同的交织图案，并分配给不同的小区。接收机采用不同的交织图案解交织，就可以将目标信号和干扰信号分别解出，然后进行干扰消除。

在难以使用干扰消除和干扰协调的时候，还可以采用干扰随机化技术。这种方法是将小区间的干扰随机化为白噪声，因此又称为干扰白化。目前主要考虑采用小区加扰来实现干扰随机化，该方法可以取得最基本的小区间干扰抑制效果。

2．LTE 网络结构概述

为了达到简化信令流程、缩短延迟和降低成本的目的，E-UTRAN（LTE）舍弃了 UTRAN 的无线网络控制器－基站（RNC-NodeB）结构，完全由演进型 Node B（eNode B）组成。图 9.4 给出了当前 3G Rel-6 的网络的拓扑结构和 3G LTE 系统的网络拓扑结构。

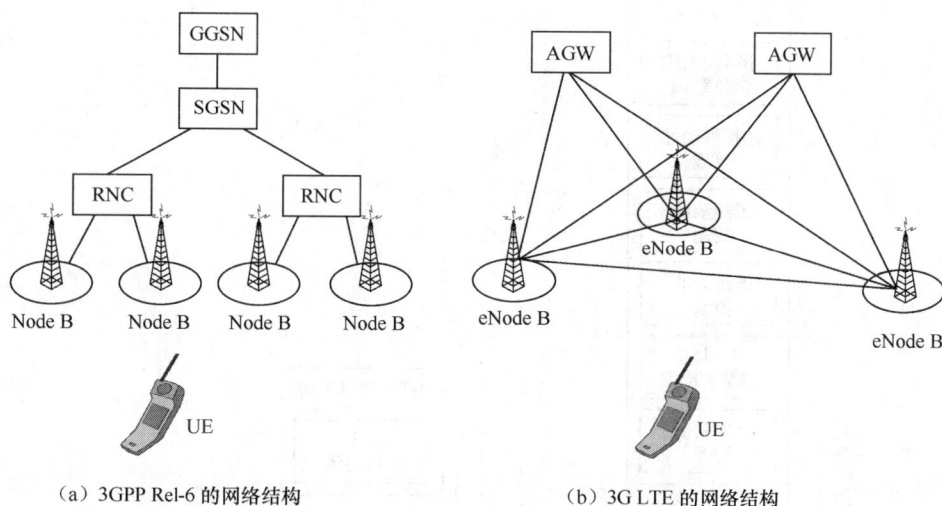

（a）3GPP Rel-6 的网络结构　　　　　　（b）3G LTE 的网络结构

图 9.4　3GPP Rel-6 的网络结构和 3G LTE 的网络结构

在 Rel-6 中，RNC 主要负责对各种接口的管理，是无线资源管理的主体，主要功能包括移动性管理、呼叫控制、切换控制、功率控制、宏分集合并等功能。一个 RNC 控制一个或者多个 Node B。Node B 主要实现空中接口与物理层间的相关处理并完成一部分无线资源管理功能，比如快速功率控制。GPRS 服务支持节点（SGSN）用于执行移动性管理、安全管理、接入控制和路由选择等功能。GPRS 网关支持节点（GGSN）负责提供 GPRS/PLMN 与外部分组数据网的接口，并提供必要的网间安全机制（如防火墙）。

和 UTRAN 相比，E-UTRAN 最突出的变化是：原来的三层结构演化为两层结构，使得用户面的数据传送和无线资源的控制变得更加迅捷。新的网络结构舍弃了 RNC、SGSN 和 GGSN 节点，引入了一个新的节点：接入网关（AGW），如图 9.4 所示。之前由 GGSN、SGSN 提供的功能并入了 AGW，由 RNC 承担的功能则分散到了 eNodeB 和 AGW 上。E-UTRAN 网络中 eNode B 和 AGW 所承担的功能如图 9.5 所示。

eNode B 的主要功能包括以下几个方面。

- 建立连接的 AGW 的选择
- 确定在 RRC 激活时向 AGW 的路由
- 寻呼信息的调度和传输
- 广播控制信道信息的调度和传输
- 上下行的动态资源分配
- eNode B 的配置和测量
- 无线承载控制
- 无线接入控制
- UE 在 LTE_ACTIVE 状态时的连接移动性管理

AGW 主要分为移动性管理实体（MME）和用户面实体（UPE）两个部分，承担的功能主要包括以下几个方面。

- 寻呼的发起
- UE 在 LTE_IDLE 状态时的移动性管理

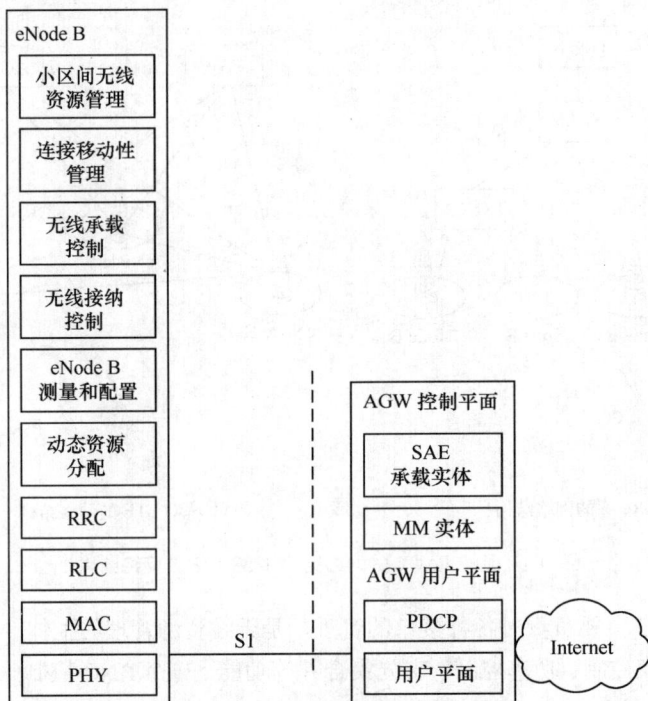

图 9.5　E-UTRAN 各网络节点功能划分

- 用户平面加密
- 数据包汇聚子层（PDCP）
- SAE（System Architecture Evolution）承载控制
- 非接入子层（NAS）信令的加密和完整性保护

9.2　IMT-Advanced 系统

9.2.1　概述

虽然 3G 系统尚未在全球大规模部署，继 3G 和 3G 增强系统之后的下一代移动通信系统，即 B3G，或称 4G，已经处在迅速的研发进程之中。2005 年国际电信联盟（ITU）正式将下一代移动通信系统命名为 IMT-Advanced。下一代移动通信系统将基于全 IP 的核心网，如图 9.6 所示，支持有线及无线接入，具有非对称数据传输能力，在高速移动环境下速率将达到 100Mbit/s，在静止环境下将达到 1Gbit/s 以上，能够支持下一代网络的各种应用。预计通过 IMT-Advanced 系统，用户将可以在"任何时间、任何地点以任何方式"接入网络，并自由地选择业务和应用，从而满足用户对于无线通信服务的各种需求。IMT-Advanced 系统将具有高速率传输、智能化、业务多样化、无缝接入、兼容经济等特性，相比 3G 系统将具有无法比拟的优势。本节主要介绍 IMT-Advanced 系统的主要特点及标准化状况，以及正在研究的一些热点技术。

1. IMT-Advanced 系统基本概念

早在 2000 年 IMT-2000 标准初版完成后，ITU 就开始考虑 IMT-2000 的未来发展和后续演进

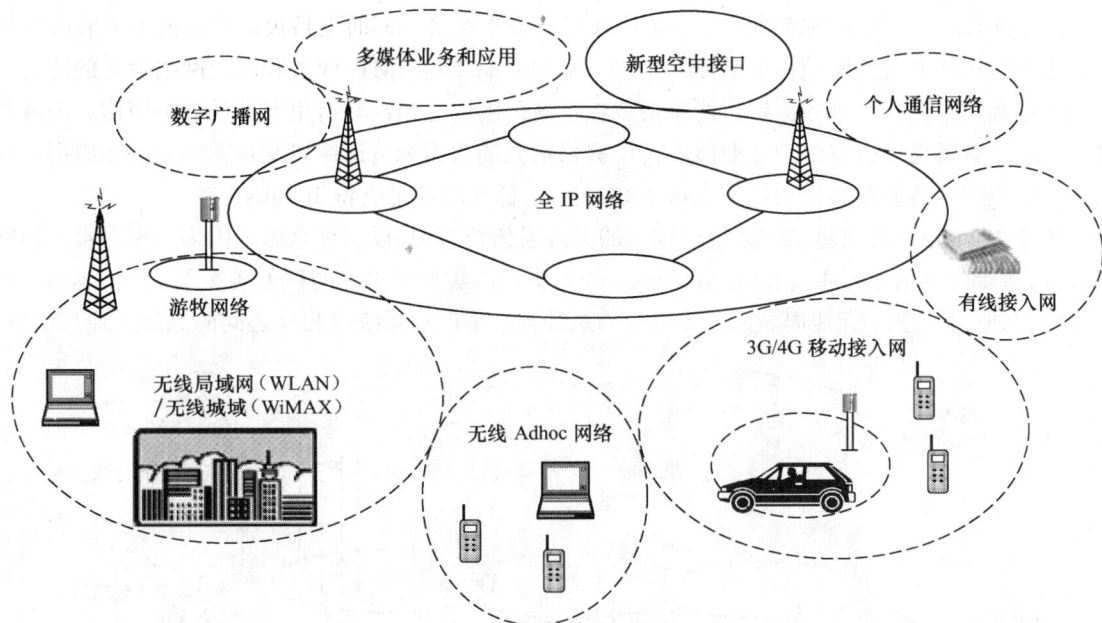

图 9.6 IMT-Advanced 网络构架

问题。相关的工作分为两部分：对 IMT-2000 的未来发展（Future Development of IMT-2000）及 IMT-2000 后续系统（System Beyond IMT-2000）的研究[11]，并于 2005 年 ITU 正式将 System Beyond IMT-2000 部分命名为 IMT-Advanced。

ITU 将 IMT-Advanced 系统定义为具有超过 IMT-2000 的能力的新移动通信系统。该系统能够提供广泛的电信业务，包括由移动和固定网络所支持的各种日益增长的基于数据包的新型移动业务。

如图 9.7 所示，IMT-Advanced 系统作为继 3G 和 E3G 之后的下一代移动通信系统，其主要内容不仅包括传统通信技术，还包括各种无线接入新技术及数字广播新技术等。它支持从低到高的各种移动性下的应用，同时可以达到远远超过 3G 系统的高数据速率，并满足多种应用环境下用户业务需求。IMT-Advanced 系统还具有在更广泛的服务平台下提供高 QoS 多媒体应用的能力。

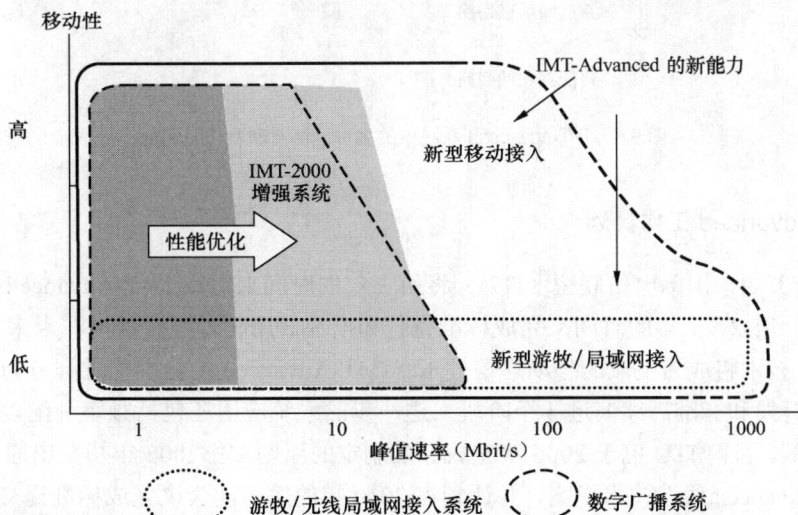

图 9.7 IMT-Advanced 系统预期性能

IMT-Advanced 的关键特性[12]还包括：在保持成本经济，同时支持灵活广泛的服务和应用的基础上，可以达到世界范围内的高度通用性；同时具有支持 IMT 业务和固定网络业务的能力；可以承载高质量的移动服务；用户终端可以在全球范围内通用；具有更友好的业务应用、服务和终端设备；具备全球范围内的漫游能力；可提供增强的数据峰值速率以支持新的业务和应用，例如多媒体应用（需要在高移动性下支持 100Mbit/s，低移动性下支持 1Gbit/s）等。

IMT-Advanced 旨在建立一个全球统一的无线通信新架构，以实现全球范围内的无缝接入和网间互连。如图 9.8 所示，通过 IMT-Advanced 技术将可以实现未来多的种无线接入系统，包括有线接入网、个人通信网、无线局域网、蜂窝移动系统到数字广播系统等相互之间的无缝互连与切换。

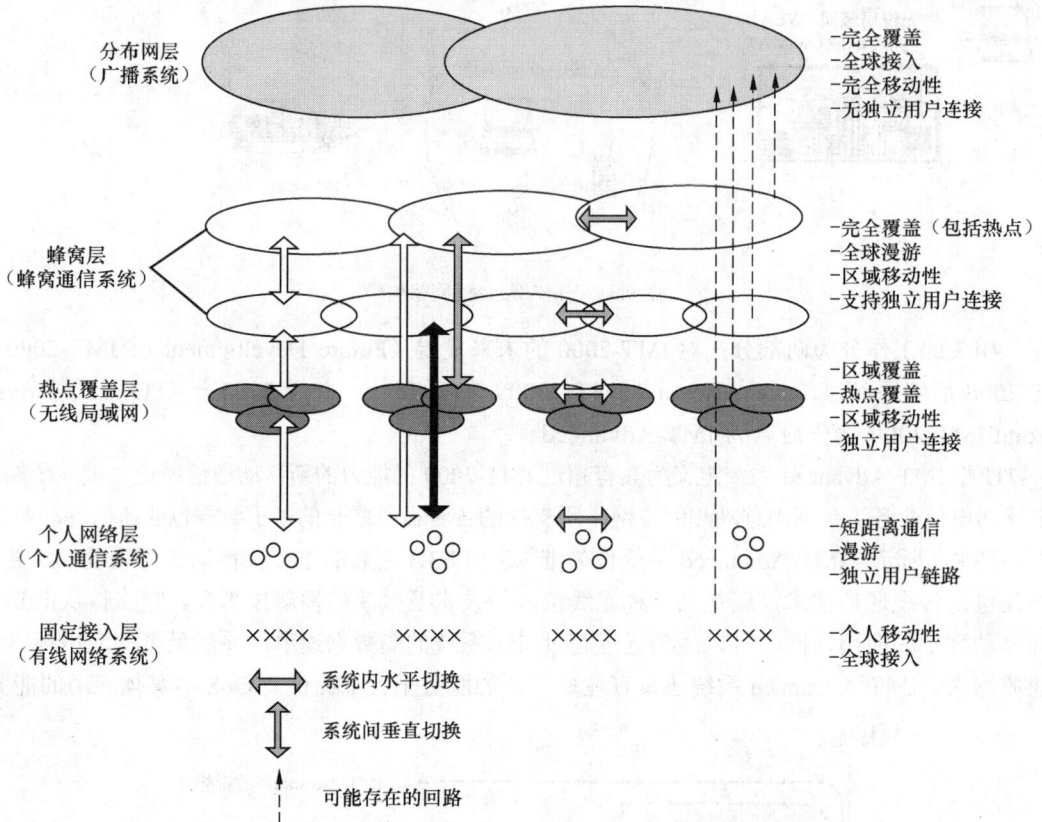

图 9.8　IMT-Advanced 系统中的多种网络互联及无缝切换

2．IMT-Advanced 工作计划

从 2008 年开始，国际电信联盟（ITU）将用 3 年的时间来完成 IMT-Advanced 技术的标准化开发工作，然后用 2～3 年的时间来完成标准完善和产品商用化过程。预期在未来 5～15 年间，IMT-Advanced 技术将成为主流的移动通信技术。IMT-Advanced 的标准化过程分为版本定义、需求定义、标准开发和标准后续演进 4 个阶段。进一步的系统应用还包括频率分配以及逐步进行的系统部署过程等。目前 ITU 已于 2006 年完成标准制定的原则，在 2008 年初发出通函邀请 ITU 成员提交 IMT-Advanced 候选技术提案，并计划在 2010 年的第一次会议完成标准提交、第一阶段评估和融合过程。2010 年底将完成后续的针对候选标准的版本评估和增补工作，提交标准的第一版

本，然后开始标准版本的后续更新工作。对于 IMT-Advanced 技术方案的制定 ITU 制定了详细时间表，包括如下 5 个重要时间点。

（1）2008 年 3 月：发出征集候选技术方案的通函，开始接受候选技术方案。

（2）2009 年 10 月：提交候选技术方案截止日期。

（3）2010 年 6 月：提交候选技术方案评估报告截止日期。

（4）2010 年 10 月：确定 IMT-Advanced 技术框架和主要技术特性。

（5）2011 年 2 月：完成 IMT-Advanced 技术规范。

9.2.2　标准化现状

ITU-R 已于 2008 年 3 月向其成员组织发出了征集 IMT-Advanced 技术标准的通函。全球各大标准化组织纷纷开始研究筹备自己的系统方案，争取成为下一代移动通信系统的候选标准。

移动 WiMAX 系统的下一步演进计划即是迈向 IMT-Advanced，与其他 B3G 技术相融合，成为 IMT-Advanced 家族成员之一。这一步演进将通过 IEEE 802.16m 标准的制定来实现[15]。IEEE 802.16 委员会于 2006 年 12 月批准了 802.16m 的立项申请（PAR），正式启动了 IEEE 802.16m 标准的制定工作。IEEE 802.16m 项目的主要目标有两个，一是满足 IMT-Advanced 的技术要求；二是保证与 IEEE 802.16e 兼容。为了满足 IMT-Advanced 所提出的技术要求，IEEE 802.16m 下行峰值速率应该实现：低速移动、热点覆盖场景下传输速率达到 1Gbit/s 以上，高速移动、广域覆盖场景下传输速率达到 100Mbit/s。为了兼容 IEEE 802.16e，IEEE 802.16m 标准考虑在 IEEE 802.16e OFDMA 的基础上进行修改来实现。通过对 IEEE 802.16e OFDMA 技术进行增补，进一步提高系统吞吐量和传输速率。由于采用了 MIMO、OFDM 等 4G 的核心技术，基于 IEEE 802.16e 的移动 WiMAX 在某些方面已经具有了 4G 的特征，因此 IEEE 802.16m 完全可以在移动 WiMAX 技术的基础上进行修改而得来。

3GPP 目前的 LTE 标准即 3GPP Rel-8 版本已经基本趋于稳定，仅剩余一些对标准的修补工作。该系列标准以正交频分复用（OFDM）为基础，引入了若干新技术，可以被看作"准 4G"技术。目前全球通信业对 LTE 标准寄予厚望，在 2008 年的全球移动大会（MWC）上，主流设备厂商纷纷发布了其 LTE 的研究成果和后续研究策略。作为当前最受关注的宽带移动通信标准，3GPP LTE 向 IMT-Advanced 阶段进一步演进是毋庸置疑的。3GPP 已于 2008 年 3 月开始了 LTE-Advanced 的研究工作，开发属于 3GPP 的 IMT-Advanced 候选技术方案。LTE-Advanced，即未来的 3GPP Rel-9 和 Rel-10 版本，将会引入若干新的增强技术[14]来满足 ITU 提出的 4G 标准需求。

此外，在 B3G 发展进程中，一些国家或地区也大力开展了一些大型研究计划和项目，例如欧盟第六框架计划 WINNER 项目、日本 NTT DoCoMo 的 4G 研发项目和我国 863 的 FUTURE 计划等。这些研究项目的成果不一定以单独候选技术方案的形式向 ITU 提交，但具体研究成果会通过其他形式输入到 IMT-Advanced 方案中。

9.2.3　热点技术

在 IMT-2000 增强系统中，已经大量应用了学术界和工程领域长期积累的先进信号处理技术，如 OFDM、MIMO、自适应技术等。未来的 IMT-Advanced 系统的技术发展将更多地集中在无线资源管理和网络层的优化方面。目前的研究热点包括多频带技术、Relay 技术、协同多点传输技术以及家庭基站等，这里对多频带和 Relay 技术进行简单的介绍。

1. 多频带技术

IMT-Advanced 系统很可能是一个多频段层叠的无线接入系统，例如将基于高频段优化的系统用于小范围热点、室内和家庭基站（Home Node B）等场景，基于低频段的系统为高频段系统提供"底衬"，填补高频段系统的覆盖空洞并且支持高速移动用户。

相比多频段协同更进一步的是频谱聚合（Spectrum Aggregation）技术。如图 9.9（a）所示，首先考虑将相邻的数个较小的频带整合为一个较大的频带。这种情况的典型应用场景是：低端终端的接收带宽小于系统带宽，此时为了支持小带宽终端的正常操作，需要保持完整的窄带操作。但对于那些接收带宽较大的终端，则可以将多个相邻的窄频带整合为一个较宽频带，进行统一的基带处理。

如图 9.9（b）所示，离散多频带的整合主要是为了将分配给运营商的多个较小的离散频带联合起来，当作一个较宽的频带使用，通过统一的基带处理实现离散频带的同时传输。对于 OFDM 系统，这种离散频谱整合在基带层面可以通过插入"空白子载波"来实现。

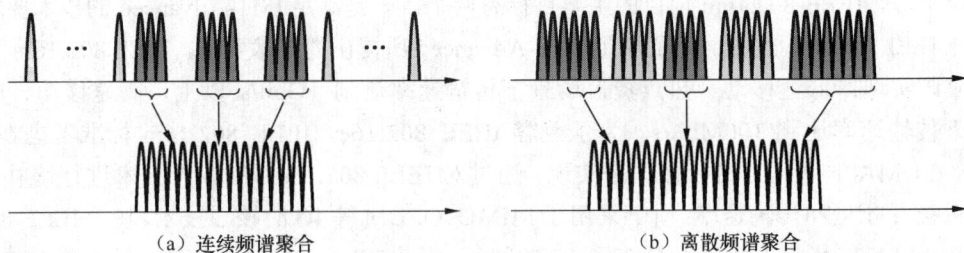

（a）连续频谱聚合　　　　　　　　　　（b）离散频谱聚合

图 9.9　频谱聚合操作

2. Relay 技术

围绕 IMT-Advanced 技术的未来应用，为了能够为整个网络提供更大的网络覆盖和容量、快速灵活的部署、降低运营商的设备投资和维护成本，国际国内的主要标准化组织和研究项目纷纷开展了对中继技术的研究和标准化。欧盟 WINNER 项目[13]也对泛在宽带移动无线中继网络做了详细的研究和规划。在 3GPP/3GPP2 的未来移动通信系统、无线局域网（WLAN）和宽带无线网络（802.16j）等标准的制定中，都引入了中继的概念并考虑了中继辅助通信中存在的问题。

简而言之，中继站（Relay Station）是将信号进行再生、放大处理后，再转发给目的端，以确保传输信号的质量的网络节点，如图 9.10 所示。在无线电通信中，它作为设置在发射点与接收点中间的工作站，作用是把接收的信号经过处理后再发射出去，以增强接收效果。根据目前 3GPP 提出的中继节点的分类[16]，按照中继节点所涉及的协议栈范围，可以将中继分为层 1/层 2/层 3 这几种。层 1 也就是我们常说的直放站，只是层 1 直放站做信号放大的同时增加了一些资源分配功能，诸如功率控制、子载波映射等。层 2 中继站通过对接收信号的解码转发有效地抑制了噪声，在多跳传输时往往能够更加有效降低噪声干扰。层 3 中继也被成为"无线回传"基站，其功能和作用类似于一个小型基站，但是有无线回传功能。

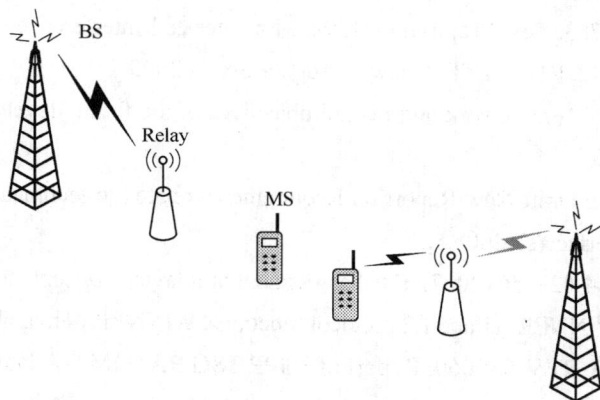

图 9.10　中继站示意图

习题与思考题

9.1　简述第三代移动通信系统的后续演进路线。

9.2　IMT-2000 增强系统的主流标准有哪几种？

9.3　IMT-2000 增强系统采用了哪些新技术？

9.4　与 IMT-2000 相比，IMT-Advanced 有哪些改进？

9.5　简述 LTE 系统中采用的关键技术。

参 考 文 献

［1］3GPP TR 25.913 V7.3.0. 3rd Generation Partnership Project;Technical Specification Group Radio Access Network; Requirements for Evolved UTRA (E-UTRA)　and Evolved UTRAN (E-UTRAN) (Release 7).

［2］3GPP TS 36.211. Evolved Universal Terrestrial Radio Access (E-UTRA); Physical Channels and Modulation.March 2008.

［3］3GPP R1-050712. Single Carrier Uplink Options for E-UTRA:IFDMA/DFT-SOFDM Discussion and Initial Performance Results.

［4］3GPP TR 25.814 V7.1.0.3rd Generation Partnership Project;Technical Specification Group Radio Access Network; Physical layer aspects for evolved Universal Terrestrial Radio Access(UTRA)　(Release 7).

［5］3GPP R1-051407. Downlink MIMO for E-UTRA.Source: Huawei.

［6］Berrou, C. Glavieux, A. Thitimajshima, P. Near Shannon limit error-correcting coding and decoding: Turbo-codes. IEEE International Conference on communications.1993. ICC 93. Geneva. Technical Program, Conference Record,23-26. May 1993,Volume 2,Issue 1,pp 1064-1070.

［7］R Gallager. Low-density parity-check codes. IEEE Transactions on Information Theory, Jan 1962,Volume 8,Issue 1,pp 21—28.

［8］3GPP TR 25.835. Report on Hybrid ARQ Type II/III[S].

［9］3GPP R1-062570. Downlink HARQ, LG Electronics.

［10］3GPP R1-050783. Text Proposal on IDMA for Inter-cell Interference mitigation in TR 25.814 . 3Gpp TSG-RAN WG1 # 42, RITT, ZTE, Huawei, Aug.29-Sep.2, 2005.

［11］ITU-R M.1645 "Framework and overall objectives of the future development of IMT-2000 and systems beyond IMT-2000".

［12］ITU-R SG5/60. Draft New Report on Requirements related to technical system performance for IMT-Advanced Radio interface(s). 2008.8.

［13］WINNER, IST-4-027756 (2007). Final assessment of relaying concepts for all CGs scenarios under consideration of related WINNER L1 and L2 protocol functions. WINNER deliverable D3.5.3.

［14］3GPP (2008b). REV-080060, Report of 3GPP TSG RAN IMT-Advanced Workshop.

［15］IEEE.Contribution to technical requirements for IMT-Advanced systems.

［16］Huawei.Further details and considerations of different types of relays. 3GPP TSG-RAN WG1 # 54bis, R1-083712.

CDMA	Code Division Multiple Access	码分多址
C/I	Carrier-to-interference Ratio	载干比
CPFSK	Continuous Phase Frequency Shift Keying	连续相位频移键控
CN	Core Network	核心网络
CDD	Cyclic Delay Diversity	循环位移分集
CRC	Cyclic Redundancy Code	循环冗余校验编码
DCA	Dynamic Channel Allocation	动态信道分配
DCCH	Dedicated Control Channel	专用控制信道
DFE	Decision Feedback Equalization	判决反馈均衡器
DFT	Discrete Fourier Transform	离散付氏变换
DQPSK	Differential Quadrature Phase Shift Keying	差分四相相移键控
DSSS	Direct Sequence Spread Spectrum	直接序列扩频
DTX	Discontinuous Transmission Mode	非连续传输模式
EDGE	Enhanced Data rate for GSM Evolution	GSM 演进的增强数据数率
EIA	Electronic Industry Association	电子工业协会
EIR	Equipment Identity Register	设备识别寄存器
ETSI	European Telecommunications Standards Institute	欧洲电信标准协会
FAF	Floor Attenuation Factor	楼层衰减因子
FCA	Fixed Channel Allocation	固定信道分配
FDCA	Fast Dynamic Channel Allocation	快速动态信道分配
FDD	Frequency Division Duplex	频分双工
FDM	Frequency Division Multiplexing	频分复用
FDMA	Frequency Division Multiple Access	频分多址
FEC	Forward Error Correction	前向纠错
FER	Frame Error Rate	误帧率
FFR	Fractional Frequency Reuse	部分频率复用
FFT	Fast Fourier Transform	快速傅里叶变换
FH	Frequency Hopping	跳频
FHSS	Frequency hopping Spread Spectrum	跳频扩频
FSK	Frequency Shift Keying	频移键控
GGSN	Gateway GPRS Support Node	网关 GPRS 支持节点
GMSC	Gateway Mobile Services Switching Center	关口移动交换中心
GMSK	Gaussian Minimum Shift Keying	高斯最小移频键控
GPRS	General Packet Radio Service	通用分组无线业务
GSM	Global System for Mobile communication	全球移动通信系统

GTP	GPRS Tunnelling Protocol	GPRS 隧道协议
HA	Home Agent	归属代理
HARQ	Hybrid Automatic Repeat Request	混合自动重传请求
HCA	Hybrid Channel Allocation	混合信道分配
HCM	Handoff Completion Message	切换完成消息
HLR	Home Location Register	归属位置寄存器
HHO	Hard Hand Off	硬切换
HON	Hand Over Number	切换号码
HSN	Hopping Sequence Number	跳频序列号
HSCSD	High Speed Circuit Switched Data	高速电路交换数据
HDM	Handoff Direction Message	切换指示消息
HSPA	High-Speed Downlink Packet Access	高速下行分组接入
IDFT	Inverse Discrete Fourier Transform	离散傅里叶逆变换
IMEI	International Mobile Equipment Identity	国际移动台设备识别码
IMSI	International Mobile Subscriber Identity	国际移动用户识别码
ISDN	Integrated Services Digital Network	综合业务数字网
IDMA	Interleaved Division Multiple Access	交织多址
ISI	InterSymbol Interference	符号间干扰
ITW	Interworking Function	网间功能
ITU	International Telecommunication Union	国际电信联盟
LA	Location Area	位置区
LAC	Location Area Code	位置区代码
LAI	Location Area Identity	位置区识别
LDPC	Low Density Parity Check	低密度奇偶校验码
LOS	Line of Sight	视距
LPF	Low-Pass Filter	低通滤波器
LLC	Logic Link Control	逻辑链路控制
LTE	Long Term Evolution	长期演进
MAC	Medium Access Control	媒体访问控制
MAHO	Mobile Assisted Hand Off	移动台辅助切换
MAI	Multiple Access Interference	多址干扰
MAIO	Mobile Allocation Index Offset	移动指配偏置度
MAP	Maximum A-Posteriori Probability	最大后验概率
	Mobile Application Part	移动应用部分

MBMS	Multimedia Broadcast and Multicast Service	多媒体广播组播业务
MCHO	Mobile Controlled Hand Over	移动台控制切换
ME	Mobile Equipment	移动设备
MIMO	Multiple-Input Multiple-Output	多入多出
MLSE	Maximum Likelihood Sequence Estimation Equalizer	最大似然估计均衡器
MM	Mobile Management	移动性管理
MS	Mobile Station	移动台
MSC	Mobile Switching Center	移动交换中心
MSS	Mobile Switching Subsystem	移动交换子系统
MSK	Minimum Shift Keying	最小移频键控
MTP	Message Transfer Part	消息传递部分
NB	Normal Burst	普通突发脉冲
NLOS	Non-Line-Of-Sight	非视距
NRZ	Non Return Zero	不归零
NSP	Network Service Part	网络业务部分
NSS	Network and Switching Subsystem	网络和交换子系统
OFDM	Orthogonal Frequency Division Multiplexing	正交频分复用
OMS	Operation and Maintenance Subsystem	操作维护管理子系统
OQPSK	Offset Quadrature Phase-Shift Keying	偏移四相相移键控
OSI	Open System Interconnection	开放系统互连
OSS	Operation Support Subsystem	操作支持子系统
OTD	Orthogonal Transmission Diversity	正交发射分集
PACCH	Packet Associated Control Channel	分组专用控制信道
PARC	Per Antenna Rate Control	每天线速率控制
PAPR	Peak Average Power Rate	峰均比
PBCCH	Packet Broadcast Control Channel	分组广播控制信道
PCCCH	Packet Common Control Channel	分组公共控制信道
PCF	Packet Control Function	分组控制功能
PCH	Paging Channel	寻呼信道
PCM	Pulse Code Modulation	脉冲编码调制
PDSN	Packet Data Serving Node	分组数据服务节点
PDU	Protocol Data Unit	协议数据单元
PLMN	Public Land Mobile Network	公共陆地移动网
PIN	Personal Identification Number	用户的个人身份号
PN	Pseudo-Noise	伪噪声
PSDN	Packet Switched Data Network	分组交换数据网

PSK	Phase Shift Keying	相移键控
PSPDN	Packet Switched Public Data Network	分组交换公用数据网
PSTN	Public Switched Telephone Network	公用交换电话网
PSMM	Pilot Strength Measurement Message	导频强度测量消息
PVC	Permanent Virtual Circuits	永久虚电路
QAM	Quadrature Amplitude Modulation	正交幅度调制
QI	Quality Indicator	质量指示
QoS	Quality of Service	服务质量
QPSK	Quadrature Phase-Shift Keying	四相相移键控
OVSF	Orthogonal Variable Spreading Factor	正交可变扩频因子技术
QOF	Quasi-Orthogonal Function	准正交函数
RACH	Random Access Channel	随机接入信道
RAI	Routing Area Identification	路由区识别
RAC	Routing Area Code	路由区代码
RAN	Radio Access Network	无线接入网
RZ	Return Zero	归零
RSC	Recursive Systematic Convolutional	递归系统卷积码
RRM	Radio Resource Management	无线资源管理
RRC	Radio Resource Control	无线资源控制
RRA	Radio Resource Allocation	无线资源分配
RLC	Radio Link Control	无线链路控制
RM	Radio Management	无线资源管理
RNC	Radio Network Controller	无线网络控制器
RSSI	Received Signal Strength Indicator	接收信号强度指示器
SB	Synchronization Burst	同步突发脉冲
SCCP	Signaling Connection Control Part	信令连接控制部分
SCH	Synchronization Channel	同步信道
SDCA	Slow Dynamic Channel Allocation	慢速动态信道分配
SDM	Spatial Division Multiplexing	空分复用
SDMA	Space Division Multiple Access	空分多址
SFN	Single Frequency Network	单频网
SFR	Soft Frequency Reuse	软频率复用
SGSN	Service GPRS Support Node	服务 GPRS 支持节点
SHO	Soft Hand Off	软切换
SIM	Subscriber Identity Module	用户识别卡
SNR	Signal to Noise Ratio	信噪比

SMS	Short Message Service	短消息业务
SMSC	Short Message Service Center	短消息业务中心
SNDCP	Subnetwork Dependence Converage Protocol	子网相关汇聚协议
SRES	Signed Response	符号响应
SVC	Switched Virtual Circuit	交换虚电路
STS	Space Time Spreading	空时扩展分集
STBC	Space-Time Block Code	空时块码
SYCH	Synchronization Channel	同步信道
TACS	Total Access Communication System	全入网通信系统
TCAP	Transaction Capabilities Application Part	事物处理能力应用部分
TCM	Trellis Coded Modulation	网格编码调制
TCH	Traffic Channel	业务信道
TDD	Time Division Duplex	时分双工
TDMA	Time Division Multiple Access	时分多址
TD-SCDMA	Time Division-Synchronous Code Division Multiple Access	时分-同步码分多址接入
TH	Time Hopping	跳时
TIA	Telecommunications Industry Association	电信工业协会
TMSI	Temporary Mobile Subscriber Identity	用户的临时识别码
TUP	Telephone User Part	电话用户部分
UE	User Equipment	用户设备
UIM	User Identity Module	用户识别模块
UMTS	Universal Mobile Telecommunication System	通用移动电信系统
URTA	Universal Terrestrial Radio Access	通用陆地无线接入
VLR	Visitor Location Register	访问位置寄存器
WCDMA	Wideband Code Division Multiple Access	宽带码分多址接入
WiMAX	Worldwide Interoperability for Microwave Access	全球微波互联接入